Andreas Johannes Jäckel.

Systematische Übersicht

der

Vögel Bayerns

mit Rücksicht

auf das örtliche und quantitative Vorkommen der Vögel, ihre Lebensweise, ihren Zug und ihre Abänderungen.

Von

Andreas Johannes Jäckel,

weiland k. Pfarrer in Windsheim, vieler gelehrter Gesellschaften korrespondierendem, ordentlichen und Ehrenmitgliede.

Herausgegeben

von

Prof. Dr. **Rudolf Blasius.**

München und **Leipzig.**

Kommissionsverlag von R. Oldenbourg.

1891.

Vorwort und Einleitung.

Manchem Sterblichen ist es beschieden, dafs die Hauptwerke seines Lebens erst nach seinem Tode weiteren Kreisen bekannt werden. So ist es auch mit dem unermüdlichen Forscher der Tierwelt Bayerns gewesen, dem am 12. Juli 1885 zu Windsheim verstorbenen Pfarrer Andreas Johannes Jäckel, dessen Bild diesem vorliegenden Werke vorangestellt ist.

»Jäckel wurde«, nach dem Nachruf, den ihm sein treuer Freund V. v. Tschusi zu Schmidhoffen im 13. Jahresberichte des naturhistorischen Vereins zu Passau (1883—1885) im November 1885 widmete, und dem ich das Folgende entnehme, »am 6. Januar 1822 zu Nürnberg geboren und verbrachte mit seinen Geschwistern eine an Entbehrungen reiche Jugend In seiner Geburtsstadt besuchte er mit bestem Erfolge das Gymnasium und verwendete die von seinen Studien erübrigte Zeit zum Unterrichte jüngerer Schüler, zu naturwissenschaftlichen Studien und zur Anlegung von Sammlungen, wobei er sich der Anregung und Aneiferung in seinem Lieblingsfache durch die bekannten Gebrüder Sturm zu erfreuen hatte.

Nach absolviertem Gymnasium bezog Jäckel die Universität Erlangen, wo er Theologie studierte und als strammer Corpsbursche dem ältesten deutschen Studentencorps Onoldia angehörte, dem er stets eine treue Erinnerung bewahrte

Nachdem er 1845 sein Admissions-Examen zu Ansbach bestanden, erhielt er seine erste Anstellung als Vikar in Klostersulz, dann kam er als Pfarrverweser nach Oberampfrach, Wendelstein und Ammerndorf, so die Lehr- und Wanderjahre des Pfarrvikars alten Schlages durchmachend.

Während seines Aufenthaltes in Wendelstein verehelichte er sich mit Eleonora Sommer aus Nürnberg, welcher Ehe sieben Kinder entsprossen, wovon zwei noch im zarten Alter starben.

1853 finden wir Jäckel als Pfarrer in Neuhaus, dessen an Teichen reiche Umgebung ihm prächtige Gelegenheit zu ornithologischen Beobachtungen bot. Hier war es aber auch, wo er sich den Keim zu seinem späteren Leiden holte, wo ihn das Fieber auf das Krankenlager warf, das er erst nach 16 Monaten verlassen konnte. Nach Sommersdorf-Thann befördert, erhoffte er von diesem Domizilwechsel die vollständige Wiederherstellung seiner Gesundheit; aber der kräftig gebaute Körper, der ein günstiges Prognostikon für ein aufsergewöhnlich hohes Alter zu bieten schien, hatte seine Festigkeit eingebüfst und konnte oftmals nur mit Anstrengung den Anforderungen nachkommen, den der zur Winters- und Frühjahrszeit besonders mühevolle Filialdienst erforderte.

Jäckels letzte Station war Windsheim bei Neustadt a. d. Aisch, wo er 1869 die III. Pfarrstelle erhielt. Nachdem er im Winter 1871/72 vielfach von Gicht zu leiden hatte, erholte er sich wieder so weit, dass er im September eine Reise über Augsburg, Kempten, Lindau, Constanz, Schaffhausen, Basel, Baden-Baden, Strafsburg und Stuttgart unternehmen konnte, von der er erfrischt heimkehrte.

Am 24. November 1875 feierte Jäckel verhältnismäfsig frisch und gesund seine silberne Hochzeit. Im Herbste 1877 nahm er an der Naturforscherversammlung zu München teil, konnte aber der schlechten Witterung wegen sein weiter gehendes Reiseprojekt, ins bayerische Hochland zu gehen, nicht zur Ausführung bringen. Das Frühjahr 1880 brachte für Jäckel einen schweren Schlag, indem seine Frau gelähmt wurde, nachdem sie vorher auf einem Auge erblindet war. Obschon selbst vielfach leidend, verlor er dabei doch nicht die Lust an der Arbeit.

Am 5. Januar 1883 verschied Jäckels Gattin. Dieser Schicksalsschlag hat ihn tief gebeugt, gebrochen, und die Gicht, die ihn den Sommer über folterte und nicht verlassen wollte, raubte ihm den letzten Funken der Lebenslust.

Jäckels Thätigkeit auf zoologischem Gebiete umfafst in erster Linie die Vogel-, Säugetier- und Fischkunde seines Heimatlandes. — Die Liebe zur Vogelwelt hatte er von seinem Vater geerbt, der ein grofser Freund derselben war und stets die verschiedensten einheimischen Singvögel pflegte. In Jäckels Jugendzeit florierte noch der Vogelfang; kein Wunder daher, wenn wir ihn in freien Herbststunden auch am Vogelherde finden, der so manchen später gefeierten Forscher zu seinen treuesten Anhängern zählte.

Alle freie Zeit und jede sich ihm darbietende Gelegenheit benutzend, widmete er sich mit rastlosem Eifer der Erforschung der heimischen Fauna. Jäckel, der auf den genannten Gebieten ob der Gründlichkeit und Genauigkeit, welche seine Forschungen auszeichnen, sich einen weit geachteten Namen erworben, hat seine reichen Erfahrungen in zahlreichen Arbeiten niedergelegt, die ihm eine erste Stelle unter den bayerischen Zoologen für immer sichern. Nur auf die solide Basis von Thatsachen gestützt und aus diesen seine Schlüsse ziehend, hielt er sich frei von gewagten Hypothesen. Mit gewandter Feder und überzeugender Logik beteiligte er sich an mancher wissenschaftlichen Streitfrage. Die Sache war es, für die er stritt, nicht die Person, der er dadurch entgegentrat.

Jäckels literarische Hauptthätigkeit fällt in die 50er Jahre. In den letzten zehn Jahren veröffentlichte er nur wenig mehr, arbeitete aber trotzdem sehr fleifsig.«

Folgendes sind nach Tschusi seine ornithologischen Arbeiten:

Beiträge zur Ornithologie Frankens. — Okens Isis. 1848. p. 20—47; 373—390.
Sterna anglica in Bayern — Ibid. 1848. p. 1143.

Materialien zur bayerischen Ornithologie in Verbindung mit Dr. Brandt bearbeitet. Mit Anmerkungen von Heinrich Graf von der Mühle — Abhandlungen des zoologischen-mineralogischen Vereines in Regensburg. I 1849. p. 21—140.

Nachträge zu den Materialien zur bayerischen Ornithologie — Korrespondenzblatt des zoologischen-mineralogischen Vereines in Regensburg. IV. 1850. p. 50, 65, 87, 126, V. 1851. p. 61, 68, 81, 90.

Ornithologische Mitteilungen. — Ibid. VIII 1854. p. 164

Über den Einflufs mäusereicher Jahre auf das Fortpflanzungsgeschäft der Schleiereule. — Ibid. XXVII 1873. p. 19—22.

Über die Nahrung unserer Eulen. — Ibid. XXXVII. 1883 p. 9—23.

Trivialnamen der bayerischen Vögel. — Naumannia. 1853. p 391—399.

Zu dem Verzeichnisse der Trivialnamen der bayerischen Vögel. — Ibid. 1855. p. 70—73.

Ornithologischer Jahresbericht aus Bayern — Ibid. 1856. p. 40—58, 238-251.

Das Schnurren oder Mäckern der Bekassine. — Ibid. 1857 p 21—33.

Ornithologischer Jahresbericht aus Bayern. — Ibid. 1857. p. 369—391

Anthus pratensis mit zwei Köpfen. — Ibid. 1857 p. 190.

Ornithologischer Jahresbericht aus Bayern. — Ibid. 1858 p. 426—451

Über das Schnurren der Bekassine. — Ibid. 1858. p. 490—495.

Notizen aus Bayern, Zug von Scolopax rusticola, gallinago etc. — Ibid. 1858. p. 267—268.

Ein ohne Dunen geborenes Huhn. — Ibid. 1858. p. 268.

Ein vereinzelt nistendes Uferschwalbenpaar. — Cabanis' Journal I. 1853. p 367.

Nachahmen fremder Töne beim Hausrotschwänzchen — Ibid. I. 1853. p. 368 bis 369.

Brüten der Schleiereule im Spätjahr. — Ibid. II. 1854. p. 173.

Ungewöhnliches aus der Vogelwelt Bayerns. — Ibid II. 1854. p. 173—174.

Der Vögelzug etc. in Bayern in dem eigentümlichen Herbste, Winter und Frühlinge von 1852—1853 — Ibid II. 1854. p. 263—276.

Ornithologische Mitteilungen aus Bayern. — Ibid. II 1854 p 362—363.

Der Vögelzug und anderweitige Wahrnehmungen über die Vogelwelt Bayerns im Jahre 1853 54. — Ibid II. 1854 p. 481—502, III. 1855. p. 401—416.

Einzelne Mitteilungen aus der Vogelwelt Bayerns. — Ibid III. 1855 p 444—446.
Noch ein Wort über das Schnurren der Bekassine. — Ibid. IV. 1856 p 85—94.
Sterna leucoptera in Bayern brütend. — Ibid VIII. 1860 p. 300—301.
Zur Frage über Altums Schwan und den Cygnus melanorhinus Naumanns. — Ibid IX. 1861 p. 66—71
Das rasche Längerwerden der Schwänze bei manchen Vögeln. — Ibid. IX. 1861 p. 232—233.
Cypselus melba L., im sächsischen Franken erlegt. — Ibid. IX. 1861. p 305.
Einige Bemerkungen zu dem Aufsatze: Auch ein Wort über das Mäckern der Bekassine von B Borgreve. — Ibid. X 1862 p. 212—223.
Die Vögel des unteren Aisch-, Seebach-, Aurachgrundes. — VI. Bericht der naturforschenden Gesellschaft zu Bamberg. 1863. p. 30—107
Die Vögel Mittelfrankens — Abhandlungen der naturhistorischen Gesellschaft in Nürnberg. 1864. p. 74—136.
Beiträge zur Lehre von der tierischen anomalen Mannweiblichkeit (Gynandro-Morphismus). — Ibid. 1866. p 241—268 (partim).
Ein sonderbares Nahrungsmittel des Staares. — Zoologischer Garten V 1864. p. 269—270.
Über Schnabelmifsbildungen verschiedener Vögel. — Ibid. VI. 1865. p. 133—138, 175—179
Die Begattung der Störche vor ihrem Wegzuge von uns. — Ibid. VI. 1865. p. 378—379
Über Schnabelmifsbildungen. — Ibid. VII 1866 p. 335—339.
Die Nahrung der Schleiereule — Ibid VII. 1866. p. 456—464.
Noch ein Wort über die Nahrung der Schleiereule. — Ibid. VIII. 1867. p. 463 bis 471.
Ein merkwürdiges Hühnerei — Ibid. VIII. 1867 p. 198.
Deforme Fufsbildung eines zahmen Gänserichs. — Ibid VIII. 1867 p 278.
Eine alte Abbildung des Dronte. — Ibid. IX. 1868. p. 35—37 m Fig.
Die Wacholderdrossel, Turdus pilaris, in Bayern brütend. — Ibid. IX 1868 p 374.
Zur Geschichte der Ausbreitung des Girlitzes (Fringilla serinus) in Süd-Deutschland — Ibid IX. 1868. p 405—408.
Leucismus einer Haushenne infolge des Alters. — Ibid. IX. 1868. p. 80.
Die Gesellschaft der Vogelfreunde in Nürnberg — Ibid. X 1869. p. 190—192.
Über die Nahrung der Schleiereule, Strix flammea. -- Ibid XII. 1871. p. 138 bis 142.
Ein Ausflug in den Windsheimischen Stadtwald, Schofsbach bei Markt Erlbach in Mittelfranken. — Ibid XIII. 1872 p. 204—208.
Eiderenten in Bayern erlegt. — Ibid. XIII. 1872. p. 123.
Über das Ausstofsen der inneren Magenhaut bei Vögeln. — Ibid. XIV. 1873. p. 225—227
Über auffallende Vorkommnisse in der Vogelwelt zur Zeit der Cholera-Epidemien. Ibid. XIV. 1873. p. 328—332.
Die Störche als Vertilger der Feldmäuse. — Ibid. XIV. 1873. p. 396—397.
Über Monstrositäten wilder Vögel — Ibid. XV. 1874. p. 441—446 mit Abbildung
Storch- und Mäusenahrung — Ibid. XV. 1874 p. 469—470.
Beitrag zur Kenntnis der geographischen Verbreitung der Zwergtrappe. — Ibid. XVI. 1875. p. 453—454
Über das Vorkommen des Rosenstaars (Pastor roseus) in Bayern. — Ibid XVII. 1876. p. 105—106.
Seltene Vögel bei Augsburg — Ibid XVII. 1876 p. 30.
Ist die Steindohle (Fregilus graculus) ein bayerischor Brutvogel? — Ibid. XVIII. 1877. p. 208—209.
Zur Naturgeschichte der Habichtseule, Strix uralensis. — Ibid. XVIII. 1877. p. 309—311
Mutwille eines Mäusebussards – Ibid. XVIII. 1877. p. 213.
Die Mantelmöve in Bayern. — Ibid. XIX. 1878. p. 28.

Zur Biologie des gemeinen Staares (Sturnus vulgaris). — Ibid. XX. 1879. p. 233—237.
Ein Nistplatz der Wacholderdrossel (Turdus pilaris) in Mittelfranken. — Ibid. XXI. 1880 p. 284.
Ein Beitrag zur Naturgeschichte des Rackelhahnes (Tetrao intermedius). — Ibid. XXII. 1881. p. 103—106.
Ein neuer Brüteplatz der Wacholderdrossel (Turdus pilaris) in Mittelfranken. Ibid. XXIII. 1882 p. 375—376.
Zur Biologie des Auerhahnes. — Nitzsches Illustrierte Jagdzeitung. II. 1875. p. 124.

Im Jahre 1880 trat ich in brieflichen Verkehr mit Jäckel, und gelang es mir als Vorsitzendem des Ausschusses für Beobachtungsstationen der Vögel Deutschlands, seine ornithologischen Beiträge für die Fauna Bayerns für die deutschen Jahresberichte zu erhalten. Dieselben sind abgedruckt in dem betreffenden 6. Jahresbericht für 1881, 7. für 1882, 8. für 1883 und 9. für 1884, in Cabanis' Journal für Ornithologie, Januarheft 1883, Januarheft 1884, Juliheft 1885 und Aprilheft 1886. Die im Beginn des Jahres 1885 an mich eingesandten Beobachtungen pro 1884 waren wohl die letzten ornithologischen Arbeiten, die wir der Feder Jäckels verdanken.

Vielfach war Jäckel in den letzten Lebensjahren durch Kränklichkeit ans Bett gefesselt, ein Ausflug ins Wildbad bei Burgbernheim im Frühjahr 1885 vermochte ihm seine Gesundheit nicht wieder zu verschaffen, und so erlag er am 12. Juli 1885 zu Windsheim in Bayern nach langem schmerzvollen Leiden einer Lungenlähmung.

Vielen gelehrten Gesellschaften gehörte er an, so war er Ehrenmitglied: des zoolog.-mineralog. Vereins in Regensburg, des naturhistorischen Vereins in Passau, der naturhistorischen Gesellschaft in Nürnberg; correspondierendes Mitglied: des oberschwäbischen Zweigvereins für vaterländische Naturkunde, der Gesellschaft der Naturwissenschaften zu Freiburg, der wetterauischen Gesellschaft für die gesamte Naturkunde in Hanau, des naturhistorischen Vereins zu Augsburg; wirkliches Mitglied: der kaiserlich Leopold. Carolin. deutschen Akademie der Naturforscher in Dresden, cogn. Fr. v. O. Schrank, der k. k. zoolog.-botanisch. Gesellschaft in Wien, des historischen Vereins für Mittel- und Oberfranken, der deutschen ornithologischen Gesellschaft.

Im Beginne des Jahres 1882 hatte Jäckel das vorliegende Werk druckfertig vollendet, er fand damals leider keinen Verleger, und konnte dasselbe daher nur bis zu seiner letzten Krankheit hin mit den laufenden Nachträgen versehen.

Über das Werk selbst schrieb V. v. Tschusi zu Schmidhoffen in einem für die Herausgabe beabsichtigten Vorworte im Dezember 1885 Folgendes, mir ganz aus der Seele gesprochen:

»Mit welcher Sorgfalt und Genauigkeit Jäckel geforscht und gesammelt, und alle auf Bayern bezüglichen (auch älteren) Angaben benutzt, darüber wird seine Arbeit jedem die beste Antwort geben Eigene reiche Erfahrungen, in verschiedenen Theilen Bayerns gesammelt und genaue Kenntnis der einschlägigen Litteratur und ein ausgedehnter brieflicher Verkehr mit den Vogelkundigen Bayerns — ich nenne hier in erster Linie den 1882 verstorbenen, verdienstvollen Pelzhändler und Präparator Joh. Friedr. Leu in Augsburg, durch dessen Hände Tausende der verschiedensten Vögel aus allen Gegenden Bayerns gingen — setzten Jäckel in den Stand, über alle Vorkommnisse in der Vogelwelt seines Heimatlandes jederzeit aufs beste orientiert zu sein. Bei der grossen Gewissenhaftigkeit Jäckels ist es nur selbstverständlich, dafs er fremde Angaben über seltene Vorkommnisse, wo ein Irrtum nicht vollständig ausgeschlossen war, nur mit der gröfsten Reserve aufnahm und dem in faunistischen Arbeiten häufig sich findenden »soll, könnte, dürfte« etc. einen sehr beschränkten Spielraum gestattete; denn es war ihm, wie jedem Freunde der Wahrheit, nur darum zu thun, Thatsachen zu liefern.

Jäckels Werk gibt die genauen Nachweise über das örtliche und quantitative Vorkommen der einzelnen Arten, wertvolle Angaben über die Lebensweise, die Nahrung, den Zug, die Farbenabänderungen und die lokalen Benennungen. Im ganzen werden 312 Arten als in Bayern vorkommend angeführt.

Um die Ausdehnung des Werkes nicht allzusehr zu vergröfsern, hat es der Verfasser unterlassen, Beschreibungen beizufügen, verweist aber bei jeder Species auf die beiden deutschen Hauptwerke: J. A. Naumann, Naturgeschichte der Vögel Deutschlands. — Leipzig 1842—1844, Stuttgart 1860, und Keyserling & Blasius, Die Wirbelthiere Europas. Die unterscheidenden Merkmale. Braunschweig 1840; letzterem ist er auch in der Wahl der lateinischen Benennungen und systematischen Einteilung gefolgt.

Jäckels Name ist den jüngeren Ornithologen weniger mehr geläufig — seine ornithologische Hauptthätigkeit fällt in die fünfziger Jahre —, da seine späteren Wohnorte ihm wenig Mitteilenswertes auf ornithologischem Gebiete boten; aber wir hoffen, dafs er durch dieses Werk, an dessen Aufbau schon der Jüngling geschaffen, dessen Veröffentlichung zu erleben dem Manne leider versagt blieb, seinen Namen für immer in die Liste deutscher Forscher eingezeichnet habe.

Möge denn diese Arbeit — das schönste Denkmal, das sich der Verstorbene als Forscher setzen konnte — allseits die verdiente Würdigung finden und jüngere Forscher zur Nacheiferung anregen.«

Jahrelang haben sich Jäckels ornithologische Freunde, so namentlich V. v. Tschusi zu Schmidhoffen, bemüht, dies hinterlassene Werk der Öffentlichkeit zu übergeben. Scheinbar unüberwindliche Hindernisse stellten sich entgegen. Endlich im Herbste 1890 gelang es durch Vermittlung des Geheimen Medizinalrates Dr. v. Kerschensteiner, mit Hilfe das gütigen Entgegenkommens des Königl. bayerischen Kultusministers Excellenz v. Müller und der Königl. bayerischen Akademie der Wissenschaften, die Herausgabe des Werkes sicherzustellen.

Zunächst galt es, für die Jahre 1885—1890 die ornithologischen Beobachtungen im Königreich Bayern nachzutragen. Ende 1890 erliefs ich deshalb ein Zirkularschreiben, in dem ich um Zusendung von Notizen über 72 in einer Liste namhaft gemachte seltene Vögel Bayerns ersuchte und mir von allen im Königreich Bayern gemachten interessanten ornithologischen Beobachtungen Mittheilung erbat. Dieses Zirkularschreiben wurde an die Leiter der naturhistorischen Museen, an die naturwissenschaftlichen Vereine und an sämtliche mir bekannte Ornithologen Bayerns übersandt. Rückantworten mit Beobachtungen liefen ein von Forstmeister G. Dolles (Wondreb), Oberjäger L. Dorn (Hindelang), Forstmeister Doule (Schwabach), Chr. Erdt (Kaufbeuren), Forstmeister Falcke (Pyrbaum), Dr. G. Fischer (Bamberg), Forstmeister Garcis (Imsbach), Forstrat Gigglberger (Neumarkt, Oberpfalz), Förster W. Gigglberger (Tanzfleck, Oberpfalz), K. Gscheidlen (Augsburg), Förster Härterer (Laufen), Lehrer J. Hellerer (München), Student Heufsler (Speyer), Forstrat Hörmann (Regensburg), Medizinalrat Dr. Hofmann (Regensburg), G. Hofmann (Kissingen), Benefiziat K. Hoser (Edelstetten), Hospital-Inspektor P. Kästner (Bayreuth), Student R. Lauterborn (Ludwigshafen), Apotheker J. A. Link (Burgpreppach), Dr. W. Medicus (Kaiserslautern), Reallehrer Sprater (Neustadt a. H.), Förster Steinbrenner (Rohrbrunn), Forstmeister Sutor (Fischbachau), Lehrer H. Weber (Lindau), p. Lehrer

A. Wiedemann (Augsburg), Forstwart Wilhelm (Rothenbruck), Dr. R. Winter (Augsburg).

Von ganz besonderem Nutzen war mir für die Herausgabe von Jäckels Werk die im XXX. Jahresberichte des naturwissenschaftlichen Vereins für Schwaben und Neuburg (in Augsburg 1890) erschienene, im März 1890 abgeschlossene Arbeit von Andr. Wiedemann: »Die Vögel des Regierungsbezirkes Schwaben und Neuburg«. Alle Wiedemann'schen Angaben beziehen sich, wenn es nicht ausdrücklich anders bemerkt wurde, auf dieses Werk.

Die von mir gelieferten Nachträge sind mit Quellenangabe und dem Zeichen »R. Bl.« am Schlusse jeder Art in Klammern gesetzt oder am Schlufs des ganzen Werkes unter den Nachträgen abgedruckt, alles Übrige ist wörtlich nach dem Manuskripte Jäckels aufgenommen.

Bei der Korrektur des Druckes war mir der Lehrer J. Hellerer, bei der Aufstellung des Inhaltsverzeichnisses und Sachregisters mein Sohn Oscar Blasius behilflich.

Die laufende ornithologische Journal-Litteratur wurde, einschliefslich der deutschen Jahresberichte, bis Ende 1890 benutzt. Die deutschen Jahresberichte sind kurz bezeichnet als 1885er und 1886er Bericht, dieselben finden sich abgedruckt in Cabanis Journal für Ornithologie 1887 Oktober-Heft und 1888 Oktober-Heft.

Allen, die mich bei der Herausgabe des Werkes gütigst unterstützten, sage ich meinen verbindlichsten Dank, ganz besonders dem Königl. bayerischen Kultusminister Excellenz v. Müller und der Königl. bayerischen Akademie der Wissenschaften.

Braunschweig, 2. September 1891

Rudolf Blasius.

Inhalts-Verzeichnis.

Ordnung I. Rapaces. Raubvögel.

1. Familie: Geier.

2. Familie: Falken.

6. Familie: Kuckucke.

7. Familie: Spechte.

8. Familie: Eisvögel.

9. Familie: Wiedehopfe.

Ordnung III. **Oscines. Singvögel.**

10. Familie: Lerchen.

11. Familie: Finken.

Erste Gruppe: **Ammern.**

Zweite Gruppe: **Finken.**

12. Familie: Häher.

13. Familie: Sänger.

14. Familie: Schwalben.

Ordnung IV. **Gallinaceae. Hühner.**

15. Familie: Tauben.

16. Familie: Steppenhühner.

17. Familie Hühner.

Ordnung V. **Grallatores.** Sumpfvögel.

18. Familie: Rennvögel.

19. Familie: Trappen.

20. Familie: Wasserhühner.

21. Familie: Kraniche.

22. Familie: Regenpfeifer.

24. Familie: Sichler.

25. Familie: Reiher.

26. Familie: Störche.

27. Familie: Flamingos.

Ordnung VI Natatores. Schwimmvögel.

28. Familie: Enten.

29. Familie: Pelikane.

30. Familie: Taucher.

31. Familie: Sturmvögel.

32. Familie: Seeschwalben.

Ordnung I.

Rapaces. Raubvögel.

1. Familie: Geier.

Genus I. Neophron Savigny.

1. NEOPHRON PERCNOPTERUS L.

Keyserling u. *Blasius*, Die Wirbeltiere Europas, I. S. 133. n. 1. — Verz. S. XXVII.

Naumann, Joh. Friedr., Naturgeschichte der Vögel Deutschlands I. S. 170. Taf. 3. — Nachträge XIII. S. 7. — Fortsetzg. der Nachtr. S. 6.

Dr. Bernard Altum (Forstzoologie II. S. 403) sah im Herbst 1871 zu Schliersee in Oberbayern ein schönes altes Exemplar des dunkelflügeligen Aasgeiers, welches »daselbst einige Jahre vorher geschossen war«. Es wird dieser Geier der Alten Welt — ich weifs nicht auf Grund welcher spezieller Vorkommnisse — unter den deutschen Irrlingen aufgezählt, ist seit Gefsner als Schweizer Vogel bekannt, brütet bei Genf noch jetzt in zwei Paaren am Mont Salève und kann sich möglicherweise bis in unsere Gegenden verfliegen. Zuverlässige Kunde, dafs er in Bayern wirklich schon erlegt worden wäre, habe ich nicht erhalten können und möchte der Altum'schen Angabe gegenüber Vorsicht empfehlen.

Genus 2. Vultur L.

2. VULTUR FULVUS Briss.

Keyserling u. *Blasius*, Die Wirbeltiere Europas, I. S. 133. n. 2. — Verz. S. XXVII.

Naumann. Naturgeschichte der Vögel Deutschlands, I. S. 162. Taf. 2. — Nachträge XIII. S. 3. Taf. 338. — Fortsetzung der Nachträge S. 5.

Der gemeine Gänsegeier, ein Gast aus Südosteuropa, ist schon öfter vereinzelt oder in kleinen Gesellschaften zu uns gekommen und in der Gegend von München bei Holzkirchen, Schleifsheim (1826), Berchtesgaden, am Ammersee bei Seefeld, Dettenschwang und Jesenwang (ein Paar 1883 am 17. und 23. September), in Niederbayern bei Kirchdorf in der Gegend von Regen, wo ein Bauer einen solchen, jetzt in der Sammlung des naturwissenschaftlichen Vereins in Regensburg stehenden Geier dadurch fing, dafs er ihm seine Peitsche um den Hals schlang, in Mittelfranken bei Gunzenhausen (♂ 13. Mai 1862) und in der Hersbrucker Gegend bei Gerhelm (22. September 1882), in Unterfranken bei Kloster Heidenfeld (12. Mai 1820) und ein ausgezeichnet schönes Paar in der Gegend von Gaibach bei Volkach (22. September 1841) und endlich in Schwaben ein Stück bei Günzach zwischen Kaufbeuren und Kempten (Herbst 1857) erlegt worden.

Jenes bei Heidenfeld geschossene Exemplar wurde in der Nähe einer Fallhütte betroffen, wo ihn lautes Geschrei vieler Krähen und Kleinvögel dem Schützen verriet, der ihn am andern Morgen auf derselben Stelle, angekrächzt von noch mehr Krähen und anderen Schreiern, auf einer etwa 60 Fufs hohen Eiche stehen sah. Nach Empfang von zwei Schüssen strich der Geier noch ungefähr 600 Schritte weiter, bis er tot herabstürzte. Derselbe steht ausgestopft im zoologischen Museum zu Würzburg.

Ein vor Jahren in der Gegend von Gunzenhausen bei Laubenzedel erlegter Gänsegeier war aus der Gefangenschaft entkommen, wie die abgesägten Krallenspitzen bewiesen.

(Forstmeister Donle berichtet mir, dafs er im Jahre 1865 in dem Bureau des Forstmeisters v. Baumgarten in Kreuth ein Exemplar dieses Geiers gesehen habe, das nach eigener Erzählung der Förster Arnold im Dorfe Kreuth bei Tegernsee erlegt habe. — A. Wiedemann erwähnt, dafs in dem dem Regierungsbezirke Schwaben benachbarten Oberbayern aufser den oben erwähnten beiden Exemplaren von Dettenschwang und Jesenwang noch drei braune Geier zum Abschufs gekommen seien, ein altes ♀ im Oktober 1886 bei Rauhenzetl, unfern Immenstadt geflügelt und noch längere Zeit am Leben erhalten und im Juni 1887 ein altes ♂ bei Vorderburg in der Nähe des Grünten mittels eines Schrottschusses erlegt sei. — R. Bl.)

Genus 3. Gyps Savigny.

3. GYPS CINEREUS Sav.

Keyserling u. *Blasius*, Die Wirbeltiere Europas, I. S. 133. n. 4. — Verz. S. XXVII.

Naumann, Naturgeschichte der Vögel Deutschlands, I. S. 155. Taf. 1. — Fortsetzung der Nachträge S. 5.

Auch dieser Bewohner des Südens kommt auf seinen Streifereien zu uns und wurde öfter als der vorige in Bayern erlegt. Zwei Stücke wurden 1824 unweit München auf einem von der Isar ausgeworfenen Schafe geschossen, einer im Sommer 1849 bei Tirschenreuth in Niederbayern von einem Metzgerburschen in einem Getreideacker mit der Peitsche gefangen; andere wurden bei Amberg in der Oberpfalz (24. Mai 1844) bei Obersdorf und ♀ juv. bei Lintach (26. Mai 1868), in Oberfranken bei Bamberg, Bayreuth, Kronach (♂ Mai 1859 bei Steinwiesen), in Mittelfranken bei Erlangen (20. Mai 1868) und ein junges, teilweise schon mauserndes Männchen in Schwaben bei Adelsried, drei Stunden von Augsburg, am 2. Juni 1857 von einem Bauern auf dem Felde mit zwei Schüssen erlegt. Der letzt angeführte Vogel war so matt, dafs er sitzen blieb, bis der Bauer aus dem Hause ein Gewehr geholt hatte, liefs sich dann ziemlich nahe kommen, flatterte eine kurze Strecke weiter und setzte sich wieder auf den Boden. Tödlich verwundet, wehrte er sich noch tapfer mit Schnabelhieben.

Im Spessart soll der graue Geier in einzelnen Distrikten, z. B. im Forstrevier Rothenbuch, sonst so häufig gewesen sein, dafs ein Berg — Geiersberg — nach ihm benannt wurde. Noch im Jahre 1846 soll er daselbst anzutreffen gewesen sein. Selbst Behlen in seiner Topographie des Spessarts läfst ihn in den finsteren Wäldern dieses Gebirgsforstes hausen. Das alles ist Fabel.

In früheren Jahrhunderten, als die sanitätspolizeilichen Vorschriften über das Wegschaffen und Vergraben gefallener Tiere nicht mit der Strenge wie heutzutage gehandhabt werden konnten, dürften der braune und graue Geier öfter nach Bayern gekommen sein, als dies jetzt der Fall ist. Die sich noch zu uns verirren, sind gewöhnlich durch Hunger ermattet, des Fliegens nicht mehr mächtig und kommen elendiglich um.

(A. Wiedemann erwähnt, dafs im Jahre 1822 ein kleiner Flug Mönchsgeier in der Umgebung des Traunsees erschienen sei, dort einige Tage verweilt habe und dann spurlos verschwunden sei. — R. Bl.)

Der Geieradler, in Bayern einst »Jochgeier, Gambsgeier, Gemsgeier« geheifsen *(Gypaëtos barbatus* L.*)*, war einst eine Zierde unserer vaterländischen Fauna und noch zu Schrank's Zeiten in den achtziger Jahren des vorigen Jahrhunderts um Hohenschwangau, Ettal und Benediktbeuren nicht als äufserste Seltenheit vorhanden. Nach Prof. Dr. Wagler wurde 1827 ein altes Männchen bei Berchtesgaden geschossen, woselbst auch Schrank 1783 gleichfalls ein altes ausgestopftes Männchen sah. Seit etwa 50 Jahren ist dieser herrliche, freilich höchst schädliche Adler bei uns ausgerottet, während er aus Tirol, wo noch 1810 ein Paar erlegt wurde, schon früher verschwunden ist. Nach P. Th. A. Bruhin ist zwar der Lämmer- oder Jochgeier *(Gyp. barbatus)* auf den Hochalpen Vorarlbergs kein zu seltener Gast und hat auf dem hohen Iffer an der Grenze gegen das bayerische Algäu, wo jährlich Hunderte von Schafen gesommert werden, schon arge Verwüstungen unter den Schafen angerichtet, eine Angabe, welche auf einer Verwechslung mit dem Steinadler unseres Hochgebirges beruht, der nach dem Verschwinden seines gewaltigen Verwandten dessen volkstümliche Namen geerbt hat. Wegen des grofsen Schadens, den der Jochgeier dem Wildstand und Weidevieh zufügte, setzte die bayerische Regierung durch das allgemeine Schufsgeld-Regulativ in sämtlichen kgl. Leibgehegen und Reservejagden vom 4. Dezember 1812, durch das Regulativ der kgl. Hofjagd-Intendanz für die kgl. Leibgehege Berchtesgaden im Jahre 1818 und endlich durch Regulativ für alle auf kgl. Regie betriebenen Jagden für jeden eingelieferten Jochgeier eine Prämie von 4 fl. fest, während für einen Hirsch von 8 und mehr Enden 2 fl, für einen geringeren 1 fl. 30 kr Schufsgeld bezahlt wurde. Kein Wunder, dafs die Ausrottung des Geieradlers unserer Alpen in kurzem vollendete Thatsache war. Wenn er auch in früheren Zeiten nicht zu den Seltenheiten unseres Hochgebirges gehörte, so zahlreich war er gewifs nie, als man nach alten Angaben annehmen zu müssen glaubte; denn die Benennungen »Gams- und Lämmergeier« bezogen sich wohl damals schon grofsenteils auf den Steinadler, vielleicht auch auf den Gänsegeier *(V. fulvus)*.

(Nach A. Wiedemann wurde der letzte Bartgeier in Bayern 1855 bei Berchtesgaden von einem Jäger erbeutet. — R. Bl.)

2. Familie: Falken.

Genus 4. Falco L.

a) Edelfalken.

4. FALCO SUBBUTEO L.

Keyserling u. *Blasius*, Die Wirbeltiere Europas. I. S. 134. n. 6. — Verz. S. XXVIII.

Naumann, Naturgeschichte der Vögel Deutschlands I. S. 296. Taf. 26. — Nachtr. XIII. S. 108.

Weifsback, Weifsbäcklein, Baumfalke, Schwalben-, Lerchenfalke, Lerchengeier, Lerchenstöfser, Lerchenstöfsel, Lerchenstecher, Lerchenhäcklein.

Er kommt im März und April an, brütet in Feldhölzern und Vorwaldungen, zieht im September und Oktober wieder fort und bleibt einzeln, so lange noch Lerchen bei uns sind.

Riesenthal hält die Angabe eines Forstkandidaten, der im Kropf eines von ihm erlegten Lerchenfalken eine Maus fand, für einen ebenso seltsamen als merkwürdigen Fall. Ich kann versichern, dass sowohl ich, als auch mein Freund Herr Pelzhändler Joh. Friedr. Leu in Augsburg, für dessen Verlässigkeit ich einstehe, in erlegten Baumfalken Mäusereste gefunden haben, aufserdem meistens kleine Vögel, Baumpieper, Lerchen, Finken und Schwalben. Einmal sah ich, wie ein Weifsback einen jungen Staar, ein andermal, wie er einen dunkelfarbigen Strandläufer (*Totanus fuscus*) fing. Er nährt sich aber auch bekanntlich von Insekten, deren ich und meine Freunde folgende konstatierten: *Necrophorus vespillo, Geotrupes stercorarius, Spondylis buprestoides*, Schmetterlingen (*3 Tryphaena fimbria*), Libellen, Köcherjungfern, grofse fliegenden Ameisen (*Formica herculeana*), womit einst der Kropf und die Speiseröhre eines dieser Falken vollgepfropft war. Die Insekten fängt und verzehrt er, namentlich am Abend im Fluge, dürfte sie aber auch vom Boden aufnehmen, da ich einst in einem Magen neben vielen Insekten auch Steinchen und dürre Tannennadeln, Leu einmal einen weifsen Kiesel fast von der Gröfse einer Haselnufs fand. Der Mageninhalt eines von dem Fälklein verzehrten hühnerartigen Vogels könnten die Steinchen und der Kiesel gewesen sein, die Tannennadeln jedoch nicht. Diese wurden wohl im hastigen Haschen nach dem *Spondylis* zufällig mit aufgenommen und hinabgewürgt.

5. FALCO PEREGRINUS Briss.

Keyserling u. *Blasius*, Die Wirbeltiere Europas. I. S. 134 n. 7. — Verz. XXVIII.

Naumann, Naturgeschichte der Vögel Deutschlands. I. S. 285. Taf. 24. — Nachtr. S 106.

Der Wanderfalke ist auf dem Frühjahrs- und Herbstzug bei uns nirgends selten, in wasser- und entenreichen Gegenden sogar eine ziemlich gewöhnliche Erscheinung. Gewöhnlich erscheint er im März und April und wieder im Oktober und November, da, wo er nicht brütet, selten schon um die Mitte August und Anfang September. Die bei uns im Winter gesehen werden, scheinen nordische Zuzügler zu sein. Im Dezember 1875 konnte man jeden Tag ein Paar dieser Falken zur Mittagszeit hoch in den Lüften über dem Hallplatze in Nürnberg wahrnehmen, wie es den günstigen Augenblick ablauerte, um, pfeilgeschwind herabsausend sich seine Beute aus der Schar von Tauben zu holen, welche die bei Abhaltung der Getreideschranne abgefallenen Körner auflasen. Im bayerischen Hochgebirge horstet er, wie ein am 23. Mai 1862 bei Hohenschwangau erlegtes altes Weibchen der Augsburger Sammlung[1]) beweist, das von einer unzugänglichen Felswand, worin der Horst stand, herabgeschossen wurde. Im Hochgebirgs-Vorlande, am Oberlech, auf der Münchener Hochebene und in der Gegend von Augsburg, Ingolstadt etc. werden deshalb Ende April und Anfang bis Ende Mai noch einzelne alte und in den Sommermonaten besonders junge Vögel gar nicht ungewöhnlich erlegt. Nach A. v. Homeyer horstet er auch alljährlich in einigen wilden Felspartien Rheinbayerns und wurden nicht blofs alte Vögel bei den Horsten erlegt, sondern auch 1858 mehrere Horste ausgemacht. Ob er im Steigerwalde und Spessart, wie behauptet wird, wirklich brütet, kann ich nicht verbürgen. Dafs er in früheren Jahrhunderten im Fichtelgebirge, in Ober- und Niederbayern Standvogel war, steht urkundlich fest.[2])

[1]) Daselbst sah ich auch ein in der Nähe der Stadt am 11. August 1864 geschossenes Männchen, welches so grofs ist als das stärkste Weibchen. Das Geschlecht wurde durch die Sektion festgestellt.

[2]) 1486 erhielten die Wildmeister des Fürstentums Bayreuth ober dem Gebirge Befehl, die Blaufüfse (hierunter kann ein anderer als der Wanderfalke nicht wohl verstanden worden sein) nicht zu vertreiben. Die brandenburgisch markgräfliche Waldordnung auf dem Gebirg vom Jahre 1574 verordnet tit. LXXXV von Federspielen Wir haben bisher vielfältig erfahren,

In den Kröpfen und Mägen erlegter Wanderfalken fanden ich und Leu die Reste von Feldlerchen, Piepern, Staaren, Haus-, Hohltauben und Rebhühnern; in grossen Weiherlandschaften sah ich sie auf Stock, Pfeif- Krick-, Knäk-, Spiefs- und Moorenten, auch auf Kiebitze Jagd machen und fand auf den Weiherdämmen oftmals die Gerippe dieser Vögel. Ein im Herbst 1879 in hiesiger Gegend gsschossenes Männchen hatte den Kropf prall vollgestopft mit dem Fleisch eines Rebhuhns; im Magen fand sich dessen Fufs, viele Federn und Fleischteile einer Dohle und ein geballtes Gewöll aus Mäusehaaren, das mit dem verspeisten Magen der Dohle in den des Falken gekommen war.

6. FALCO GYRFALCO L.

Naumann, Naturgeschichte der Vögel Deutschlands. XIII — Fortsetzung der Nachträge. S 22, Taf. 391

Ein nordischer, höchst seltener Gast. In dem Besitze des früheren Universitäts-Quästors Handschuch in Erlangen sah ich ein Ölgemälde, worauf ein junger, in Mittelfranken erlegter Gyrfalke in Lebensgzösse mit nachstehender Unterschrift vortrefflich abgebildet ist: »Dieser hier befindliche, wilde, rothe, nordische Göhrfalk ist den 17. November 1790 zwischen Neuses und Ohrenbau[1]), als dieser Falke einige Feldhühner verfolgte, von dem Jägerburschen Namens Johann Wilhelm Hüttlinger geschossen und wegen seiner Seltenheit, einen solchen wilden nordischen Falken hier zu Land zu sehen, ausgestopft und hernach abgemalt worden«. Dafs es kein entflogener Beizvogel war, geht aus diesen Worten und aus dem Umstande unzweifel-

---

dass der Habichte und Blaufüsse »Gestädt und Genist« von Mutwilligen verderbt, ausgenommen und die Bäume umgehauen werden, also dass dergleichen Federspiel je länger je weniger befunden wird. Das sollen Unsere Forstmeister und Knechte abstellen und fürkommen. Alle Blaufuss, Habichte und Habichtlein sollen zu unserer Falkner Händen und sonst Niemands geantwortet werden.« Durch die Jagdordnung für die Fürstentümer Ober- und Niederbayern vom Jahre 1616 waren die Falken und Blaufüsse für die fürstliche Jagdbelustigung vorbehalten; alle anderen Raubvögel durften zu allen Zeiten des Jahres auf jede Art erlegt werden.

[1]) Bei Triefsdorf, der Winterresidenz des letzten Markgrafen von Brandenburg-Onolzbach-Bayreuth.

haft hervor, dafs der genannte Jägerbursche (er diente während 61 Jahren unter 6 Fürsten und starb als der letzte markgräfliche Forstbedienstete hochbetagt 1851 in Triefsdorf) als am Sitze des fürstlichen Hofes angestellter Beamte, sowie dessen noch lebender Vater, der Wildmeister und Oberpiqueur Joh. Mich. Hüttlinger, davon Kenntnis gehabt hätte, wenn der markgräflichen Falknerei in Triefsdorf ein so edler Vogel entflogen gewesen wäre. Übrigens bestand damals ausser im Ansbacher Fürstentum an sämtlichen deutschen Fürstenhöfen die kostspielige Falkenjagd längst nicht mehr. Im Markgraftum Bayreuth war sie unter Markgraf Friedrich 1748, in Württemberg unter Herzog Eberhard Ludwig bereits 1714 eingegangen.

Der vorletzte Markgraf von Ansbach, Karl Friedrich Wilhelm (1729—1757), ein leidenschaftlicher Jäger und einer der gröfsten Falkonierer, die je gelebt, hielt sich wegen der Falkenjagd und Reiherbaize vorzugsweise in Gunzenhausen auf und unter ihm wurde die Falkenjagd mit einem mehr denn fürstlichen Luxus betrieben. 1757 bestand die Falkenjägerei aus nachstehendem Personal: 1 Oberstfalkenmeister, 1 Falkenjunker, 1 Falkenpage, 1 Falkensekretär, 1 Falkenkanzlist, 1 Reihermeister, 1 Krähenmeister, 2 Milanenmeister, 3 Meisterknechte, 12 Falkenknechte, 2 Reiherwärter und 16 Falkenjungen. 1730 betrugen die auf die Falknerei zu Triefsdorf, ihrem damaligen Hauptsitz im Fürstentum Brandenburg-Onolzbach, und auf die gleichem Zweck gewidmeten Gebäude und Einrichtungen zu Weidenbach, Merkendorf, Wassertrüdingen, Gunzenhausen, Cadolzburg und Ansbach erwachsenen Ausgaben 10.619 Gulden, im Jahre 1746 aber 43.993 Gulden = 75.416 ℳ 57 ₰. Unter Markgraf Alexander, welcher 1791 der Regierung entsagte und sein Land an Preufsen abtrat, bestand 1773 ein Obristfalkenmeister, 1 Milanenmeister, 1 Falkoniermeister, 2 Meisterknechte, 2 Falkonierknechte und 2 Reiherwärter.

Der isländische Edelfalke soll sehr selten am Bodensee erscheinen. Landbeck will ihn in Württemberg auf dem Schwarzwald gesehen haben und nach Walchner soll er im Hegau und in den Waldungen um den Hohenstoffeln und Hohenkrähen bisweilen gefunden werden. Solche Angaben verdienen keinen Glauben. Unter Herzog Johann Friedrich von Württemberg wurde jedoch als Seltenheit ein »weifser Gerfalke« gefangen, eine Nachricht, auf welche Verlafs ist, weil damals jeder Falkenknecht besser wufste, was ein Gerfalke sei, als heutzutage mancher gelehrte Ornithologe. Fraglich bleibt freilich, ob jener Falke ein *Falco candicans Gmel.* oder ein *arcticus Holb.* war

7. FALCO LANIARIUS L.

Keyserling u. *Blasius,* Die Wirbeltiere Europas. I. S. 135 n. 10. — Verz. S. XXVIII.

Naumann, Naturgeschichte der Vögel Deutschlands. I. S. 279. Taf. 23. — Nachtrag XIII S. 98.

Ein höchst seltener Gast aus dem Südosten. Graf von der Mühle vermuthete, der Würgfalke möchte im Bayerischen Walde, vielleicht am Regen, vorkommen, weil er sich im benachbarten Böhmen als Standvogel findet, an den felsigen Moldauufern horstet und nachweislich auch schon bei uns auf dem Zuge geschossen worden ist. Bestätigt hat sich diese Vermutung bis jetzt nicht. In früheren Zeiten soll er an verschiedenen Orten Bayerns, wie auch in Hessen, Sachsen, im Hennebergschen und Hohenloheschen gehorstet haben, wie man aus den oben bei dem Wanderfalken aufgeführten fürstlichen Verordnungen abnehmen will. Es ist nur aber nicht mehr nachzuweisen, ob man unter dem »Blaufufs« ausschliefslich den Würgfalken und nicht auch, wie noch heute, den jungen Wanderfalken verstand, welch letzterer ·in jenen Mandaten allein gemeint sein dürfte. Ein schöner Würgfalke in der Sammlung des zoologisch-mineralogischen Vereins zu Regensburg wurde in der Gegend von München geschossen. Vielleicht kommt er öfter bei uns vor, wird aber mit dem jungen Wanderfalken verwechselt.

8. FALCO AESALON L.

Keyserling u. *Blasius*, Die Wirbeltiere Europas. I. S. 135. — Verz. S XXVIII.

Naumann, Naturgeschichte der Vögel Deutschlands. I. S. 303. Taf. 27. — XIII. Nachträge. S. 109.

Zwerggeierlein, blauer Stöſser, Schmerlein.

Ziemlich selten auf dem Herbst- und Frühjahrstriche, sowie in den Wintermonaten. Er kommt Ende September und im Oktober und zieht gewöhnlich Anfang März wieder fort. Einzelne wurden noch bei Gunzenhausen und Ansbach am 19. und 22. April, am 11. August 1880 ein junges, und am 15. Mai 1881 ein altes Weibchen bei Augsburg (Gersthofen) erlegt und in Privatsammlungen sah ich zwei dieser Falken, von denen der eine im Juli 1847 bei Neustadt a. A., der andere im Fichtelgebirge bei Leupoldsdorf am Fuſse des Schneebergs, wie sein Besitzer versicherte, vom Horste herabgeschossen wurde. Beide waren schöne alte Männchen. Herr Leu erhielt in den Jahren 1849 bis inkl. 1878 und zwar in der Zeit vom 16. Oktober bis 2. März 21 Merline, darunter 17 aus den Umgebungen von Augsburg. In dem sehr kalten Winter 1829/30 wurde ein junger Merlin in einem Saale des herzoglich Leuchtenbergschen Schlosses zu Eichstädt bei allzu hitziger Verfolgung eines Sperlings gefangen. Im Spessart, bei Aschaffenburg, Schweinfurt und im Steigerwalde wurde er mehrfach erlegt, auch im Herbst in Vogeldohnen gefangen.

b) *Rotfalken.*

9. FALCO VESPERTINUS L.

Keyserling u. *Blasius*, Die Wirbeltiere Europas, I. S. 136. — Verz. S. XXIX.

Naumann, Naturgeschichte der Vögel Deutschlands, I S. 311 Taf. 28. — Nachträge XIII. S. 112. — Fortsetzung der Nachträge S. 27.

Im Frühjahre, und zwar in der zweiten Hälfte des April und Anfang Mai, gewöhnlich erst in dessen letzter Hälfte, kommt der Rotfufsfalke einzeln oder in Truppen regelmäfsig auf der Wanderung bei uns durch und ist dann in manchen Gegenden lange nicht so selten, als gewöhnlich angenommen wird. Auf der Herbstwanderung dagegen im September und Anfang Oktober macht er sich weniger bemerkbar; doch wurden im Herbst 1854 auf Aufhütten bei München zwei Männchen und ein Weibchen, im September 1855 bei Memmingen (Ungerhausen) ein junges Männchen geschossen und im Herbst 1832 auf einem Vogelherde bei Nürnberg ein junges Männchen gefangen Um München wird er nach von der Mühle auf Krähenhütten alle Jahre erlegt, und auch Professor Wagler hat ihn dort öfters beobachtet. Neuerdings wurde er im Berchtesgadenschen bei Schellenberg und in zwei Exemplaren (♂♂) auf dem Wolfszahn bei Augsburg am 24. Mai 1880 geschossen.

Herr Leu erhielt in 19 Jahren 11 Stücke, lauter alte Vögel, 5♂ und 6♀, von Ingolstadt, Günzburg a. D., Augsburg (Lechfeld, Haunstetten, Gersthofen) und von Fischen im Algäu; ich selbst sah in vaterländischen Sammlungen Exemplare, die bei Eichstädt, Ramspau in der Oberpfalz, bei Erlangen und am Hohenlandsberg in Mittelfranken geschossen sind, und beobachtete ihn mit meinen verlebten Freunden den Dr. Dr. Sturm in Nürnberg während 20 Jahren vielfach an dem dortigen Dutzendteich. Wir trafen ihn da — unvergeſsliche Genüsse! — mehrfach zugleich mit anderen Seltenheiten, *Larus minutus* und *Sterna leucoptera*, besonders in den Abendstunden in Gesellschaften zu 3, 5, 8 und 20 Stücken an, wie er über dem Hauptteiche, über angrenzenden nassen Wiesenflächen und am Waldesrande nach Insekten jagte und dabei so wenig scheu war, daſs er ganz nahe an die Beobachter herankam. Auch bei Trieſsdorf sah ich Ende April 1863 über einer Wiesenfläche bei Heglau, welche bis Walpurgis als Mühlweiher benutzt wird, fünf Rotfuſsfalken abends 5 Uhr nach Insektennahrung jagen. In den Mägen erlegter fanden wir Mäuse, Käfer, besonders Maikäfer und Säbelheuschrecken.

Es ist nicht unwahrscheinlich, daſs einzelne Paare bei uns nisten. Herr Dr Max Gemminger in München sah im Juli 1852 ein Männchen dieses Falken am Sendlinger Wirtshause vorüberfliegen; Herr Leu erhielt aus der Umgegend von Augsburg ein altes Weibchen am 10. Juni 1871 und am Dutzendteich bei Nürnberg wurden von den Brüdern Sturm zwei Paare Anfang Juni 1853 und drei Stücke am 25. Juni 1861 angetroffen, von welchen ein Pärchen bis Mitte Juli häufig gesehen wurde und in der Gegend gehorstet haben dürfte.

(Link schreibt mir aus Burgpreppach: „Am 10. Mai 1890 wurden zwei Exemplare in der Nähe von Sulzdorf an den Hassbergen beobachtet und eines derselben erlegt«. — P. Kästner macht folgende Mitteilung: »Am 2. August 1890 ein Männchen in der Nähe des Quellhofes bei Bayreuth, abends 8 Uhr auf einer nassen Wiese immer wieder nach derselben Stelle fliegend, so wenig scheu, daſs ich bis auf zehn Schritte nahe kommen konnte«. — Nach A. Wiedemann wurden in Augsburg von 1854—1890 im ganzen 14 Vögel dieser Art präpariert, die meisten vom Lechfelde bei Haunstetten und Augsburg, die übrigen von Günzburg a. D. bei Ulm und von Gersthofen. 1888, 10. Mai, wurde ein junges Paar (♂ und ♀) im Übergangskleide in der Nähe von Augsburg erlegt, 1888, 12. Mai ein ♂ bei Mering und am 13. September 1889 ein junges ♂ bei Buchloe. — Donle erzählt, daſs er sie öfters im Frühjahr auf dem Dutzendteiche bei Nürnberg beobachtet und erlegt habe und daſs sie dort die häufig vorkommenden Eintagsfliegen gefangen hätten. — J. Hellerer schreibt mir, daſs in den letzten Jahren in der Umgegend von München geschossen wurden: am 14. Mai 1887 ein junges ♀, am 10. Mai 1887 ein altes ♂ und am 15. September 1890 ein junges ♂. — R. Bl.)

10. FALCO CENCHRIS Naumann.

Keyserling u. *Blasius*, Die Wirbeltiere Europas. I. S. 136. — Verz. S. XXIX.
Naumann, Naturgeschichte der Vögel Deutschlands. I. S. 318. Taf. 29. — XIII. Nachträge S. 116.

Ein Männchen dieses südlichen, bei uns höchst selten erscheinenden Falken, bei welchem auch das Weibchen gesehen wurde, erlegte im Mai 1840 der jetzige kgl. Oberförster E. Wich zu Erlangen, eine Stunde von da im Walde bei Möhrendorf. Dasselbe steht ausgestopft in der Naturaliensammlung der dortigen Universität. Auch in der Rheinpfalz soll er schon vorgekommen und nach Landbeck sollen am Bodensee oder in dessen Nähe junge Rötelfalken erlegt worden sein.

(Forstmeister Donle aus Schwabach schreibt mir, daſs er den Rötelfalken brütend im Reichswalde bei Erlangen beobachtet und auch einige Exemplare geschossen habe, zuweilen habe er ihn auch bei Schwabach beobachtet. — R. Bl.)

11. FALCO TINNUNCULUS L.

Keyserling u. *Blasius*, Die Wirbeltiere Europas. I. S. 136. n. 15 — Verz. S. XXIX.
Naumann, Naturgeschichte der Vögel Deutschlands. I. S. 323. Taf. 30. — XIII. Nachtr. 120.

Rötel-Rüttelgeier, Rötelgeierlein, Turmsperber.

In ganz Bayern in Feldhölzern, felsigen Fluſsthälern, in Städten und Dörfern da und dort auf Kirchtürmen, Rathäusern, alten Schlössern etc., ein gewöhnlicher Raubvogel, nistend nicht bloſs auf Bäumen der Vorhölzer, sondern auch mitten in groſsen Städten (München, Augsburg, Würzburg) auf hohen altertümlichen Gebäuden, öfters sogar gesellig mit der eigenen Art oder mit anderen Vögeln. In einem kleinen Feldhölzchen fand Professor Wolf in Nürnberg bei sieben Nester des Turmfalken; ich selbst kannte ein kleines Feldholz im Nürnberger Reichswalde, mit sehr vielen alten Stämmen, in welchen Blauracken, Hohltauben, Grünspechte, Pirole und rotköpfige Würger auf verhältnismäſsig beschränktem Raume friedlich zusammen mit einem Turmfalkenpaar wohnten. Er zieht zum Teil im Spätherbst (November und Dezember) von uns fort und kommt zeitig im Frühjahr (März und April) wieder. In gelinden Wintern nicht blofs, und wenn es viele Mäuse auf den Feldern gibt, bleiben nicht wenige, meistens Männchen, ganz da, sondern sogar in Wintern, in denen die Brunnen einfrieren und der Schnee so tief liegt, dafs mit Schneeschlitten Bahn gemacht werden mufs. Hier in Windsheim bleiben sie überhaupt, auch im härtesten Winter, wie 1879/80 Jahr für Jahr.

Herr Leu in Augsburg, ein warmer Verteidiger der Turmfalken gegen die Anschuldigung, dafs sie Tauben töten, stopfte und untersuchte auf den Magen-Inhalt in acht Jahren 210 Stück derselben und fand in ihnen die Reste von Feldmäusen, Buchfinken, Sperlingen, Stieglitzen, Zeisigen, Goldammern, Blaumeisen, Heuschrecken, Feld- und Maulwurfsgrillen und allerlei Käfer, besonders Maikäfer. Im März und April 1865 war bei viel Schnee der Boden hart gefroren und litten alle Vögel Not. Man fand tote und halbverhungerte Drosseln, Staare, Kiebitze und grofse Brachvögel. Daher kam es, dafs sich die ebenfalls hungernden Turmfalken an die entkräfteten Vögel machten und sie ohne Mühe fingen, sogar Krammetsvögel und, wie ich zur nämlichen Zeit beobachtete, Grünspechte. Als der Schnee und die Kälte geschwunden war, kümmerten sich die Turmfalken um die kleinen Vögel nicht mehr, sondern fingen Mäuse, später Reptilien, Maikäfer, Grillen u. s. w. Nur einmal, am 25. Juni 1857 erhielt Freund Leu einen jungen in einem Taubenschlage gefangenen Turmfalken, der nach und nach vier junge Tauben erwürgt hatte und nach vorgenommener Sektion des Reates schuldig gesprochen werden mufste. Ich selbst habe zu Sommersdorf, nahe an dem ruinösen Schlosse wohnend, auf welchem zwei Paare dieser Falken brüteten, niemals einen Verlust an meinen Haustauben erlitten. Diese waren so sehr an die Fälklein gewöhnt, dafs sie von ihnen niemals, weder sitzend noch fliegend, Notiz nahmen; nur Staare, Schwalben und Bachstelzen schlugen Lärm, wenn einer der Turmfalken in Sicht kam, und verfolgten ihn schreiend oder singend. Ein Nachbar zog jährlich eine Anzahl gekaufter eben ausgeschlüpfter Gänschen mutterlos auf, die auf einem Wiesenfleck hinter dem Schlosse erwuchsen und halbe Tage ohne Aufsicht waren. Neben einem kleinen Wassertümpel und der Futterschüssel war ein Stock in die Erde gesteckt und darüber als Scheuche irgend ein Kleiderfetzen gehängt; die Turmfalken flogen über ihnen ab und zu und trieben auf den Schlofsgebäuden und den daranstehenden Eichen ihr munteres Wesen, ohne je einem der kleinen Geschöpfe ein Leid zu thun. Ich habe viele Hunderte von Gewöllen untersucht, die ich an den Horsten sammelte, und die Befunde des Herrn Leu bestätigt gefunden. Aufser den von ihm genannten Nahrungsgegenständen unseres Falken dürften nur noch zu erwähnen sein: *Arvicola glareolus*, *Pyrrhula vulgaris*, *Lacerta agilis* (häufig) und von Käfern *Cicindela*, *Carabus*, *Omascus*, *Poecilus*, *Geotrupes*, *Melolontha*, und *Anisoplia*. Einmal überraschte ich einen Turmfalken, wie er einen Sperling fing und rupfte und bei meiner gröfseren Annäherung mit ihm fortstrich. Ich wollte mich über die Nahrungsweise dieses Falken eingehend äufsern, weil es nach Blas. Hanf nur Flugübungen sein sollen, wenn er auf kleine Vögel stöfst, und weil auch A. E. v. Homeyer den Turmfalken nie einen Vogel hat fangen und verzehren gesehen.

Die Dohlen machen ihm die Nistplätze streitig und jagen ihn weg.

Genus 5. Pandion Savigny.

12. PANDION HALIAËTOS L.

Keyserling u. *Blasius*, Die Wirbeltiere Europas. I. S. 136. — Verz. S. XXIX.

Naumann, Naturgeschichte der Vögel Deutschlands. I. S 241. Taf. 16. — XIII. Nachtr. S. 87. — Fortsetz. d. Nachtr. S. 13.

Der Flufsaar, in Bayern *Weifsbauch*, *Fischadler*, *Fischhacht*, *Fischgeier*, *Fischweih*, *Wasseradler* und *Blaufufs* geheifsen, kommt zu uns, wenn die Gewässer eisfrei geworden sind, im März und April, horstet in unseren grofsen Waldungen, fängt im August zu streichen an und zieht im September und Oktober fort. Einzelne sieht man noch im November, sogar noch später, wie denn Herr Leu ein junges Männchen noch am 20. Januar 1865 von der schwäbischen Donau bei Leipheim erhielt. In den weiherreichen Strichen der Oberpfalz und des südlichen Oberfrankens ist er eine gewöhnliche, in wasserarmen Gegenden eine seltene Erscheinung. Er horstet auf hohen wipfeldürren Eichen, Tannen und Föhren gewöhnlich in der Nähe grofser Teiche und fliessender Gewässer und kehrt jährlich zum alten Horste zurück, bis unter der Last des sich immer vergröfsernden Baues die stützenden Zacken brechen und der Horst sich neigt oder herabstürzt. Da er auf hohe alte Stämme, sogenannte Holländer, angewiesen ist, wechselt sein Sommeraufenthalt infolge des jetzigen Forstbetriebs vielfach. Vor 30 bis 40 Jahren kannte ich verschiedene Brutpaare in den Revieren Feucht, Altenfurth, Fischbach und Röttenbach des Reichswaldes bei Nürnberg und fing auf einem Horste am 25. Mai, nachdem ich vier Tage vorher ein bei zwei zarten Nestlingen liegendes Ei mit darin enthaltenen lebenden Jungen weggenommen hatte, das alte Weibchen.

Er ist manchmal aufserordentlich dreist. Ich sah ihn einst im Herbst bei dem Fischen des Dutzendteichs bei Nürnberg, als die auf mäfsiger Fläche zusammengedrängten Karpfen schnalzend und mit den Rücken aus dem wenigen Wasser hervorragend höchst verlockend in buntem Gewühle sich zeigten, bis auf Schufsweite an die Fischer und die zahlreichen Zuschauer herankommen, über denen er, nachdem der Schwarm der Sackfischer, arme Leute, Nachlese halten durften, zuletzt noch lange Zeit hoch in den Lüften sehnsüchtig kreiste.

Seine Liebe zu der jungen Brut ist grofs. 1876 brütete wie seit langen Jahren ein Paar auf der Revier Denkendorf im Köschinger Forst auf einer gipfeldürren alten Eiche in einem Fichten- und Buchenstangenorte. Am 5. August waren die Jungen flügge und sehr flugfähig und wurden die beiden alten Adler innerhalb einer halben Minute von einer dem Horste benachbarten Eiche herabgeschossen. Der Umstand, dafs der zweite Alte trotz dem Schusse und dem von den Schützen gemachten Geräusch unter heftigem Geschrei zugestrichen kam und auf der nämlichen Eiche aufbaumte, dürfte von der grofsen Sorgfalt dieser Adler für ihre Jungen zeugen; denn es hat doch wohl nur die Rücksicht für die in Gefahr befindlichen Jungen das kühne Heranstürmen des zuletzt erschossenen Alten veranlafst. Jenes Weibchen, das ich im Nürnberger Reichswalde fing, kam zu seinen zarten Jungen, nachdem der Fangapparat auf den Horst gelegt war, zwei Stunden lang nicht zurück; sein scharfes Gesicht gewahrte die Schlingen und wohl auch einen der fünf im dichten Jungholz verteilten Männer; erst ein heftiger, unter schweren Donnerschlägen und vielen Blitzen niedergehender Gewitterregen trieb die treue Mutter zu ihren Kindern und in die Gefangenschaft.

Aufser in den genannten Gegenden brütet er zur Zeit noch im bayerischen Schwaben an der Donau bei Günzburg, in

Oberbayern bei Ingolstadt, bei Regensburg, im Veldensteiner Forst in Oberfranken und in Niederbayern bei Zwiesel.

Als ein kräftiger Vogel übersteht er sehr schwere Verwundungen. Bei dem Präparieren des mehrgenannten von mir gefangenen Weibchens fand ich einen alten Schufs, der die Speiche des Unterarms in der Mitte einen Zoll breit zerschmettert hatte. Armknochen und Wunde war geheilt; am Knochen waren zwei Stücke platt geschlagenen groben Schrotes verwachsen. Am 5. November 1847 wurde ein Fischadler vom Storchnest der Kirche zu Ettenbeuren in Schwaben herabgeschossen, dem früher der Unterschenkel abgeschossen und in einem stumpfen Winkel wieder zusammengeheilt war.

Genus 6. Circaëtos Vicill.

13. CIRCAËTOS GALLICUS I. Fr. Gmel.

Keyserling u. *Blasius*, Die Wirbeltiere Europas. I. S. 137. n. 19. — Verz. S. XXIX.

Naumann, Naturgeschichte der Vögel Deutschlands. I. S. 236 Taf. 15. — XIII. Nachtr. S. 84. — Fortstzg. der Nachtr. S. 12.

Seit Professor Wolf diesen sehr sporadisch verbreiteten, einsam lebenden Adler am 25. April 1801 im Laurenziwald bei Nürnberg gefunden hat, ist derselbe in dortiger Gegend nicht mehr gesehen worden. Sonst wurde er in verschiedenen Gegenden Bayerns erlegt, in Oberbayern am Ammersee (2. Juli 1853), bei München (November 1860), ein altes weibliches Prachtexemplar im Besitze des Generals von der Tann bei Aichach (Scherneck am 25. September 1875), im Algäu bei Weiler (Schönau am 24. Mai 1851), bei Kaufbeuren (Benken am 31. Juli 1868), in der Oberpfalz bei Bodenwöhr, im Fichtelgebirge bei Selb (Schwarzenhammer). In Unterfranken wurde er früher öfter in der Gegend von Aschaffenburg und im Spessart wahrgenommen, jedoch in neuerer Zeit nicht mehr. In Rheinbayern horstet er nach A. v. Homeyer in zwei bis vier Paaren; Konservator Plouquet erhielt von dort ein Paar erlegte Schlangenadler, die wenige Stunden oberhalb Weifsenburg regelmäfsig horsteten, samt ihrem einzigen Jungen. Der Schütze fing auch einen andern derartigen Adler am Horste mit Leimruten. Das im Algäu erbeutete Exemplar safs bei sehr regnerischem Wetter auf einem Gartenzaun, konnte sich nur wenig erheben, liefs sich sofort wieder auf dem Boden nieder, wurde von Bauernknaben mit einer Schürze zugedeckt und so mit leichter Mühe gefangen. Es war ein junges abgemagertes Weibchen, ganz entkräftet und mit leerem Magen. In dem bei Nürnberg erlegten Schlangenadler fand Wolf eine *Coronella austriaca,* Leu in einem alten Männchen dieselbe Natter, aufserdem Blindschleichen, Käfer und Ameisen.

(Dr. W. Medicus schreibt mir aus Kaiserslautern, dafs der letzte Schlangenadler im April 1884 im Lambrechter Thale bei Neustadt von Fabrikant Engelmann geschossen sei. Nach W. Heusler aus Speyer a. Rh. wurde er im Jahre 1889 einmal dort beobachtet. In der Hinterpfalz ist derselbe häufiger, er brütet in der Gegend von Dahn, wo im Jahre 1887 zwei Exemplare erlegt wurden. — J. Hellerer theilt mir mit, dafs am 26. Oktober 1889 von dem Bürgermeister in Lorenzenberg bei Grafing ein ♂ geschossen wurde. — R. Bl.)

Genus 7. Pernis Cuv.

14. PERNIS APIVORUS, L.

Keyserling u. *Blasius,* Die Wirbeltiere Europas. I S. 137. n. 21. — Verz. S. XXIX.

Naumann, Naturgeschichte der Vögel Deutschlands. I. S. 367. Taf. 35 und 36. — XIII. Nachtr. S. 144. — Fortsetzg des Nachtr. S. 28.

Wespengeier, Bienenweih, Honig-Froschgeier.

Der Wespenbussard kommt bei uns einzeln schon im März (ich notierte den 9., 13. und 23. d. M.), gewöhnlich erst im April an, ist in Feldhölzern, wenn auch nicht gemein, doch gar nicht selten, in manchen Gegenden nicht viel seltener als der gemeine Mäusebussard, horstet auf Fichten, Föhren, Eichen und Buchen und zieht im September und Oktober wieder weg. Von 1852 bis 1879 stopfte Leu 61 Wespenbussarde, die ihm meistens aus Schwaben, auch aus den Algäuer Bergen zugekommen waren. In den Kröpfen und Mägen fanden ich und meine Freunde Mäuse, Nestvögel, Nattern, Blindschleichen, gemeine und safranbäuchige Eidechsen, einmal 30 Stück junge und alte Frösche, Wespen und deren Brut, Grillen, Heuschrecken, von denen öfter die Magenhaut schön grasgrün gefärbt erscheint, Käfer[1]), besonders Maikäfer nnd Raupen in Menge. Professor Wolf erhielt zwei dieser Bussarde, von denen der eine am Dutzendteich bei Nürnberg über einem Raubanfall auf eine Haushenne, der andere über der Plünderung eines Eichelhähernestes geschossen wurde, von dessen sieben Eiern er drei zerbrochen und ausgefressen hatte. Bei Augsburg wurde einer bei der Beraubung eines Singdrosselnestes erlegt. In seinem Gefieder lebt *Ornithomyia avicularia,* in der Bursa Fabricii ein *Distomum.*

Genus 8. Buteo Bechstein.

15. BUTEO VULGARIS, Bechst.

Keyserling u. *Blasius*, Die Wirbeltiere Europas. I. S. 137. n 22. — Verz. XXX.

Naumann, Naturgeschichte der Vögel Deutschlands. I. S. 346. Taf. 32 und 33. — Nachtr. XIII. S. 137.

Mausgeier, Mäusebussard, Mauser, Maushack, Stockmauser, Waldgeier, die schwarze Varietät *Rufsgeier.*

Die ganz weifse Varietät ist in Franken schon öfter vorgekommen. Winckell sah in der Rhön bei Brückenau eine Abänderung mit reinweifsem Ober- und Unterleib mit gewöhnlich gefärbten Flügeln und Schwarzfedern, ich einen einfarbig gelblichweifsen mit starkem rostgelben Anflug auf den Flügeln im Nürnberger Reichswalde.

In unseren Feldhölzern und gröfseren Waldungen ist der Mäusebussard allenthalben der gemeinste Raubvogel. Die bei uns brütenden Paare ziehen im Spätherbst wahrscheinlich alle nach dem Süden, weil man sie im ersten Frühjahre (Februar und März) zahlreich zurückkehren sieht. Die den ganzen Winter auch bei grofser Kälte bei uns vorhandenen Bussarde mögen zum Teil wenigstens Gäste aus dem Norden sein. Es sind das Verhältnisse, über die man nie zu völliger Gewifsheit kommen wird. Man soll zwar die Standbussarde im Fluge von dem Passanten leicht unterscheiden können, wie ein Herr E. v. Wolffersdorf in der Illustrierten Jagdzeitung 1879, S. 128 behauptet. Das

---

[1]) Kleinkäfer wie *Otiorhynchus ovatus* und *Hister* kommen wohl nur in dem Magen eines von ihm verspeisten Frosches oder Reptils in den seinigen.

Gefieder dieser Vögel variiere nämlich so, daſs bei einiger Aufmerksamkeit einige Merkmale genügen sollen, einen mehrere Male gesehenen wieder zu erkennen. Auſserdem benützten die Standvögel einen angenommenen Luftweg immer wieder und seien zu gewissen Tageszeiten auf bestimmten Strecken zu treffen, was die Feststellung ihrer Identität besonders erleichtere. Überzeugende Gewiſsheit ist jedoch auf diesem Wege, wie bisher, so auch später nicht zu erlangen.

Der Landwirtschaft ist der Bussard nützlich, der Jagd aber gewiſs schädlich, besonders im Winter und zur Brutzeit. Doch wird seine Gefährlickeit auch stark übertrieben; hat doch O. v. Krieger[1]) neuerdings versichert, daſs der Schade, den der Bussard anrichte, unendlich gröſser sei, als der Nutzen, welchen er durch Wegfangen von Mäusen bringen soll, da er seinen Jungen nur nützliche Geschöpfe zutrage. Ein Recensent dieser Schrift in Danckelmanns Zeitschrift für Forst- und Jagdwesen 1879 S. 135 bemerkt hierzu, der praktische Jäger und Forstmann, der das Treiben des Bussards, dieses stillen, scheinheiligen Unholds, täglich (?) vor Augen habe, urteile eben anders, als der einseitige Naturforscher, der seine Schlüsse nur aus dem Magen ziehen könne. Nun hat aber auch v. Kr., woran er sehr wohlgethan, seine Schlüsse aus dem Magen gezogen; denn er sagt ausdrücklich, daſs er unter den Hunderten von Bussarden, deren Kröpfe und Magen er geöffnet, weniger Mäuse als andere Geschöpfe gefunden habe, zu denen im Frühjahr besonders Regenwürmer, Schnecken und Engerlinge gehörten. Leu in Augsburg stopfte und untersuchte auf die in ihnen vorfindlichen Nahrungsmittel in acht Jahren 325 zu allen Jahreszeiten gelieferte Bussarde, von denen etliche halb oder ganz verhungerte nichts im Magen hatten, und fand in dreien je ein Häschen, wieder in dreien zwei Staare und einen Eichelhäher und in zweien junge Nestvögel, Feldlerchen, und auſserdem — hier vereinige ich meine in mehr denn 40 Jahren gemachten Erfahrungen mit denen meines Freundes — Maulwürfe, Spitzmäuse, einmal einen Igel, Wald- und Feldmäuse, Ratten, eine Haustaube, einen Fisch, Frösche, Eidechsen, Blindschleichen, Schmetterlingsraupen, einmal 20 *Tryphaena pronuba*, Säbel- und Schnarrheuschrecken, Maulwurfs- und

[1]) Die hohe und niedere Jagd in ihrer vollen Blüte zu Zeiten des regierenden Fürsten Günther Friedrich Carl I. von Schwarzburg-Sondershausen. 1878.

Feldgrillen, Käfer, namentlich grofse Lauf- Rofs- und Maikäfer, und endlich Ameisen. Öfter waren die Mägen und Kröpfe vollgepfropft, einmal blofs mit Igelstacheln, oft mit Feldmäusen (3 bis 11 Stücke, nie mehr), mit Eidechsen, Heuschrecken, Maulwurfsgrillen (einmal 15, ein andermal 20 Stücke nebst einer Feldmaus und Eidechse) und mit Feldgrillen (einmal 192 Stücke). Kleinkäfer, die sich auch öfters vorfanden (*Byrrhus varius, Sitones lineellus, Coccinella XIV pustulata* u. a.), waren im Magen eines verzehrten Frosches in den des Bussards gelangt. Aus 30 Gewöllen desselben entwickelte ich 29 Mäuseschädel (6 *Mus sylvaticus, 1 Arvicola amphibius, 2 glareolus, 19 arvalis* und *1 agrestis*). Diese Befunde werden obigen Ausspruch rechtfertigen, dafs die Gefährlichkeit des Bussards von Jägern und Forstmännern übertrieben wird. Andrerseits ist es auch eine Übertreibung, wenn berichtet wird, dafs man aus dem Magen und Kropf eines Bussards 30 und mehr Mäuse geschnitten habe, und wenn der jährliche Nahrungsbedarf eines einzigen dieser Raubvögel auf 6000 bis 8000 Mäuse berechnet wird. Dafs solche Zahlen und Berechnungen »der vom grünen Tische aus Naturgeschichte Machenden« dem Gespött verfallen, ist leicht einzusehen. »Toujours perdrix« ist für den Menschen und »toujours souris« für den Bussard zu viel.

Bei strenger Kälte und in harten Nachwintern verhungert mancher dieser abgehärteten Vögel. Im strengen Winter 1845 brachte mir ein Holzhauer am 1. April einen toten Bussard, der erfroren an den Ast einer Föhre mit beiden Fängen angekrallt war und tot mit dem Kopfe nach unten hing. Auch Leu erhielt bei viel Schnee im März und April 1865, wie schon erwähnt, etliche ganz abgemagerte und verhungerte Exemplare.

Im Altmühlthale hatte ich einst Gelegenheit, den Übermut eines Bussards zu beobachten. Auf einem Wiesenpfade vor mir lief mein langhaariger Hund, ein niedriger, langgestreckter Bastard von einem Rattenfänger und einem Dächsel. Ein Bussard kam aus dem nahen Walde gestrichen, verfolgte das Hündchen, stiefs mehrmals ohne Scheu vor mir, der ich schnellen Schrittes folgte, nach ihm, liefs sich endlich 3—4 Klafter vor ihm auf den Gangsteig nieder und erwartete mit vorgestrecktem Kopf, gehobenen Flügeln und weit gefächerten Schwanzfedern in kühner Stellung meinen unter Gekläff anspringenden Begleiter, vor dem er nun doch schleunigst Reifsaus nahm. Die Tauben fürchten ihn nicht, necken ihn sogar. Im Frühjahr sah ich einst einen Bussard aus einem Feldhölzchen heraus auf das Feld streichen, wo auf einem Samenacker vier Haustauben safsen. Diese erhoben sich, eilten ihm nach, strichen auf Klafterlänge um ihn herum, nötigten ihn zur Änderung seiner Flugrichtung, fielen wieder auf dem verlassenen Acker ein und suchten unbekümmert um den trägen Gesellen ihre Nahrung.

16. BUTEO LAGOPUS, Brünn.

Keyserling u. *Blasius*, Die Wirbeltiere Europas I. S. 137. n. 23. — Verz. S. XXX.

Naumann, Naturgeschichte der Vögel Deutschlands I. S. 359. Taf. 34. — XIII. Nachtr. S 141

Der *Nebelgeier*, wie der oberbayerische Jäger den Rauhfufsbussard nennt, kommt jährlich schon vom Anfang des Oktobers, selten vom letzten Drittel des Septembers an bis in den November und Dezember, in Mäusejahren als sehr gemeiner Wintergast und Besucher unserer Krähenhütten zu uns und verläfst uns wieder im März und Anfang der zweiten Hälfte des April. Er soll sogar schon hie und da in Bayern gebrütet haben. Gewifs ist, dafs er schon im Steigerwalde und im Fichtelgebirge während der Sommermonate mehrerer Jahre sogar paarweise beobachtet wurde, und dafs ich in Privat- und öffentlichen Sammlungen Rauhfufs-Bussarde sah, welche im Mai und Juni bei uns erlegt wurden: einer in hiesiger Gegend (Sugenheim) im Mai zugleich mit einem Pirol, 2 bei Gunzenhausen (Arberg) am 2. Mai 1854 und 11 Juni 1855, 2 bei Schongau im oberbayerischen Alpenvorlande am 7. Juni 1863 und 6. Mai 1864, ein Weibchen im Juli 1870 in den Hafsbergen bei Albertshausen und einer bei Pfronten im Algäu am 2. Juni 1879.

In den Mägen und Kröpfen erlegter Nebelgeier fanden wir fast ausschliefslich nur Feldmäuse, nie mehr als 10 Stücke, und aufserdem einmal einen Maulwurf, eine Zwergspitzmaus, ein Häschen, ein Rebhuhn, Maikäfer und Grillen. Bei Erlangen wurde einer bei eifriger Verfolgung einer Kette Rebhühner und in der Rhön einer geschossen, der von einem Tags zuvor bei einem Feldtreiben steif gefrorenen Hasen kröpfte.

Genus 9. Aquila Briss.

17. AQUILA PENNATA J. Fr. Gmel.

Keyserling u. *Blasius*, Die Wirbeltiere Europas, I. S 137. n. 24. — Verz. S. XXX.

Naumann, Naturgeschichte der Vögel Deutschlands, XIII. Nachträge S. 58. Taf. 343. — Fortsetzung der Nachträge S. 10.

Der Zwergadler erscheint bei uns als höchst seltener Streifer nur hie und da einmal, dürfte aber schon öfter mit der einen oder andern Art unserer Bussarde verwechselt worden sein und nicht so gar selten vorkommen, als gewöhnlich angenommen wird. Nach Graf von der Mühle wurden drei dieser Adler in den Umgebungen Münchens auf Krähenhütten erlegt. Diese sowie die von Mühle aus Griechenland mitgebrachten Zwergadler stimmen in der Färbung weder mit der Naumannschen Abbildung, noch viel weniger mit der Susemihlschen überein, gleichen vielmehr dem Goldadler und entsprechen der Brehmschen Beschreibung seines *Aquila minuta*. Sie sind nämlich einfarbig braun mit weifsen Achselflecken, vielleicht alte Vögel.

(Nach A. Wiedemann's Mitteilung vom März 1890 sind vor mehreren Jahren in dem an den Regierungsbezirk Schwaben angrenzenden Oberbayern drei Zwergadler auf einer sog. Krähenhütte geschossen worden. — J. Hellerer schreibt mir, dafs am 18 Oktober 1890 bei Lechhausen auf der Krähenhütte 1 Exemplar geschossen wurde. — R. Bl.)

18. AQUILA NAEVIA Briss.

Naumann, Naturgeschichte der Vögel Deutschlands, I. Taf 10 11. — XIII Nachträge S. 50 ff und S 84.

Der kleine Schreiadler wird nur sehr selten bei uns wahrgenommen. Ein Prachtexemplar der *Aquila bifasciata* Hornschuch, aus der Forstrat Kochschen Sammlung, sah ich im Kabinett der Brüder Dr. Dr. Sturm in Nürnberg. Dasselbe war am Bodensee erlegt worden.

(Nach Andr. Wiedemann wurden im Regierungsbezirke Schwaben und Neuburg folgende Exemplare erlegt: 10. September 1858 bei Edelstetten, 31. Oktober 1867 im Staatswalde bei Monheim, am 7. November 1872 ein ♀ bei Ehingen, Post Meitingen am 13. August 1873 ein ♀ bei Neuburg an der schwäbischen Grenze, einige Tage später noch ein ♂; am 25. Oktober 1885 ein ♀ bei Memmingen. — A. Link schreibt mir, dafs Ende November 1885 bei Dettelbach in Unterfranken ein Exemplar geschossen und in Würzburg gestopft sei. — R. Bl.)

19. AQUILA CLANGA Pall.

Naumann, Naturgeschichte der Vögel Deutschlands, XIII. Nachträge Taf. 342 und 346. S. 40 ff S. 81. — Fortsetzung der Nachträge S. 10.

Der grofse Schreiadler, eine seltene Erscheinung in Bayern, kommt gewöhnlich nur in den beiden Zugperioden im März und April und wieder im September und Oktober, einzeln noch bis Ende November vor, ist aber auch schon horstend von einer vollgültigen Autorität beobachtet worden. Graf von der Mühle erhielt drei ganz kaffeebraune ungefleckte Exemplare aus unserm Hochgebirge (Murnau); andere wurden auf Aufhütten bei München (Hartmannshofen, Moosach, Seeshaupt), bei Augsburg (Edelstetten), Dillingen, Neuburg a. D. (Reichertshofen), Monheim, Ingolstadt, Vohburg, Regensburg, Donaustauf, in Franken bei Nürnberg, Rothenburg o. d. Tauber (Gebsattel), im Steigerwalde (einer am 24. November 1878 vom Rentamtsgebäude zu Burgwindheim herab) geschossen. Um Schwarzenberg in der Oberpfalz brüteten auf hohen Föhren zwei Paare in einer grofsen, aus 80- bis 90jährigen Tannen, Föhren und wenigen Buchen bestehenden Waldung des Distriktes Teufelsgesperr, einer mit wild durcheinander liegenden Granitblöcken gegen den Regen-Flufs steil abfallenden Abdachung. Mühle liefs mit rühmlicher, nachahmungswerter Genügsamkeit fünf Jahre nacheinander jährlich ein Stück dieser Adler abschiefsen, das sich stets wieder ersetzte, und ein Junges im Dunenkleide abnehmen. Als 1849 die Fällung dieser Waldung begann, verschwanden die Adler. Die fünf erbeuteten alten Vögel waren dunkel kaffeebraun mit Goldglanz, ohne die Spur eines Fleckens und hatten, wie auch die Murnauer Exemplare, ungemein starke, an die des Steinadlers gemahnende Fänge, jedoch kürzere und schwächere Schnäbel als dieser. Mühle hielt sie für *Aquila fusca* Brehm. Weitere Horstplätze sind mir mit Sicherheit nicht bekannt geworden. Koch vermutete, dafs unser Schreiadler im Pointnerforst bei Kelheim brüte, was glaublich erscheint, da bis auf die neueste Zeit in der Ingolstädter Gegend im Juni, Juli und Anfang August Exemplare desselben erlegt wurden. In den Mägen wurden Reste vieler Mäuse *(Arvicola arvalis)*, eines Maulwurfs und einmal die Raupe des grofsen Weinschwärmers *(Sphinx elpenor)* gefunden.

20. AQUILA CHRYSAËTOS L.

Naumann, Naturgeschichte der Vögel Deutschlands, XIII. Nachträge Taf. 339. S. 8. – Fortsetzung der Nachträge S. 7.

Wenn der Goldadler, was v. Pelzeln, v. Riesenthal und v. Tschusi wahrscheinlich mit Recht bezweifeln, wirklich eine vom Steinadler verschiedene, gute Art ist, so bewohnt er unser oberbayerisches und schwäbisches Hochgebirge. Herr Leu erhielt von da drei Stücke, von denen das eine, ein jüngeres Männchen, am 2. Juni 1855 bei Graseck in der Gegend von Partenkirchen auf dem Horste, das andere, ein altes Männchen, krank und abgemagert, mit einem grofsen drüsenartigen Gewächs in der linken Bauchhöhle, am 16. August 1873 bei Hindelang geschossen und das dritte, wieder ein altes Männchen, ebenda im Eisen gefangen worden ist. Bei allen dreien war der Schwanz bis zur Wurzel hinauf ohne alles Weifs auf bräunlich aschgrauem Grunde mit breiten zackigen schwarzen Querbinden unregelmäfsig marmoriert und fehlte der weifse Achselfleck, der sich bekanntlich erst im hohen Alter zeigt. Zwei dieser Adler untersuchte ich in der Sammlung des naturhistorischen Vereins in Augsburg, wo ich auch ein herrliches sehr altes Männchen mit weifsem Achselfleck vergleichen konnte, welches im nahen Vorarlberg am 29. April 1863 im Bregenzer Walde erlegt wurde.

21. AQUILA FULVA L.

Keyserling u. *Blasius*, Die Wirbeltiere Europas, I. S. 138. n. 27. – Verz. S. XXX.

Naumann, Naturgeschichte der Vögel Deutschlands, I. S. 208 Taf. 8 und 9 – Nachträge XIII. S. 28.

Steinadler, im Algäu: *Gir, Gyr*

Die Monstrosität eines rechtsseitigen Adlerfanges (Fufses) habe ich im »Zoologischen Garten« 1874 S. 444 f. kurz beschrieben und abgebildet. An der Hinterseite des Fanges sind unterhalb des

Fersengelenkes zwei überzählige Zehen beinahe von der Gröfse der normalen Aufsen- und Mittelzehen und Krallen der Länge nach verwachsen. Beide sind gerade nach unten gegen die Hinterzehe gerichtet, schief übereinander gelagert, die Kralle der unteren Zehe 67 mm, im Bogen gemessen, lang, im Drittelkreise gebogen, nach hinten vom Laufe abstehend, die der oberen Zehe 50 mm lang, im Viertelkreise gebogen und mit der Spitze nach unten stehend. Die erstere der überzähligen Zehen hat oberhalb der Kralle sechs Rückenschilder und vier auf dem Sohlenballen, letztere nur auf dem Sohlenballen ein einziges Schild. Die Kralle der Mittelzehe mifst im Bogen 44, die der inneren Seitenzehe 60, die der äufseren 34, die der Hinterzehe 64 mm.

Der Steinadler ist in der ganzen Ausdehnung unseres Hochgebirges von Immenstadt bis Berchtesgaden (Bischofswies, Königssee, Ramsau), wenn auch nicht gemein, wie Professor Wagler für die ersten Dezennien dieses Jahrhunderts behauptete, doch durchaus nicht selten, horstet in passenden Höhlungen der Felsenwände und hat gewöhnlich ein Junges, selten zwei. Herr Leu in Augsburg hat von 1850 bis 1879 im ganzen 33 Steinadler gestopft, von denen die meisten aus dem Algäuer Gebirge von Oberstdorf, Fischen, Sonthofen, Hindelang, Immenstadt und Burgberg, drei von Berchtesgaden (Ramsau, Schellenberg) und nur ein einziger aus dem Flachlande an der oberen Donau (Günzburg) kamen. Leo Dorn, Oberjäger Sr. Kgl. Hoheit des Prinzen Luitpold von Bayern, in Hindelang, schickte im Juni 1879 an Leu seinen 19. von 1860 an erbeuteten Adler. Unter diesen waren zwei Goldadler und mehrere junge Steinadler, von denen er einen nach Jahresfrist für 27 fl., zwei sofort nach dem Ausheben für 11 fl. verkaufte und ein vierter krepierte. Seinen 20. Adler schofs er am 12. Dezember 1880 im Retterschwangthale. Es war ein Steinadler von 2,20 m Flugweite. Den 21. und 22. erlegte er am 3. Januar und am 9. Februar 1883 hoch oben auf steiler rauher Bergeshänge am südlichen Abhange der Rothspitze, ca. 4200′ über der Meeresfläche. Den ersteren im Eisen zu fangen, brach der kühne Jäger morgens 2½ Uhr auf, vermochte aber, an Ort und Stelle angekommen, wegen eines inzwischen ausgebrochenen sehr heftigen Schneesturmes solches nicht zu legen, pürschte sich auf mehr als 100 Gänge aufwärts auf Händen und Knieen in tiefem Schnee an den auf einer hohen, halbdürren Fichte sitzenden Adler, begünstigt von dem rasenden Sturme, heran und schofs ihn während einer kurzen windstilleren und helleren Pause, welche den Baum und den königlichen Vogel wieder zu sehen gestattete, auf 120 Gänge mit der Kugel mitten durch die Brust. Den zweiten Adler zu fangen, mühte sich Dorn seit Wochen, aber alle List war umsonst, der schlaue, vorsichtige Vogel nahm die geringste Veränderung wahr. Täglich um die genannte Stunde aufbrechend, um nach 3- bis 4stündigem Steigen vor Tagesanbruch am Platze zu sein, brachte D. in vier Tagen 31 Stunden bei einem gerissenen Reh, welches der Adler im Auge hatte, auf dem Ansitze zu, bis es ihm endlich am 9. Februar vormittags 9 Uhr gelang, den König der Vögel durch einen wohlgezielten Büchsenschufs ebenfalls mitten durch die Brust zu erlegen. Es war ein altes Männchen mit weifsen Achselflecken. Am 28. März 1883 schofs Dorn seinen 23. Adler im Retterschwanger-Thale.

(Unter dem 24. Januar 1891 schreibt mir der berühmte Adlerjäger Leo Dorn: »Vom Jahre 1885—1890 habe ich 24 Steinadler geschossen, alle mit der Kugel. Den 21. dieses Monats schoss ich einen Pracht-Adler (Königs-Adler), Spannweite 2,26 m, den 52sten. Ob die Adler aus der Schweiz oder Tirol im Winter in unsere Berge kommen, weifs ich nicht, jedenfalls suchen sie eine wildreiche Gegend auf. Der Adler folgt dem Kolkraben, d. h. er zieht ihnen nach, das sind seine Spione. Der Kolkrabe, bei uns Aasrabe genannt, ist der feinste und merksamste Kerl unter allen Vögeln im Gebirge, den ich kenne. Seit vielen Jahren horsten die Adler bei uns nicht mehr, ich lasse ihnen nicht soviel Zeit dazu! Im Sommer hält sich der Adler am allerliebsten in solchen Gegenden auf im Gebirg, wo grofse Schafherden sind, da rauben sie die jungen Lämmer alle. Bei strengem kalten Winter zwingt es die Adler mehr, in die Vorberge zu ziehen, wo sich das Wild aufhält.« — R. Bl.)

Eine Ausrottung dieses herrlichen Alpenvogels ist, wie in Österreich, so auch in Bayern noch lange nicht zu befürchten, da — wie v. Tschusi richtig bemerkt — das Gebirge selbst für seine Erhaltung sorgt, indem es ihm Horstplätze bietet, wohin kein Mensch und keine Kugel zu dringen vermag. Seltener wird er allerdings werden, nachdem in neuerer Zeit viele unserer Hochgebirgsreviere in die Hände hoher Kavaliere gekommen sind, unter denen dem Wildstande alle Aufmerksamkeit zugewendet und dem der Wildbahn so aufserordentlich schädlichen Räuber hart zu

Leibe gerückt wird. In den Algäuer Alpen waren die Steinadler am Anfange dieses Jahrhunderts so zahlreich vorhanden, als sie es heute noch sind, obwohl man schon damals anfing, ihrer Vermehrung durch Ausnehmen der Jungen aus dem Horste entgegenzuwirken. Als 1807 die Adler von der Oberstdorfer Schafherde 22 Lämmer raubten, machte ein Feilenhauer Ignaz Matt von dort, ein geschickter Bergsteiger und kühner Gemsenjäger, seiner Gemeinde den Antrag, die jungen Adler ausnehmen zu wollen, wenn ihm die nötigen Gehilfen gestellt würden, was mit Freuden angenommen wurde. Man hatte dort Flaschenzüge mit dicken, 80 Klafter langen Tauen, sog. Kriegsseile, mit welchen man das Bergheu an so steilen Gebirgshängen, daſs es von Schafen und Ziegen nicht abgeweidet werden konnte, nachdem es von Männern mit sechszinkigen Fuſseisen an den Schuhen abgemäht war, in schweren Bürden über die hohen Schroffen herabliefs. An dem Ende eines solchen Taues befestigte Matt für sich einen Sitz, lieſs sich an diesem und dem Tau anbinden, bewaffnete sich gegen befürchtete Überfälle der alten Adler unnötigerweise mit einem Hirschfänger, postierte oben auf dem Felsen ebenso überflüssige Schützen und lieſs sich durch die den Flaschenzug dirigierenden Männer bis an den Horst herab. Hier warf er einen an einem Seil befestigten Anker in die unter der überhängenden Wand stehende Nesthöhle, zog sich in den Horst hinein, steckte den jungen Aar in einen Sack und lieſs sich damit schlieſslich in das Thal herab. Dies war der Anfang der Adlerfänge im Oythale und im Rohrenmoose bei Oberstdorf. Bis in die neuere Zeit waren dieselben eine Art von Volksfesten, zu denen, wenn der Horst bekannt und der junge Aar reif war, auf ergangene Botschaft, an welchem Tage das Ausnehmen stattfinden werde, aus dem Algäuer Ländchen bis von Kempten her das Volk aus allen Ständen herbeikam, um bei Bier und Musik dem Schauspiel anzuwohnen. 1880 fand der Adlerfang im Oythale am 6. Juli statt und wurde ohne Unfall ein junger Aar von solcher Stärke ausgenommen, daſs sich die zahlreichen Zuschauer wunderten, daſs er sich nicht schon in das Freie gewagt und samt seinem Alten das Weite gesucht hatte.

Auſserhalb der Alpen soll er nach Professor Wagner, dessen Angaben auf forstamtlichen Berichten beruhen, nördlich von der Donau im Köschinger Forste zwischen Ingolstadt und Beilngries horsten, was ich bezweifle, da er bei uns ausschlieſslich

Gebirgsbewohner ist und in der Ebene nur als verstrichener Vogel gesehen wird. Ich vermute eine Verwechslung mit dem Schelladler. Alle Orte aufzuführen, wo man ihn horstend, als Streifer oder Irrling beobachtet hat, halte ich für unnötig, da er als Brutvogel in keiner geeigneten Lage unseres Hochgebirges vermifst wird und auf dem Striche in allen Kreisen unseres Vaterlands erlegt ist. Die Verstrichenen, gewöhnlich ausgehungert und abgemagert und von auffallendem Benehmen, bedrohten zur Winterzeit nahe an den Orten schlittenfahrende oder von den Schulorten auf längerem Wege heimkehrende Kinder, setzten sich nahe an Dörfern auf Häuser oder Bäume in deren Nähe, blieben da, von Krähen und Elstern geneckt, lange sitzen und wurden hie und da auch tot gefunden. Der Steinadler kann ungewöhnlich lange hungern. Am 20. Juni 1865 erlegte der Grofsherzog von Toscana im Oythale bei Oberstdorf ein altes Weibchen im Horste an der Ochsengrauwand und einige Tage später, nachdem inzwischen die Jungen ausgenommen worden waren, auch das Männchen, welches entkam. Erst am 27. Juli, bis zu welchem Tage sich der flügellahm geschossene Adler auf dem Felsen herumtrieb, wurde das arme Tier noch lebend in einem kläglichen Zustande aufgefunden. Den Verlust eines Fufses übersteht er ohne sonderliche Beschwerden und büfst dadurch an seiner stürmischen Kühnheit nichts ein. So wurde am 25. September 1875 ein im Besitze des Grafen Nik. Luxburg befindlicher männlicher Steinadler bei Murnau erschlagen, der einen Uhu auf der Krähenhütte angefallen hatte und nur einen Fang besafs; den andern liefs er wahrscheinlich früher im Eisen.

Die Jäger tragen gern das Gewaff (Krallen, Waffen) dieses Räubers in Silber gefafst am Uhrgehänge. Ganz besonders geschätzt als Hutschmuck ist der Stockflaum, die flaumigen, unteren Schwanzdeckfedern, namentlich das unterste, schönste und längste Paar.

„Nur schöne Flaum für alle meine Mädel,
Alljährlich einen Aar, der schöne hat,
Und ganz glückselig ist mein alter Schädel“,

sagt der berühmte Adlerjäger Max Graf von Arco-Zinneberg in der gereimten Beschreibung seines ersten Adlerfangs am Untersberg, Forstamts Berchtesgaden, Reviers Bischofswies, wo er nächst der Gurrenwand vom 12. Juni bis 3. Juli 1858 den jungen

Adler aus dem Neste nahm und nach drei Wochen langem Passen endlich die beiden Alten schofs [1]). Einen zweiten Adler fing er in Rohrmoos, einer Besitzung des Fürsten Friedrich zu Waldburg-Wolfegg-Waldsee, eine Stunde von Rohrmoos in der Roten Wand am 21. Juni 1860, nachdem er am 14. Juni das alte Weibchen und am 20. ej. m. das Männchen erschossen hatte. Zum Herbst stieg er auf drei zusammengebundenen, 110' hohen und noch um 5' zu kurzen Leitern mit einer Todesverachtung hinan, bei deren Schilderung es dem Leser schwindlich werden kann.

Nach meinen und meiner Freunde Beobachtungen jagt der Steinadler Lämmer, Zicklein, Gams- und Rehkitze, Hasen, Murmeltiere, Füchse, Edelmarder, Birkwild, Schneehühner und verschmäht sogar Wiesel, Eichhörnchen und Maulwürfe nicht. Im Flachlande macht er auf zahme Gänse Jagd.

Eine sehr lesenswerte Beschreibung des Adlerfangs im Oythale und im Rohrenmoose bei Oberstdorf im Algäuer Hochgebirge gibt Dr Grofs im IX. Jahresbericht des naturhistorischen Vereins in Augsburg S. 33 ff., den ich nachstehend wörtlich mitteile:

»Der Steinadler ist im Oberillerthale und dem Osterachenthale keine seltene Erscheinung und wählt sich dort sein Jagdrevier mit Vorliebe auf den Dolomitkronen der höchsten Berge, steigt auch unter die Alpenregion in die hohen Seitenthäler herab und, hat er sich einmal angewöhnt, aufser den Vierfüfslern und Vögeln der Alpenwelt seine Beute unter den Rehen und den jungen Lämmern und Ziegen zu suchen, so erscheint er auch im tiefen Thal und in der Nähe der menschlichen Wohnungen als kecker und gefräfsiger Räuber. Wegen des empfindlichen Schadens, welchen er insbesondere den Ziegen- und Schafherden zufügt, wird ihm von jeher mit Drahtschlingen, Fuchseisen und mit der Büchse nachgestellt, und vor allem lassen es sich die Bewohner dieser Berge angelegen sein, dem Adlerhorste nachzuspüren, um die junge Brut lebendig in die Hände zu bekommen.

Die Nachforschungen nach dem Horste beginnen mit den Tagen, wenn das Vieh in die Seitenthäler und das untere Berggelände zur Weide geschickt wird. Hat der Adler, hier zu Lande

---

[1]) W. H. Nitzsche, k. Oberförster zu Minkwitz, Illustrierte Jagdzeitung, Jahrgang I. 1874. S. 123 ff.

„Gyr" genannt, ein Revier, welches ihm gute Beute gewährt, einmal liebgewonnen, so stellt er sich dort mit jedem Frühjahr ein. So bevorzugen die Adler des Oberillerthales die sonnigen Hänge des Schattenberges im Oythale, die Kakenköpfe und die Alpen derselben an ihrem Gipfel im Rohrenmooser Thale und die Schaftriften an dem mittägigen Gehänge der Krottenköpfe in dem Sperrbach-Thale. Ist der Vogel im vorherigen Sommer in seinem Raube wirksam verjagt, oder in dem seinem gewohnten Jagdgebiete nahegelegenen Horste beunruhigt und der Brut verlustig geworden, so mag er zwei und mehr Sommer dort sich nicht mehr sehen lassen und auch so lange den alten Horst meiden. Ist letzteres nicht der Fall, so klagen die Hirten in dem Thale, in welchem das Paar für dieses Jahr horstet, meist schon in den ersten Tagen der Weidezeit oder gewifs während der ersten Hälfte des Juni über den Verlust eines jungen Lammes oder Ziegenböckleins, was in der nächsten Zeit und während des ganzen Sommers immer häufiger sich wiederholt. Alsbald verdoppelt der Hirt nach der Richtung hin, wo der Horst vermutet wird, seine Aufmerksamkeit und bemerkt in wenigen Tagen den Adler, wie er mit schwerer Beute in den Fängen, oft hoch in der Luft, zuweilen quer durch das Thal der Felswand des Horstes zustreicht, um sich selbst oder die hungrige Brut zu sättigen.

Je nach der Formation des Terrains in der nächsten Umgebung des Horstes, der denselben dominierenden Wände, Köpfe oder Felsgalerien ist es nicht nötig, Richtung und Ziel der Heimkehr des Vogels oft mühsam zu erspähen, und man sieht, wie es an der Roten Wand der Fall ist, von solch günstigem Standorte aus die Jungen im flachen Horste mit freiem Auge oder vermittelst der Fernröhre.

Der Adlerfang ist seit vielen Jahren im Oythale am ergiebigsten, und die Adler haben sich dort zwei Horste angewöhnt, den in der „Adlerwand" und den in den „Lugenalper Wänden".

In den zwanziger und dreifsiger Jahren, als die Jagden der Umgegend von dem kgl. Landrichter Krum in Sonthofen gepachtet waren, wurden die jungen Adler unter Leitung seines Jägers Dorn, eines Oberstdorfer Bürgers, sechsmal wechselsweise aus den beiden Horsten im Oythale weggenommen, fünfmal je ein Stück, einmal zwei Junge. Nachdem sie bis in den Herbst oder Winter grofsgezogen waren, kauften sie Tyroler aus dem

Lechthale von Dorn um 15 bis 25 Gulden das Stück, und diese wanderten in alle Welt, um den königlichen Vogel in einem engen Kasten allenthalben um ein kleines Geschenk vorzuzeigen und den Leichtgläubigen von den schrecklichen Gefahren vorzuschwatzen, denen der Vorzeiger bei der Beraubung des Horstes durch die Wut des alten Adlerpaares ausgesetzt gewesen sei. Einer dieser Tyroler wanderte mit seinem Vogel auf dem Rücken durch das mittägige Frankreich bis nach Spanien. Jeder dieser sparsamen, klugen, wetterharten Männer brachte ein kleines Kapital nach Hause.

Als später die Jagd auf Regie des Staates beschossen wurde, gewahrten im Frühlinge 1844 die Hirten den Räuber im Oythale und machten seinen Horst an der „Adlerwand" ausfindig. Anfangs raubte er frischgefallene Lämmer. Das Mutterschaf, wenn es das Gefühl des Lämmerns befällt, hat die Gewohnheit, den Berg hinan zu steigen, und erhebt sich so nicht selten mehr als 1000′ über den täglichen Standpunkt der Herde. Dieser Instinkt des Schafes ist des Lämmchens Tod; denn kaum hat es das Licht des Tages erblickt und versucht freudig die ersten linkischen Sprünge[1]) und, wahrscheinlich durch das Blöken von Mutter und Lamm schnell aufmerksam gemacht oder vermöge seiner ungemein feinen Witterung braust der Aar daher, erst die Flügel an den Leib gedrückt, dann näher dem Opfer die Schwingen mächtig ausbreitend, die Fänge an sich ziehend und indem er von der Höhe bis zur Beute einen Viertelkreis beschreibt, schlägt er in pfeilschnellem Fluge die Fänge in die Beute und entführt sie von der Erde, ohne den Flug einen Augenblick zu unterbrechen, in derselben Richtung aufwärts, so dafs der Vogel beim Raube in einem Zuge etwa einen Halbkreis beschreibt, dessen konvexe Seite gegen das zu ergreifende Objekt gerichtet ist. Diese Manier des Adlers ist mehrmals genau und von geringer Entfernung aus beobachtet worden und könnten die Augenzeugen namhaft gemacht werden, und sie wollen behaupten, er vermöge nicht direkt und unmittelbar, auf der Beute stehend, mit seiner Last sich in die Luft zu erheben. Leistet das Opfer lebhaften Widerstand oder deucht es ihm wohl schwer an Gewicht, so

[1]) Von diesen Freudensprüngen dürfte auch das scharfe Adlerauge nichts zu entdecken vermögen, weil frisch gefallene Lämmer sich solche Excesse durchaus nicht zu erlauben pflegen. J.

tötet er es durch Risse mit den starken Fängen und durch Schnabelhiebe, deren Ziel vor allem die Augen und die übrigen Kopfteile sind. Dann erst sucht er, aus der Ferne beginnend, die pfeilschnellen Halbkreise und die Entführung der Last in die Höhe durch die Kraft des Schwunges. [1])

Nach dem ersten Raube ist die Herde auf diesem Terrain in den meisten Fällen nicht mehr sicher, und der Adler wiederholt seine Besuche häufiger, ja er kommt nicht selten alle Tage. Da hilft kein Rufen der Hirten, kein Werfen mit Steinen. Ob Flintenschüsse ihm das Revier verleiden, habe ich nicht in Erfahrung bringen können. Um ihn möglichst von den Tieren abzuhalten, binden die Hirten den Ziegen und Schafen hellklingende Schellen, auch Bänder von grellen Farben um den Hals. Den Gewohnheitssünder geniert aber nach etlichen Tagen auch dies nicht, und manches Ziegenböcklein fliegt blökend und unter unheimlichem Schellengeklingel in den Krallen des Adlers hoch in der Luft über den Thalgrund, über Wald und Fels und unten steht der zürnende Hirt, dem Verderber klassische Flüche nachschreiend.

Einmal ergab sich's im Oythale, daſs der Adler durch die Nähe des Hirten im sichern Einschlagen der Fänge gehindert wurde, und es entschlüpfte ihm das Ziegenböcklein, als er wohl 1000′ mitten über dem Thalgrund schwebte, und es fiel herab. Dieses Böcklein wog 34 Wiener Pfund. Ein andermal verfolgte am Schäfsteine, nördlich vom Rohrenmoose, ein Flug Bergraben einen Adler, welcher ein Schaf in den Fängen hielt, und, der Raben sich erwehrend, lieſs er die Beute fallen. Dies Schaf wog 42 Pfund. Es möge diese wahrhaftige Angabe zur

---

[1]) Wenn der Adler gröſsere Tiere verfolgt, so erspäht er den günstigen Augenblick, wo sie auf Schroffen am äuſsersten Rande über tiefen Abgründen oder auf Felsenspitzen stehen und sucht sie die Wände hinab in die Tiefe zu stürzen, damit sie zerschellen. Die Tiere, namentlich Schafe und Ziegen, sind alsdann sehr beängstigt, wenn der Adler über ihnen kreist, auf einmal in schiefer Richtung auf sie einschieſst und seine Angriffe mit gesteigerter Heftigkeit wiederholt. Gemsen kümmern sich auſser zur Setzzeit im Mai und Juni, selbst wenn er ganz in ihrer Nähe ist, nicht viel um ihn Überrascht er sie aber mit ihren Jungen auf einer Schneide oder Felsenspitze, so stellen sie sich angsterfüllt ganz nahe zusammen und folgen erhobenen Hauptes nach allen Richtungen ihrem Feinde mit den Blicken, besonders schlieſsen sich die Kitze den Alten ganz nahe an und suchen, dauert die Verfolgung länger, unter denselben Schutz. J.

Beurteilung der ungemeinen Tragkraft dieses Vogels dienen.[1]) Bekanntlich stöfst der Bergrabe auf den Adler, wie der Milan auf den Schuhuh, aber auch niedrigeres Volk, die Krähe, der Kuckuck und kleinere Vögel stofsen auf ihn und dies unbegreiflicherweise ungestraft. Der Adler flieht scheu vor seinen Verfolgern, wie das Pferd vor der Wespe.

Den 27. Juni 1844 nahm der kgl. Forstwart Franz Josef Zeller seinen ersten feierlichen Adlerfang im Oythale an der Adlerwand vor, und es wurde ein Junges, das beiläufig vor 40 Tagen das Ei gebrochen, glücklich aus dem Horste gehoben unter dem jauchzenden Beifallruf des im Thalgrunde harrenden zahlreichen Publikums. Der kgl. Revierförster v. Steger von Fischen beabsichtigte Tags vorher und am Morgen des Festes in der nächsten Nähe des Horstes auf schwindelnder Höhe in einem Schirme stehend die Alten mit der Büchse zu erlegen, wenn sie zur Ätzung des Jungen kämen, allein es liefs sich die ganze lange Zeit keiner von beiden blicken.

Im Frühling 1849, auch schon ein paar Sommer vorher, war es im Rohrenmooser Thale und den umliegenden Bergen nicht mehr geheuer. Insbesondere hatten die Adler die sehr exponierten Kakenköpfe als Observatorium ausersehen und der Besitzer der an denselben gelegenen Alpe, Löwenwirt Andreas Übelhör von Fischen, verlor zwei Sommer nacheinander sämtliche frisch gefallene Lämmer und Kitzen. Das Mutterschaf und die Ziege kamen von ihrem verhängnisvollen Kindbettgang in die Felswände der Kakenköpfe hinan, jedesmal allein zurück zur Herde auf die Alpe herab. Der Adler ergriff das kaum geborne, noch nasse Tierchen und trug es quer über das Thal hinüber in die Rote Wand, wo er seine Schlachtbank und seinen Horst gewählt hatte. Den 24. Juli 1849 wurde diesem Adlerpaar ein Junges unter der Leitung des fürstlich Wolfeggschen Gutsschaffners Weber genommen.

---

[1]) Dafs der zehn bis zwölf Pfund schwere Steinadler Lasten von 40 Pfund und darüber in die Lüfte zu entführen vermöge, ist schwer zu glauben, und halte ich eine solche Leistung für absolut unmöglich.

Nach des viel erfahrenen Leo Dorn langjährigen Beobachtungen vermag der Adler über 20 Pfund schwere Beute nicht zu tragen und zeigen die Überreste in den Horsten auf ein lebendes Gewicht bis zu 20 Pfund an meistens aber darunter. J.

Während die Adler in der Gegend des Rohrenmooses ihr Wesen forttrieben, begannen Ende Mai 1851 die Räubereien abermals auf der Ostseite des Oberillerthales im Oythal, und alsbald war es sicher, dafs ein Paar den alten Horst an der Adlerwand bezogen hatte. Die Besucher des schönen Oythals sahen bei hellem Wetter und reiner Luft zuweilen den einen oder beide Adler hoch im Äther gleich schwarzen Pünktchen schweben, majestätisch und ruhig mächtige Kreise ziehend, bald dem Auge entrückt, hinter den Seeköpfen, dem Himmeleck oder der wilden Höfats verschwindend, im nächsten Moment hoch über dem Auge des Beobachters über das Thal ziehend. Die Höhe des Fluges mag mehr als 7000′ über Meeresspiegel messen und gewifs 4000′ über der Thalsohle. Nicht selten wurde der Adler beobachtet, wie er mit Beute beladen nach der „Adlerwand“ sich herabsenkte, um dort in der Höhe auf dem flachen Vorsprunge für sich und seine Nachkommenschaft die Schlachtbank aufzuschlagen.

In der Nacht vom 3. auf den 4. Juli 1851 stiegen vier erfahrene Steiger die Seewände hinan, als den Kamm, unter welchem die „Adlerwand“ senkrecht ins Thal abfällt. Sie waren mit dem 450′ langen Tau belastet, mittels welchen der Waghals die Wand herabgleiten sollte, der den jungen Vogel im Horste ergreifen sollte, und machten ihre Zurüstungen zur Befestigung des Seiles und der Rolle, in welchem es zu laufen hat. Beim Morgengrauen am 4. Juli stieg Karl Agerer, kgl. Forstgehilfe von Fischen, in den Wänden nach dem Horste hinauf und näherte sich demselben bis auf etwa 40 Schritt, soweit einem kräftigen, unerschrockenen Steiger die Annäherung an dieser überaus steilen, zerrissenen Wand möglich war; denn Gang und Stand in derartigem Terrain mifst nicht nach Schuhen, sondern nach Zollen. Ein Busch des roten Holunders barg den Schützen Vielfache Beobachtungen ergaben, dafs die Adler meist bei anbrechendem Tage und fast gewifs gegen 12 Uhr mittags zur Ätzung der Jungen in den Horst streichen. Dies gab die Möglichkeit, einen der Adler mit der Büchse zu erlegen.

Drei Uhr nachmittags ward schon eine Woche vorher im ganzen Algäu als die Stunde bestimmt, in welcher der Waghals an dem Taue vom Kamm in die Tiefe zum Horste hinabgesenkt werde. Bereits vormittags füllte sich die Thalebene unter der „Adlerwand“ mit schaulustigem Publikum. Improvisierte Wirtschaften schlugen ihr Geschäft in einem Fichtenwäldchen auf und die Blechmusik Oberstdorfs spielte in Zwischenräumen lustige Weisen. Gegen Mittag mochten wohl anderthalb tausend Zuschauer versammelt sein, und immer mehrte sich die Menge durch Zuzüge aus nah und fern, aus Sonthofen, Immenstadt und Kempten. Alles harrte des Adlers, welcher mit jeder Minute erwartet wurde, wie er zum Horst fliegt, und eines glücklichen Schusses. Plötzlich, 20 Minuten nach 12 Uhr, entstand atemlose Stille in der vorher so lauten Menge; einige hatten den Adler hoch in der Luft in der Richtung des grofsen Seekopfes erspäht und langsam und ruhig liefs sich der königliche Vogel nach dem Horste herab. Die Sonne erglänzte durch die weiten Schwingen und nachdem er sich dem Schützen bis auf etwa 100 Gänge genähert, bemerkten die Zuschauer einen Stofs im Vogel, der ihn in seinem Fluge unmerklich rückwärts warf, ein weifses Wölkchen zog aus dem Holunderbusche an der Wand hinauf und einen Augenblick danach schlug der Schall des Schusses an das Ohr ins Thal herab. Der Adler hatte seinen Kurs verlassen und beschrieb einen mächtigen Halbkreis durch die Breite des Thales. Lautlose Stille bedauerte den Fehlschufs; doch plötzlich brach der Vogel zusammen und stürzte senkrecht in einen Fichtenwald herab. Nun pries lauter Jubel den trefflichen Schützen! Nach einer halben Stunde war der tote Adler gefunden; es war nach dem Ausspruche der Kenner das Weibchen, gröfser als das Männchen, ziemlich bejahrt; denn das Gefieder war stark gebräunt, die Iris feuerfarben, die hintere Kralle fast 3″ lang, er klafterte mit ausgebreiteten Schwingen etwas über acht Fufs. Die tötende Kugel schlug rechts vom unteren Ende des Brustbeins ein und zum Steifse hinaus, und bei diesem guten Schusse hatte das herrliche Tier dennoch seinen Kreisflug ohne Flügelschlag in weitem Raume fortgesetzt, bis ihm der unerbittliche Tod zum Herzen drang. Nach diesem gelungenen Vorspiele geduldete sich die Menge in frohem Jubel weitere drei Stunden, und endlich nach 3 Uhr, als auch die fernsten angelangt, ward von dem Ordner des Adlerfangs, Forstwart Zeller, das ersehnte Zeichen gegeben. Oben auf dem Kamme der Wand erblickten die Fernröhre und auch ein unbewaffnetes scharfes Auge den Mann des Wagnisses, den Jägerburschen Franz Schafhittel von Oberstdorf, in weifses Linnen gekleidet, um ihn an der dunklen Wand leichter unterscheiden zu können. Er setzte sich auf das Querholz an dem Ende des Taues und es begann langsam und bedächtig die Fahrt in die grausige Tiefe. Der Mann war mit einer Hackenstange bewaffnet, um sich von den Wülsten der Felswand abzustofsen, über welche hinaus er zu fahren hatte, und, unten in der Höhle des Horstes die Hacke einschlagend, durch schaukelnde Bewegung die schmale Felsplatte vor dem Horste mit dem Fufse zu gewinnen. All diese gefährlichen Bewegungen unterschied ein gutes Auge aus der Tiefe des Thales herauf, wie die weifse Gestalt oft in drohendem Wirbel tanzend dem Aufdrehen des Taues folgte, um, eine kleine Weile stillstehend, denselben schwindligen Tanz in entgegengesetzter Richtung zu beginnen. Endlich gelangte er der Höhle gegenüber an, etliche kräftige Schwingungen an dem Taue schleuderten ihn in den Horst. Der Mann verschwand ein paar Minuten; endlich erschien er, den jungen Adler an den Fängen hoch emporhaltend, und setzte sich nach verklungenem Beifallsrufe des Publikums abermals auf das Querholz, den Oberleib mit Stricken fest an das Tau geschnürt, unter dem linken Arm den Adler, in der rechten Faust die Stange, erwartete die Menge ängstlich die Fahrt vom Horste in die Luft hinaus. Doch auch diese schwingende Bewegung ging ohne Gefahr von statten, und hoch oben auf dem Kamm liefsen die Männer abermals das Seil über die Rolle gleiten, so dafs die weifse Gestalt nach langer Fahrt zwischen schwarzen Tannen verschwand, um dort im Walde auf festem Boden vom Seile sich loszuschnüren. Noch eine kleine halbe Stunde, und der unerschrockene Jägerbursche erschien unter der Menge im Thale mit dem geraubten jungen Adler. Der Vogel mochte vor etwas mehr als vier Wochen das Ei zerbrochen haben; die Deckfedern waren von schwarzbrauner Farbe, dazwischen quoll üppiger weifser Flaum hervor, was ihm ein scheckiges Ansehen gab. Das braune klare Auge irrte ängstlich umher, und er stiefs mitunter einen kläglichen piependen Ton aus, welcher dem kecken „Hyer—Hyer“ der Alten gar nicht ähnelte. Umfang und Schwere des Körpers mochte dem eines starken Haushahnes gleichkommen. Nun wurde der junge Aar im Triumphe nach Oberstdorf getragen, dort in einen geräumigen Ziegenstall gesperrt und wohl gefüttert, bis im Spätherbst ein Tyroler aus dem nahen Lechthale mit dem zahmen Vogel auf dem Rücken seine Reise in alle Welt antrat.

In demselben Frühjahr 1851 nahm der Jagdpächter und Gutsschaffner Weber im Rohrenmoose aus dem Horste an der Roten Wand zwei junge Adler, welche jedoch aus unbekannter Ursache ein paar Wochen danach plötzlich starben.

Nach diesem Jahre wurden die Adler zwar zuweilen bei klaren Tagen hoch in der Luft gesehen, sie raubten aber weniger zahmes Vieh an den Kakenköpfen, im Oythale und der Umgegend. Einer derselben hatte sich aber die Schafherde auf Ober-Mädeli-Alpe im Sommer 1852 ausersehen und forderte von ihr den Blutzehnt mit grausamer Dreistigkeit während der ganzen Weidezeit und ebenso im darauffolgenden Jahre. Ich übernachtete den 12. August 1853 in der oberen Sennhütte von Mädeli-Alpe, 6060′ ü. M. Der Hütte gegenüber an der nördlichen Böschung des mit Lawinenschnee und ewigem Eise angefüllten Sperrbachthales liegen die grünen Schaftriften unmittelbar unter den kahlen zerrissenen Gipfelmassen der Krottenköpfe. Die Schafe ziehen sich bei Einbruch der Nacht in die geschützen Lagen zwischen ungeheure Felstrümmer, welche im Laufe der Zeit von den Gipfeln sich abgelöst hatten. In diesen Zufluchtsstätten lämmert das Schaf, und aus diesen, mitten aus der Herde, entführt der Aar das kaum geborene Lämmchen. Um das trauliche Herdfeuer in der Sennküche sitzend, erzählten die Hirten von dem alten Gyren, dem „Baron“, wie sie ihn getauft, wie er jeden Morgen die Herde mustere, und raube, was ihm anstehe. Alle Vorsicht, alle Mittel, ihn abzuschrecken, seien vergeblich. Am frühen Morgen weckte uns der Ruf der Sennen: „Der Baron sitzt wieder auf dem Stein“. Wir sahen mittels des Fernglases den Aar auf seinem gewohnten Platze auf einer der höchsten Spitzen der Krottenköpfe, unnahbar dem besten Steiger, und unerreichbar der Kugel des Jägers. In philosophischer Ruhe besah er sich die Herde zu seinen Füfsen, und wir erwarteten den Augenblick, ihn in die Tiefe auf sein Opfer sich stürzen zu sehen. In demselben Momente jagte jedoch ein scharfer West das Sperrbachthal herauf an die Wände der Krottenköpfe graue Wolken, die in kurzem den Gipfel umhüllten. So verschwanden Berg und Adler rasch hinter dem Wetternebel, und des Abends erzählte der Hirt, dafs der „Gyr“ unmittelbar danach ein junges Schaf zerrissen und über den Gipfel hinweg entführt habe.

Im Jahre 1854 horsteten die Adler abermals an der Roten Wand im Rohrenmooser Thale. Von dieser Wand zieht sich fast im rechten Winkel ein Querjoch nach Osten und ist dasselbe in einer starken Stunde vom Thale aus zu ersteigen. Da das Querjoch höher liegt, als der Horst, so sieht man, auf demselben stehend, bequem in den offenen Horst. In den ersten Tagen des Mai hatte der Revierförster Schemminger von Fischen, mit der Aufsicht über die Gräfl. Rechbergschen Jagden betraut, sich bereits überzeugt, dafs das Ei gelegt sei, und am 30. Mai wurde zum ersten Male der junge Vogel gesehen. Vier Wochen später schien es nicht mehr ratsam, länger zu zaudern, sich des Jungen zu versichern. Der junge Aar zeigte weniger linkische Bewegungen, stand fest und aufrecht auf den Füfsen, hüpfte auch sperlingsartig im Horste umher und dehnte die weiten Schwingen. Der 30. Juni wurde als der Tag des Adlerfanges verkündet, und bis 2 Uhr nachmittags hatte die schaulustige Menge von nah und fern das Querjoch besetzt, welches eine so bequeme Einsicht in den Horst gewährte. Manche zarte Dame hatte die Stunde Weges steil bergan zu steigen nicht gescheut, bald über umgestürzte Baumstämme hinwegkletternd, bald im Gerölle auf spitzen Steinen in ungewohnter Anstrengung sich emporarbeitend. Endlich zeigte sich der Jägerbursche in der grausen Höhe, an dem schwankenden, 270′ langen Seile und begann seine Fahrt in die Tiefe, mit der Hackenstange bewaffnet, um von vorstehenden Felsgesimsen sich abzustofsen und unten am Horste, der höhlenartig und tief in der Wand liegt, sich hineinzuziehen. Die Fahrt war überstanden und der Sprung auf den Rand des Horstes geraten. Der junge Aar, erschreckt von der ungewohnten Erscheinung, duckte sich tief nieder, der Mann that einen kühnen Griff in Rücken und Hals des Tieres und versicherte sich in demselben Augenblick mit der andern Hand der beiden Unterschenkel, sie zwischen Fang und Knie fest in die Faust nehmend, und brachte so den Vogel mit einem raschen Ruck unter den Arm der Hand, welche die Unterschenkel gepackt hatte. Nun schwang er sich mit dem geraubten Vogel aus dem Horste und fuhr abermals in die Tiefe bis zu sicherem Terrain, welches den Weg ins Thal ermöglichte.[1]) Während des ganzen Vorganges

[1]) Warum der Mann nicht vorzog, den Adlerjüngling zu fesseln und in den Rucksack zu stecken, erscheint um so auffallender, da er, wenn auch mit dem Oberleibe an dem Taue festgebunden, unwillkürlich in gefährlichen Momenten mit der einen Hand darnach gegriffen haben wird, während er

safs ein Adler auf der andern Seite des Thales unter dem Gipfel der Kakenköpfe auf einer dürren Fichte, ein ruhiger unbeweglicher Zeuge der Beraubung seines Horstes. Am Morgen des Adlerfanges und am vorherigen Tage kam keines der Alten zum Horste, sei es, dafs sie das Ab- und Zugehen auf der Felsgalerie über dem Horste oder die Vorrichtungen auf dem Kamm der Roten Wand bemerkt hatten oder dafs sie die Gefahr in den Wind bekamen. So war die Hoffnung, einen der Alten am Horste zu erschiefsen, eine vergebliche.

Nach den bisherigen Erfahrungen brütet der Adler das Ei etwas mehr als 30 Tage, und dieselbe Zeit ist nötig bis zum Flüggewerden des jungen Vogels. Nach dieser Frist, in der fünften und sechsten Woche nach gebrochenem Ei, ist das Gelingen des Adlerfanges nicht mehr sicher. So schlüpfte einmal bei zu später Vornahme des Fanges an der Roten Wand der junge Aar dem Manne, welcher in den Horst stieg, unter der Hand weg, hüpfte auf den Felsrand hervor und breitete nach kurzem Bedenken seine Schwingen aus, um ins Thal hinab zu fliegen; er setzte sich jedoch bald auf eine Fichte und wurde etliche Minuten darauf herabgeschossen.

In der letzten Hälfte der Brutzeit scheinen die Alten weniger fleifsig dem Brutgeschäfte obzuliegen und ebenso ätzen sie später den Jungen weniger regelmäfsig; doch sind auch schon höchst pünktliche Einflüge in den Horst beobachtet worden; meist bei Tagesgrauen und mittags 12 Uhr.

Dafs die Adler mehr als zwei Junge ausgebrütet, ist in hiesigen Alpen nicht gehört worden. Wenigstens steht erfahrungsmäfsig fest, dafs gewifs unter zehn Fällen neunmal nur ein Junges aufgefüttert wird, unter diesen kaum einmal zwei Junge gefunden wurden. Es ist jedoch unentschieden ob die Adlerhenne nicht mehr als zwei Eier legt; glaubwürdige Zeugen versichern mir, dafs vor mehreren Jahren ein Hirtenknabe, welcher in den wilden Felsen des Mädelstockes seine Ziegen suchte, drei Adlereier auf Peters-Älpele zu dem Alpenbesitzer Franz Fischer aus Oberstdorf herab gebracht habe.[1])

---

mit der andern die Hackenstange führen und von den Ecken und Kanten der Wände sich abdrücken mufste. Im Rucksack ist der junge Aar nicht das mindeste, frei unter dem Arme ein sehr bedenkliches Hindernis. J.

[1]) Nach Naumann sind der Eier gewöhnlich drei, auch wohl nur zwei.

Der Adlerhorst ist unter einem überhängenden Felsen in einer seichten Höhle an einer stets unzugänglichen Wand nachläfsig gebaut, hat in der Mitte meist keine weiche Unterlage, welche mit einem Walle von dicken und dünnen Prügeln umgeben ist. In demselben und in der Umgebung sieht es bunt aus von den Resten des Raubes. Pelzwerk und Gebeine von Berghasen, Murmeltieren, Schafen, Ziegen, Gemsen, Rehen, Edelmardern, Wieseln, Federn und Hautstücke von Federvieh aller Art liegen und hängen an Gestein, Wänden und Gesträuch umher. Lange Röhrknochen und dicke Wirbel, Hornklauen und Vogelkrallen, Ballen von Haaren und Federn werden verschlungen, erstere schichtenweise vom Magensafte aufgelöst und gänzlich verdaut, letztere gewöhnlich in faustgrofsen Ballen wiederum ausgespieen.

Der Adler fängt sich leicht im Fuchseisen, wenn es in der Höhe seines Striches zur Winterzeit gelegt wird, sofern die Witterung im Eisen ihm ansteht und dasselbe rostfrei und gut gedeckt ist. In den Drahtschlingen den Adler zu fangen, ist in unseren Alpen nicht gebräuchlich; ich habe eines solchen Fanges manchen Tyroler sich rühmen hören, kann aber deren Manier nicht genau angeben.

Im Fange des Adlers ist der alte Forstwart Zeller zu Oberstdorf Meister und Autorität, ein echter Jäger von Schrot und Korn, den man von der Kunst des Fangens zu beurteilen hat, eine Kunst welche unseren jungen Jägern fast abhanden gekommen. Fragt den alten Mann nach dem Dutzend Luchse, die er im Berliner Eisen gefangen, nach den Wolfsjagden, welche er am Grünten prästiert, nach den Sau- und Bärenjagden der Agerer und Lutz in Hindelang und Burgberg! Zeller spricht wenig, aber was er erzählt, ist wahr, körnig, einfach, ohne würzhafte Zuthat und trägt das Siegel des Thatsächlichen an der Stirn.[1])

Es ist eine Fabel, die in gar manchem Lehrbuch der Naturgeschichte zu lesen ist, dafs der Adler bei Beraubung seines Horstes sich zur Wehr setzt. Dergleichen Erzählungen von Gefahren und Kämpfen, welche bei der Wegnahme des Jungen durch die Kühnheit und Wildheit der Alten zu bestehen seien, wollen wir den armen Tyrolern zu gut halten, welche ihren

[1]) Die Genannten sind alle in die ewigen Jagdgründe hinübergewechselt. J.

Adlerkasten auf dem Rücken sich dadurch interessanter machen; denn der Mann, welcher für ein kleines Geschenk den Aar vorzeigt, mufs den Straufs stets in höchsteigner Person bestanden haben. Während die Vorkehrungen zum Adlerfang getroffen werden und während des Aktes selbst hält sich das Adlerpaar in weiter Ferne, schwebt etliche (?) Fufs hoch über der Scene oder sieht sich den Vorgang, ruhig auf einem dürren Baume oder einer Felsspitze sitzend an, nicht selten in einer Entfernung von einer halben Meile und noch weiter. Kommt eines der Alten während des Adlerfanges zum Horste, so geschieht es aus Unvorsichtigkeit; denn in den meisten Fällen läfst er im Heranziehen zum Horste pfeilschnell von der Richtung ab und flieht scheu und feig, nachdem sein scharfes Auge die Gegenwart von Menschen entdeckt hat. Der Steinadler wird hier wahrscheinlich mit dem Lämmergeier oder Bartgeier, *Gypaëtos barbatus* LINNÉ, verwechselt, welcher allerdings in wütender Tollkühnheit den Kampf mit den Räubern seiner Brut aufnimmt. In unseren Alpen ist kein Beispiel vorhanden, dafs der Adler Kinder angegriffen. Doch ist der Vogel stark genug dazu, und ein verbürgtes Beispiel haben wir aus Graubünden dafür, wo in einem Bergdorfe ein Adler ein zweijähriges Kind wegtrug. Hier geht die Sage, dafs vor vielen Jahren in den „Gruben", einem Thälchen am Ausgange des Oythales, eine Mutter bei offener Hausthür am Herde stand, als ein heftiger Windzug und Aufwirbeln des Staubes sie veranlafste, neugierig aus der Thür zu treten. Da sah sie den Adler wenige Schritte von sich aufwärts fliegen: ihr einjähriges Kind spielte vor der Thür im Sande. Da hob sie ihren Liebling schützend in die Arme. Bei dem zweiten Fluge hätte der Aar dem Kinde die Fänge in die Lenden geschlagen, wie er auch das Lämmchen nicht schont.

Hunde sind dem mutigen Vogel gegenüber in Gefahr. Pfarrer Linz in dem nahen Kinzlern erzählte mir, er habe an einem Sommertage mit seinem grofsen fetten Pudel einen Spaziergang auf eine Alpe gemacht und, als er ermüdet im Schatten eines Baumes ausruhte, der Hund aber ein paar hundert Schritt vor ihm im Grase suchte, sah er, durch ein jämmerliches Heulen des Hundes plötzlich aufmerksam gemacht, einen Adler auf dessen Rücken sitzen und Schnabelhiebe auf den Kopf des Hundes führen. Erst durch seine Annäherung und lautes Rufen liefs der Adler von dem übel zugerichteten Hunde[1]).« So weit Dr. Grofs.

Ich füge bei (woher ich das Citat habe, vermag ich nicht mehr anzugeben), dafs im Jahre 1821 im November ein Steinadler zu München in einem Garten der Türkenstrafse auf ein Kind von 3/4 Jahren stiefs, welches in einem Korbe auf der Erde safs. Die in der Nähe mit Wäschetrocknen beschäftigte Magd warf ein Tuch nach dem Adler und bedeckte ihm damit den Kopf und die Augen, so dafs er sich nicht erheben konnte. Beherzt fafste ihn nun die Siegerin und brachte ihn, verletzt mit manchen Wunden, die ihr der Vogel beibrachte, ihrer Dienstherrschaft, welche ihn zum königlichen Hofe einlieferte. Der edle, menschenfreundliche König Maximilian I. belohnte die Magd reichlich und liefs den Adler in die Menagerie nach Nymphenburg bringen.

Die Tragkraft des Steinadlers betreffend, sagte mir der alte Forstwart Zeller, dafs ihm 1834 oder 1835 auf der Schönberger Alpe die Söhne des Candidus Walch von Maderhalm bei Immenstadt ein totes Schaf zeigten, welches Tags zuvor ein Adler von der Herde entführt und dem nahen Berge Schäfstein zugetragen hätte. Nach der Erzählung der Senner wurde der Adler unterwegs von zwei Bergraben *(Corvus corax)* verfolgt und liefs seine Beute fahren, welche aus einer Höhe von wenigstens 1000′ in das Thal herab totfiel. Die Senner erklärten, dieses Schaf gewogen und 36 bayerische Pfund schwer gefunden zu haben, was nach der Stärke des Tieres ihm glaubwürdig geschienen habe. Um dieselbe Zeit habe ein Adler ein Schaf von der am Schäfhofe weidenden Herde weggetragen, sei damit den Bergen jenseit des Thales zugestrichen, habe jedoch seine Beute über der Thalsohle fallen lassen, wo sie aufgehoben und im nahen Weiler Gruben gewogen worden sei. Thaddäus Weitenauer, Jagdaufseher zu Oberstdorf, erklärte, dafs dieses Schaf ebenfalls 36 Pfund schwer gewesen. Fälle, dafs Adler Schafe, Ziegen u. s. w. von einer Schwere über 30 Pfund wegtragen, kämen im Algäu fast alle Jahre vor.

---

[1]) Der Vorfall mit dem Hunde gehört zu den Vorkommnissen, welche unter der Einwirkung besonderer Umstände, wie Hunger, krankhafte Frefsbegier u. s. w. in der Tierwelt in Erscheinung treten, keinesfalls aber zu den Alltagsereignissen gezählt werden dürfen. J.

Fr. Gschwendner berichtet über den am 13. Juli 1881 bei Oberstdorf stattgehabten Adlerfang und bezeichnet als die von den Steinadlern mit grofser Vorliebe auserwählten Horstplätze in der Nähe von Oberstdorf die Lungenalper Wand und Ochsengehrenwand im Oythale und in den Bärengängen im Rappenalper Thale. Der Adlerfang dieses Jahres war ein besonders günstiger, indem in der Lungenalper Wand am 12. Juli das Weibchen in einem den Abend zuvor in den Horst gelegten Eisen gefangen und nach 15 Minuten das diesem Vorgange auf einer beiläufig 400 bis 420′ vom Neste entfernten Tanne zusehende Männchen von dem prinzlichen Jäger Leo Rappelder geschossen wurde. Am nächsten Tage wurde dann der junge Adler aus dem Horste genommen, zu welchem sich der kühne Jäger bei Anwesenheit einer grofsen Menschenmenge an einem sehr langen Seile herabliefs.

22. AQUILA IMPERIALIS Bechst.

Keyserling und Blasius, Die Wirbeltiere Europas, I. S. 138. n. 28. — Verz. S XXX.
Naumann, Naturgeschichte der Vögel Deutschlands, I. S. 201. Taf 6. 7 — XIII. Nachträge S 21. Taf 340.

Der dem Südosten angehörige Kaiseradler verfliegt sich wohl nur selten, das Donauthal heraufkommend, bis zu uns nach Bayern. Mir und meinen Freunden ist er mit Ausnahme eines ausgestopften Exemplars in der ehemaligen Leuchtenbergschen Sammlung mit dem Heimatsvermerk »Bavaria« nicht zu Gesicht gekommen. Ob ihn Schrank gekannt hat, ist aus seinen zu dürftigen Angaben in der Fauna Boica I. S. 107. n. 53 und 54 nicht zu entscheiden. Koch (System der bayerischen Zoologie S. 111. n. 36) sagt, er sei in den Hochbergen selten, gibt die den Kaiseradler vom Steinadler trennenden Unterschiede: »Schwanzfedern gleich lang, Nasenlöcher zwergstehend, Mundöffnung sehr weit, bis unter den hinteren Augenrand sich erstreckend, Augen sehr klein, Nackenfedern weniger zugespitzt als am Steinadler, Schwingen über den Schwanz hinausragend«, richtig an und citiert als synonym Schranks *Aquila chrysaëtos* Briss. n. 53 der Fauna Boica. Gleichwohl dürfte er nicht den Kaiseradler vor sich gehabt haben, da er S. 112 sagt: »Man hält den Linnéschen *Falco chrysaëtos* für einen alten, vorzüglich weiblichen Steinadler und nicht für den gegenwärtigen Vogel (*Aquila chrysaëtos* Briss.

und Schrank, nach Naumann Synonym von *Falco imperialis* Bechst.) Ich finde keinen Grund dazu.«

Genus 10. Haliaëtos Savigny.

23. HALIAËTOS ALBICILLA Briss.

Keyserling und Blasius, Die Wirbeltiere Europas, I. S. 139. n. 29. — Verz. S. XXX.

Naumann, Naturgeschichte der Vögel Deutschlands, I S. 224. Taf. 12 und 13. — XIII. Nachträge S. 66.

Der Seeadler ist zur Winterszeit, besonders in strengeren Wintern, im südlichen Bayern auf den Alpenseen, auf der Iller, der Wertach, dem Lech, der Isar und Donau eine ziemlich gewöhnliche Erscheinung, hält sich gern in den Flufsauen auf, und streicht im Hochlande bis zu bedeutenden Höhen, im Algäu bis zu den Illerquellen hinauf. Meistens werden junge, aber auch fast in jedem Jahre alte Vögel mit reinweifsen Schwänzen, wachsgelben Schnäbeln und erbsengelben Augen gesehen und erlegt. Leu in Augsburg hat von 1850 bis 1878 im ganzen 35 Seeadler gestopft, von denen die meisten aus der nächsten Umgebung bis hinab nach Thierhaupten ihm zukamen. Man sieht dort öfter kleine Gesellschaften von zwei bis drei Stück miteinander fliegen, zuweilen so nahe, dafs der Jäger Huwel des Barons C. v. Schätzler am 2. Januar 1859 in der Lechhausener Aue auf einen Schufs ein altes Männchen und ein junges Weibchen erlegen konnte. Jene 35 Stück waren meistens sehr gut genährt und fett, nur zwei davon durch Hunger ermattet, abgemagert und flugunfähig, so dafs der eine mit den Händen ergriffen, der andere in einem Bauernhofe erschlagen werden konnte. Eine spezielle Erwähnung aller mir seit vielen Jahren bekannt gewordenen Örtlichkeiten, wo Seeadler vorkamen, halte ich für wertlos. Es genüge die Angabe, dafs er von Ulm bis Passau, vom Bodensee und Oberbayern bis Aschaffenburg, in Franken allerdings viel seltener als südlich von der Donau, allenthalben als Vagant beobachtet ist. Die noch nicht brutfähigen Vögel, Männchen und Weibchen, führen bekanntlich ein mehrjähriges Wanderleben und wurde ein solcher in der weiherreichen Oberpfalz noch am 26. Mai bei Amberg geschossen. Nach Landbecks bestimmter Angabe hat Anfang der fünfziger Jahre ein

Paar in Schwaben bei Offingen, nicht weit vom Einflusse der Mindel in die Donau, gehorstet. Auch in Oberbayern soll dies schon geschehen sein, nach Prof. Wagner am oberen Starnbergersee, nach anderen im Geisenfelder Forst. Wahrscheinlich eine Verwechslung mit *Pandion haliaëtos!*

Er nährt sich vom Aase, das von den Flüssen herbeigeschwemmt wird, von Fischen, jagt Hasen, Enten, zahme Gänse, nimmt auch mit Mäusen vorlieb und kommt im Winter auf Fallmeistereien. Ende Dezember 1872 wurde bei Schweinfurt ein Seeadler auf einem geschlagenen Hasen lebendig gefangen. Er hielt sich schon längere Zeit in der Gegend auf und raubte einem Gutsbesitzer Gänse und Enten vom Hofe, sogar einen Pfau vom Dache seines Schlosses.

Genus II. Milvus Briss.

24. MILVUS REGALIS Briss.

Keyserling u. *Blasius*, Die Wirbeltiere Europas, I. S. 139 n. 32. — Verz. S. XXX.

Naumann, Naturgeschichte der Vögel Deutschlands, I. S. 333. Taf. 31. Fig. 1 — XIII. Nachträge S. 123.

Milan, *Milone*, *Gabel-*, *Scheren-*, *Zwieselgeier*, *Weihe*, *Weih*, *Gabelweih*, *Schwalbenschwanz*, *Gabelschwanz*, *Guraar*, *Gura*, *Guro*, *Gorner* sind Volksnamen dieses bei uns allgemein verbreiteten, nächst dem Mäusebussard gemeinsten Raubvogels, dem die Dorfjugend hiesiger Gegend, wenn sie seiner ansichtig wird, zuzurufen pflegt: »*Scheerleinsgeier!* flieg in den Weiher, zieh einen Fisch heraus, trag ihn in mein Haus«. Er kommt öfter schon Mitte Februar (frühester von mir notierter Termin: 11. Febr.), gewöhnlich erst im März, brütet in gröfseren Waldungen und zieht im Oktober und November wieder fort. Im Spätherbst und selbst nach Weihnachten sah ich ihn bei milder Witterung und reichlicher Mäusenahrung noch über die Felder des oberen Aischgrundes revieren. Kälte verträgt er nicht, und wenn er hie und da einmal im strengen Winter bei uns angetroffen wird, so ist es ein solcher, welcher während der Zugzeit durch Krankheit verhindert war, nach dem Süden zu ziehen. Einem am 1. Januar 1857 bei Augsburg erlegten Milan war der linke Fufs zur Hälfte abgeschossen, und der Stummel zum Stelzfufs so vernarbt, dafs der abgeschossene Fufsteil, hart vertrocknet, an einer Sehne nachgeschleift wurde. Der Schwanz war ganz verstofsen und bis auf die stärksten Kielreste abgenutzt, weil er sich mit demselben bei dem Frafse stützen mufste, indem der rechte Fufs zum Stehen und Festhalten der Beute diente. Prof. Wolf erhielt einen am 18. Januar 1802 bei Nürnberg zur Zeit grofser Kälte und tiefen Schnees auf einem Vogelherde gefangenen Milan.

Im Horste dieses befiederten Lumpensammlers fand Leu einst einen alten zerdrückten Filzhut, ein Paar blaue Strümpfe, eine halb gefressene junge Wildente, einen jungen Hasen und ein Stück von einem ziemlich grofsen Fisch. Der Fleischvorrat wimmelte von Schmeifsfliegen und Aaskäfern. Aus den Kröpfen und Mägen geöffneter Milane nahmen wir die Reste eines abgestreiften Iltiskörpers, Mäuse, eine junge Wildtaube, Eidechsen (einmal 13 *Lacerta vivipara*), Frösche, Regenwürmer, Säbelheuschrecken, sehr viele Maikäfer, grofse Laufkäfer und Schmetterlingsraupen, von letzteren aus einem Vogel über 50 Stück, darunter die Raupe eines *Sphinx*.

25. MILVUS NIGER Briss.

Keyserling u. *Blasius*, Die Wirbeltiere Europas, I S. 140 n. 33 — Verz. S. XXXI.

Naumann, Naturgeschichte der Vögel Deutschlands, I S 340. Taf 31 n. 2. — XIII. Nachtr. S 125.

Der schwarze Milan ist nicht so gemein, wie sein roter Vetter, gehört aber doch nicht zu den seltenen Vögeln und ist in einzelnen Gegenden, wie im oberen Altmühlthale bei Herrieden und im oberen Aischgrund bei Windsheim vom Frühjahr an die Sommermonate hindurch eine gewöhnliche, fast täglich wahrnehmbare Erscheinung. Er kommt in der Regel im März, horstet in Feldhölzern und gröfseren Waldungen in der Nähe von Gewässern und zieht im Oktober und Anfang November wieder weg. Nur dreimal in 4 Dezennien sah ich ihn in Mittelfranken schon am 11., 19. und 21. Februar, am erstgenannten Tage bei vielem Schnee (Schlittenbahn) und beifsend kalter Witterung. Für die Gegend von Regensburg führt ihn Koch als äufserst selten auf dem Striche an, eine Angabe, die ich bezweifle, da der schwarze Milan an der Donau und deren Nebenflüssen (Ulm, Lauingen, Dillingen) und an der Wörnitz bei Harburg gar nicht selten horstet. Nach Landbeck ist er in Schwaben im Mindel- und Kamlachtbal selten auf der Wanderung, was ich gleichfalls beanstanden mufs, da ich vor etlichen Jahren im September über den Feldern bei Bobingen oberhalb Augsburg nicht weniger als sechs Stück zugleich die Felder jener Hochebene absuchen sah. Am Main bis hinab nach Aschaffenburg horstet er nicht selten; im Sommer 1880 beobachtete ihn einer meiner Korrespondenten, wie er fast täglich zu derselben Zeit auf einer kurzen Mainstrecke bei Ochsenfurt seinen Fischbedarf fing. Er geht auch auf das Aas, und ich jagte ihn von einem verendeten alten Hasen auf, von welchem er kröpfte, während Leu aus seinem Magen die Unterkiefer einer jungen, in der Donau wahrscheinlich ersäuften Katze schnitt. An sonstigen Nahrungsmitteln konstatierten wir Eidechsen und Frösche.

Genus 12. Astur Cuv.

26. ASTUR PALUMBARIUS L.

Keyserling u. *Blasius*, Die Wirbeltiere Europas I. S. 140 n. 34 — Verz. S XXXI.

Naumann, Naturgeschichte der Vögel Deutschlands. I. S 249. Taf. 17 u 18. — XIII. Nachtr. S. 91

Der Habicht, auch *Hühnerhabicht*, *Hennenhacht*, *Hacht*, *Hennenhack*, *Taubenhabicht*, *Taubenhacht*, *Taubenhack*, *Taubenfalke*, *Taubenvogel*, *Taubengeier*, *Hühnergeier*, *Hühner-Hennenvogel*, der *Vogel* und *Hasenstöſsel* genannt, ist einer unserer bekanntesten und schädlichsten Raubvögel, wenn auch nirgends gemein, ein Stand-, Strich- und Zugvogel, der trotz aller Verfolgung nicht ausgerottet und nur schwer vermindert werden kann. Leu in Augsburg stopfte 1875 nicht weniger als 34, im Jahre 1878 sogar 37 Habichte, die auf der schwäbisch-bayerischen Hochebene erlegt wurden. In der Sammlung des Naturhistorischen Vereins genannter Stadt steht ein gepaartes, am Horste, der drei angebrütete Eier enthielt, geschossenes Paar, ein altes Männchen und ein junges Weibchen, welch letzteres am Bauche und den Schenkeln einzelne Federn des ausgefärbten Kleides und ebenso einzelne blaugraue Federn in den Flügeln und dem Schwanze hat, sonst aber noch das Jugendkleid trägt. Auch v. Riesenthal berichtet von einem weiblichen einjährigen Habicht, der, am Horste über fünf Eiern brütend, bei Heroldsbach Forstamts Forchheim in Oberfranken geschossen und ihm zugeschickt wurde. Er war noch im ersten Lebensjahre und trotzdem schon fortpflanzungsfähig. Ich selbst sah vor Jahren ein desgleichen Paar in der kleinen Sammlung eines oberfränkischen Lehrers, der es selbst erlegt hatte, und welches ebenfalls aus einem alten Männchen und einem einjährigen Weibchen bestand. Im Frühjahr 1885 wurden in Franken (Königsberg) aus einem Horste drei Eier entnommen, von welchem zuvor das Weibchen, ein einjähriger Vogel, herabgeschossen worden war. Ein sehr altes Männchen mit ganz schwarzer Kopfplatte erhielt Leu am 13. März 1862 von Elbischwang in Schwaben. Am 5. Juli 1747 wurde auf der Cadolzburger Wildfuhr im Holze Weifsensee ein Habicht gefangen, an welchem aus der Befiederung der Innenseite des linken Schenkels hoch oben am Leibe ein deformer dritter Fang mit zwei Vorderzehen von der halben Gröfse der normalen hervorragten. Näheres über diese interessante Bildung war aus dem den Habicht in Lebensgröfse auf der Faust eines markgräflichen Falkoniers darstellenden Ölgemälde nicht zu ersehen.

Ein äufserst kecker, blutdürstiger Räuber, verfolgt er Haustauben, Rebhühner, Birkwild u. s. w. bis in die Dörfer und Städte in offene Räume, sogar durch die Fensterscheiben hindurch, wobei er sich manchmal durch das Klirren des zerspringenden Glases noch zur Umkehr bewegen läfst, manchmal aber auch hinter seinen Schlachtopfern in blinder Gier bis in die Wohnzimmer dringt. Einst jagte er ein Rebhuhn in einem ländlichen Gasthause, wo eben Kirchweih, Musik und Tanz und das lauteste Treiben war, durch das Fenster des Herrenstübchens, in welchem ich anwesend war, kehrte aber an der zerbrochenen Scheibe um. Ein anderer Habicht, welcher Junge hatte, kam mit einem zarten Rehkitzchen in den Fängen gegen den Horst herangestrichen, in dessen Nähe ein Habichtstofs aufgerichtet war. Die Taube sehen, das Kitz fallen lassen, auf die Taube stofsen und als Gefangener im Netze liegen war das Werk etlicher Augenblicke. In die Taubenschläge auf Einzelhöfen, einsamen Mühlen und Weilern, sogar gröfserer Städte, wie Augsburg, dringt er zu jeder Jahreszeit ein.

Im »Deutschen Jäger«, illustrierte süddeutsche Jagdzeitung, berichtet 1879. Nr. 4. S. 39 ein Herr Wangemann über einen auffallenden Beweis der Mutterliebe eines Habichtweibchens. Im Sommer 1878 liefs er den auf einer sehr starken, hohen Buche im Weifsenburger Walde stehenden Horst eines Habichts besteigen, um die drei bald flüggen Jungen auszunehmen. Als der Steiger in einer Höhe von ca. 20 m, auf einem schwanken Aste stehend, nahe am Horste war, strich der Habicht, den zuvor verschiedene Schläge an den Baum nicht zu verscheuchen vermochten, erst ab, um durch die Baumwipfel zu verschwinden. Im nächsten Augenblicke kehrte er jedoch zurück, packte den Steiger hinten am Hemd und rifs ihm spannbreit einen Streifen vom Kragen bis zum Gürtel herab. Daraufhin liefs er den sich Anklammernden wieder los und strich weg, aber nur, um ebenso schnell wiederzukommen. Jetzt packte er den jungen Mann im Gesicht und rifs ihm mit der Daumenkralle eine 6 cm lange, tiefe Wunde unter dem Auge, die anderen Griffe waren im Unterkiefer eingehackt. Nachdem er den also Zugerichteten noch einmal losgelassen, strich er wieder steil hinaus über die Bäume. Bei dem Heranstreichen zu erneutem Angriffe wurde der mutige Habicht, das Weibchen, erlegt. Allem Anscheine nach hätte der Vogel nicht nachgelassen, bis der junge Mann herabgestürzt wäre, wenn derselbe ohne Hilfe gewesen.

Wir fanden in ihm an Eingeweidewürmern *Ascaris depressa* an Nahrungsmitteln Igel, Eichhörnchen, zahme Tauben, Ringeltauben, Birkgeflügel, zahme Hühner, Rebhühner, Elstern, Staare, Feldlerchen, Meisen und Bläfshühner.

In Oberfranken werden die Jungen unten am Horstbaum auf dem Erdboden eingepflöckt, d. h. mit einem das Entweichen verhindernden Kreise eingeschlagener Holzpflöcke umgeben und an denselben die Atzung herbeitragenden Alten in gelegten Tellereisen gefangen.

27. ASTUR NISUS L.

Keyserling u. *Blasius,* Die Wirbeltiere Europas. I. S. 140 n. 35. — Verz. S. XXXI.

Naumann, Naturgeschichte der Vögel Deutschlands. I. S. 258 Taf. 19 u. 20. — XIII. Nachtr. S. 92.

Der Sperber, vom Volke *Finkenstöfser*, *Finkenfalk*, *Stöfser*, *Hachtl*, *Hächtle* genannt, ist bei uns das ganze Jahr hindurch ziemlich gemeiner Stand-, Strich- und Zugvogel und bewohnt

Feldhölzer und gröfsere Waldkomplexe. Leu erhielt in den letzten acht Jahren 161 Stücke zum Ausstopfen. In der Sammlung des Naturhistorischen Vereins zu Augsburg steht ein Sperbermännchen, dessen Geschlecht durch die Sektion festgestellt ist, so grofs, wie das stärkste Weibchen.

In der Paarungszeit 1848 erlegte Landbeck im Walde bei Klingenbad in Schwaben in etlichen Tagen sechs Stücke, zuerst das Männchen eines gepaarten Paares. Das Weibchen hatte nachmittags den Verlust ersetzt und wurde zum zweiten Male Witwe. Am 2. Tage war bereits wieder ein Männchen da; nun wurde aber das Weibchen erschossen, und siehe da! am Abend hatte sich bereits ein zweites Weibchen eingefunden, und so wurde der Kampf fortgesetzt, bis kein Sperber mehr zu finden war.

Seine Nahrung besteht in kleinen Vögeln, Sperlingen, Finken, Emmerlingen, Lerchen, Goldhähnchen u. s. w., selten in Mäusen. Auf Vogelherden stöfst er auf die Lockvögel, besonders auf die Vorläufer; einmal fiel mir ein Weibchen bei dem Eichelhäherfang auf das Kreuz und fing sich in den Leimruten, während es auf einen gefangenen Häher stiefs. Auch Blas. Hanf sah ein Weibchen einen Eichelhäher bemeistern und wegtragen. Dafs er sich auch an Haus tauben wagt, sie im freien Felde schlägt und mühsam wegträgt, davon überzeugte ich mich am 4. April 1878, wo ich hier am Ufer der Rannach an der Strafse nach Burgbernheim ein Sperberweibchen antraf, welches eine Taube rupfte. Bei langsamer Annäherung zu Wagen, stand es vor mir viermal auf, strich kurze Strecken schwerfällig weiter, setzte sich immer wieder zunächst der Strafse hinter Obstbäumen auf die Erde, bis es endlich, von Krähen verfolgt, querfeldein niedrig über den Boden auf einen Acker flatterte, um dort ungestört sein Mahl zu halten.

Es hat mir oftmals Vergnügen gemacht, den Sperber den Sperlingen auflauern zu sehen. Drei Schritte vor dem ebenerdigen Schlafzimmer eines von mir bewohnten ländlichen Pfarrhauses sah ich ihn öfter am frühesten Morgen, ehe die Sperlinge noch ihr Nachtquartier, den meinen Backofen dicht überwuchernden Epheu, verlassen hatten, auf einer Querlatte des Gartenzaunes katzenbuckelnd sitzen und das Hervorkommen der erwachten schilpernden Insassen mit affektierter Gleichgültigkeit und möglichst unschuldiger Geberde abwarten. Zum Epheu sehnsüchtig hinaufblinzelnd, safs der Duckmäuser da, bis nach vollendetem Morgenlied die Spätzlein aus dem sie schützenden dichten

Laubwerk und Gezweig herauskamen; dann war aber auch die Maske des Räubers im Nu abgeworfen, und kaum dafs der Schlaf aus den Augen gewischt war, blutete schon ein Sperling in seinen Klauen. In strengen Wintern, wie 1879/80, wird er so frech, dafs er selbst in grofse Städte zieht und die auf den Strafsen sich kümmerlich nährenden Vögel vor den Augen der Passanten wegfängt. Nach Naumann sollen die Sperbermännchen viel feiger, menschenscheuer und behutsamer als die Weibchen sein, Sperlinge nicht bis in die Dörfer und Bauernhöfe verfolgen und sich stets nur im Walde aufhalten. Leu erhielt nicht wenige Sperber, welche in der Stadt Augsburg auf die hinter den Fenstern in Käfigen stehenden Stubenvögel, Kreuzschnäbel und Kanarienvögel, stiefsen, hinter sich flüchtenden Sperlingen in Bürgerhäuser, in das Rathaus und in den Speisesaal des Stiftes St. Stephan, als eben gespeist wurde, eindrangen, zum Teil auch an dem starken Fensterglase die Köpfe sich einrannten und tot auf die Strafse fielen oder lebendig nach durchstofsenem Fensterglase in der ersten Betäubung gefangen wurden. Sie alle waren Männchen.

Ich habe einst zwei junge Sperber, Geschwister, ein Männchen und ein Weibchen, grofsgezogen. Möglich, dafs ich einmal nicht reichlich genug gefüttert hatte; bis ich nach kurzer Zeit mit frischem Frafse heimgekehrt war, hatte die zärtliche Schwester ihren schwächeren Bruder erwürgt und aufgefressen.

Genus 13. Circus Briss.

28. CIRCUS CYANEUS L.

Keyserling u. *Blasius*, Die Wirbeltiere Europas. I. S. 140 n. 36. — Verz. S. XXXI.

Naumann, Naturgeschichte der Vögel Deutschlands. I S. 391. Taf. 38 Fig. 2. Taf. 39 Fig. 1 u. 2. — XIII. Nachtr. S. 151. — Fortsetzung der Nachträge S. 30 n. 2.

Kornweih, Bleifalk, Ringelfalk, Spitzgeier. Von den drei bei uns lebenden Weihen ist sie die häufigste und kommt auf dem Zuge wenigstens in geeigneten Lagen überall vor. Um München soll sie nach Prof. Dr. Wagler sogar höchst gemein sein. Im Frühjahr kommt sie manchmal schon im Februar (16. und 22. ds. Mts.), gewöhnlich erst im März und April zu uns, zieht wieder im Herbst in den Monaten Oktober und November durch, und bleibt in milden Spätherbsten und Vorwintern besonders bei starker Mäusevermehrung manchmal bis Ende Dezember da und scheint einzeln bei uns ganz zu überwintern, weil man Kornweihen schon in allen Wintermonaten erlegt hat. Zu Schranks Zeit (Ende des vorigen Jahrhunderts) hat sie um Ingolstadt bei Zant gebrütet, in neuerer Zeit angeblich auch an der Reichen Ebrach und im Aischgrund unterhalb Neustadt bei Tanzenhaid. Gewifs ist, dafs sie im Sommer schon an der oberen Altmühl und verschiedene Male in Schwaben (Mönchroth bei Memmingen, Augsburg, Höchstadt a. D.) während des Maimonats geschossen wurde, darunter ein gepaartes Paar, dessen Weibchen einen grofsen Brutfleck am Bauche hatte. Eine bei Dachau am 4. Juli 1881 erlegte Kornweihe und im Monat Juli 1883 auf dem Lechfeld erbeutete fünf Stücke, vier Männchen und ein Weibchen, sprechen gleichfalls für ihr Brüten in dortigen Gegenden. Leu fand in den Magen erlegter Kornweihen gewöhnlich Mäuse und einzelne Vögel, z. B. Staare und Goldammer, auch Eidechsen.

Die Steppenweihe *Circus pallidus Sykes* fehlt wohl auch in Bayern nicht, scheint aber mit der Kornweihe und mit Kleidern der Wiesenweihe verwechselt worden zu sein. Mir ist sie nicht zuhanden gekommen, auch sah ich sie in keiner Sammlung als vaterländisches Vorkommnis.

29. CIRCUS CINERACEUS Montagu.

Keyserling u. *Blasius*, Die Wirbeltiere Europas. I. S 141 n. 39. Verz. S XXXI.

Naumann, Naturgeschichte der Vögel Deutschlands. I. S. 402 Taf. 40 — XIII. Nachtr. S. 165. Fortsetzung der Nachtr. S. 32.

Die *Wiesenweihe* sehen wir viel seltener als die Kornweihe auf dem Durchzuge in wasserreichen, mit Wiesen- und Getreideland wechselnden Ebenen unseres Vaterlandes. Nicht selten ist sie auf den oberbayerischen Moosen bei München, Moosach, Dachau. Gewöhnlich sind diese Durchzügler junge, seltener alte Vögel. Graf von der Mühle erhielt die von Susemihl nach Exemplaren von Dieppe beschriebene und auf Taf 38a abgebildete merkwürdige Varietät, welche überall einfarbig schwarzbraun ist, doch so, dafs der Kopf am dunkelsten erscheint, und nur auf den grofsen Schwung- und Steuerfedern sich ein graulicher Anflug zeigt, aus der Gegend von Dachau. Sie kommt im April und wieder in den Monaten September und Oktober auf dem Zuge bei uns durch und streicht einzeln noch im November und

Dezember umher. Da sie immerhin zu unseren selteneren Vögeln gehört, so ist eine spezielle Nachweisung der Orte, wo sie noch erlegt wurde, nicht überflüssig. Solche sind in Oberbayern Schwabhausen, in Niederbayern Straubing, in der Oberpfalz Schamhaupten, Kelheim, Regensburg, in Oberfranken Bayreuth, in Mittel- und Unterfranken Ansbach und Würzburg, in Schwaben Augsburg (Lechfeld), Mindelheim, Memmingen und Kempten.

Bei Tanzenhaid im mittleren Aischgrunde unterhalb Neustadt soll sie früher gebrütet haben, wenigstens wurden dort, wie auch bei Augsburg, im Mai Wiesenweihen erlegt.

Leu fand in den Magen und Kröpfen Erlegter die Reste von Feld- und Spitzmäusen, Emmerlingen, Hänflingen, Lerchen, einer Saatkrähe und Eidechsen. (Nach Wiedemann sind auch bei Günzburg a. D., Scherneck und Hammel Exemplare erlegt. — R. Bl.)

30. CIRCUS AERUGINOSUS L.

Keyserling u. *Blasius*, Die Wirbeltiere Europas. I. S. 141 n. 39. — Verz. S. XXXI.

Naumann, Naturgeschichte der Vögel Deutschlands. I. S. 378. Taf. 37 und 38 Fig. 1 — XIII. S. 150 — Fortsetzung der Nachträge S. 30.

Die Sumpfweihe, bei uns *Rohrweih*, *Rohr-Moosgeier*, auch *Möwenteufel* geheifsen, findet sich in sumpfigen, wasserreichen Gegenden fast überall, wenigstens auf dem Zuge, brütet aber auch in mehreren Gegenden. Aus dem südlichen Oberfranken, und zwar aus den Moorweihern bei Höchstadt a. A. erhielt ich einige junge Sumpfweihen, darunter ein junges Männchen, das am ganzen Körper, auch auf dem Scheitel und an der Kehle tief schokoladebraun, ohne alle rostgelbe Endsäume des Gefieders war und nur im Nacken einen rostgelben Fleck hatte. Sie kommt im März und April und verläfst uns wieder in der Zeit von Ende August an bis in den November. In manchen Jahren ist sie ungewöhnlich zahlreich vorhanden, so 1853 wegen unzählich vieler Mäuse in der Gegend von München und auf den Moosen und Rieden Oberbayerns und Schwabens.

In dem Geröhricht des Kauerlachweihers bei Burggriesbach in der Oberpfalz brütete 1858 ein Paar, das nebst einem der Jungen erschossen wurde, worauf die Vögel verschwanden, und sich jahrelang keine Rohrweihe mehr sehen liefs. In den grofsen, mit vielen Altwassern, Dümpeln und rohrreichen Teichen durchzogenen Wiesen bei Rödlein und Kloster Heidenfeld in der Gegend von Schweinfurt hat der bekannte Jagdschriftsteller Diezel sie brütend angetroffen und während der Sommermonate oft gesehen und geschossen. Leu erhielt mehrere Exemplare aus der Gegend von Augsburg Ende Mai und Anfang Juni, so dafs auf ein Brüten in dortiger Nähe geschlossen werden darf.

Am 2. Oktober 1857, einem herrlichen Tage, sah ich drei Sumpfweihen das von Naumann beschriebene seltsame Manöver des sich rücklings Überschlagens hoch oben in blauer Luft ausüben. Vor dem jedesmaligen Überschlagen schrieen sie »Keu, Keu« und trieben dieses Spiel lange. Nach Naumann soll man diese Töne nur im Frühling wahrnehmen und sollen beide Gatten in anderen Jahreszeiten scheinbar stumm sein.

In den Magen der von uns präparierten Stücke fanden wir aufser Feldmäusen und Maulwürfen einmal eine Mollmaus *Arvicola amphibius.*

3. Familie: Eulen.

Genus 14. Strix L.

31. STRIX FLAMMEA L.

Keyserling u. *Blasius*, Die Wirbeltiere Europas. I. S. 141. n. 40 — Verz. S. XXXI.

Naumann, Naturgeschichte der Vögel Deutschlands. I. Taf. 47. S. 483 — Nachträge XIII. S. 188.

Schleier-, Perl-, Kragen-, Kircheule, weifse Eule, Nonne. Sie ist wohl unsere gemeinste Eule, so dafs Leu in 8 Jahren 171 Stücke stopfen konnte, und bewohnt als ein gewöhnlicher Stand- und Strichvogel Kirchtürme in Stadt und Land, wüste Schlösser, ruhige alte Gebäude, Mauertürme u. s. w. In hohlen Bäumen habe ich sie nie bemerkt. Exemplare mit ganz seideweifser Unterseite ohne alle Flecken wurden in Franken und Schwaben öfter gefunden. Eine wundersam schöne Varietät mit rostbraunem Schleier, oben und an der ganzen Unterseite düster schwarzgrau, ohne alles Gelb und Weifs, sah ich in der Universitätssammlung zu Würzburg. Daselbst stehen auch Exemplare mit fast ganz schokoladefarbigem Gefieder, wieder andere von fast weifser Färbung, wie Albinos (Leydig). Ihr Brutgeschäft zeigt interessante Erscheinungen, die wir auch an verschiedenen anderen Vögeln wahrnehmen, dafs nemlich der Ueberflufs an kräftiger Nahrung die Eierzahl in aufserordentlicher Weise erhöht und auch Bruten in zehr später Jahreszeit zur Folge hat. Die Kreuzschnäbel sind bekanntlich in ihrem Fortpflanzungsgeschäft an keine Jahreszeit und Witterung gebunden. Mag es kalt oder warm sein, in den rauhesten Wintermonaten, wie im Frühling, Sommer und Herbst, begatten sie sich, nisten, legen Eier und ziehen ihre Jungen grofs. Alles hängt von dem Vorhandensein oder Fehlen, von dem Geraten oder Mifsraten ihrer hauptsächlichsten Nahrungsmittel, des Fichten-, Tannen- und Föhrensamens ab. »Sine Cerere friget Venus«, d. h., wenn es wenig Nadelholzsamen gibt, so regt sich im Kreuzschnabel der Liebeskitzel nicht zur Winterszeit. Prangt aber der Forst im reichsten Weihnachtsschmuck der Fichten-, Tannen- und Föhrenzapfen, so wird das leichtlebige befiederte Zigeunervolk der Kreuzschnäbel üppig und brütet trotz Schnee und Eis.

Mit Ausnahme des Uhu, der zwei bis drei, höchst selten vier Eier legt, schwankt die normale Eierzahl bei sämtlichen deutschen Eulen zwischen drei bis fünf, die Brütezeit aber fällt bei allen in die ersten Tage des Frühjahrs (März und April). Ausnahmen von der Regel hinsichtlich der Eierzahl hat man bei dem Steinkauz, in dessen Nest man schon 7 Eier fand, bei der Waldohreule, die zuweilen 8 legt, und bei der Sumpfeule wahrgenommen, von welchen im Jahre 1857 in den Brüchern zwischen dem Elb- und Saalezusammenflusse gegen 200 Paare brüteten, nachdem in 20 Jahren dies nicht mehr vorgekommen. Die meisten Nester enthielten 6 bis 7 Eier, einzelne 8 und 10 Stücke und überdies fanden sich in einzelnen Gelegen 1 oder 2 grössere Exemplare, als die anderen waren. Auffallender als diese einzelnen gröfseren Eier der Sumpfohreule waren die in demselben Jahre und in denselben Saale- und Elbeniederungen von den ungewöhnlich zahlreich brütenden Mäusebussarden gelegten Eier, die fast alle gröfser, zum Teil bedeutend gröfser als gewöhnlich waren. Zwei Gelege dieses Bussards gingen weit über die gewöhnlichen Masfe hinaus und 4 Gelege von je 5 Eiern der Wiesenweihe waren wahre Riesen. Baldamus bringt diese auffallenden Erscheinungen mit vollstem Rechte in Zusammenhang mit den im Jahre 1857 in der genannten Gegend in ungeheurer Menge vorhanden gewesenen Brand- und Zwergmäusen, die sich ganz aufserordentlich vermehrt hatten.

Die Schleiereule legt gewöhnlich 3 bis 5, auch 6 bis 7 Eier, in mäusereichen Jahren aber auch die doppelte Anzahl. So 1869, wo in hiesiger Gegend und bei Uffenheim eine grofse Mäuseplage herrschte, und ein Paar Schleiereulen auf dem Kirchturm zu Ipsheim 11 Eier hatte. 1871 verschwand dasselbe aus unbekannten Ursachen und es stellte sich im Juni des gleichfalls höchst mäusereichen Jahres 1872 ein neues Paar ein, welches am 29. jenes Monats 7 Eier hatte, eines davon, nachdem es von einem jungen Manne berührt worden war, fortstiefs, am 2. Juli wieder 7 Eier besafs, am 4. das achte, bis zum 8. das neunte und zehnte und am 14. Juni das elfte Ei, mithin in jenem Jahre 12 Eier legte. Am 26. Juli schlüpfte das erste Junge, am 1. August das zweite, am 5. das dritte, am 14. das vierte. Sieben Eier, wovon die Eule am 1. August eines beseitigte, waren lauter, ein Junges starb nach dem 14. August und 3 Junge, von denen am 7. September 2 ziemlich ausgewachsen, aber noch mit Flaum bedeckt waren, und ein drittes, in körperlicher Entwickelung sehr zurück, blieben am Leben. Auch auf anderen Kirchtürmen hiesiger Gegend hatten brütende Schleiereulenpaare das eine 9, das andere 12, eines auf dem Kirchturm zu Wallmersbach bei Uffenheim 16 Eier, von denen 5 Stücke durch Schulknaben weggenommen wurden. Der Ortslehrer bemerkte, dafs von den zurückgelassenen bereits 4 Stücke gepickt waren, aus denen auch die Jungen in kurzer Zeit auskamen. In den nächsten 5 bis 6 Tagen schlüpften wieder 4 und von da an nach abermals 6 Tagen die übrigen 3, welche, von dem Lehrer geschützt, grofsgezogen wurden und abflogen.

Eine weitere Folge von Ueberflufs an Fleischnahrung ist es, dafs die Schleiereulen in mäusereichen Jahren zweimal brüten, das zweite Mal zu Ende des Sommers oder im Spätherbst, und dass sie auch diese Jungen aufziehen. Riesenthal stellt das zweimalige Brüten in Abrede. Die Paare brüten nach ihm zu sehr verschiedenen Zeiten, wenngleich jedes nur einmal im Jahre; man finde vom April bis in den November hinein Eier und Junge verschiedenen Alters. Ich kann diesem hochgeachteten Forscher nicht beistimmen, weil in Mäusejahren doch schon im vorausgegangenen Herbst und im Frühjahr die Zahl der schädlichen Nager eine über den normalen Stand sehr weit hinausgehende war, und ich nicht einzusehen vermag, warum bei einem Eulenpaare der Fortpflanzungstrieb nicht schon zur gewöhnlichen

Frühlingszeit erwachen sollte, wenn noch dazu die reichlichste und bequem zu erlangende Nahrung vorhanden ist. Das zweimalige Brüten der Schleiereule in einem Jahre ist so oft und sicher beobachtet, dafs nicht mehr daran gezweifelt werden kann[1]). In Bayern wurden in den letzten Tagen des Oktober 1849 zu Polsingen im Ries junge Schleiereulen gefunden, welche teilweise noch mit Flaum büschelweise bedeckt waren, am 3. November 1851 auf dem Dome in Regensburg 3 höchstens 3 Wochen alte Junge gefangen, welche noch vollständig das Flaumkleid trugen. Leu in Augsburg erhielt am 15. September 1861 zwei mit Flaum bedeckte Junge mit Blutkielen, am 22. September 1867 ein flaumbedecktes Junges von Landshut, ein desgleichen am Kopfe mit vielem und am ganzen Bauch noch völlig mit Flaum bekleidetes, aber an Flügeln und Schwanz fertiges Exemplar am 7. November 1864 von Schrobenhausen, ein weiteres im Flaumkleide mit hervorsprossenden Flügel- und Schwanzfedern am 22. September 1867 von Landshut, ein Nestjunges im Flaumkleid am 17. September 1871 und endlich am 21. November 1875 ein kaum flugbares, noch überall mit vielem Flaum zwischen dem Gefieder bedecktes Exemplar von Augsburg. Am 1. September 1877 schnitt er aus dem Legedarm eines Weibchens ein legreifes Ei, und Mitte Oktober 1876 wurden im Turme zu Dietkirch 3 flügge Schleiereulen ausgenommen.

Im Widerspruche mit den exaktesten Beobachtungen berufener Forscher wird noch immer die grofse Schädlichkeit aller Eulen behauptet. Zur Abgabe eines richtigen Urteils über den Wert oder Unwert unserer Raubvögel hält man vielfach nur den Jäger von Profession, Jagdbeflissenen und Schiefser für kompetent, weil sie angeblich allein Gelegenheit haben, dem Raubzeug auf die Finger zu sehen. Den Ornithologen denkt man sich in gewissen Kreisen als einen am »grünen Tisch« aus »Büchern« und Bälgen Naturgeschichte machenden Stubenhocker und ist, wenn sein Urteil dem des Jägers widerspricht, in der Regel sofort mit allerlei Artigkeiten und verbrauchten Redensarten freigebig bei der Hand. Unbeirrt durch diese Erwägung will ich bemerken, dafs ich der Schleiereule nicht blofs auf die Fänge, sondern auch in den Kropf und Magen gesehen und Tausende ihrer Gewölle untersucht habe und daher mit aller nur wünschenswerten

[1]) Dr Cabanis, Journal für Ornithologie, 1877. S 323 und 1878, S. 415.

Gewifsheit weifs, was sie frifst. »In der Illustrierten deutschen Jagdzeitung« IX. S. 19 finde ich die Behauptung, dafs die Ansicht mehrerer Naturforscher und Weidmänner vollständig hinfällig sei, dafs das ganze Eulengeschlecht mit alleiniger Ausnahme des Uhus zu den der Jagd und den nützlichen Vögeln unschädlichen Raubtieren zu zählen sei. Dasselbe friste vielmehr vom Sperlingskäuzchen an bis hinauf zur »grofsen« Schleiereule von nützlichen Vögeln sein Dasein, sogar von jungen Hasen, Kaninchen und Rebhühnern, müsse sich aber allerdings gelegentlich einmal mit einer Maus begnügen. Auch nach dem »Weidmann« von Fr. v. Ivernois VII. S. 134 sind alle Eulen ohne Ausnahme sehr schädlich, da ihnen wie den »heiligen« Bussarden Mäuse stets nur in Ermangelung eines Besseren als Atzung dienen und sie hauptsächlich nützliche Vögel, welche sie im Schlafe überfallen, sowie junge Hasen, Kaninchen und Rebhühner kröpfen. Sogar an einem abends geschossenen und die Nacht über an einem Aste im Walde aufgehängten Rehbock sei eine halbe Keule und ein Teil des Gescheides angeschnitten worden, und zwar, wie deutlich an dem herumliegenden Geschmeifs, sowie daran, dafs das Wildprett ausgerissen und nicht abgebissen war, erkannt werden konnte, offenbar von Eulen. Aus den angeführten Umständen wären nicht Eulen zu verdächtigen gewesen, sondern die gesellig lebenden, auf alle Vorgänge in Feld und Wald höchst aufmerksamen, mit fein entwickeltem Gehör- und Gesichtssinn und noch feinerem Geruch ausgestatteten Krähen. Mit Ausnahme des Uhus vermag keine einzige deutsche Eule einen jagdbaren Rehbock anzuschneiden, da ihre Schnäbel zu schwach sind; Gescheide gröfserer Jagdtiere verschmähen selbst unsere grofsen Eulen.

Ich habe 9472 Gewölle der Schleiereule untersucht und darin gefunden: 37 Fledermäuse, 47 Maulwürfe, 7346 Spitzmäuse (1009 Wasser-, 2328 Wald-, 227 Zwerg- und 3782 weifszähnige Spitzmäuse), 2 Haselmäuschen, 38 Wanderratten, 7584 Haus- und Waldmäuse, 13825 Feldmäuse (181 *Arvicola glareolus*, 47 *amphibius*, 373 *agrestis*, 13274 *arvalis*). Zieht man hiervon die Fledermäuse und die Haselmäuschen, erstere als durchaus nützlich und letztere als für Land-, Forst- und Gartenwirtschaft wenig in Betracht kommende Tiere ab, so bleiben 28,840 gemeinhin für schädlich gehaltene Kleinsäuger, und will man von diesen auch noch die 6637 kleineren Spitzmausarten — die Wasserspitzmaus ist anerkannt schädlich — als nützlich in Abzug bringen, was ich, um jeder Ansicht gerecht zu werden, nicht hindern will, obgleich vieles dagegen gesagt werden könnte, so restieren immer noch 22,503 Schadentiere. Von einem Hasen fand ich nicht die Spur Wie nimmt sich diesen durch gewissenhafteste Untersuchungen gewonnenen Resultaten gegenüber die Behauptung aus, dafs die Eulen nur gelegentlich einmal mit einer Maus sich begnügen müssen, wenn nichts Besseres zu haben ist! Von Vögeln fand ich in denselben Gewöllen 546 Stücke, von denen sicher zu bestimmen waren: 3 Steinkäuze, 1 Ziegenmelker, 18 Mauersegler, 16 Rauch- und Hausschwalben, 36 Hausrotschwänze, 13 Feldlerchen, 2 Staare, 6 Emmerlinge, 286 Haussperlinge, 6 Feldsperlinge, 1 Kirschkernbeifser und 1 Wachtelküchlein.[1]) Aufserdem konstatierte ich noch 116 Teichfrösche und eine Menge mittelgrofser und kleiner Tiere verschiedener Ordnungen, Käfer, Libellen, Ohrwürmer, Wiesenschnaken, Asseln, Wanzen, die aus den verdauten Mägen der von der Eule gefressenen Amphibien in deren Magen gekommen waren, und eine Anzahl grofser Insekten, welche die Eule selbst gefangen hatte, Laufkäfer, 112 Maikäfer, verschiedene Sonnenwend- und Rofskäfer, 26 Maulwurfs-, einige Feldgrillen und 31 Säbelheuschrecken. Nützliche Vögel sind nach obigem Befunde die hauptsächliche Nahrung der Schleiereule nicht. Zieht man von der Gesamtzahl der 546 Verzehrten die 292 Sperlinge und den Kernbeifser ab, so verbleiben 253 Individuen nützlicher Vogelarten, einschlüssig der 3 nach meiner Ansicht ebenfalls nützlichen Käuzchen. Die wenigen Frösche, Grofskäfer, Grillen und Heuschrecken kommen in der Nützlichkeits- und Schädlichkeitsfrage nicht in Betracht. Es wurden also verzehrt: 22,796 schädliche, 292 nützliche und 6637 zweifelhaft nützliche Tiere, gewifs ein glänzendes Zeugnis für den ökonomischen Wert unserer so viel verkannten und verfolgten Schleiereule. Wenn man lesen mufs, dafs ein Müllermeister (ich schäme mich, die Mühle und den Ort zu nennen) einer in seinem Taubenschlage gefangenen Eule die Fänge abschnitt und das arme Geschöpf durch den Rachen, die Oberschenkel und die Flügel hindurch lebend an das Scheunenthor nagelte, wo es erst andern Tages

[1]) Professor Dr. Döbner in Aschaffenburg fand in 36 Gewöllen der Schleiereule den vollständig erhaltenen Schädel einer Wachtel, 3 *Cypselus apus*, 2 unbestimmbare Vogelreste, 7 *Crossopus fodiens*, 17 *Sorex vulgaris*, 4 *Crocidura araneus*, 5 *leucodon*, 7 *Mus musculus*, 1 *minutus*, 6 *Hypudaeus amphibius* und 33 *Arvicola arvalis*.

ein barmherziger Mühlknecht von seinen Qualen erlöste, so möchte man wünschen, dafs nicht auch noch illustrierte Zeitschriften und Blätter für Jäger und Jagdfreunde solch unsäglicher Roheit Vorschub leisten.

Von Vögeln raubt sie gern solche Arten, welche spät bis in den Abend hinein entweder noch auf dem Freien, auf Häusern oder in ihren Nestern unruhig sind und zwitschern oder beim ersten Tagesgrauen, wo die Eule noch raubgierig umherstreift, bereits munter den jungen Morgen mit ihren Liedern begrüfsen, so namentlich Segler, Schwalben und Hausrotschwänze, von denen die letzteren bekanntlich Nachtsänger sind. Dafs die Schleiereule mit anderen Raubvögeln auch die Schonungslosigkeit gegen kleinere Verwandte teilt, doch nur in sehr vereinzelten Fällen Kannibalismus[1]) am Steinkauze sich zu schulden kommen läfst, dürfte ihren sonst vorzüglichen Leumund nicht trüben. Rebhühner-Reste fand ich in ihren Gewöllen nie, Leu Schalenstücke eines kleinen Eies, wahrscheinlich eines Hausrotschwänzchens, welches mit einem legreifen Ei im Darm der Eule zum Opfer fiel.

Aus Taubenschlägen habe ich sie namentlich im Winter oftmals erhalten und ganz dieselben Erfahrungen gemacht wie v. Riesenthal. Derselbe sagt: »Ihr von den besten friedlichen Absichten geleitetes Eindringen in Taubenschläge, wobei es freilich vorkommt, dafs die Insassen, wenn ihnen der Gast fremd ist, bestürzt herausflattern, hat man mit mörderischen Intentionen, als Austrinken der Eier und Verschlingen der Jungen, verknüpft; kurz, das aufserordentlich nützliche Tier ist anrüchig und mifsliebig geworden und findet in vielen Fällen schmählichen Untergang. Gleichwohl ist mir nie ein Beispiel bekannt geworden, dafs sie Tauben geschädigt haben. Kennen sie sich erst gegenseitig, so herrscht das unumschränkteste Vertrauen, und meine Hauseule konnte ich, so oft ich wollte, still in ihrem Winkel hocken, manchmal sogar mitten unter den Tauben sitzen sehen, und einmal brütete eine so dicht neben ihr, dafs die beiden Brutvögel Seite an Seite safsen und sich gegenseitig wärmten, was komisch genug aussah«.

---

[1]) Aus einem Steinadler schnitt man schon die Reste eines Mäusebussards, aus einem Habicht die eines Turmfalken und Sperbers, aus einem Mäusebussard die eines Rotmilans, aus einem Uhu die eines Baumkauzes und aus letzterem die eines Jungen der eigenen Art.

Auf einem Kirchturme hiesiger Gegend brüteten verwilderte Haustauben und eine Schleiereule. Neben einem Durchzugsbalken saſs auf der einen Seite die brütende Eule, auf der andern eine dem gleichen Geschäfte obliegende Taube. Wir sitzen so fröhlich beisammen und haben einander so lieb!

Wo die Dohlen sich einnisten, verläſst die friedliche Schleiereule ihre jahrelang innegehabten Heimstätten. Die groſse Unruhe und das beständige Zanken und Streiten dieser Schreihälse vertreibt sie. Wäre sie wirklich der gefährliche Räuber, für den sie ausgeschrieen ist, so würde sie die ungebetenen Eindringlinge im Schlafe erwürgen oder so viele nächtliche Beunruhigungen und Überfälle ausführen, daſs die Dohlen das Feld räumen müſsten.

Abergläubische werden durch das nächtliche Schnarchen der Schleiereule oft sehr erschreckt. An der Stiftskirche zu Herrieden sammelte sich 1841 eine groſse Menge Menschen, welche, nach der Ursache des Zusammenlaufs befragt, erklärten, der kurz zuvor gestorbene Stiftsdechant gehe in der Kirche um; man höre sein Schnarchen. Es schnarchte wirklich, wie wenn ein Mensch in tiefem Schlafe läge; es waren aber die in jenem Jahre im Gebälke der Laterne des Chortürmchens neu angesiedelten Schleiereulen. In Regensburg hörte man vor nicht langer Zeit in der Nähe der Dreifaltigkeitskirche dieselben schauerlichen Töne. Man hatte wiederholt vergeblich nach dem Grabe des wegen Einverständnisses mit Wallenstein und Hochverrats am Kaiser fälschlich verklagten und zu Regenburg 1635 enthaupteten Obersten Hans Ulrich Schaffgotsch gesucht und die Ruhe der Toten gestört und glaubten die einen, Geistertöne aus der Erde, die anderen aus höheren Regionen zu vernehmen. Ähnliches wurde 1867 aus Passau berichtet, wo man von verschiedenen Häusern des Nachts ein Stöhnen und Schnaufen gleich dem eines verscheidenden Menschen vernahm, und 1876 aus Ingolstadt, wo das in der Festung ausgestopft erhaltene Pferd, der Schwedenschimmel, zu schnauben angefangen haben soll, was nach einer alten Sage Krieg bedeutet. Derlei Geschichten gehören freilich weniger in die Naturgeschichte der Vögel, als in die Kulturgeschichte des Menschen des 19. Jahrhunderts; doch mögen sie auch hier einen Platz finden, da noch immer ein groſses strenggläubiges Publikum sich gegen natürliche Erklärungsversuche vom »grünen Tische« sträubt.

Genus 15. Ulula Cuv.

32. ULULA URALENSIS Pall.

Keyserliny u. *Blasius*, Die Wirbeltiere Europas, I. S. 142 u. 43. — Verz. S. XXXII.

Naumann, Naturgeschichte der Vögel Deutschlands, I. Taf. 42. Fig. 1, S. 422 — Fortsetzung der Nachträge XIII. S. 35.

Jäckel, Zur Naturgeschichte der Habichtseule (*Strix uralensis Pall.*). im zoologischen Garten von Dr. Noll in Frankfurt a. M. 1877. S. 309.

Victor Ritter v. Tschusi-Schmidhoffen hat in einer sehr verdienstlichen Arbeit (Dr. Cabanis, Journal für Ornithologie 1870. S. 257) über das Vorkommen dieser Eule in Österreich-Ungarn nachgewiesen, dafs sie in Böhmen (Böhmerwald) nicht gar selten ist und auch brütet. Als bayerischen Vogel kannte man sie seit lange, ob sie aber Standvogel sei und bei uns brüte oder nur im Herbst und Winter auf dem Striche zu uns komme, darüber hatte man bis jetzt nur Vermutungen. Heinrich Graf von der Mühle hielt es für wahrscheinlich, dafs sie dem bayerischen Hochgebirge angehöre, weil sie auch die Martinswand als Standvogel bewohne, eine Vermutung, die dadurch bestärkt wird, dafs J. Finger am 20. März 1850 im nahen Oberösterreich 4 Stunden von dem Gräflich von Arco-Valleyschen Marktflecken St. Martin auf einem Baume mitten im Walde ein Paar dieser Eulen antraf und das Weibchen, dessen Eierstock bedeutend angeschwollen war, erlegte und 2 weitere durch den gräflichen Förster Lang daselbst erhielt (*partim in litteris*). Unwahrscheinlich ist es daher nicht, dafs sie den Zug der bayerischen Alpen, vielleicht auch des Allgäus bewohnt: kennt doch auch v. Tschusi 4 bis 5 im Salzburgschen erlegte Habichtseulen und glaubt an ihr dortiges Brüten.

In München steht in der Staatssammlung ein Exemplar aus Bayern, leider ohne näheren Ortsvermerk. In Niederbayern, wo sie brütet, wurde sie mehrfach erlegt: 1843 eine bei Passau und ein sehr schönes Weibchen am 27. September 1865 bei der Ruine Kaltenstein ober Röhrenbach nördlich von Passau. Aus dem bayerisch-böhmischen Grenzgebirge, den westlichen Abdachungen und Verzweigungen des Böhmerwaldes, stehen in der Sammlung des Kaufmanns Nepomuk Hilz in Zwiesel 4 Exemplare, wovon eines im Herbst in den Vorbergen, eine Stunde von genanntem Marktflecken, ein Junges im Dezember auf dem Revier

Zwieseler Waldhaus, das dritte und vierte im Poschinger Walde erlegt wurde. Leu präparierte 2 ebenfalls bei Zwiesel am 5. November 1871 und am 31. Dezember 1873 erbeutete Weibchen, von denen letztere, zugleich an derselben Stelle mit einem jungen Vogel der Art geschossen, dieser aber von dem Schützen liegen gelassen wurde. Auf dem Revier Draxelsried bei Bodenmais Forstamts Zwiesel wurde am 13 Juni 1875 nachmittags auf einem gefällten Borkenkäferstamm, auf den sie zufällig gekommen war, von Holzhauern eine noch ganz junge, im ersten Dunenkleid befindliche Habichtseule bemerkt und sofort zu fangen gesucht, war aber schon im stande, sich so schnell hüpfend fortzubewegen, dafs der Fang erst nach einiger Zeit gelang. Von den Alten wurde man während des Fangens nichts gewahr. Der Fangplatz befand sich in einer Höhe von 3000 Fufs, dacht gegen Südosten ab und war mit Buchen, Tannen und Fichten von ziemlich hohem Alter bestanden. Das Nest dürfte nach dem Dafürhalten der anwesenden Forstbeamten in einem der in der Nähe befindlichen, nur auf einer Seite zugänglichen Felsen gestanden haben. Hier wurde wenigstens seit Jahren und auch 1875 zur Zeit der Auerhahnbalze im März und April vom Jagd- und Forstpersonal bereits früh 2 Uhr bis fast zu Sonnenaufgang der Ruf der Alten, ein kurzes, abgestofsenes Wuh-wuh, immer zweimal hinter einander, gehört, Töne, die selbst den Waldarbeitern auffällig, aber für Uhuruf gehalten wurden. Das schöne junge Tier, von dem Oberförster von Draxelsried anfänglich mit gehacktem Rindfleisch, später mit Sperlingen, Mäusen u. s. w., die es sehr begierig frafs, während es Eingeweide von Hasen verschmähte, grofs gefüttert, kam in seinem schwarzbraunen Jugendkleide in den Besitz des oben genannten Kaufmanns Hilz in Zwiesel. Meine eigene Sammlung ziert ein Mitte Januar 1874 bei Zwiesel erlegtes Weibchen; die Sammlung des Naturhistorischen Vereins zu Passau hat 2 Exemplare aus dem Böhmerwalde aufzuweisen, eines von Wolfstein, das andere von Hutthurn.

Nach von der Mühle bewohnt die Habichtseule die felsigen Ufer der Donau und nach Forstrat Koch ist sie in der Gegend von Regensburg in den Bergen bei Donaustauf, Ausläufern des Bayerwaldes oder Regengebirges, sehr selten. Im November 1846 wurde ein Exemplar der Sammlung des zoologisch-mineralogischen Vereins in Regensburg oberhalb der Stadt im Frankenjura an der Grofsen Laber bei Sünching auf den Gräflich von Seinsheimschen Jagden erlegt. Eine gewifs nur verstrichene Habichtseule schofs der 1832 verstorbene Professor Wagler in München in einem Fichtenwäldchen der fränktischen Ebene bei Erlangen.

In dem Magen meines Exemplares befanden sich nur Überbleibsel von Mäusen, in dem bei Röhrenbach erlegten ein Maulwurf und einige Rofskäfer *(Geotrupes)*.

Wahrscheinlich ist diese interessante Eule in Bayern nicht so selten, als angenommen wird, und dürfte vielmehr öfter entweder nicht erkannt oder mit dem Waldkauz verwechselt werden. Der Tierausstopfer N. Henseler in Rosenheim erhielt 1879 eine prachtvolle Habichtseule aus dortiger Gegend, vermag jedoch den Ort der Erlegung nicht näher anzugeben.

33. ULULA ALUCO L.

Keyserling u. *Blasius*, Die Wirbeltiere Europas, I. S. 142. n. 44 — Verz. S. XXXII.

Naumann, Naturgeschichte der Vögel Deutschlands, I. Taf. 46. Taf. 47. Fig. 1. S. 473 — XIII. S 178.

Nacht-Busch, gemeine Nachteule, die rote Varietät: *rote oder Feuereule.*

In der Sammlung des Naturhistorischen Vereins zu Augsburg steht ein junges Exemplar, welches am Bauche rein weifs, ohne alle Flecken ist.

In allen unseren Waldungen, vorzüglich im alten Laubholz und in gemischten Beständen ein ziemlich gewöhnlicher Stand- und Strichvogel, mit dem Niederschlagen der alten hohlen Eichen jedoch seltener werdend. In Ruinen und alten hohen Gebäuden sieht man den Waldkauz seltener, öfter in Scheuern nahe am Walde gelegener Weiler, sogar in einzelnen Walddörfern und auf niedrigen Jägerhäusern mitten im Forste. So sah ich im Steigerwalde bei Kloster Ebrach ein graues Exemplar im Schlote des Waldhauses Dianenlust sitzend, wo es seinen ständigen Aufenthalt hatte. Sie bewohnt sowohl das Gebirge, wie das Flachland und erscheint in mäusereichen Jahren mit anderen Geschlechtsverwandten in auffallender Menge. Über die Nützlichkeit oder Schädlichkeit dieser Eule gehen die Meinungen weit auseinander, indem sie nach den einen zu den entschieden nützlichen Vögeln gehört, welche unbedingt zu schützen sind, während sie nach anderen entschieden schädlich ist und es jedermann jederzeit erlaubt sein soll, sie zu töten und ihre Bruten zu vernichten. Von ihren Gewöllen habe ich mir nur 133 Stücke verschaffen können, in denen ich folgende Tiere fand: 5 Maulwürfe, 7 Wasser-, 12 gemeine-, 4 Zwerg- und 28 weifszähnige Spitzmäuse, 7 Wanderratten, 28 Haus- und Waldmäuse, ein kleines Wiesel, an Wühlmäusen 8 *Arvicola amphibius*, 4 *glareolus*, 9 *agrestis* und 139 *arvalis*, einen unbestimmbaren Vogel, einen Kuckuck, verschiedene Grofskäfer *(Carabus, Melolontha, Geotrupes, Ergates faber)*, Panzerstücke kleiner, in den Mägen verzehrter Frösche, die er sehr liebt, in seinen Magen gelangter Käfer, Ohrwürmer, ferner selbstgefangene Grofsschmetterlinge, Raupen von Schmetterlingen *(Noctua fimbria)*, Hornwespen *(Cimbex betulae)* und Maulwurfsgrillen. Dagegen untersuchten Leu und ich eine grofse Zahl geschossener Käuze und deren Nesthöhlen zur Zeit, als sie Junge hatten, und fanden allerdings in den meisten Fällen nichts als Mäuse, von denen oft die Mägen strotzten, selten Spitzmäuse, dagegen öfter Insekten, besonders Maikäfer und Maulwurfsgrillen und Frösche, in den Nesthöhlen aber Wiedehopfe, Blauracken, Amseln und Finken. Nicht genug. Ich schnitt aus einem Waldkauz den Vorderfufs eines etwa 2 Monate alten Hasen, erhielt Anfang Mai ein Weibchen mit grofsem Brutfleck und völlig leerem Kropf und Magen, welches nachmittags 4½ Uhr bei schwach umwölktem Himmel eine von ihr auf freiem Felde überraschte Haustaube geschlagen hatte und eben kröpfen wollte. In dem ungewöhnlich harten Winter 1879/80 holte sich ein Waldkauz in der Nähe eines hiesigen grofsen Steinbruchs mehrere Rebhühner aus ihrem Nachtlager im Schnee heraus. Kaum war die Kette zur Ruhe, so hörte man das Angstgeschrei der überfallenen Hühner und sah die Eule mit der Beute in den Fängen. Nach v. Riesenthal fällt auch das Steinkäuzchen dem Appetit des Waldkauzes zum Opfer. Laut einer Mitteilung der Monatsschrift für das Forst- und Jagdwesen von Professor Frz Bauer in Hohenheim über die Bedeutung der Eulen für die Forst- und Landwirtschaft warf der Finanzaccessist C. Klingenhöffer am 19. April 1859 aus einer hohlen Pappel, nachdem er den alten männlichen Kauz in der Asthöhlung erschossen hatte, zuerst diesen, hierauf die vier weifswolligen Jungen und zuletzt 12 Staare, 2 Buchfinken, 2 Feldsperlinge, 1 Goldammer, 1 Kohlmeise und schliefslich 4 Feldmäuse herunter, alles noch ganz frisch und, wie es schien, der Überrest der letzten Mahlzeit der saubern Familie. Ich habe keine Ursache, an der Wahrheit dieser Angaben zu zweifeln, und bin überzeugt, daſs dem Waldkauz kein Unrecht geschieht, wenn ihm Übles nachgeredet wird. Wenn er Junge hat und im harten Winter wird er gewiſs, wahrscheinlich überwiegend schädlich; im allgemeinen dürfte sich bei ihm Nutzen und Schaden das Gleichgewicht halten.

Ein Paar nistete in der Scheuer eines steigerwäldischen Försters, brütete auſser seinen 4 eigenen 2 ihm untergelegte Hühnereier aus und scheute das Ab- und Zugehen des Stroh und Heu holenden Dienstpersonals nicht.

Genus 16. Aegolius Keys. et Blas.

34. ÆGOLIUS OTUS L.

Keyserling u. *Blasius*, Die Wirbeltiere Europas, I. S. 143 u. 45 — Verz. S XXXII.

Naumann, Naturgeschichte der Vögel Deutschlands, I. Taf. 45. Fig. 1. S 451. — XIII. Nachträge S. 176.

Kleiner Uhu, Ohr-, Horn-, Hörnleinseule.

In Nadelwaldungen und Feldhölzern ein gemeiner Strich- und Zugvogel, in mäusereichen Jahren ungemein häufig, öfters in Gesellschaften von 20 und mehr Stücken beisammen. Die bei uns überwinternden Waldohreulen halte ich gröſstenteils für nordische Zuzügler; die bei uns brütenden ziehen wohl bis auf wenige alle fort. Doch sind das Verhältnisse, in welche niemals völlige Klarheit kommen wird. In dem grimmig kalten, schneereichen Winter 1844/45 waren sie sehr zahlreich vorhanden und wegen der vielen Mäuse jederzeit sehr fett. Fehlen diese, so leiden sie groſse Not, magern ab und verhungern. Ein bei groſser Kälte und tiefem Schnee zum Gerippe abgemagertes Weibchen wurde bei Tage über dem Versuche, in einen Taubenschlag einzudringen, erschlagen, und ich schnitt aus seinem Magen 5 Weizenkörner, 1 Gerstenkorn und 2 Linsen.[1])

Sie ist einer unserer allernützlichsten Vögel. Leu stopfte von 1870 bis 1877: 235 Waldohreulen, welche mit Ausnahme einer einzigen, bei der sich zwei junge Baumpieper *(Anthus arboreus)* vorfanden, die Kröpfe und Mägen voll von Mäusen hatten. Auch

[1]) Unnatürliche Nahrungsmittel findet man hier und da bei Eulen. Nach Landbeck hatte ein bei Mergentheim erlegter Uhu Holzbirnen und Kartoffeln im Magen.

Hanf fand in ihnen und ihren Gewöllen nie etwas anderes als Mäuse. Ich selbst untersuchte 939 Gewölle und entwickelte daraus folgende Tiere: 26 Maulwürfe, 19 Spitzmäuse, 1 Wasser-, 16 gemeine Wald- und 2 Zwergspitzmäuse, 135 Waldmäuse *(Mus sylvaticus)*, 905 Wühlmäuse — 9 *Arvicola amphibius*, 17 *glareolus*, 95 *agrestis* und 788 *arvalis* — 36 Vögel, darunter ein Buchfink, die übrigen nicht sicher zu bestimmen, wahrscheinlich Feldsperlinge, Meisen, Staare, Heide- und Feldlerchen, Goldammer, Rotkehlchen und ein rotrückiger Würger, ferner 8 Frösche, 9 Maikäfer, 16 Roſskäfer, 27 Maulwurfsgrillen, 7 Feldheimchen, etliche gröſsere und kleinere Laufkäfer, Blattkäfer und 3 Säbelheuschrecken. Bei tiefem Schnee und starkem Frost überfällt sie, wie nicht geleugnet werden kann, Rebhühner in ihren Nachtlagern und erwürgt sie. Es sind das Frevel, zu denen sie in auſserordentlichen Notzeiten der quälende Hunger treibt, und die sie wieder unterläſst, sobald mildere Witterung eintritt und sie wieder dem Mäusefang obliegen kann.

Landbeck machte im bayerischen Schwaben (Klingenbad) zweimal die interessante Wahrnehmung, daſs diese Eule, wie die Katzen und auch der Uhu zu thun pflegen, bei Gefahr ihre Jungen fortträgt.

35. ÆGOLIUS BRACHYOTUS Forster

Keyserling u. *Blasius*, Die Wirbeltiere Europas, I. S. 143. n. 46. — Verz. S XXXII.

Naumann, Naturgeschichte der Vögel Deutschlands, I. Taf 45. Fig. 2. S. 459. — Nachträge XIII. S. 177. — Fortsetzung der Nachtr. S. 36.

Die Sumpfeule führt ein Zigeunerleben, kommt in mäusearmen Jahren nur selten, dagegen in mäusereichen in groſser Menge, sehr selten schon im August (frühester Termin: 7., 15., 26.) und in den ersten Tagen des September, gewöhnlich erst um die Mitte letzteren Monats, und im Oktober zu uns, bleibt den ganzen Winter bis zum Frühjahr (März und April) da und ist bei reichlicher Nahrung selbst zur Zeit groſser Kälte sehr wohlgenährt. So war es in dem ungemein kalten und schneereichen Winter 1844/45, wo das Haar- und Federwild fast ausstarb, die Sumpfeulen aber alle sehr gut bei Leibe und fett waren. Im Herbst trifft man sie gern in ehemaligen, ausgetrockneten, mit Binsen und Riedgras hoch bewachsenen Weihern, auf nassen, mit derlei Gräsern bestandenen Waldschlägen, in Torflöchern gröfserer Stichflächen und auf Kartoffeläckern, wo sie zur Zeit der Hühnerjagd vor dem stöbernden Hunde oft aufsteht und in kleinen Gesellschaften von 6 bis 12 Stücken herumstreift. Brütend hat man sie schon hier und da (Regensburg, Aschaffenburg), doch nicht regelmäfsig und nur in Mäusejahren gefunden. Leu erhielt von der Lechhausener Aue bei Augsburg ein Weibchen mit einem grofsen Brutflecke am Bauche. Auch auf dem Memminger Ried traf sie einer meiner Freunde ziemlich gemein mitten im Sommer zwischen Grashoppen auf der Erde sitzend an.

Gleich ihrer nahen Verwandten, der Waldohreule, ist sie in hohem Grade nützlich. Blas. Hanf fand in ihr nur einmal Reste einer Feldlerche, sonst immer nur Mäuse, ich selbst nie etwas anderes als Feldmäuse, mehrmals 8 Stücke in einem Exemplar, und Leu, der im November und Dezember 1866, wo sie bei Augsburg sehr häufig waren, 30 Sumpfeulen, im ganzen an 300 stopfte, ebenfalls fast ausschliefslich nur Mäuse, in etlichen Fällen Vögel, 2 kleinere, 2 Staare und 1 Feldlerche. Ein sehr voller Magen enthielt nur Maikäfer.

Genus 17. Nyctale Brehm.

36. NYCTALE TENGMALMI J. Fr. Gmel.

Keyserling u *Blasius*, Die Wirbeltiere Europas, I. S. 143. n. 47. — Verz. S. XXXII

Naumann, Naturgeschichte der Vögel Deutschlands, I. Taf. Fig 2. 3. S. 500. — Nachträge XIII. S. 190.

Ein ziemlich seltener Standvogel, über welchen ich nähere statistische Nachweise seines Vorkommens in Bayern für angezeigt halte. Er kommt ebensowohl in den Vorbergen unserer Alpen, als auch in diesen selbst und in den Nadelwaldungen unserer Mittelgebirge und der Ebene vor, im oberbayerischen Gebirgslande z. B. bei Schliersee und im Algäu bei Füfsen, Pfronten, Niedersonthofen, Lindau, nordwärts im Kemptener Walde, bei Memmingen, in der Augsburger Gegend in Schwaben, wie im nahen Oberbayern (Petersdorf bei Affing), im Frankenwalde bei Hof, nicht selten im Fichtelgebirge am Ausgang der Waldungen, im Frankenjura und der fränkischen Schweiz, bei Kelheim in Niederbayern, in den Thälern bei Feulersdorf (Wonsees) bei

Aufsees, Wüstenstein, im Steigerwalde bei Kloster Ebrach in Oberfranken, im oberpfälzischen Hügellande bei Wernberg an der Naab, bei Rampsbau am Regen, bei Regensburg, in Mittelfranken im Reichswald bei Nürnberg Forstamts Sct. Sebaldi und Laurenzi (Dormitz, Feucht, Hammer), bei Fürth, Rofsstall, Ansbach in der Feuchtlach (Höfstetten), Schalkhausen, in der Fasanerie bei Eichstätt und in den geschlossenen Forsten Unterfrankens.

Aus der Gegend von Buckenhof bei Erlangen sah ich Anfang Juni 1844 einen lebenden Nestvogel bei dem Professor Rosenhauer. Am 27. Mai 1808 erhielt Professor Wolf in Nürnberg ein Weibchen, welches aus dem Neste im Loche einer Tanne bei Rofsstall genommen wurde und ein vollendetes Gelege von 2 Eiern hatte. Bei Fülsen und Pfronten wurden Exemplare in den Sommermonaten Mai und Juni erlegt und brüteten ohne Zweifel dort. Nach v. Riesenthal ist es nicht beobachtet, ob der Rauchfufskauz gleichwie der Steinkauz bewohnten Gebäuden sich nähert. Ich sah ein prächtiges Exemplar, das bei Hof in Oberkotzau in einer Scheuer lebend gefangen wurde, in der Sammlung eines Pfarrers.

Leu und andere fanden immer nur Mäuse im Magen dieses Kauzes. Dafs er auch auf Vögel Jagd macht, beweist ein im Herbst 1818 auf einem Vogelherde im Nürnberger Reichswalde bei Feucht gefangenes Exemplar.

(Jäckel teilt im Jahresbericht pro 1884 mit, dafs am 12. November dieses Jahres ein altes Weibchen in Schwaben bei Nördlingen erlegt sei. — Nach Link wurde im Spätherbste 1888 ein männliches Exemplar bei Staffelstein in Oberfranken gefangen und nach Andr. Wiedemann am 15. November 1885 ein toter Rauchfufskauz bei Diedorf aufgefunden und in Augsburg präpariert. — J. Hellerer schreibt mir, dafs am 23. Januar 1888 bei Ludwigsfeld ein ♂, am 14. September 1890 bei Aumeister ein ♂ juv. und am 16. September 1890 bei Erding ein ♀ geschossen sei. — R. Bl.)

Genus 18. Surnia Dum.

37. SURNIA NOCTUA Retz.

Keyserling u *Blasius*, Die Wirbeltiere Europas. I. S. 144 n. 48. — Verz. S. XXXII.

Naumann, Naturgeschichte der Vögel Deutschlands I. Taf. 48 Fig. 1 S 493 — Nachträge XIII. S. 189.

In Steinbrüchen, auf alten Bauwerken, Türmen, Stadtmauern, in Kasematten, in alten hohen Obstbäumen, Linden, Kastanien u. s. w. städtischer Anlagen, in Alleen, grofsen Baumgärten und alten Kopfweiden an Bächen ist das »*Käuzlein*, *Steinkäuzlein*, der *Totenkauz*, der *Totenvogel* oder die *Klagmutter*«, wie es im Volksmunde heifst, ein im Winter die Städel, Ziegeleien und Torfmagazine der Mäuse wegen besuchender gemeiner Standvogel. Ein Exemplar mit sehr vielem Weifs im Gefieder sah ich in einer Privatsammlung aus dem Voigtland (Oberkotzau bei Hof).

Dafs der Steinkauz meist niedrig lebt, sich an heiteren sonnigen Tagen ruhig in seiner Höhle aufhält, und an trüben Tagen sich erst vor Sonnenuntergang nicht gar selten munter zeigt und auf die Jagd geht, ist im allgemeinen richtig, unterliegt aber auch vielfachen Ausnahmen. Ich sah ihn bei bedecktem Himmel schon mittags 12 Uhr auf den hohen Nebengebäuden eines weitläufigen, von 8 Türmen flankierten, mittelalterlichen Schlosses sich umhertreiben, in hiesiger Stadt auf einem hohen Mauerturm bei wolkenlosem Himmel eines herrlichen Junitages früh vor 9 Uhr auf einen Dachvorsprung fliegen und neugierig auf mich herabäugen, auf einem leeren Kleebock mitten im Felde bei hellem Sonnenschein und leichtem Gewölk nachmittags 5 Uhr auf Mäuse lauern, und Anfang November, gleichfalls bei Sonnenschein, nachmittags 2 Uhr in den Wallgärten nach Raub ausfliegen.

Nach dem fast einstimmigen Urteil unserer ornithologischen Autoritäten jagt der Steinkauz vor allem andern die verschiedenen Arten und Gattungen von Mäusen und gröfseren Insekten, namentlich Käfer und seltener kleine Vögel. Er soll auch Fledermäuse fangen und nach Naumann auf den Taubenschlägen keinen andern Schaden anrichten, als dafs er durch sein nächtliches Aus- und Einfliegen die furchtsamen Bewohner derselben anfänglich, ehe sie ihn gewohnt werden, in Furcht und Schrecken versetzt. Herr Leu untersuchte 35 Steinkäuze, von denen die im Winter erlegten fast ausschliefslich Feldmäuse, ein einziger einen kleinen Vogel, die Sommervögel aber Insekten in den Mägen hatten. Nach Apotheker Link in Burgpreppach raubt der Steinkauz alljährlich an den Fenstern und auf den Gesimsen sitzende ausgeflogene Rotschwänzchen an seinem Hause und beunruhigte öfter in der Nacht seine vor den Fenstern hängenden Singvögel, verletzte sogar eine im Käfig befindliche Feldlerche ziemlich stark. Graf von der Mühle schofs in Griechenland manches ihre Jungen fütternde Weibchen der südlichen Steinkauzform und fand in den geöffneten stets Insekten, ebenso Baron v. Freyberg, der auf den Festungswällen von Nauplia viele Gewölle sammelte und darin ausschliefslich nur Mäuse und gröfsere Insekten, Maulwurfsgrillen und *Mantis*-Arten vorfand. Ich selbst habe viele junge und alte Steinkäuze auf den Mageninhalt untersucht und meistens Mäusereste, sehr selten einen verzehrten Vogel konstatiert, aus 241 Gewöllen aber 6 *Mus sylvaticus,* 103 *Arvicola arvalis*, 1 *glareolus*, 1 *Sorex leucodon*, 2 Brustbeine unbestimmbarer kleiner Vögel, aus den Sommergewöllen aufser Mäusen vorherrschend nur Insekten, in grofser Menge *Geotrupes stercorarius, Carabus cancellatus*, *catenulatus*, *convexus*, *granulatus*, sonst noch *Pterostichus, Harpalus* und gröfsere *Staphylinus*-Arten, von kleineren Käfern nur einzelne aus den Gattungen *Aphodius* und *Silpha,* von Kaukerfen eine Menge von Zangen der *Forficula auricularia* und Köpfe von *Gryllus campestris* entwickelt. Auffallend war mir daher das Urteil des Baron v. Droste in seinem Referate über die Vogelschutzfrage, dafs der Steinkauz mit besonderer Vorliebe keineswegs die Mäuse verfolge, sondern die kleinen Vögel (was entschieden unrichtig ist), ja sogar erwachsene Feldhühner, dabei aber allerdings eine grofse Menge von Mäusen und ebenso Maikäfer verzehre, weswegen er vielleicht für vorwiegend nützlich erkannt werden dürfte. In seinem Schlufsurteil läfst er die Frage über die gröfsere Nützlichkeit oder Schädlichkeit des Kauzes unentschieden. Im Winter 1870/71 hörte ich zwar mehrmals, dafs kleine Eulen in Taubenschläge hiesiger Stadt sogar bei Tage eingedrungen seien, dafs man in denselben erwürgte und befressene Tauben gefunden habe, und ein grofser Flug aus Schrecken über den mörderischen Überfall zwei Tage lang nicht mehr in den Schlag zurückgebracht werden konnte. Ich behauptete die Unschuld des Steinkauzes, wie der gleichfalls verdächtigen Schleiereule um so mehr, weil ich in demselben Winter ein verhungertes Steinkäuzchen in der Höhlung eines nahen Steinbruches fand und 7 andere mir teils lebend, teils tot gebracht wurden, von denen eines in einer hölzernen, auf Iltisse gestellten Klappfalle gefangen worden war. Alle hatten leere Mägen. Zur nämlichen Zeit erhielt Leu 4 Exemplare, 3 mit leeren Mägen, während der Magen des vierten voll war von Gras und anderen unkenntlichen Vegetabilien [1]). Ich glaubte, schliefsen zu dürfen, dafs ein Vogel, welcher bei der Möglichkeit, in Taubenschläge zu dringen, zu den unnatürlichsten Nahrungsmitteln greift oder hungert, selbst verhungert, nicht geeigenschaftet sein möchte, viel gröfsere und stärkere Vögel, Tauben und Rebhühner, zu töten Da brachte man mir im sehr kalten Winter 1879/80 am 22. Dezember ein in dem Taubenschlage einer hiesigen Mühle gefangenes lebendiges Steinkäuzchen und 2 tote, an der Brustmuskulatur bis tief in die Brusthöhle hinein befressene weifse Tauben mit abgerissenen Köpfen. Dafs das Eulchen wirklich der Mörder war, bewies das in der nächsten Nacht in einem Käfig, worin ich es gesetzt hatte, ausgeworfene Gewölle, worin ich aufser etlichen weifsen Federn einen Taubenschnabel, ein gröfseres Stück der Schädelknochendecke und verschiedene Getreidekörner und Unkrautsämereien vorfand, ganz dieselben, wie sie noch in der Tiefe der Kröpfe der getöteten Tauben vorhanden waren. Wenige Tage danach sah ich bei heftiger Kälte und einbrechender Dunkelheit einen Steinkauz von dem verschlossenen Taubenschlage eines Nachbars abstreichen und hörte, dafs in einer Brauerei eine kleine Eule eine Taube bei Tage im Schlag erwürgt habe. Am 2. Februar endlich fand ich in meinem eigenen stets offenen Schlage zwei getötete Tauben mit abgerissenen Köpfen, am Halse, Rücken und in den Brustteilen angefressen, liefs den Faller herab, hatte in der nächsten Nacht keinen Verlust, öffnete den Schlag am andern Morgen absichtlich wieder, ohne ihn abends zu schliefsen, und siehe da! — am 4. d. Mts. war die dritte Taube erwürgt und ganz in der nämlichen Weise wie die früheren zerfleischt; nur der abgerissene Kopf lag neben der Leiche [2]). Gegen 5 Uhr abends bei noch scheinender Sonne

---

[1]) Ein am 12. Oktober des nassen Jahres 1882 erlegter Steinkauz hatte aufser spärlichen Insektenresten und einigen Federn eines Kleinvogels ebenfalls eine Menge Pflanzenfasern und ein mir unbekanntes Samenkorn im Magen.

[2]) Über einen ganz ähnlichen Fall berichtet V. H Göppinger im »Zoologischen Garten« (1870) S. 358.

schlofs ich, in der Meinung, das Käuzchen dürfte bereits darinnen sein, den Schlag mit gröfster Vorsicht; es safs aber leider ungesehen von mir erst auf dem Laufbrett vor dem Faller und strich bei der ersten Bewegung der Zugleine auf ein gegenüberstehendes Haus, wo es in einer Entfernung von etwa 20 Schritt in einer Dachlucke sich niederliefs und, wie um mich zu verhöhnen, die bekannten Bücklinge machte. Nunmehr hatte ich volle Gewifsheit und sperrte meine Tauben ein, bis bei Eintritt gelinden Wetters und Abgangs des tiefen Schnees auf das Vorhandensein von Mäusenahrung wieder zu rechnen war. Dann liefs ich unbedenklich den Schlag Tag und Nacht über wie früher offen und hatte keinen Verlust mehr. Auffallend war mir, dafs meine Tauben durch die mörderische Eule nicht beunruhigt wurden; sie safsen so vertraut in ihrem Daheim angesichts ihrer toten Kameraden, als wäre nichts vorgegangen. Die Tauben des hiesigen Müllers aber waren nicht mehr in ihren Schlag zu bringen und bezogen einen andern, worauf die Mordstätte geschlossen wurde.

Ich halte den Steinkauz wegen seiner vorwiegenden Mäuseliebhaberei gleichwohl für sehr nützlich; was er durch Insektenvertilgung leistet, ist in landwirtschaftlicher und jeder andern Beziehung bedeutungslos, der Schaden, den er durch den Raub kleiner Vögel anrichtet, von keinem besondern Belang und die nur ausnahmsweise bei tiefem Schnee vorkommenden Räubereien an Haustauben durch die bitterste Not entschuldbar, bezw. durch Schliefsen der Taubenschläge leicht zu verhüten.

Nach v. Riesenthal schlägt der Hühnerhabicht den Steinkauz, wo er seiner nur habhaft werden kann; ich fand die Reste desselben, Schädel mit Schnäbeln, dreimal im Gewölle der Schleiereule.

38. SURNIA PASSERINA L.

Keyserling u. *Blasius*, Die Wirbeltiere Europas. I. S. 144 n 49 — Verz S. XXXII.

Naumann, Naturgeschichte der Vögel Deutschlands. I. Taf. 43 Fig. 1 u. 2 S. 434 — XIII S 174.

Der Sperlingskauz, ein Standvogel, ist in unserm Hochgebirge, in Mittelgebirgen, hier und da auch im Hügellande nicht so selten, als gemeinhin angenommen wird. Leu, ich selbst, mehrere meiner Korrespondenten und vaterländische Sammlungen haben eine ziemlich grofse Anzahl erhalten aus dem oberbayerischen Gebirge (Berchtesgaden, Kampenwand bei Aschau, Brannenburg, Miesbach, Tegernsee, Kreut, Falepp, Kaiserklause, Walchensee, Partenkirchen, Werdenfels), aus dem Trauchgebirge (Hohenschwangau, Steingaden), aus den Algäuer Alpen (Füfsen, Oberstdorf, Immenstadt, Obermeifselstein), aus der Landschaft zwischen den Alpen und der Donau (Grönenbach in Schwaben), aus dem bayerisch-bömischen Grenzgebirge (Passau, Thyrnau, Neuhaus, Waldkirchen, Kötzting, Waldmünchen), aus dem Regengebirge (Wiesent), aus dem Frankenjura (Eichstädt), aus der fränkischen Schweiz (Aufsees), aus dem Fichtelgebirge (Wunsiedel, Fichtelberg, Unterlind, Furthammer) und aus dem Spessart (Aschaffenburg 1847). Mehrere Nestjunge aus dem Fichtelgebirge, noch mit Dunen auf dem Kopfe, und die dazu gehörigen mit Vogelleim am Neste gefangenen alten Vögel kamen in meine Sammlung, in die der Dr. Dr. Sturm in Nürnberg und in vaterländische Museen.

In den Mägen der von uns untersuchten Stücke fanden wir Mäusereste und ein Rotkehlchen. Ein Zwergkauz wurde im Fichtelgebirge in dem Augenblicke erlegt, als er einen jungen Buchfinken aus dem Neste holte. Geflügelt, liefs er seine Beute bis zum Tode nicht los. In Drosselschnaiden wird er öfters in Dohnen gefangen, weil er die Vögel bis auf die Bögen verfolgt.

Im Frühjahr zur Zeit der Birkhahnfalze hört man den Ruf dieser niedlichen Eule.

(J. Hellerer schreibt mir, dafs am 12. März 1887 ein bei Erding geschossenes ♀ zum Ausstopfen nach München gesandt wurde. — R. Bl.)

39. SURNIA FUNEREA Lath.

Keyserling u. *Plasius*, Die Wirbeltiere Europas. I S. 144 n 50 — Verz. S. XXXII.

Naumann, Naturgeschichte der Vögel Deutschlands. I Taf 42 Fig 2. XXXII. S. 427 — XIII S. 173.

Die *Falken-* oder *Schnepfeneule*, wie sie die Jäger in der Gegend von München zu nennen pflegen, kommt nur sehr selten auf dem Frühjahr- und Herbststrich zu der Zeit zu uns, wenn die Schnepfen kommen und wieder abziehen. Graf von der Mühle sah zwei bei München erlegte Exemplare im Fleisch; nach Forstrat Koch ist sie im Geisenfelder Forste vorgekommen; Leu erhielt ein Weibchen am 9. November 1855 von Petersdorf bei Affing in Oberbayern. Zuweilen verstreicht sie sich in die Gegend von Regensburg, wurde einmal in Oberfranken auf der Hühnerjagd bei Rauhenberg in der Gegend von Hollfeld im mittelfränkischen Aischgrund unterhalb Neustadt bei Tanzenhaid im Frühjahr 1845, Ende Oktober 1863 bei Schweinfurt und am 14. Oktober 1868 ein Männchen bei Augsburg erlegt.

(Forstmeister Donle schreibt mir, dafs der kürzlich verstorbene Oberförster Rupprecht zu Schwand ein bei Zwiesel erlegtes Exemplar besessen habe. — R. Bl.)

40. SURNIA NYCTEA L.

Keyserling u. *Blasius*, Die Wirbeltiere Europas, I. S. 144 n. 51. — Verz. S. XXXIII.

Naumann, Naturgeschichte der Vögel Deutschlands, I. Taf 41. S. 417. — XIII. S 168. Fortsetzung der Nachträge S. 35

Eine Bewohnerin des höchsten Nordens, erscheint die *Schneeeule* nur als äufserst seltener Irrling im südwestlichen Deutschland und soll schon in Franken und Schwaben und im Winter 1843 bei Passau geschossen worden sein. Ich kenne nur einen verbürgten Fall. Ein Exemplar wurde nämlich in der Gegend von Burglengenfeld, wo der nachmalige Forstrat Koch von 1814 bis 1826 Oberförster war, bei Kalmünz in der Oberpfalz erlegt. Seitdem ist sie nicht mehr beobachtet worden.

Genus 19. Bubo Cuv.

41. BUBO MAXIMUS Ranz.

Keyserling u. *Blasius*, Die Wirbeltiere Europas, I. S 145. n. 52. — Verz S. XXXIII.

Naumann, Naturgeschichte der Vögel Deutschlands, I. Taf. 44 S. 440. — Nachträge XIII. S. 14. — Fortsetzung der Nachträge S 36.

Der *Uhu*, *Buhu*, *Schuhu*, *Tschuhu* oder *Auf*, früher zahlreicher vorhanden als heutzutage, obwohl er jederzeit wegen des grofsen Schadens, den er der Jagd zufügt, energisch verfolgt wurde, ist als Stand- und Strichvogel in den gebirgigen und waldigen Teilen Bayerns noch immer so weit verbreitet, dafs ich es für überflüssig erachten darf, alle die Orte anzuführen, wo nach meinen langjährigen Erfahrungen diese mächtige Eule teils als Brut-, teils als Strichvogel nachgewiesen werden konnte. Verhältnismäfsig am häufigsten kommt er noch im oberbayerischen Gebirge von Berchtesgaden bis hinüber in die Algäuer Alpen, weniger zahlreich in Felsengehängen verschiedener südlicher und nördlicher Donauzuflüsse, so bei Obergünzburg an der Günz, in den steilen, zerklüfteten Illerhalden bei Grönenbach, an unzugänglichen Felswänden des Lech bei Hohenfurth in der Gegend von Schongau in Oberbayern, in den Felsen der Donau selbst, in denen der Wörnitz (Harburg), der Altmühl (gelber Felsen bei Beilngries), am Regen (Stöfling an der Hammerspitz) und an der Nab vor. Der Frankenjura, besonders die fränkische Schweiz, mit ihren pittoresken Felsenthälern (Pottenstein, Göfsweinstein, Waischenfeld), die Nürnberger Schweiz (Altdorfer und Hersbrucker Land) und der Veldensteiner Forst (Eibenfelsen bei Plech) bietet ihm in seinen zerklüfteten Dolomitwänden bequeme Horstplätze, ebenso das untere Mainthal bei Karlstadt und Retzbach. In den Felsenklüften der Festung Marienberg bei Würzburg war er früher Standvogel. Im Bayerischen Walde, im Centralstock des Fichtelgebirges, im Innern des Spessarts und der Rhön hat der Uhu keinen ständigen Sitz, doch wurde er schon öfter in der Gegend von Bayreuth, wie in allen bayerischen Kreisen, als nicht besondere Seltenheit im Striche, auf der oberbayerischen Hochebene bei München und an anderen Orten (Allach, Hirschau, Etzenhausen u. s. w.) auf Aufhütten geschossen.

In den Gewöllen und Mägen erlegter fanden wir Reste von Waldmäusen, Ratten, Feldmäusen, jungen und alten Igeln, Hasen, Rehkitzen, Auer-, Birk-, Hasel- und Rebhühnern, Krähen und Staaren. Der Fürstlich Thurn und Taxissche Forstmeister Fr. Pfizenmayer in Regensburg versichert, dafs beim Ausnehmen junger Uhue aus Felsritzen in den Waldhängen der Donau Überreste von Frischlingen aus dem fürstlichen Wildparke gefunden worden sind. Auch den Fuchs soll der Uhu schlagen.

Bei Neustadt a. A. wurde ein kranker Uhu geschossen, der im Magen ein Stück Igelschwarte hatte, deren Stacheln ziemlich tief in die bereits brandige Magenwand eingedrungen waren.

Genus 20. Ephialtes.

42. EPHIALTES SCOPS L.

Keyserling u. *Blasius*, Die Wirbeltiere Europas, I. S. 145. n. 54. — Verz. S. XXXIII.

Naumann, Naturgeschichte der Vögel Deutschlands, I. Taf. 43. Fig. 3. S. 466 — Nachträge XIII. S. 178.

Nach von der Mühle kommt diese südeuropäische Art in Süddeutschland, der Nordgrenze ihrer Verbreitung, hier und da einmal in unserm waldigen Hochgebirge und wahrscheinlich auch im Bayerischen Walde vor. In der Gegend von Passau will man sie vor vielen Jahren bemerkt haben, und im Winter 1818 soll eine Zwergohreule in einem Taubenschlage zu Probstried in der Gegend von Memmingen gefangen worden sein.

Letzteres Vorkommnis ist mir aus dem Grunde verdächtig, weil sie als ein südlicher Vogel bei uns nicht wohl überwintern kann, sondern, wie allgemein angenommen wird, im Herbst über das Mittelmeer nach Afrika zieht. Mir und meinen Freunden ist sie als bayerischer Bürger noch nicht unter die Hände gekommen; v. Tschusi führt in seinen »Vögeln Salzburgs« nur ein einziges im Lande erlegtes Exemplar an. Gewiſs ist nur, daſs zu Ende der zwanziger Jahre eine ungemein schöne Zwergohreule in Regensburg des Nachts durch ein offenes Fenster in ein Zimmer flog, wo sie gefangen wurde. Sie steht ausgestopft im Staatsmuseum zu München. Nach Landbeck brütet sie im nahen Württemberg auf dem südlichen Schwarzwalde alljährlich und besitzt er ihr Ei aus der Gegend von Tübingen.

Ordnung II

Scansores. Klettervögel.

4. Familie: Segler.

Genus 21. Cypselus Illiger.

43. CYPSELUS MELBA L.

Keyserling u. *Blasius*, Die Wirbeltiere Europas I. S. 146 n 55 — Verz. S. XXXIII.

Naumann, Naturgeschichte der Vögel Deutschlands, VI. S 115. Taf. 147. Fig. 1.

Der Alpensegler fehlt unserm Hochgebirge als Brutvogel. Koch sah und schofs ihn auf seinem Herbstzuge auf der Ebene bei Bregenz und Lindau. Am Bodensee erscheint er Anfang August, aus den Schweizer Alpen kommend, streicht einige Tage scharenweise hoch in der Luft laut schreiend umher und verschwindet bald darauf. Im Frühjahr kommt er wieder in die Seegegend, gewöhnlich Anfang Mai, selten schon Ende April. Ein Weibchen, das am 21. April 1862 bei Schneegestöber in das Fenster des Sternbergschen Schlosses bei Bregenz flog und noch selbigen Tages starb, erhielt Leu, und ein am Starnberger See erlegtes Exemplar sah ich in einer Privatsammlung.

44. CYPSELUS APUS L.

Keyserling u. *Blasius*, Die Wirbeltiere Europas, I. S. 146. n. 56. — Verz. S. XXXIII.

Naumann, Naturgeschichte der Vögel Deutschlands, VI. S. 123. Taf. 147. Fig 2

Turm-, Mauer-, Steinschwalbe, Mauersteuerle.

Ein allgemein verbreiteter Sommervogel, dessen Quartiermacher selten schon kurz nach der zweiten Hälfte (17. bis 21.), gewöhnlich erst in den letzten Tagen des April oder Anfang Mai bei uns. ankommen, worauf in wenigen Tagen der Hauptzug vorüber ist. Dieser fällt nur hier und da noch in den April, gewöhnlich in die ersten Tage des Mai. Wenn in hiesiger Gegend *Muscari botryoides, Tulipa sylvestris, Anemone pulsatilla et nemorensis*, die *Gagea*-Arten und Aprikosenbäume in voller Blüte stehen, *Adonis vernalis* seine ersten leuchtenden Sterne entfaltet, der Weifsdorn grünt und die ersten Pflaumen-, Süfskirschen- und Frühbirnbäume zu blühen beginnen, kann die Ankunft des Seglers erwartet werden. Er brütet in Löchern der Stadtmauern, Kirchen, Türme, Ruinen und alten hohen Gebäuden, in ausgefaulten Gesimsen, Felsenritzen, hohlen Ästen alter Föhren und Eichen und sehr gern in hoch hängenden Staarenkobeln 21 bis 22 Tage und hat öfters noch am 17. und 24. Juli flaumbedeckte Junge, deren Schwingen noch in den stachelichten, kurzen, grauen Scheiden stecken, während die Steuerfedern eben anfangen, pinselartig aus den Scheiden hervorzubrechen. Dann bleiben die Alten, um ihre Nachkommenschaft grofs zu ziehen, noch bis zu 3 Wochen nach dem Abzuge ihrer Artverwandten da, bis sie endlich als späte Nachzügler ihnen folgen können. In Franken ist der jährlich fast immer auf den Tag zutreffende Abzugstermin des Gros der bei uns brütenden »Segler« der 26. Juli Einzelne nordische Durchzügler, auch gröfsere und kleinere Gesellschaften, gewöhnlich sehr schweigsam im Fluge, trifft man bis in die letzten Tage des August, ganz vereinzelte noch im ersten Drittel des September an. So sah ich am 2. September 1878 einen Segler in hiesiger Stadt; am 7. September 1856 trieb sich ein solcher hoch über dem Gipfel des Moritzberges im Nürnberger Reichswalde bei herrlichem Wetter umher; einen dritten erhielt Leu in Augsburg noch am 10. September 1860.

Aus dem Magen eines jungen Seglers schnitt einer meiner Freunde 5 Schmetterlinge der *Noctua persicariae.*

5. Familie: Nachtschwalben.

Genus 22. Caprimulgus L.

45. CAPRIMULGUS EUROPÆUS L.

Keyserling u. *Blasius*, Die Wirbeltiere Europas, I. S 146. n. 57. — Verz. S. XXXIII.

Naumann, Naturgeschichte der Vögel Deutschlands, VI. S. 141. Taf. 148.

Ziegenmelker, Frosch-, Kröten-, Hütschenmaul, Hexenführer, Nachtschatten, Nachtpatscher, Nachtklatsche, Nachtfalter, Wegflagge, Wegflaggerer, Nachtschwalbe.

Ein allerwärts auf lichten, sonnigen Waldblöfsen, Heideflächen, in lichten Krüppelbeständen dürftiger Föhrenwaldungen u. s. w. nicht ungewöhnlicher und, wie die vielen bayerischen Benennungen zeigen, wohl bekannter Zugvogel. Er kommt in der letzten Aprilwoche und im ersten Drittel des Mai und zieht von Ende August bis Ende Oktober wieder weg. Einzeln kommt er noch in den ersten Tagen des Novembers vor. Am 26. Oktober 1852 wurde in einem Garten Augsburgs vor der Stadt ein junger Ziegenmelker erlegt, dessen Schwanz noch sehr kurz und dessen grofse Federn noch Blutkiele waren. Vom 18. bis 21. Oktober 1859 safs eine Nachtschwalbe jeden Nachmittag auf einem Geländer im Weidengebüsche an der Wertach im Sonnenschein, immer an derselben Stelle. Am 22. Oktober ging Leu wieder hin, um sie zu schiefsen, traf sie aber nicht mehr an. Sie hatte sich jedesmal bis auf einige Schritte nahe kommen lassen, ehe sie abflog. Landbeck traf sie ebenfalls im Oktober zwei Jahre hintereinander bei Klingenbad auf einem lichten sonnigen Schlage immer an der gleichen Stelle an. Sie schläft am Tage manchmal so fest, dafs ein Jagdhund eine lebende gesunde Nachtschwalbe aus einem Weidenbusche dicht am Eisenbahndamm bei Augsburg apportieren konnte. In den Mägen erlegter fanden wir viele Mai-, Sonnwend-, Rofs- und Mistkäfer (*Melolontha, Rhizotrogus, Geotropes* und *Aphodius*-Arten), einzelne Schnellkäfer (*Elater*), Forstnachtfalter und Spinnen.

Einen vollständigen *Caprimulgus*-Schädel entnahm ich aus Schleiereulengewölle.

6. Familie: Kuckucke.

Genus 23. Cuculus L.

46. CUCULUS CANORUS L.

Keyserling u. *Blasius*, Die Wirbeltiere Europas, I. S. 147. n. 60. — Verz. S. XXXIV.

Naumann, Naturgeschichte der Vögel Deutschlands, V. S. 196. Taf. 127. 128 u. 129.

Der *Kuckuck, Guckguck, Gucker, Gugetzer* ist ein weit verbreiteter, wenigstens durch seinen Frühlingsruf allgemein bekannter, nach seiner äufseren Erscheinung aber, besonders in der bei uns nicht seltenen roten Färbung gewöhnlich für ein Hächtlein (Sperber oder Turmfalke) gehaltener Zugvogel. Ankunft: selten schon in der ersten Woche bis gegen die Mitte des Monats, gewöhnlich erst in den Tagen vom 15. bis 21. April, in den mittleren Gebirgslagen Anfang, in den rauheren Mitte Mai. Abzug: Ende August und im September, einzelne junge Vögel erst Anfang Oktober. Frühester Ankunftstermin, den ich in einem Zeitraum von mehr denn 40 Jahren notiert habe: 6. April. Er bewohnt die Nadel- und Laubwaldungen sowohl im höheren als im niederen Gebirge, im Hügel- und Flachlande. In den Mägen erlegter Kuckucke fanden wir die Raupen der *Aporia crataegi*, auch viele Puppen dieses schädlichen Weifslings, von *Sphinx euphorbiae, pinastri, Porthesia chrysorrhoea, Ocneria monacha, Gastropacha potatoria, rubi, Phalera bucephala, Diloba coeruleocephala*, aufserdem Raupen verschiedener, nicht mehr näher zu bestimmender *Bombyx-*, *Noctua-* und *Geometra*-Arten, allerlei Käfer, *Carabida*, sehr viele Maikäfer, einmal 27 Larven des gemeinen Blattkäfers *Lina populi*, Feldgrillen, Maulwurfsgrillen, Ohrwürmer *(Forficula auricularia)*, geflügelte grofse Ameisen, zwei kleine Schneckengehäuse *(Helix)* und Beerenkerne. Aus einem zweijährigen roten Weibchen schnitt ich 98 Stücke der *Porthesia chrysorrhoea* und aus einem jungen Männchen aufser 13 Erdraupen (entweder *Agrotis segetum* oder *graminis)* einen 6 cm langen wirren Bündel einer Grasstaude mit ihren Wurzeln. Der Magen eines bei Tückelhausen erlegten Vogels enthielt *Lina populi*-Larven, einen Maikäfer und 27 Raupen von *Gastropacha rubi.*

7. Familie: Spechte.

Genus 24. Jynx L.

47. JYNX TORQUILLA L.

Keyserling u. *Blasius*, Die Wirbeltiere Europas, I. S 147 n. 63 — Verz. S. XXXIV.
Naumann, Naturgeschichte der Vögel Deutschlands, V. S 356. Taf. 138. Fig. 1 u. 2.

Wende-, Drehhals, Ottermännchen, Güfs-, Giefsvogel.

Ein überall im Lande in Baumgärten, Baumfeldern, Parks, Feldhölzern an Waldrändern nirgends seltener, in hiesiger Gegend gemeiner Zugvogel. Er kommt manchmal schon in den ersten Tagen bis Mitte April (ein in meinen Notizen oftmals wiederkehrender Termin ist der 14. April), gewöhnlich erst in der zweiten Hälfte des Monats bis Anfang Mai bei uns an und zieht Ende August und den September hindurch wieder ab.

Am 16. Juni 1860 wurden bei Diedorf in Schwaben 8 junge Wendehälse in einem Neste gefunden, das in einer Sandwand in ein verlassenes Eisvogelnest gebaut war.

Genus 25. Picus L.

a) Gecinus Boie.

48. GECINUS VIRIDIS L.

Keyserling u. *Blasius*, Die Wirbeltiere Europas, I. S. 147 n. 64 — Verz. S. XXXIV
Naumann, Naturgeschichte der Vögel Deutschlands, V S 270. Taf. 132 Fig. 1. u. 2.

Grünspecht, grüner Baumhacker.

In allen Feldhölzern und kleineren Waldungen, nicht im geschlossenen Walde sowohl im Laub- als Nadelholz der Ebene und des Gebirges, in unseren Alpen bis zu 1500 m Höhe, ein ziemlich zahlreicher Stand- und Strichvogel. In kalten Wintern kommt er in die Obstgärten der Dörfer, sogar in dieselben und in grofse Ortschaften, um am Holzwerke, an Kirchtürmen und Scheuern, an Schindel- und Strohdächern, am losen Mauerverputz u. s. w. nach Nahrung zu suchen. In dem sehr kalten Winter 1844/45 erhielt ich bei sehr tiefem Schnee von Markt Erlbach kurz hintereinander 3 Grünspechte, die alle von der Kirchhofmauer weggeschossen worden waren. In den Mägen dieser sehr wohl genährten Vögel fanden sich sehr viele aus ihren Winterquartieren hervorgeholte Fliegen, in einem Magen wenigstens 100 Stücke. Im Winter gräbt er sich selbst durch tiefen Schnee Gänge nach ihm bekannten Ameisenhaufen, wird bei dem Herauskommen aus denselben manchmal erschlagen und bei vorgehängten Vogelbeeren nicht selten in der Drosselschnaide gefangen. Professor Wolf fand einst im Nürnberger Reichswalde ein Wabenstück der Hornisse *(Vespa crabro)*, das ein Grünspecht aus einer hohlen Föhre geworfen.

49. GECINUS CANUS Gmel. L.

Keyserling u. *Blasius*, Die Wirbeltiere Europas, I. S. 147. n. 65 — Verz. S. XXXIV.

Naumann, Naturgeschichte der Vögel Deutschlands, V. S. 286. Taf. 133. Fig. 1 u. 2.

Ein nicht seltener Stand- und Strichvogel mehr in alten Laubwaldungen und gewöhnlich nicht so zahlreich, da und dort (Augsburg) aber auch nicht blofs ebenso häufig, sondern sogar noch häufiger als der Grünspecht, sowohl in der Ebene, als auch im Gebirge des oberbayerischen und schwäbischen Alpenzuges. In 25 Jahren erhielt Leu aus Augsburgs Umgebung 102 Grauspechte, darunter 3 sehr alte Weibchen mit beginnender Hahnenfedrigkeit. Sie hatten nämlich ein jedes etliche rote Federn auf dem Scheitel. Mit dem Verschwinden der alten Stämme aus unseren Waldungen wird er seltener. Aus den Mägen erlegter Grauspechte schnitt ich gewöhnlich viele Ameisen *(Formica rufa et signata)*, Fliegen und Kleinkäfer *(Coccinella)*. Bei dem Graben eines mit 7 Jungen bevölkerten Fuchsbaues fand ich einen alten Grauspecht als Beutestück. Wahrscheinlich hatte ihn Meister Reinecke in allzu emsiger Thätigkeit auf einem Ameisenhaufen überrascht. Im Winter kommt er ebenfalls wie der vorige in die Dorfgärten und an die Häuser. In dem v. Crailsheimschen Schlosse Neuhaus bei Höchstadt a. A., einem vollständigen Viereck, kam er einmal in den grofsen Hofraum, gelangte durch die offenen hohen Fenster in den weiten Rittersaal und flog, als er denselben auf der entgegengesetzten Seite verlassen wollte, mit solcher Gewalt an dem starken Doppelglase der geschlossenen Aufsenfenster an, dafs er tot herabfiel. In dem dortigen gutsherrlichen Walde, der Braut der Gegend, ist er viel seltener als der Grünspecht.

b) *Dryocopus Boie.*

50. DRYOCOPUS MARTIUS L.

Keyserling u. *Blasius.* Die Wirbeltiere Europas, I. S. 148. n. 66. — Verz. S. XXXIV.

Naumann, Naturgeschichte der Vögel Deutschlands, V. S. 253. Taf. 131. Fig. 1. 2.

Einzeln in allen grofsen und alten, mit Eichen und Buchen durchwachsenen Nadelhölzern, auch im Laubwalde sowohl der Ebene wie der Mittelgebirge und des Hügellandes, mit dem Verschwinden der alten überständigen Stämme aus unseren Waldungen immer seltener werdend, am zahlreichsten noch in den Alpen, im Kemptener und Bayerischen Walde, im Fichtelgebirge, Frankenwalde, Spessart, Steigerwalde, in der Rhön, in den Hafsbergen und vielen gröfseren Wäldern Frankens, Schwabens und Altbayerns. Stand- und Strichvogel. Da und dort brütet er in reinem Laub-Hochwald, in alten aus Eichen, Buchen, Fichten und Tannen gemischten Beständen in kernfaulen Rotbuchen.

c) *Picus.*

51. PICUS LEUCONOTUS Bechst.

Keyserling u. *Blasius.* Die Wirbelthiete Europas, I. S. 148. N 67. — Verz. S. XXXIV.

Naumann. Naturgeschichte der Vögel Deutschlands, V. S. 313. Taf. 135. Fig. 1. 2. — Fortsetzuug der Nachträge XIII. S. 201.

Der *Weifsspecht* ist in den Vorwaldungen unseres Hochgebirges ein nicht ungewöhnlicher Stand- und Strichvogel. Sein Verbreitungsbezirk erstreckt sich von den Algäuer Alpen, wo er am Grünten nicht gar selten ist und von Obergeometer Stark viermal bei Immenstadt erlegt wurde, weit hinüber in das oberbayerische Gebirge, wahrscheinlich bis Berchtesgaden, da er im angrenzenden Salzburg wieder, doch ganz vereinzelt vorkommt. Er wurde bei Murnau, in der Vorderrifs, bei Kreuth (Glashütte), Tegernsee, Anfang März 1883 in einer Innaue nächst Rosenheim und auf dem Striche schon öfter bei München, zwei alte Männchen im Oktober 1822 und im Herbst 1825 von Dr. Michahelles und ein drittes im Winter 1826 von Prof. Dr. Wagler erlegt. Zwei in der Vorderrifs und bei Glashütte geschossene Weifsspechte, Männchen und Weibchen, waren durch auffallend geringe Gröſse ausgezeichnet (Zoologischer Garten 1875. S. 110.) Ob er im bayerisch-böhmischen Waldgebirge bei uns vorkommt, ist fraglich; auf der böhmischen Seite wurde er 1873 bei Krummau erlegt.

52. PICUS MAJOR L.

Keyserling u. *Blasius*. Die Wirbeltiere Europas, I. S. 148. n. 68. — Verz. S. XXXV.

Naumann. Naturgeschichte der Vögel Deutschlands, V. S. 298. Taf. 134. Fig. 1—3.

Bunt-, *Rotspecht, groſser Buntspecht, groſser roter Baumhacker*, oder *Baumpicker, Hötzenspecht*. Der häufigste Specht im Gebiet; Stand- und Strichvogel des Nadel-Hochwaldes, doch auch der mit Laubholz, namentlich mit Eichen gemischten Waldungen. Nach Schrank stand 1788 im Naturalienkabinett des ehemaligen regulierten Chorherrnstiftes Beyerberg ein groſser männlicher Buntspecht, bei welchem die Kehle, die ganze Brust, der Bauch und die Stirne rötlich weiſs war. Im Jahre 1856 hatte sich ein Rotspecht in dem Garten eines schwäbischen Landstädtchens einen an einer Hopfenstange über einem Baume angebrachten Staarenkobel zu seinem Nachtquartier ausersehen. Nachdem er sich auf dem vor dem Einflugloche befindlichen Stänglein umgeschaut hatte, schlüpfte er ein und kam an diesem Abende nicht mehr hervor.

In den Mägen Erlegter fanden wir, auſser Fichten- und Föhrensamen, Stückchen von Äpfeln, Haselnüssen, Käfern *(Bostrichus, Eccoptogaster, Lema vitellinæ)*, Baumwanzen, Spinnen und Schaumcikaden *(Cercopis spumaria)* auch Ameisen. Letztere und deren Puppen soll er niemals fressen, eine Behauptung, die durch eine Beobachtung Glogers widerlegt ist, der den Magen eines geschossenen und untersuchten Buntspechtes fast ganz mit groſsen Waldameisen gefüllt fand. Ameisenpuppen vermochte ich allerdings nicht nachzuweisen, Ameisen selbst aber mehrmals in Menge.

Von Helminthen fand ich in ihm *Taenia crateriformis*.

Der geh. Oberforstrath Dr. Judeich hat den Buntspecht als argen Feind des *Scolytus Ratzeburgii* kennen gelernt. Er sah eine durch den Specht längs des Stammes fast ganz entrindete Birke, welche stark mit der Brut dieses Kerfs besetzt gewesen war (Dr Lorey und Dr Lehr, allgem Forst- und Jagdzeitung 1881. S. 234).

53. PICUS MEDIUS L.

Keyserling u. *Blasius*. Die Wirbeltiere Europas, I. S. 148. n. 69. — Verz. S. XXXV.

Naumann. Naturgeschichte der Vögel Deutschlands, V. S. 320. Taf. 136. Fig. 1. 2.

In reinen Laub- oder gemischten Waldungen, gern in alten Eichenwäldern und Flufsauen, meistens entschieden seltener als der vorige, hier und da aber auch in vorwiegender Anzahl vorhanden. Stand- und Strichvogel. Auch in ihm fand ich die *Taenia crateriformis*.

54. PICUS MINOR L.

Keyserling u. *Blasius*. Die Wirbeltiere Europas, I. S. 148. n. 70. — Verz. S XXXV.

Naumann, Naturgeschichte der Vögel Deutschlands, V. S. 334. Taf. 136. Fig. 3. 4.

Ein nirgends zahlreicher Stand-, und in manchen Gegenden nur selten vorkommender Strichvogel Im Sommer am liebsten im Laubwalde, kommt er im Herbst und Winter in die Gärten auf die Obstbäume, auf die Pappeln der Parks und Chausseen und die Hopfenstangen-Koppeln der Felder, um die unter der Rinde verborgenen Kerfe hervorzuholen. Nahrung suchend, klettert er dann die kleinsten Zweiglein ab, sucht in den Raupennestern die zarten Räupchen und ist im Winter da und dort eine nicht sehr ungewöhnliche Erscheinung. Bei München ist er nach von der Mühle in sparsam stehenden krüppeligen Eichenbeständen auf trockenen Mösern der Umgegend (Ismaning, Moosach, Allach) eben nicht selten.

d) *Apternus Swainson.*

55. APTERNUS TRIDACTYLUS L.

Keyserling u. *Blasius*, Die Wirbeltiere Europas, I. S. 149 n. 71. — Verz. S. XXXV.

Naumann, Naturgeschichte der Vögel Deutschlands, V. S. 346. Taf. 137. Fig. 1. 2. — XIII. Fortsetzung der Nachträge S. 202.

Der *Dreizehenspecht* ist durch das ganze oberbayerische und oberschwäbische Hochgebirge als ein, wenn auch nicht seltener, doch auch lange nicht gemeiner Stand- und Strichvogel verbreitet. Am liebsten hält er sich auf mittelhohen Gebirgsrücken von 4- bis 6000′ Höhe auf, ist dort das ganze Jahr hindurch anzutreffen und hämmert an den halbdürren Weifstannen und Fichten. Forstrat Koch erhielt ihn aus dem Hochgebirge des Algäu mehrmals auf dem Revier Immenstadt, wo er von ihm nur auf dem Immenstädter Horn beobachtet wurde. Er brütet übrigens dort auch am Hochtänneberg, am Grünten, in den Hindelanger, Sonthofener, Fischener und Oberstdorfer Bergen, weiter bei Füssen, dann in Oberbayern bei Hohenschwangau, Benediktbeuren, Benediktenwand, Tölz, in der Vorderrifs bei Kreuth (Hohlenstein), Glashütte, Falepp, Kaiserklause, Tegernsee, Kampenwand, Reit im Winkel, Ruhpolding. Wenn er, die Gebirgsforste verlassend, sich herab in das Flachland in die Gegend von Memmingen (Woringen, Lauben) und Augsburg (Breitenbrunn im Zusammthale) und in Oberbayern herab gegen München in die Gegenden am Starnberger See (Seeshaupt, St. Heinrich), von Schäftlarn, Grünwald und Forstenried begibt (hier überall ist der Dreizehenspecht schon geschossen worden), so ist er als Unglücksbote zu betrachten, der durch sein Erscheinen allerdings nicht das beginnende Auftreten, sondern das bereits bedrohliche Vorhandensein des Borkenkäfers ankündigt. Dieser scheint seine vorzügliche Nahrung auszumachen, da etwa 25 untersuchte Mägen nur Borkenkäfer und deren Larven enthielten. Zuweilen, wiewohl sehr selten, verstreicht er sich bis in die Gegend von Regensburg, in die Staufer Berge und den Pacher Forst (Wiesent). Ein bei Rebdorf bei Eichstätt erlegtes Exemplar sah ich in der Herzoglich Leuchtenbergschen Sammlung; 1819 wurde ein Dreizehenspecht im Steigerwalde bei Kloster Ebrach in Oberfranken geschossen, und die Sammlung des Zoologisch-mineralogischen Vereins zu Regensburg besitzt aufser einem Exemplar von dem Revier Wiesent ein zweites aus dem bayerisch-böhmischen Grenzbezirke von Waldmünchen in der Oberpfalz, so dafs dieser schöne Specht wohl auch als Standvogel des Böhmerwaldes vermutet werden darf. Sollte er nicht auch, fragt Dr. Leydig (in seiner Abhandlung über Verbreitung der Tiere im Rhöngebirge und Mainthal im Hinblick auf Eifel und Rheinthal) in der Rhön und im Spessart vorkommen?

8. Familie: Eisvögel.

Genus 26. Alcedo L.

56. ALCEDO ISPIDA L.

Keyserling u. *Blasius*, Die Wirbeltiere Europas, I. S. 149 n. 73. — Verz. S. XXXV.

Naumann, Naturgeschichte der Vögel Deutschlands, V. S. 480. Taf. 144. Fig. 1. 2.

Der *Eisvogel*, ein nirgends seltener, allgemein bekannter Stand- und Strichvogel, lebt an fliefsenden, klaren Gewässern, nistet an steilen Sandufern fischreicher Bäche und Flüsse, auch in Sandgruben, die nicht weit vom Wasser abliegen, und streicht im Winter weit umher. Am 31. Juli 1851 wurde einer in einem Garten zu Thannhausen an der Mindel in Schwaben tot gefunden; er war verhungert, weil er infolge einer Überschwemmung in dem trüben Wasser nicht mehr hatte fischen können. Ein anderer safs morgens lebend vor Landbecks Hausthür in Klingenbad und wurde ihm mit dem vorigen gebracht. In dem sehr kalten Winter 1844—1845 fand man tote Eisvögel auf dem Eise der Flüsse und des Donau-Mainkanals in Franken. Prof. Dr. Wolf erhielt am 17. Januar 1802 einen, dem der Kot am After in der Gröfse einer Flintenkugel angefroren war. Im harten Winter legt er sein menschenscheues Wesen ab, und ich sah ihn an die Quelle des hart an den ersten Häusern, zum Teil in der ersten Hofrait des hiesigen Dorfes Wiebelsheim entspringenden Baches kommen. Am 14. August 1844 flog ein unverfolgter Eisvogel laut schreiend und von einem grofsen, freien Platze der Stadt Erlangen kommend, niedrigen Fluges durch die Strafsen, ohne dafs ich über den Grund dieses seltsamen Abstechers habe ins klare kommen und wahrnehmen können, wohin nach dem Einbiegen in die nächste Querstrafse die weitere Irrfahrt ging.

Tauber in Tückelhausen bei Ochsenfurt erhielt bereits am 20. Mai 1881 einen mehr als halb gewachsenen jungen Eisvogel, der am ganzen Körper mit langen, stachelartigen Federscheiden bedeckt war, durch welche jedoch bereits das Grün, Blau und Rostrot der einzelnen Federpartien durchschimmerte. Aus den Scheiden der Schwungfedern traten eben kurze Federpinsel hervor. Der Schnabel war vom Mundwinkel bis zur Spitze $2^1/_2$ cm lang; Ober- und Unterkiefer gleich lang. Sonst bei Tückelhausen ein gewöhnlicher Brutvogel, nimmt er, seitdem die Anlage von Forellenteichen kultiviert wird und man ihn eifrig verfolgt, zusehends ab. 1881 wurden von den dortigen Fischzüchtern fünf Bruten vernichtet.

Nach Dr. Leydig besuchte der Eisvogel im Sommer 1878 einen Tümpel, der von grofsen Larven der Knoblauchkröte *(Pelobates fuscus)* wimmelte, eine ganze Zeit lang, um auf die Larven zu stofsen.

Genus 27. Merops L.

57. MEROPS APIASTER L.

Keyserling u. *Blasius*, Die Wirbeltiere Europas, I S. 149 n. 75. — Verz. S. XXXV.

Naumann, Naturgeschichte der Vögel Deutschlands, V. S. 462. Taf. 143. Fig. 1. 2.

Der *Bienenfresser* hat sich schon mehrfach in gröfseren und kleineren Scharen zu uns verflogen, und sogar wiederholt im Gebiete gebrütet. Bei München wurde er in den zwanziger Jahren geschossen (Wagler) und bei Regensburg auf dem Zuge wahrgenommen (Koch). Im Mai 1781 liefs sich ein auf 30 Stück geschätzter Trupp dieser Vögel, die von Süden nach Norden strichen, in Niederbayern zu Gern bei Eggenfelden sehen und wurden zwei davon mit einem Schusse erlegt (Schrank, bayerische Reise S. 271). Ebenso erschien er häufig in den neunziger Jahren des vorigen Jahrhunderts im Ansbachischen. Im Jahre 1825 beobachtete Prof. Wagler bei Schniegling zwischen Nürnberg und Fürth an der Regnitz drei Bienenfresser und fehlte im Beisein des † Dr. W. Sturm, dem ich die Notiz verdanke, den einen davon im Sitzen zweimal. Im Sommer 1830 hielten sich wieder sechs Stücke eine Stunde von Nürnberg auf der Feldflur des Dorfes Wetzendorf auf. Abermals erschienen sie 1843 wiederum bei Schniegling, und ein Paar brütete daselbst, dessen Junge von Knaben ausgenommen und an Sammler verkauft wurden. Eines derselben sah ich in der Sammlung des vormaligen Bleistiftfabrikanten L. Ziegler in Nürnberg. In Unterfranken hat man den Bienenfresser im Sommer mehrmals in der Nähe von Aschaffenburg (Damm) geschossen, und im Sommer 1854 brütete ein Paar zu Randersacker bei Würzburg. Das Nest wurde ausgenommen und ein Junges kam in das zoologische Museum in Würzburg, ein zweites in den Besitz des Seminar-Inspektors Blank daselbst. Vier Jahre später brütete abermals ein Paar in derselben Gegend bei Heidingsfeld. Am 18. Mai 1855 endlich wurden im Algäu sieben Stücke bei Betzigau in der Nähe von Kempten gesehen und zwei davon geschossen.

Auch im nahen Württemberg brüteten ein Paar Bienenfresser im Jahre 1834 bei Munderkingen am Donauufer und wurden die Jungen samt den Alten gefangen (Landbeck). In Baden machte sich sogar neuerdings eine Kolonie bei Bickensohl in der jähen Wandung eines verlassenen Doleritbruches ansässig, wurde aber leider auch so lange verfolgt, bis das letzte Stück der prächtigen Fremdlinge der Schiefswut und Gewinnsucht zum Opfer gefallen war (v. Schilling).

(A. Wiedemann schreibt: »1856, im Monat Mai, fand in Wollmetshausen bei Fischach eine feierliche Prozession um die Felder statt. Als das Volk auf einem Fahrwege zwischen Getreidefeldern dahinschritt, flog plötzlich ein prachtvolles altes Männchen des Bienenfressers vor dem Zuge her und liefs sich auf einem an dem Wege stehenden hölzernen Feldkreuze so lange nieder, bis ein Teil der Wallfahrer bei dem Kreuze angekommen war. Diese Erscheinung rief bei dem Volke, das noch nie einen so schönen Vogel gesehen hatte, nicht wenig Erstaunen und Verwunderung hervor.« – Nach Dr. W. Medicus wurden Bienenfresser 1876 in einem Berggarten bei Kaiserslautern beobachtet. — R. Bl.).

Genus 28. Coracias L.

58. CORACIAS GARRULA L.

Keyserling u. *Blasius*, Die Wirbeltiere Europas, I. S. 150 n. 76. — Verz. S. XXXV.

Naumann, Naturgeschichte der Vögel Deutschlands, II. S. 158. Taf. 60. Fig. 1. 2.

Blau-, Birk-, Mandelhäher, Mandelkrähe, Racke. In unseren ebenen, sandigen Waldungen, besonders in den alten Föhrenwäldern ein nicht seltener Sommervogel, der Ende April und Anfang Mai zu uns kommt und im August und September uns wieder verläfst. Unsere moderne Forstwirtschaft ist keine Liebhaberin anbrüchiger hohler Stämme, wie sie Eulen, Spechte, Dohlen, Racken, Tauben und andere Höhlenbrüter benötigen. Wo die alten Hölzer überhaupt und die hohlen Bäume in den

Junghölzern verschwinden, dort verschwindet auch die Blauracke und kann in einer Gegend, in der sie sonst sogar häufig war, so selten werden, dafs ein auf dem Durchzuge erlegtes Stück als ausländischer Vogel angestaunt wird. Ende der vierziger Jahre brütete sie jährlich in der Gegend von München (Nymphenburg, Allach, Schleifsheim), in der fränkischen Keuperlandschaft im Nürnberger Reichswalde St. Laurenzi (Maiach, Eibach, Wendelstein, Kornburg, Röthenbach bei St. Wolfgang, Sperbersloh, Leerstetten, Schwand, Cammerstein bei Schwabach, Altenfurth, Fischbach, Feucht, Unterferrieden), weiter in der Oberpfalz bei Bayerisch-Hembach, Pyrbaum, Neumarkt, Amberg im Hirschwald, bei Loisnitz u. s. w. Auch im Forstamte Nürnberg St. Sebaldi bei Herrnhütte, Erlenstegen, Kraftshof, in der Gegend von Erlangen (Atzelsberg) und bei Neustadt a. A. brütete sie in alten Föhrenwäldern in hohlen Föhren und einzelnen Birken, öfters in Gesellschaft von Dohlen, mit denen sie sich im Frühjahr um die Nesthöhlen stritten. Bei Wendelstein habe ich damals viele Eier gesammelt und alte Racken an den Nestern in Schlingen gefangen. Hohen Naturgenufs gewährte es, zur Zeit des Herbststriches Flüge von acht bis zehn Stücken dieses farbenprächtigen, geschwätzigen, höchst unruhigen Vogels sich in den hohen Baumkronen eines Feldholzes und über den anstofsenden Stoppel- und Tabakfeldern unter Schreien, Zanken und unaufhörlichem Necken herumtreiben zu sehen. Leu erhielt bis in die neueste Zeit viele Blauracken aus der Gegend von Öttingen, Dillingen, Donauwörth, Neuburg a. D. (Rennertshofen), von Ingolstadt (Vohburg, Wolnzach, Schrobenhausen, Stammham), von Abensberg (Biburg) in Niederbayern, wo sie noch brüten. Ein Exemplar kam ihm aus dem Algäu von Füssen am 24. Juli 1870 zu. In den Hafsbergen brütete sie 1875 bei Burgpreppach und Ende der fünfziger Jahre in Oberfranken bei Kloster Banz.

Am Kopf und Hals dieses Vogels fand ich mehrmals Zecken *(Ixodes)*, in seinen Eingeweiden, in der Bauchhöhle und herauf bis in den Hals, in die Ohrgegend und in die Augenhöhlen sehr viele Eingeweidewürmer, Filarien, in den Mägen aber meistens Rofskäfer *(Geotrupes stercorarius et sylvaticus)*, viele *Aphodius, Carabus,* grofse Säbelheuschrecken *(Locusta viridissima et verrucivora)*, Feldheimchen und Ameisen *(Formica rufa)*.

Aus einem am 2. Juni 1878 von Stammham bei Ingolstadt erhaltenen alten Weibchen und einem Flaumjungen des Waldkauzes *(Strix aluco)* schnitt Leu Reste einer Racke. Die Alte hatte einige Federn, das Junge Kopf, Füfse und Federn des unglücklichen Opfers in Kropf und Magen. Die Eule hatte wohl bei Nacht die Racke in ihrer Baumhöhle zu überraschen gewufst und sie ihren Jungen zugetragen. So schwer erklärlich die Art und Weise dieses Raubes sein mag, so gewifs ist die Thatsache.

9. Familie: Wiedehopfe.

Genus 29. Upupa L.

59. UPUPA EPOPS L.

Keyserling u. *Blasius*, Die Wirbeltiere Europas, I. S. 150 n. 77. — Verz. S. XXXV.

Naumann, Naturgeschichte der Vögel Deutschlands, V. S. 437. Taf. 142. Fig. 1. 2.

Der *Wiedehopf*, *Wiedhopp*, *Wieshopf*, bewohnt unsere gebirgigen und ebenen Vorwälder, Laub- und gemischte Bestände, in der Nähe von Wiesen und Weideplätzen, alte als Vieh- und Schaftriebe benutzte Eichenwaldungen, geht im Gebirge hoch hinauf (Watzmann), kommt selten schon in den letzten Tagen des März, gewöhnlich erst im April und zieht im August bis Ende September wieder weg. In Siggertshofen bei Schwabhausen in Oberbayern brütete ein Paar in einem wegen des zu weiten Fluglochs von Staaren nicht besetzten Kasten und im Jahre 1856 ein anderes in einem Loche unter dem Dache des einem unbewohnten Hause im Weiler Siefenwang in Schwaben angebauten Backofens. Lehrer Wiedemann nahm die acht Eier weg, worauf wieder acht, und als auch diese weggenommen waren, nochmals sieben nachgelegt wurden, aus denen die Jungen aufkamen, eine Eierzahl, die wie ein Märlein klingt. Ich kann mich für die Thatsache verbürgen. Der genannte Weiler ist von Wald umgeben. Auch Leu erhielt aus einem Neste sieben Eier, aus einem andern sieben Junge.

In den Mägen fanden wir gewöhnlich Käfer und deren Larven, Mai- und Laufkäfer *(Amara, Poecilus)*, Maulwurfs- und Feldgrillen, unbestimmbare nackte Raupenbälge, viele grofse schwarze Waldameisen und *Formica rufa* et *fusca*.

Ordnung III.

Oscines. Singvögel.

---

10. Familie: Lerchen.

Genus 30. Alauda L.

60. ALAUDA CRISTATA L.

Keyserling u. *Blasius*, Die Wirbeltiere Europas, I. S. 151. n. 79. — Verz. S. XXXVI.

Naumann, Naturgeschichte der Vögel Deutschlands, IV. S. 134. Taf. 99. n. 1.

Hauben-, Häubleins, Schopf-, Schöppleins-, Kot-, Dreck-, Hoppen-, Mistlerche.

In der Nähe der Dörfer und Städte an vielen Orten ein recht gemeiner, anderwärts aber auch entweder ganz fehlender oder nur im Winter, bzw. nur auf dem Herbststriche von Ende September bis in den November vorkommender Stand-, Winter- oder Strichvogel. Sie liebt allerdings den Sand, ist aber auf dem schweren, fruchtbaren Boden des schwarzen Gaues bei Windsheim ebenso gemein, wie auf dem Keupersande bei Nürnberg und Fürth, und gehört zu den wenigen Vögeln, deren Verbreitung durch die Fortschritte der Kultur, durch Chausseen- und Eisenbahnbau, gefördert wird. Im Jahre 1810 sah man sie in Nürnbergs Umgebung im September und Oktober als seltenen Wintervogel sich einfinden (Meyer und Wolf), 1814 brütete sie, nach handschriftlichen Aufzeichnungen des letztgenannten Gelehrten, schon einzeln auf der Bärenschanze, wurde immer häufiger, war bereits 1826 ein gemeiner und seit 1830 bei Nürnberg, Fürth und Erlangen einer der gemeinsten Standvögel. Aus der Nürnberger Gegend drang sie über Schwabach nach Roth am Sand vor, wo ich sie zuerst 1846 einzeln brütend fand; bei Fürth reichte ihr Verbreitungsbezirk westwärts im Jahre 1851 in einzelnen Paaren bis Zirndorf; dort schnitt ihre Grenze ab, und sie kam z. B. im Biebertgrunde bei Ammerndorf im Sommer nicht vor; erst 1852 sah ich sie in dem eine Stunde entfernten Cadolzburg in wenigen Paaren sich einstellen. In den Reichswaldorten Wendelstein und Kornburg bei Nürnberg kannte ich sie bis 1847/48 nur als Wintervögel, und siedelten sich die ersten Standvögel auf beiden Fluren 1849 an. Um Neustadt a. A. war die Haubenlerche 1839/40 noch unbekannt, und erregten die ersten Ankömmlinge mit ihren artigen Häubchen als »fremde Vögel« die Aufmerksamkeit des gemeinen Mannes. Von da an mehrten sie sich schnell, drangen flufsauf- und abwärts weiter vor, fehlten Ende der vierziger Jahre noch bei Windsheim und Burgbernheim im schwarzen Gau völlig, rückten 1850 ein und gehören zur Zeit weithin in der Gegend zu den verbreitetsten Standvögeln. Im unteren Aischgrunde zeigten sich die ersten Brutvögel 1860 bei Adelsdorf-Aisch, während ich in dem eine halbe Stunde davon entfernten Neuhaus nicht einmal im Winter ein Stück zu sehen bekam. Auch bei Markt Erlbach und Ansbach fehlten sie früher und erregten auch hier, als man die ersten Wintergäste und Brutpaare auf den Chauseen im Jahre 1850, bei Triefsdorf, Sommersdorf und Arberg 1867, umherlaufen sah, die Aufmerksamkeit von jung und alt. Ähnlich war es bei Regensburg, wo sie Mitte der vierziger Jahre noch seltene Strichvögel waren; 1849 aber brütete das erste Paar bei Zeitlarn. Bei Augsburg sah man noch 1854 nur sehr selten im Winter eine Haubenlerche; 1860/61 wurde sie häufiger und in den nächsten Jahren nahm ihre Zahl in der Nähe des Eisenbahnhofes noch mehr zu; 1872 brütete das erste Paar bei Dinkelscherben und 1873 das erste bei Augsburg selbst. Jetzt (1880) ist sie dort zahlreich.

In gebirgigen und waldreichen Teilen Bayerns, im Sumpf- und Weiherlande fehlt sie.

61. ALAUDA ARBOREA L.

Keyserling u *Blasius*, Die Wirbeltiere Europas, I. S. 151 n. 80. — Verz. S. XXXVI.

Naumann, Naturgeschichte der Vögel Deutschlands, IV. S. 192. Taf. 100. Fig. 2. XIII. — Fortsetzung der Nachräge S. 164.

Auf Waldschlägen mit einzelnen übergehaltenen Samenbäumen, nie im geschlossenen Hochwalde, bis hoch hinauf in das Gebirge einer der bekanntesten Zugvögel. Die Heidelerche, ein beliebter Stubenvogel, kommt im Februar und März bei uns an und verstreicht im September und Oktober, einzeln erst im November und bei eintretendem ernsten Schneefall.

62. ALAUDA ARVENSIS L.

Keyserling u. *Blasius*, Die Wirbeltiere Europas, I. S. 151 n. 81. — Verz. S. XXXVI.

Naumann, Die Vögel Deutschlands, IV S. 156. Taf. 100. Fig. 1.

Die Feld- oder Kornlerche, einer unserer gemeinsten Zugvögel, bewohnt die freien Felder unserer getreidereichen Ebenen, seltener Wiesen, noch seltener Getreidefelder innerhalb der Waldungen, äufserst selten grofse Waldblöfsen und junge weitgedehnte Forstkulturen. Im Nürnberger Reichswalde traf ich in den Jahren 1849 und 1850 einige Paare auf zwei sehr grofsen, zum Teil schon aufgeforsteten, mit Heidekraut, hohem Schmerlenkraut etc. bewachsenen Jungschlägen mitten in dieser grofsen Waldung, fern von menschlichen Siedelungen und Fruchtfeldern an. Raupenfrafs und Waldbrand hatten dort Hunderte von Tagwerken verwüstet. Dafs die Lerche an solchen Örtlichkeiten wieder verschwindet, sobald sich die jungen Kulturen einigermafsen zu schliefsen beginnen, ist selbstverständlich. Sie kommt bei uns mit Eintritt milderer Frühlingswitterung und Tauwetters, selten schon im Januar, gewöhnlich in der ersten Hälfte des Februar an und fängt Ende September wieder zu streichen an. Am wärmsten ist der Herbstzug im Oktober, dauert aber, immer mehr abnehmend, bis in den November und je nach der Witterung bis tief in den Dezember hinein. Nicht wenige halten noch die ersten Schneefälle aus und ziehen erst südlich, wenn strenge Kälte eintritt, ja in Franken bleiben in milden Wintern ganze Scharen bei uns vollständig da. Tritt nach ihrer Ankunft im Frühjahr noch strenge Kälte und tiefer Schnee ein, so schlagen sie sich zu Gesellschaften von vielen Hunderten zusammen, wie dies wieder Mitte Februar 1881 der Fall war.

Bei einem so gemeinen Vogel, wie die Feldlerche, kommen gar nicht so selten allerlei Farbenvarietäten vor; vollständig weifse, mit Ausnahme einiger grauer Federn auf dem Rücken, sonst weifse, mehr oder weniger weifs gescheckte und chamoisfarbene. Leu erhielt eine Deformität, eine Lerche, deren Unterschnabel nochmal so lang als der obere war, und eine noch nicht flugbare, kranke junge, welche drei grofse lebende Fliegenmaden im Kopfe hatte. Wie er vermutete, dürfte eine Schmeifsfliege dem Nestvogel Eier an die Nasenlöcher gelegt haben, durch welche die ausgekrochenen Maden in den Kopf des Vögleins gedrungen sein könnten.

Im Magen einer Feldlerche fand ich die Ringe des gemeinen Vielfufses *(Julus terrestris)*.

In Memmingen wurden 1774 mit Netzen 18573 Lerchen gefangen, ohne was die Nachsteller bekamen. Man kaufte 12 Stücke um 8 Kreuzer (22,6 Pfennige). Die Reichsstadt Schweinfurt betrieb noch im letzten Jahrzehnt ihrer Reichsunmittelbarkeit (1803) den Lerchenfang. Alle Einwohner von Oberndorf waren dem städtischen Forstamt zum Lerchentreiben verpflichtet, so lange es dauerte.

(Nach A. Wiedemann dauerte der Lerchenfang bis in die 40er Jahre unseres Jahrhunderts fort bei Schwabmünchen, Mindelheim, Memmingen, Türkheim und an vielen anderen Orten. — R. Bl.)

Genus 31. Phileremos Brehm.

63. PHILEREMOS ALPESTRIS L.

Keyserling u. *Blasius*, Die Wirbeltiere Europas, I. S. 152. n. 84. — Verz. S. XXXVII.

Naumann, Naturgeschichte der Vögel Deutschlands, IV. S. 150. Taf. 99. Fig. 2. 3. — XIII. Fortsetzung der Nachträge S. 161.

Am 15. Februar 1831 wurde ein sehr schönes Männchen der Schneelerche im Garne mit Feldlerchen bei Nürnberg gefangen, welches ich in der L. Zieglerschen Sammlung daselbst sah. Auch im Bayreuthischen und in Unterfranken ist diese Lerche nach älteren Autoren vorgekommen.

(J. Hellerer schreibt mir: »Im Winter 1885/86 wurden im bayrischen Walde 3 Exemplare geschossen, wovon ich zwei (♂ und ♀) ausgestopft besitze. — R. Bl.)

Nach v. Reider und Hahn wurde in der Nähe von Nürnberg je eine Kalanderlerche *(Melanocorypha calandra L.)* und eine Mohrenlerche *(Melano — corypha tatarica Pall.)* gefangen. Die Möglichkeit dieser Vorkommnisse ist nicht zu bezweifeln, führt doch Landbeck letztere auch für Württemberg als verirrten Wanderer auf. Da ich jedoch über den Verbleib so grofser Seltenheiten nichts erfahren konnte und die Dr. Dr Friedrich und Wilhelm Sturm ebensowenig als andere Zeitgenossen des † Dr. Hahn davon Wissenschaft hatten, so sind diese Angaben mit Vorsicht aufzunehmen. In der mehrerwähnten Zieglerschen Sammlung, wohin sie gekommen sein sollen, fand ich sie nicht.

11. Familie: Finken.

Erste Gruppe. Ammern.

Genus 32. Plectrophanes Meyer.

64. PLECTROPHANES NIVALIS L.

Keyserling u. *Blasius*, Die Wirbeltiere Europas, I. S. 154. n. 88. — Verz. S. XXXVIII.
Naumann, Naturgeschichte der Vögel Deutschlands, IV. S. 297. Taf. 106. Fig. 1—4. Taf. 107 Fig. 1. 2.

Ein sehr seltener, hochnordischer Wintervogel, der nach von der Mühle alle Jahre, was ich bezweifle, in der Gegend von München im Jugend- sowohl als im Winterkleide erscheint. Nach meinen Erfahrungen kommen alte Vögel nur selten zu uns, junge sehen wir öfter, doch nur in manchen Jahren. Prof. Dr. Wolf kaufte einen jungen am 16. Februar 1815 auf dem Vogelmarkte in Nürnberg, ich ein junges Weibchen ebenda am 23. März 1845. Im letztgenannten Winter, dann wieder 1846/47, 1849/50 und im Februar 1853 wurden kleine Gesellschaften und Flüge bis zu 30 Stücken, darunter sehr schöne weifse Exemplare, bei tiefem Schnee nahe bei Nürnberg (Steinbühl) gesehen und einzelne davon erlegt. In vaterländischen öffentlichen und Privatsammlungen sah ich Schneeammer, welche bei Eichstädt (1843), bei Kempten, Memmingen (1828), bei Regensburg, Burglengenfeld, Wernberg, bei Würzburg (1829 und 1845), in Oberfranken bei Lichtenfels (Buch am Forst) etc. erlegt waren, und am 18. Februar 1855 bei Höchstadt a. A. (Gremsdorf) eine kleine Schar, welche bei tiefem Schnee und scharfem Schneetreiben an einem Raine an Gras-, Wegerich- und Schafgarbenstengeln Nahrung suchte.

(Fr. Hofmann schreibt mir aus Regensburg, dafs er im Winter 1888/89 gegen Weihnachten bei tiefem Schneefalle grofse Scharen von Schneeammern am Futterplatze am Fenster seiner Gartenwohnung beobachtet habe. — Nach A. Wiedemann erschien am 15. Februar 1889 ein kleiner Flug dieser Vögel und wurde ein schöner alter bei Langerringen geschossen und in Augsburg ausgestopft. — Nach J. Hellerer wurde am 20. Januar 1888 bei Dachau ein Exemplar von Dr. Barls geschossen. — R. Bl.)

65. PLECTROPHANES LAPPONICA L.

Keyserling u. *Blasius*, Die Wirbeltiere Europas, I. S. 154. n. 89. — Verz. S. XXXVIII.

Naumann, Naturgeschichte der Vögel Deutschlands, IV. S. 319. Taf. 108. Fig. 1—3. — XIII. Fortsetzung der Nachträge. S. 187.

Erscheint in sehr schneereichen, kalten Wintern mit Schneespornern und Lerchen einzeln im Fichtelgebirge und in der Gegend von Nürnberg als äufserste Seltenheit. Anfang Dezember 1856 kaufte ich ein bei Nürnberg auf dem Gleishammer im Lerchengarn gefangenes junges Weibchen auf dem Vogelmarkt. In Bayreuth sah ich in einer Privatsammlung ein Stück aus der Gegend von Wunsiedel.

Genus 33: Emberiza L.

66. EMBERIZA MELANOCEPHALA Scop.

Kayserling u. *Blasius*, Die Wirbeltiere Europas, I. S. 154. n. 90. — Verz. S. XXXVIII.

Naumann, Naturgeschichte der Vögel Deutschlands, IV. S. 227. Taf. 101. n. 2. — XIII. Fortsetzung der Nachträge S. 165.

Nach v. Reider und Hahn ist ein altes Männchen dieses südlichen Ammers in Gesellschaft von Goldammern im Oktober 1831 auf einem Vogelherde bei Nürnberg gefangen worden. Ich sah das Exemplar in der L. Zieglerschen Sammlung; gestehe aber, dafs mir die Fangzeit bedenklich vorkommt, da der Kappenammer seine südlichen Wohnplätze, z. B. Griechenland, schon im August wieder verläfst. Spuren ausgehaltener Gefangenschaft hatte der Vogel nicht an sich; gleichwohl könnte es ein aus dem Käfig entwichenes Individuum gewesen sein.

67. EMBERIZA HORTULANA L.

Keyserling u. *Blasius*, Die Wirbeltiere Europas, I. S. 155. n. 92. — Verz. S. XXXVIII.

Naumann, Naturgeschichte der Vögel Deutschlands, IV. S. 258. Taf. 103. Fig. 1—3. — XIII. Nachträge S. 171.

Der Ortolan gehört zu den wenig beobachteten Vögeln des Gebiets und scheint überall selten zu sein. Nach von der Mühle wurde er an der Amper bei Esting und Emmering, nach Koch bei Regensburg ebenfalls nur sehr selten auf dem Zuge wahrgenommen; Landbeck erhielt am 1. Mai 1848 ein schönes altes Männchen bei Klingenbad in Schwaben, woselbst einzelne Stücke auch bei Augsburg, Grönenbach und Memmingen erlegt wurden. In Franken scheint er schon seit mehr denn einem Jahrhundert zu den Seltenheiten zu gehören. In den Beizregistern des Markgrafen Carl Friedrich Wilhelm von Brandenburg-Ansbach (1730 bis 1755) findet sich nur ein einziger Ortolan aufgeführt, ein Beweis, dafs der Vogel damals der Jägerei noch bekannt war, während er heutzutage kaum mehr von dem einen oder andern unserer Jagdbeflissenen gekannt sein dürfte. So lange noch die Vogelherde bei Nürnberg bestanden, wurden die wenigen dort gefangenen Ortolane von den Vogelfängern als „fremde Ammerlinge" verkauft. Auf einem dieser Herde im Schübelsgarten am Judenbühl wurden 1849 und am 2. Mai 1851 drei Ortolane gefangen, von denen die Dr. Dr. Sturm zwei schöne Männchen erwarben und lange, den einen 12 Jahre lang, im Käfig hielten. Prof. Dr. Wolf schofs am 4. Mai 1800 ein Männchen, welches auf einer Eiche sang, hinter dem Dorfe Layh zwischen Nürnberg und Fürth; im Mai 1801 erhielt er aus der Umgebung der Stadt ein Männchen und ein Weibchen und endlich am 28. April und 3. September 1802 je ein Weibchen. Mir selbst ist der Ortolan nur ein einziges Mal in Mittelfranken vorgekommen: am 24. April 1870 sah ich ein Männchen auf einem Apfelbaume an hiesiger Stadt sitzen. In Eichstädt zeigte mir und meinem Freunde Leu der Konservator der Herzoglich von Leuchtenbergschen Sammlung, Dr. Frischmann, die Stelle, wo je ein Ortolanpaar 1850 und 1852 im Hofgarten gebrütet hatte. Das Nest stand das eine Mal in einer Hecke, das andere Mal in einer Laube und wurden die Eier jedesmal von Knaben oder Raubtieren weggenommen. Am 30. April 1855 schofs Förster Jägerhuber auf einem Brachacker bei Arberg in Mittelfranken ein schönes Männchen aus einem Fluge von 6 Stücken und am 25. April 1869 Gottlieb v. Koch im südlichen Oberfranken bei Höchstadt a./A. (Buch) vor den Moorweihern ein Exemplar auf einem Acker. In Unterfranken soll er vorkommen und bei Würzburg (Schernau) erlegt worden sein.

(Nach A. Wiedemann fing am 20. April 1889 ein Vogelsteller in seinem Garten zu Lechhausen bei Augsburg ein Männchen und drei Weibchen, die er wieder an Vogelliebhaber verkaufte. — R. Bl.)

68. EMBERIZA CIRLUS L.

Keyserling u. *Blasius*, Die Wirbeltiere Europas, I. S. 155. n. 93. — Verz. S. XXXVIII.

Naumann, Naturgeschichte der Vögel Deutschlands, IV. S. 251. Taf. 102. Fig. 3. 4. — XIII. Fortsetzung der Nachträge S. 171.

Nach von der Mühle befindet sich der Zaunammer alle Jahre auf dem Herbstzuge an den Flufsufern der Allach nicht weit von München. Leu erhielt ein Männchen von Dillingen in Schwaben am 28. März 1861, Wolf eines aus der Umgebung von Nürnberg; ich traf diesen seltenen Ammer am 14. Oktober 1854 in den Moorweihern bei Höchstadt a./A. an einem tiefen Wassergraben. Sonst soll er in der Gegend von Memmingen (Trunkelsberg) gefangen worden sein und um Würzburg vom Frühjahr bis zum Herbst hier und da in der Gegend, doch ziemlich selten vorkommen, was der Bestätigung bedarf. Nach Koch ist er am Bodensee gemein, anderswo entweder gar nicht oder selten. Leu erhielt nie ein Stück von Lindau. Landbeck und Walchner wissen von seinem Vorkommen in der Seegegend nichts und E. Schütt kennt ihn nicht aus dem badischen Oberlande.

69. EMBERIZA CITRINELLA L.

Keyserling u. *Blasius*, Die Wirbeltiere Europas, I. S. 155. n. 94. — Verz. S XXXIX.

Naumann, Naturgeschichte der Vögel Deutschlands, IV. S. 234. Taf. 102. Fig. 1. 2.

Emmerling, *Ammerling*, *Hammerling*. Ein gemeiner, jedem Kinde bekannter Stand- und Strichvogel.

70. EMBERIZA MILIARIA L.

Keyserling u. *Blasius*, Die Wirbeltiere Europas, I. S. 155. n. 95. — Verz. S. XXXIX.

Naumann, Naturgeschichte der Vögel Deutschlands, IV. S. 213. Taf. 101. Fig. 1.

Der *Grau-* oder *Gerstenammer*, das Wahrzeichen einer landwirtschaftlich hochstehenden Gegend, findet sich in unseren fruchtreichen, mit üppigen Wiesen- und Getreideländereien abwechselnden Flufsthälern und gröfseren Seitenthälern als ein weit verbreiteter, da und dort geradezu gemeiner Zugvogel. In Franken ist er in allen wohlgebauten Strichen, im Rednitz-, Pegnitz-, Regnitz- und

Maingrunde, im Gollach- und Taubergau, im Aisch- und Rannachgrunde bei Windsheim einer der gemeinsten Sommervögel, dessen monotone Strophe von niederen und mittelhohen Strafsenbäumen, von Weidenbüschen und Telegraphenleitungen herab allenthalben ertönt. Wie bei der Haubenlerche kann man auch bei dem Gerstenammer ein der zunehmenden Kultur nachfolgendes Vordringen in Gegenden wahrnehmen, in denen er früher nicht wohnte. Wie jene den neu eröffneten Verkehrswegen folgt, so dieser den Fortschritten des Wiesenbaues, wovon ich mich Anfang der 50er Jahre durch Augenschein überzeugen konnte. Damals konnte ich nur in dem sehr fruchtbaren Pegnitzthale hinab gegen Fürth, dann im Rednitzgrunde unter der alten Feste bei Fürth-Zirndorf ihn als Brutvogel anzutreffen sicher sein. Im Frühjahre drang er aus diesem durch Schöpfräder bewässerten sehr futterreichen Thale in das Biebertgründchen ein und siedelte sich da in verschiedenen Paaren auf der Strecke Zirndorf-Ammerndorf an, wo ich ihn während der drei vorausgegangenen Jahre nicht einmal auf dem Striche gesehen hatte. Ähnliche Beobachtungen machte ich im unteren Aischgrunde. In der Gegend von Regensburg nistet er nicht selten in den Weinbergen bei Donaustauf (Koch).

Er kommt bei uns Mitte bis Ende März und im April an und zieht Ende Oktober bis in den November, wo sich die letzten verlieren, wieder ab. Die bei uns brütenden gehen wohl alle nach dem Süden, während die wenigen Gerstenammer, welche hier und da im Winter bei uns angetroffen werden und sich unter Finken und Ammerlingen herumtreiben, nordische Einwanderer sein dürften. Mir sind in mehr den 40 Jahren nur 5 Vorkommnisse und 8 Exemplare solcher Wintervögel bekannt geworden; ich selbst sah nie einen.

An einem Grauammer sah ich eine merkwürdige Monstrosität des Schnabels. Der Oberkiefer besteht aus zwei stark aufwärts gekrümmten, über einander stehenden Teilen, welche dadurch gebildet sind, dafs der Höcker des Gaumens sich in eine Spitze verlängert, die weit aus dem Kiefer herausgewachsen ist und diesen aufwärts gedrängt hat. Der hypertrophische Höcker ist an seinem quer abgestumpften Ende 2 mm breit, glatt abgerundet und mit dem aufgestülpten Oberschnabel bis auf 5 mm verwachsen. Vom Mundwinkel bis an das Ende des Höckers sind 26 mm, bis an das Ende des Oberschnabels 20 mm. Der Unterkiefer ist normal.

71. EMBERIZA CIA L.

Keyserling u. *Blasius*, Die Wirbeltiere Europas, I S. 156 n. 99. — Verz, S. XXXIX.
Naumann, Naturgeschichte der Vögel Deutschlands, IV. S. 270. Taf. 104. Fig. 1. 2.

Bisher nur sehr selten auf dem Frühjahr- und Herbstzuge beobachtet. In der Gegend von Nürnberg wurde der Zippammer, soweit mir bekannt ist, erst zweimal gefangen, ein Männchen mit Goldammern am 22. December 1801 bei Schnee und mäſsiger Kälte bei Eibach (Prof. Dr. Wolf), ein zweites auf einem Vogelherde bei Wöhrd im September 1851. Ein am 12. März 1857 im Illergriese bei Fellheim in der Gegend von Memmingen gefangenes Männchen hielt der Zeichenlehrer Johannes Büchele längere Zeit im Käfige lebendig und fütterte es mit Hirse und Kanariensamen, auch mit Reis und geschrotenem Haber. Hanf-, Mohn- und Leinsamen berührte es nicht. Sonst wurde dieser Ammer bei Regensburg und in Franken bei Aschbach im Steigerwalde wahrgenommen.

(F. Förster konstatierte das Vorkommen bei Herscheim (siehe J. f. O. 1887, pag. 311), am 9. Juni 1887 hörten Förster und R. Lauterborn dort seinen Gesang. — R. Bl.)

72. EMBERIZA SCHŒNICLUS L.

Keyserling u. *Blasius*, Die Wirbeltiere Europas. I. S. 156 n. 101. — Verz. S. XXXIX.
Naumann, Die Vögel Deutschlands. IV. S. 280 Taf. 105 Fig. 1—4.

Rohr-, *Röhrleins-*, *Mosspatz*, das Weibchen *Sandspatz*.

Allenthalben an Seen, Teichen, Fluſsufern und in Fluſsauen im Geröhricht und Weidengebüsch ein vieler Orten ziemlich gewöhnlicher, auch häufiger Zugvogel. Er kommt selten schon Anfang der zweiten Februarhälfte, gewöhnlich erst im März und April, brütet an geeigneten Orten, streicht im September umher und verläſst uns im Oktober und November wieder, die letzten im Falle guter Herbstwitterung im ersten Drittel des Dezembers. Einzelne überwintern sogar bei uns und wurden solche noch Mitte Januar an der Donau bei Regensburg und von mir in der Weiherlandschaft des südlichen Oberfrankens auf Stoppeläckern angetroffen oder gefangen.

Zweite Gruppe: Finken.

Genus 34. Passer Pall.

73. PASSER MONTANUS L.

Keyserling u. *Blasius*, Die Wirbeltiere Europas. I. S. 157 n. 103 — Verz. S. XXXIX.
Naumann, Naturgeschichte der Vögel Deutschlands. IV. S. 480. Taf. 116. Fig. 1, 2.

Feld-, Ringelspatz, Ringelsperk, Baum-, Hirsspatz, Hirsespätzlein.

Ein gemeiner Standvogel. Ein weifses Exemplar stand in der Würzburger Sammlung.

Am 27. Juni 1874 erhielt ich einen aus dem Neste gefallenen jungen Feldsperling von der Gröfse eines abgeflogenen Vogels dieser Art. Derselbe hatte sehr verkümmerte Flügel, von denen der rechte vom Bug bis zur Schwingenspitze 5,3 cm lang war und fünf Schwungfedern erster und ebenso viele zweiter Reihe besafs, während der linke vom Bug bis zur Spitze 4 cm lang und nur mit fünf Schwungfedern zweiter Reihe versehen war. Er konnte weder fliegen noch sitzen und lag einen Tag lang, bis ich ihn tötete, entweder auf der Seite oder, mit den Flügelchen, zitternd, auf dem Rücken, unfähig, eine andere Lage einzunehmen, so oft er es auch versuchte. Bei der Sektion fand ich, dafs am linken Flügel nur ein kurzer, 14 mm langer Stummel vom Oberarm vorhanden war, und der Unterarm, die Mittelhand und die Finger fehlten, Rechts war aufser dem 12 mm langen Oberarm der sehr verkümmerte, nur 9 mm lange Unterarm, Radius und Ulna, die ebenfalls stark verkümmerte 6 mm lange Mittelhand und ein Finger vorhanden. Am Ellbogen war der Ober- und Unterarm steif verwachsen, so zwar, dafs die Handwurzel senkrecht nach unten stand, die Mittelhand und der einzige Finger aber die gewöhnliche Stellung einnahmen. Sonst war der Vogel innerlich und äufserlich normal gebildet, und ich vermochte den Grund nicht einzusehen, warum er immer auf dem Rücken oder auf der Seite lag. Vielleicht hat er durch den Sturz aus der Nesthöhle oder dadurch innerlich Schaden genommen, dafs er von den Knaben, die ihn fanden und sein Flugvermögen prüfen wollten, öfters in die Höhe geworfen wurde und zu Boden fiel. Im Gehirn war ein Extravasat nicht vorhanden.

Im Juni 1883 hatte sich ein Feldsperlingspaar in einer Sandgrube bei Hameln in Schwaben in einer von der Uferschwalbe hergestellten Höhlung häuslich eingerichtet.

74. PASSER DOMESTICUS L.

Keyserling u. *Blasius*, Die Wirbeltiere Europas. I. S. 157 n. 104. — Verz. S. XL.
Naumann, Naturgeschichte der Vögel Deutschlands. IV. S. 253 Taf. 115. Fig. 1, 2.

Sperk, Spatz, Hausspatz.

Varietäten dieses gemeinen Vogels sind nicht besonders selten, am seltensten rein weifse oder fast ganz weifse mit schwach angedeutetem Kinnfleck oder mit etwas Grau auf dem Rücken. Gewöhnlicher sind Schecken oder Weifslinge, an denen alle Farben blasser als im normalen Kleide, aber deutlich, die Schwung- und Schwanzfedern grau-gelblichweifs, Füfse und Schnabel hellgelb erscheinen Ebenso oft als die weifsbunten beobachtet man gelbliche, blofs chamoisfarbene oder gelb-braune Spielarten, an deren ganzem Gefieder nicht ein dunkleres Strichelchen zu sehen ist; am seltensten sind Melanismen, oben fast ganz schwarz, nur mit etwas bräunlichen Rändern der Flügelfedern, unten dunkel aschgrau.

Auf dem Markte in Nürnberg fing ich ein Spatzenweibchen mit merkwürdig monströsem Schnabel. Die obere Kinnlade mifst im Bogen 2 cm, ist stark abwärts gebogen und läuft von der Basis bis zu dem quer abgeschnittenen Ende in fast gleicher Breite; am Ende 4 mm breit. Die normale Schnabelform ist von dem monströsen Teil, welcher gröfstenteils horngelblich ist, durch schwärzlich graue Färbung abschattiert. Die untere, ebenfalls monströse Kinnlade ist um die Hälfte kürzer, bogenförmig abwärts gekrümmt, an der vorderen Hälfte in zwei Teile gespalten, die 4 mm weit auseinander stehen. Der Unterschnabel schliefst nur teilweise mit dem oberen notdürftig zusammen. Eine ähnliche Monstrosität sah ich 1847 an einem in einer Hecke sitzenden Sperling bei Nürnberg.

Gemeinster Standvogel. Er baut sich bei uns hier und da unförmlich grofse Nester in die dichten Auswüchse hoher lombardischer Pappeln an und in Dörfern, auch in Gärten auf Obstbäume, um darinnen während des Winters zu übernachten und auch, um zu brüten. Ein Paar hatte sein Nest in dem sich beständig bewegenden Ganggewicht (Uhrkübel) einer Dorfturmuhr und brachte darinnen zwei Bruten aus; ein anderes, welches in meinem Garten das Staarenhäuschen auf einem starken Birnbaum occupiert hatte und von den rechtmäfsigen Besitzern vertrieben worden war, baute sich sofort in einer Astgabel unterhalb des Häuschens ein Nest und brütete da.

Als Freiherr Richard v. König-Warthausen am 25. August 1854 München passierte, zu einer Zeit, wo die Cholera gerade am heftigsten war, wurde ihm von mehreren Seiten erzählt, dafs Sperlinge tot aus der Luft gefallen seien, die jungen Schwalben in den Nestern stürben und alle Dohlen die Stadt gänzlich verlassen hätten [1]).

Genus 35. Pyrrhula Briss.

a) Pyrrhula auct.

75. PYRRHULA RUBICILLA Pall.

Keyserling u. *Blasius*, Die Wirbeltiere Europas. I. S. 158 n. 6. — Verz. S. XL.
Naumann, Naturgeschichte der Vögel Deutschlands. IV. S. 383. Taf. 111. Fig. 1—3.

Gimpel, Rotgimpel, Blutfink, Dompfaff, Haile, Goll, Golm.

Einen ganz weifsen Gimpel sah ich in der Würzburger Sammlung. In den hügeligen und gebirgigen Laub- und gemischten Waldungen bis hinauf in das Hochgebirge ein gewöhnlicher Stand- und Strichvogel; in manchen Jahren zur Winterszeit in Gärten und Anlagen überaus zahlreich, in anderen wieder seltener. Er frifst bekanntlich gern die Blütenknospen der Süfskirschenbäume, wodurch er schädlich wird. Während des Nachwinters 1853 verursachte er sehr bedeutenden Schaden an den Reineclaude-Bäumen einer grofsen mittelfränkischen Obstplantage, indem er die Blütenknospen, welche während des vorausgegangenen Dezember und Januar stark angetrieben hatten, dermafsen

---

[1]) Siehe über diesen Gegenstand den Aufsatz: Über auffallende Vorkommnisse in der Vogelwelt zur Zeit von Cholera-Epidemien von Pfarrer Jäckel in Windsheim im »Zoologischen Garten«. Frankfurt a. M. 1873. n. 9 S. 328.

abnagte, dafs es unter den beschädigten Bäumen von den Knospenabfällen aussah, als hätte man Heublumen, zarte Heuabfälle und Grassamen hingesiebt. Zwetschgenbäume und etwa 30 andere Arten Steinfruchtbäume beschädigte er nicht. Früher aber hatte man bemerkt, dafs er auch grofsknospige Pflaumen- (Maschen-) und Aprikosenbäume nicht verschonte.

Am 5. September 1853 erhielt ich von Cadolzburg einen eben erst ausgeflogenen jungen, vollständig flüggen Gimpel, der bei einem heftigen Gewitter vor dem Fenster eines Gebäudes mitten im Orte Schutz gesucht hatte und mit der Hand ergriffen worden war.

b) *Corythus Cuvier.*

76. CORYTHUS ENUCLEATOR L.

Keyserling u. *Blasius*, Die Wirbeltiere Europas. I. S. 159 n. 108. — Verz. S. XL.

Naumann, Naturgeschichte der Vögel Deutschlands. IV. S. 403 Taf. 112. Fig. 1, 2. — XIII. Fortsetzung der Nachträge S. 193.

Ein sehr seltener Wintergast aus dem Norden. Koch hielt einen in der Oberpfalz gefangenen jungen Herbstvogel ein ganzes Jahr im Käfig. Aus der Gegend von Nürnberg erhielten die Brüder Dr. Dr. Fr. und W. Sturm ein Pärchen Ende November 1821 und ein einzelnes Exemplar im November 1829; in der Staatssammlung zu München steht ein schönes Pärchen aus der dortigen Gegend, und 1852 sah ich bei Dr. Max Gemminger ein im benachbarten Schwaben gefangenes, auf dem Wildprettmarkte in München erkauftes junges Männchen.

c) *Dryospiza.*

77. DRYOSPIZA SERINUS L.

Keyserling u *Blasius*, Die Wirbeltiere Europas, I. S. 160. n. 112. — Verz. S. XL .

Naumann, Naturgeschichte der Vögel Deutschlands, V. S. 114. Taf. 123. Fig. 1—3. — XIII. Fortsetzung der Nachträge. S. 198.

Hirngrill, Hirngrillerl.

Der Girlitz soll zu den Vögeln gehören, die, früher selten, ja unbekannt, immer mehr über Deutschland sich ausbreiten, was von anderen mit der Behauptung geleugnet wird, dafs der Vogel in den Gegenden, in welche er erst in der neueren Zeit eingewandert sein soll, auch schon früher gelebt habe, aber übersehen worden sei. Für die letztere Ansicht sprechen allerdings gewichtige Gründe, doch ist seine allmähliche, noch immer von dem Süden nach dem Norden fortschreitende Ausbreitung eine so vielseitig und sicher beobachtete Thatsache, dafs nicht mehr der mindeste Zweifel daran aufkommen kann. Um Nürnberg war der Girlitz noch im Jahre 1852 den Vogelfängern so wenig bekannt, dafs ich einmal auf dem Vogelmarkte sechs Girlitze vorfand, welche für Zeisigweibchen gehalten, getötet und mit anderen gemeinen Speisevögeln, Bergfinken, Ammerlingen, Ringelspatzen und anderen, das Spiefslein um fünf Kreuzer verkauft wurden. Und doch brütete der Girlitz schon zu Professor Wolfs Zeiten bei Nürnberg, wie ein Nest seiner Sammlung beweist, welches später in die Sturmsche Sammlung überging. Auch fand ich in Wolfs handschriftlichem Nachlafs einen Mitte März 1802 in der Nähe der Stadt gefangenen Girlitz verzeichnet. In den vierziger Jahren wurde ich zuerst bei Nürnberg durch das schwirrende Gesängchen auf den Vogel aufmerksam, den ich in verschiedenen Paaren auf hohen Bäumen der Alleewiese und in den Gärten bei St. Johannis antraf, wo er sich bald so vermehrte, dafs er in den Jahren 1852 und 1853 allerorten in Gärten, Anlagen und besonders im Stadtgraben eingebürgert war. Am 21. April 1845 sah ich zum ersten Male nach fast vierjährigem Aufenthalt in Erlangen zwei singende, einander verfolgende Girlitzmännchen in der Nähe des städtischen Schiefshauses am Burgberge auf Obstbäumen und am Rande eines Eichenwäldchens und glaubte, in Bezug auf die Verbreitung des interessanten Sängers eine wichtige Beobachtung gemacht zu haben, ersah aber aus der »Isis« von Oken, dafs ihn der alte Brehm schon Anfang Mai 1830 in einem Garten Erlangens singen hörte. Seit 1850 belebt er die dortigen schönen Umgebungen und den Schlofsgarten zahlreich. In Augsburg wurde der Girlitz zu Gessners und Aldrovands Zeit häufig verkauft, jetzt ist er dort so selten, dafs Leu in den letzten 25 Jahren von den Vogelfängern Lechhausens nur vier Stücke erwerben konnte. Neuerdings erhielt von dort ein Augsburger Ausstopfer ein altes Männchen am 21. Oktober 1880, und das Jahr darauf zwei Weibchen am 19. November. Noch 1840 führt Koch den Girlitz nicht einmal als Strichvogel für

Regensburg auf, später wurden daselbst in jedem Winter einzelne Stücke gefangen (von der Mühle), 1849 blieben etliche Paare im Frühling da, nisteten in den Alleen um die Stadt und wenige Jahre danach war das liebe Vögelchen in den Anlagen zahlreich vorhanden.

Sonst wurden Girlitze von mir und anderen in den Sommermonaten in den Schlofsgärten zu Ansbach und Würzburg und in den Anlagen bei Aschaffenburg, in der Strichzeit im oberen (Windsheim) und unteren Aischgrunde (Neuhaus), im Ansbachischen bei Sommersdorf, endlich bei Eichstätt und Passau wahrgenommen. Ob sie bei München brüten, vermag ich nicht anzugeben; gewifs ist, dafs Freiherr v. König-Warthausen am 16. Juli 1855 bei Giesing einen Girlitz auf einem Baume an der Landstrafse sitzen sah. Sie kommen bei uns im März und April an, ziehen im Oktober und November bis tief in den Dezember hinein wieder weg, werden öfters noch Mitte Januar gefangen und überwintern in den unteren Maingegenden selbst bei einer 20° übersteigenden Kälte. Zur Zeit der Reife des Salat-, Kohl-, Kohlrabi-, Senfreps- und Rettigsamens fallen sie familienweise und in Flügen zu 12 und 15 Stücken auf denselben und thun Schaden.

Genus 36. Fringilla L.

A. Acanthis.

78. ACANTHIS SPINUS L.

Keyserling u. *Blasius*, Die Wirbeltiere Europas, I S. 160. n. 113. — Verz. S. XLI.

Naumann, Naturgeschichte der Vögel Deutschlands, V. S. 155. Taf. 125. Fig. 1—3.

Zeisig, Zeising, Zeislein, Kohlzeisle.

In den grofsen Nadelholzwäldern, namentlich unserer Waldgebirge (Fichtelgebirge, Fränkischer und Bayerischer Wald), doch auch der Ebene (Nürnberger Reichswald), hier aber seltener; ein allgemein gekannter und beliebter Stand- und Strichvogel. Von Mitte Juli an streift er in den Flufsauen u. s. w. umher und ist in manchen Jahren im Herbst und Winter in grofsen Scharen bis Ende März vorhanden.

79. ACANTHIS CARDUELIS L.

Keyserling u. *Blasius*, Die Wirbeltiere Europas, I. S. 161. n. 114. — Verz. S. XLI.
Naumann, Naturgeschichte der Vögel Deutschlands, V. S. 126. Taf. 124. Fig. 1 u. 2.

Der *Stieglitz*, *Distelvogel*, *Distelfink* oder *Gelbflügel*, auch das *Zusammscharricht.*[1])

Ein gewöhnlicher Stand- und Strichvogel. Im Jahre 1822 wurde in einem Garten zu Windsheim ein blendend weifser männlicher Stieglitz aus dem Neste genommen. Die Augen waren rot, eine Pupille nicht bemerkbar, der ganze Kopf orangegelb und in jedem Flügel befanden sich drei schwefelgelbe Schwungfedern. Er war mit noch drei Jungen von der gewöhnlichen Färbung ausgebrütet worden. Als er sich sein Futter selbst suchen konnte, geschah es mehrere Monate hindurch mit schiefer-Richtung des Kopfes, später konnte er dasselbe bei normaler Haltung des Kopfes finden. Einen Schwarzdistelfinken, der in einem Garten von Herzogenaurach angeblich von einem schwarzen Elternpaare ausgebrütet worden war, sah ich bei einem Vogelliebhaber im Jahre 1858. Der ganze Kopf war tief schwarz, die Brustseiten düster braun. Auch in Oberfranken (Wonsees) wurde diese Spielart im Herbst unter gewöhnlich gefärbten Stieglitzen gefangen.

Einmal fand ich ein Stieglitznest auf einem Birnbaum meines Gartens, das von dem Gespinste der damals äufserst häufigen *Tinea cognatella* grofsenteils überzogen war, ohne jedoch die Eier zu bedecken. Nachdem ich das Gespinst entfernt hatte, brüteten die Stieglitze weiter und fütterten ihre Jungen grofs. Dagegen fand ich ein mit Eiern belegtes Nest verlassen, weil eine zahlreiche Gesellschaft des Ringelspinners *(Bombyx neustria)* ihr Wohngespinst auf dem Neste und der dasselbe tragenden Astgabel angebracht hatte.

Am 17. September 1870 erhielt Leu einen jungen, gerade flugbaren Vogel zweiter Brut.

Aufser Distel- und Skorzonersamen sah ich ihn die Samen von *Leontodon taraxacum*, *Sanguisorba officinalis* und *Cichorium intybus* verzehren.

---

[1]) Als der Schöpfer sämtliche Vögel, die er geschaffen, mit Farben schön bemalt hatte, und nur noch der Stieglitz eines Schmuckes wartete, scharrte Gott die noch vorhandenen Farbenreste auf der Palette zusammen und malte sein buntscheckiges Kleid. Bekannte Fabel.

80. ACANTHIS LINARIA L.

Keyserling u. *Blasius*, Die Wirbeltiere Europas, I. S. 161. n. 115. — Verz. S. XLI.

Naumann, Naturgeschichte der Vögel Deutschlands, V. S. 173. Fig. 1—3.

Meerzeisig, Meerzeisle, Zitscher, Zitscherle, Rotplättele.

Aus dem Norden kommt er nicht regelmäfsig in jedem Winter zu uns; denn in manchen Jahren sieht man ihn gar nicht und in anderen nur in kleinen Flügen, bis er nach mehrjähriger Zwischenzeit wieder einmal massenhaft erscheint. Im Februar 1853 gab es im Mittelfränkischen Flüge von vielen Hunderten. Einer meiner Freunde schofs damals auf zwei Schüsse 37, dann 26 Stücke. Zur selben Zeit wurden auf einem Vogelherde bei Nürnberg an einem Tage etwas über 300 Stücke, auf den ersten Zug 105, dann 87, hierauf 27 u. s. w. gefangen. Im November und Dezember zuvor zeigten sich überall in Franken, Altbayern und Schwaben gewaltige Meerzeisig-Scharen.

Selten kommen sie schon im Oktober, gewöhnlich erst im November und verlassen uns wieder im März und April. Am 18. April 1856 sah der k. Förster Jägerhuber in Arberg bei Gunzenhausen in der dortigen Gegend die letzten. An Sommervögeln waren bereits da der Kuckuck, Wiedehopf, Wendehals, Meisenmünch und Trauerfliegenschnäpper, von nordischen Gästen noch anwesend die Rotdrosseln und Bergfinken. Ein Männchen sah und hörte Landbeck noch im Mai 1848 in einem Tannenwäldchen bei Klingenbad in Bayerisch-Schwaben, Leu erhielt eines am 2. Mai 1863.

B. Fringilla auct.

a. Bluthänflinge: Linota Bonap.

81. LINOTA CANNABINA L.

Keyserling u. *Blasius*, Die Wirbeltiere Europas, I. S. 161 n. 117. — Verz. S. XLI.

Naumann, Naturgeschichte der Vögel Deutschlands, V. S. 80. Taf. 121. Fig. 1—4.

Hänfling, Vinelle, die jährigen Männchen „*das Lerchengeschofs, das Lerchengschöfsle*“; die alten „*das Blutgeschössle*“.

Durch das ganze Gebiet verbreiteter Stand und Strichvogel. In der Sammlung zu Augsburg steht eine Varietät mit scheckigem Kopfe.

82. LINOTA FLAVIROSTRIS L.

Keyserling u. *Blasius*, Die Wirbeltiere Europas, I. S. 162. n. 118. — Verz. S. XLI.
Naumann, Naturgeschichte der Vögel Deutschlands, V. S. 103. Taf. 122. Fig. 1—3. — XIII. Fortsetzung der Nachträge S. 197.

Steinhänfling, *Greinerlein*. In Jahren, in welchen viele Meerzeisige zu uns kommen, pflegt sich auch dieser Fink nicht ganz selten bei uns einzustellen, wahrscheinlich häufiger, als dies bisher beobachtet ist. Nach von der Mühle wird er mit dem Hänfling und Meerzeisig verwechselt und wird in der Umgegend Münchens alle Winter auf dem Vogelherde gefangen. In der Gegend von Nürnberg wurde er wiederholt beobachtet. Prof. Wolf erhielt ein Exemplar im Februar 1809, die Dr. Dr. Sturm einige (am 26. Februar 1826 und in den beiden folgenden Wintern), ich selbst eins im Winter 1847/48. Im letztgenannten Jahre zeigten sich in der Gegend der Stadt kleine Gesellschaften des seltenen Vogels, und wurden auf einem Herde hinter Wöhrd zwei Weibchen und ein Männchen gefangen, von denen ich letzteres erhielt und mehrere Jahre lang im Käfige hatte. Auch im Winter 1859/60 zeigten sich wieder kleine Flüge, und wurden etliche Stücke gefangen. Nach der Behauptung der Nürnberger Vogelfänger kommt das „Greinerlein“ früher als der „Zitscher“ bei uns an.

b. Grünhänflinge: Chlorospiza Bonap.

83. CHLOROSPIZA CITRINELLA L.

Keyserling u. *Blasius*, Die Wirbeltiere Europas, I. S. 162. n. 119. — Verz S. XLI.
Naumann, Naturgeschichte der Vögel Deutschlands, V. S. 148. Taf. 124. Fig. 3. 4. — XIII. Fortsetzung der Nachträge S. 198.

Der Citronenzeisig bewohnt unsere Alpen vom Algäu an bis hinüber in das Berchtesgadensche als ein nirgends zahlreicher Zugvogel. Schon Koch führt ihn als nicht selten im Bezirk von Nesselwang, besonders bei Immenstadt an, und Leu erhielt ihn von Sonthofen. Graf Hofmannsegg beobachtete ihn im oberbayerischen Gebirge, wenn ich nicht irre, bei Partenkirchen. Er kommt im März und Anfang April, brütet im Nadelwald des Hochlandes und verläſst uns wieder im Oktober und November.

Auf dem Zuge wird er, doch sehr selten, im Flachlande gesehen und wurde bei Memmingen einige Male mit Zeisigen gefangen. Prof. Wolf hielt verschiedene Citronenfinken im Käfige, von denen einer am 3. Oktober 1798 auf einem Vogelherde bei Nürnberg gefangen wurde. Auch die anderen waren aus der Umgebung der Stadt.

84. CHLOROSPIZA CHLORIS L.

Keyserling u. *Blasius*, Die Wirbeltiere Europas, I. S. 162. n. 120. — Verz. S. XLII.
Naumann, Naturgeschichte der Vögel Deutschlands, V. S. 62. Taf. 120. Fig. 1—3.

Grünling, *Grünfink*, *Wonitz*. Ein häufiger Stand- und Strichvogel, der im Winter mit Buch- und Bergfinken und Krammetsvögeln auf die Vogelbeerbäume in die Gärten, Anlagen und Promenaden kommt. Man fand auf ihm die gemeinen Zecker (*Ixodes*).

c) Steinspatz: Pyrgita.

85. PYRGITA PETRONIA L.

Keyserling u. *Blasius*, Die Wirbeltiere Europas, I. S. 163. n. 122. — Verz. S. XLII.
Naumann, Die Vögel Deutschlands, IV. S. 497. Taf. 116. Fig. 3 u. 4

Der sporadisch lebende Steinspatz wurde bisher nur sehr selten wahrgenommen. Ein sehr schönes Männchen wurde 1847 in München unter anderen auf den Markt gebrachten Kleinvögeln entdeckt und kam in die Sammlung des Freiherrn Reichlin. Im Jahre 1815 soll er bei Probstried-Kempten in Menge (?) vorgekommen sein. Bei Regensburg ist er nach Koch äufserst selten auf dem Strich; Schrank sah, wie er in den »Landshutischen Nebenstunden« angibt, ein dort (R.) erlegtes Exemplar in einer Privatsammlung. In der Gegend von Nürnberg wurde er etliche Male bei Mögeldorf gefangen; Wolf kaufte am 14. und 24. Oktober 1806 zwei, am 17. Januar 1808 wieder zwei und am 13. März 1821 ein Exemplar auf dem Vogelmarkt in Nürnberg, und auch die Dr. Dr. Sturm erhielten ihn von da mehrmals lebend, ein Männchen am 2. November 1836. Einzelne wurden bei Aschaffenburg gefangen und in der Würzburger Sammlung sah ich zwei unterfränkische Steinspatzen. Im Ochsenfurter Gau sollen schon Scharen zu etlichen Hunderten gesehen worden sein. (Dr. Leydig.)

(J. A. Link schreibt mir, dafs ihm Dr. Baldamus aus Coburg versichert habe, dafs er im Sommer 1888 den Steinsperling als Brutvogel auf der Ruine Altenstein beobachtet habe. Ich selbst sah dort mehrere zu Pfingsten 1890 gelegentlich eines Besuches, den ich Link in Burgpreppach abstattete. — R. Bl.)

d) Finken: Fringilla S. str.

86. FRINGILLA COELEBS L.

Keyserling u. *Blasius*, Die Wirbeltiere Europas, I. S. 163. n. 123. — Verz. S. XLII.

Naumann, Naturgeschichte der Vögel Deutschlands, V. S. 13. Taf 118. Fig. 1 u. 2.

Allenthalben ein gemeiner Stand- und Strich-, bzw. Zugvogel. Viele Männchen bleiben den Winter über bei uns, während die Weibchen wegziehen. Im März 1855 gab es in Franken eine solche Menge von Finken, wie ich dies weder vorher noch nachher gesehen habe. Tausende dieser Vögel kamen durch die Gärten und Feldhölzer. Auch um Ostern 1796, wo noch ein grofser Schnee gefallen war, kamen grofse Scharen in die Waldgegenden bei Nördlingen. Im südlichen Oberfranken hörte ich einst einen Vogel, ohne ihn sehen zu können, einen rätselhaften Gesang vortragen, so schlecht, dafs von Gesang eigentlich keine Rede mehr war. Ratlos, welchem befiederten Geschöpfe ich dieses Gestümper zuschreiben sollte, ging ich den Tönen nach und gewahrte auf dem Dache einer Dorfscheuer einen alten Buchfinken. Da war nicht mehr der leiseste Anklang an den Cantus Firmus der Art. In Nürnberg schätzte man vor 40 und mehr Jahren als gute Schläge den einfachen Reiter, den Reitspatzier der Bewohner unseres Frankenwaldes, den doppelten oder glöckelnden Reiter, den Würzburger. Schlechte Gesänge waren der Petschinger, die Luzia, die Putzschere, der Kehrwisch und die Graupe, ein erborgtes Gemisch aus verschiedenen Sangesweisen. Dem besten Gesange durfte das Amen nicht fehlen, ein wie Witt klingender Schlufston; auch verminderte es den Wert eines sonst guten Schlägers bedenklich, wenn er öfters stecken blieb und den Gesang unvollendet liefs. Wenn der Fink im Frühjahr leise singt, so dichtet er.

Bei Memmingen baute ein Fink sein Nest auf den obersten Sprossen einer Hopfenleiter, vielmehr auf das Querholz, in welches die bewegliche Richt- oder Stellstange eingezapft war. Die Leiter lehnte an einer Hopfenstange und das Nestchen wurde von den Rebenzweigen, den sogenannten Hopfenarmen, schützend umrankt. Die Brut wurde von dem Gartenbesitzer nicht gestört. Auf einem schwäbischen Gottesacker baute ein Buchfink sein Nest in einen Weihwasserkessel eines eisernen Grabkreuzes. Als Regen eintrat und das Gefäfs voll Wasser wurde, baute er auf einen nahen Baum. Farbenvarietäten sind bei einem so gemeinen Vogel, wie unser Fink ist, nichts besonders Seltenes. Ich sah reinweifse mit roten Augen, fast reinweifse mit leicht durchscheinender Zeichnung, chamoisfarbene und scheckige mit gröfseren oder kleineren weifsen Flecken im normal gefärbten Gefieder.

87. FRINGILLA MONTIFRINGILLA L.

Keyserling u. *Blasius*, Die Wirbeltiere Europas, I. S. 163. n. 124 — Verz. S. XLII.

Naumann, Naturgeschichte der Vögel Deutschlands, V S. 44 Taf. 119. Fig. 1—3.

Gakler, Gäkler, Gaugler, Quäker, Ickwitz, Ingwitz, Nikwitz, böhmischer Fink, Böhmack, Böheimer, Böhemer, Böhemmer, Tann-, Tannen-, Bergfink.

Er kommt alljährlich selten schon einzeln in den letzten Tagen des September, gewöhnlich erst Anfang Oktober, die Hauptmasse, die sogenannten harten Gägler unserer Vogelfänger, erst im Vorwinter mit Schnee und Eis, in Buchenmastjahren oft in ungeheuren Scharen, die so dicht und stark sind, dafs dadurch das Sonnenlicht geschwächt wird. In der Rheinpfalz (Bergzabern) werden sie zu solcher Zeit bei dem Scheine von Kienfackeln des Nachts im Schlafe von den Zweigen und Ästen der Bäume, auf denen sie sich dicht neben einander niedergelassen haben, mit Blasrohren und Thonkugeln herabgeschossen. 1413 kam eine unbeschreibliche Schar Vögel, wie die Buchfinken gestaltet, nach Schwaben, deren Flug sich auf eine Stunde weit erstreckte und die Luft verfinsterte. Man konnte sie zur Nacht bei dem Lichte haufenweise fangen. 1634 waren sie in unglaublicher Menge bei Neustadt a. S. Ganze Körbe voll wurden zu Markte gebracht. 1657/58 zeigten sie sich in ebenso grofsen Massen bei Schweinfurt; um Ostern 1796 kamen ganze Scharen von Berg- und Buchfinken in die Waldgegenden von Nördlingen; im Herbst 1818 und im März 1819 waren die Bergfinken bei Rofsbach im Rhöngebirge in unzählbarer Menge vorhanden, so dafs auf zwei Schüsse deren 56 erlegt wurden und bei dem Aufstehen der Flüge die Luft im eigentlichen Sinne sich verdunkelte. Der bekannte Jagdschriftsteller Dietrich aus dem Winckell sah eine Schar auf dem Fortzuge, welcher über eine halbe Stunde weit sich ausdehnte. Ebenso häufig waren sie im Januar jenes Jahres bei Würzburg, Bamberg und Erlangen. Ende des genannten Monats liefsen sich im Weigelsberge bei Decheldorf in der Gegend von Höchstadt a. A. 14 Tage lang jedesmal in der Abenddämmerung Bergfinken in unglaublicher Anzahl, angeblich zu Millionen, nieder. Manche ihrer Züge, deren oft 32 bis 40 gezählt wurden, verfinsterten die Luft. Das Gesumse und Gezwitscher im Walde, sagt der Nürnberger Korrespondent von und für Deutschland 1819 Nr. 34 S. 41, machte einen solchen Lärm, dafs man glaubte, einen Hagelschlag niederprasseln zu hören. Am Morgen gegen 7 Uhr erhoben sie sich wieder in einem ununterbrochenen Zuge, der etwa die Breite eines Hauses hatte und $^3/_4$ Stunden dauerte, über die Strafse nach Burgebrach (Steigerwald) hin. Am Abend kamen sie regelmäfsig wieder zurück. Die Bucheckern waren damals vorzüglich geraten. Bei Augsburg gab es 1855 unzählig viele Bergfinken, und im Januar 1857 im südlichen Oberfranken solche Scharen, dafs man sie in einiger Entfernung für Wolken hätte halten können.

Im März ziehen sie von uns wieder nach dem Norden zurück; einzelne sieht man auch noch Anfang und bis in die zweite Hälfte des April hinein, ja 1856 wurde ein Männchen im Hochzeitkleide noch am 11. Juni im Wolfszahn, einer schönen Flufsaue zwischen dem Lech und der Wertach, geschossen. Auch Landbeck traf in Württemberg ein Paar während der Brutzeit in einem Kiefernwäldchen bei Möfsingen an.

e) *Schneefink: Orites.*

88. ORITES NIVALIS Briss.

Keyserling u. *Blasius*, Die Wirbeltiere Europas, I. S 163. n 125. — Verz. S. XLII.
Naumann, Naturgeschichte der Vögel Deutschlands, V. S. 4. Taf. 117. Fig. 1. 2. — XIII. Fortsetzung der Nachträge. S. 196.

In unserem Hochgebirge ein nicht eben seltener Stand- und Strichvogel. Baron R. v. König-Warthausen bemerkte ihn am 20. August 1854 und am 31. Juli 1855 am Schinder bei Kreuth, Oberförster Donle erhielt ihn von Schliersee, und der kgl. Oberpost- und Bahnamts-Spezialkassier Scheller kaufte ihn während eines 16jährigen Aufenthaltes in Passau einmal aus dem Grenzgebiete des Bayerisch-Böhmischen Waldes im Jahre 1855 von einem Wildpretthändler. Nach Diezel soll er bisweilen in schneereichen und kalten Wintern in Unterfranken vorgekommen sein (Dr. Leydig).

Genus 37. Coccothraustes Briss.

89. COCCOTHRAUSTES VULGARIS Pall.

Keyserling u. *Blasius*, Die Wirbeltiere Europas, I. S. 164. n. 127. — Verz. S. XLII.
Naumann, Naturgeschichte der Vögel Deutschlands, IV. S. 435. Taf. 114. Fig. 1—3.

Kernbeifser, Kirschfink, Kirschenknöller, Kirschen- oder Griesbeerschneller, Kirschenknipper, Kirschenknapper.

In gebirgigen und ebenen, mit Rotbuchen bestandenen Laubwaldungen ein gar nicht seltener Stand- und Strichvogel, in vielen Gegenden nur auf dem Striche vom September und Oktober an. Wenn die Buchecken gediehen sind, erscheint er in den Buchenwaldungen in grofsen Scharen und treibt sich da den ganzen Winter umher. Auch auf die Elsbeerbäume in unseren Wäldern kommt er, um zur Zeit der Fruchtreife zu plündern, und neuerdings hat man wahrgenommen, dafs er im September und Oktober scharenweise sich in Buchenorte begibt, um die kleinen Gallen der Buchengallmücke *(Cecidomyia fagi)* zu durchbeifsen und ihres Inhaltes zu berauben, wobei er unbeweglich still sitzt und unter fortwährendem Knacken die Reste der Gallen in Menge zu Boden fallen läfst (Dr. Frz. Bauer, Forstwissenschaftliches Centralblatt I. 1879. S. 466). Im Winter besucht er auch die vom Schnee entblöfsten Stellen unter den Kirschbäumen und sucht da die noch vorfindlichen Kerne.

Genus 38. Loxia L.

90. LOXIA PITYOPSITTACUS Bechst.

Keyserling u. *Blasius*, Die Wirbeltiere Europas, I. S. 164. n. 128. — Verz. S. XLII.

Naumann, Naturgeschichte der Vögel Deutschlands, IV. S. 339. Taf. 109. Fig. 1—3.

Ein ziemlich seltener Brut- und Strichvogel unserer grofsen Waldungen der Ebene wie des Gebirges, viel seltener als der kleinere Fichtenkreuzschnabel. Seine Wohnplätze sind nicht an bestimmte Gegenden und Waldungen gebunden, da er, abhängig von dem Gedeihen des Nadelholzsamens, im Lande umherzigeunert und seine Wohnung für kürzere oder längere Zeit da aufschlägt, wo reichliche Nahrung für ihn vorhanden ist. Deswegen verschwindet er aus einer Gegend oft auf Jahre hinaus. Um das Jahr 1808 war er im Reichswalde bei Nürnberg nicht selten, und erhielt damals Prof. Wolf ein Nest. Im Juni 1846 zeigte er sich dort wieder und ich sah ein herrliches Männchen aus jener Zeit in der Sturmschen Sammlung. Um Augsburg und sonst in Schwaben, in den Thälern der Mindel und Kamlach, war er 1852/53 vorhanden, verschwand im Januar 1854, kehrte aber Mitte März wieder und wurde ziemlich zahlreich erlegt.

91. LOXIA CURVIROSTRA L.

Keyserling u *Blasius*, Die Wirbeltiere Europas, I. S. 164. n. 129 — Verz. S. XLII.

Naumann, Naturgeschichte der Vögel Deutschlands', IV. S. 356. Taf. 110. Fig. 1—3.

Krumm- und Kreuzschnabel, Kreuzvogel.

In den grofsen Fichten- und Tannenwaldungen der Ebene und des Gebirges (bayerisches Hochland, Böhmerwald, Regengebirge, Fichtelgebirge, Frankenwald u. s. w.) ein unregelmäfsig bald da, bald dort brütender und aufser der Brutzeit weit umherstreifender Vogel. In den Jahren 1866 und 1867 wurde, wie in Westfalen, im

Teutoburger Walde, im Vorarlberg und in der Schweiz, so auch in Mittelfranken in der Gegend von Ansbach ein scharenweises Auftreten des Fichtenkreuzschnabels in den Monaten Juni und Juli beobachtet. Sie kamen in die Gärten und lasen von den Obstbäumen die in grofser Menge vorhandenen Blattläuse ab. In den »Forst- und Jagddenkwürdigkeiten« des Jahres 1821 aus dem südlichen Deutschland, insbesondere aus der Rheingegend im »Sylvan« 1822 S. 133 fand ich erwähnt, dafs im Juli 1821 grofse Flüge des Kiefernkreuzschnabels *(L. pityopsittacus)*, wahrscheinlich durch Nahrungsmangel getrieben in die Kiefernwaldungen der Ebene zogen und sogar häufig in die Gärten von Karlsruhe kamen.

Am 4. Juli 1855 traf C. Jäger eine Gesellschaft von ca. 50 Stück Fichtenkreuzschnäbeln auf den Pappeln am Stadtgraben zwischen dem Nürnberger- und Steinheimerthore bei Hanau an, welche fleifsig die auf diesen Bäumen in Menge sich findenden Kapseln ausklaubten. Es waren meistens junge Vögel. Wenige Tage nachher zeigten sie sich auch bei Hochstadt und Bischofsheim und am 21 August gewahrte er einen kleinen Flug auf einigen Rüstern bei letztgenanntem Orte. Auf den Pappeln verzehrten sie die Pappel-Gallenlaus *(Pemphigus bursarius)*, auf den Rüstern entweder die Rüster-Haargallenlaus *(Schizoneura lanuginosa)* oder die Blattlaus der kleinen Rüstergalle *(Tetraneura ulmi)*.

Dem Kreuzschnabel wird im Fichtelgebirge von dem ärmeren Teile der Bevölkerung mit Vorliebe nachgestellt. Wenn er ausnahmsweise massenhaft erscheint, wird er in grofser Menge gefangen und dann der weitaus gröfste Teil davon von den Leuten verzehrt; allein in gewöhnlichen Jahrgängen mag etwa nur die Hälfte der erbeuteten Tiere, deren Fleisch einen sehr angenehmen Geschmack haben soll, auf den Tisch kommen. Die älteren werden nur so weit, als sie nicht zu Lockvögeln und zur Frönung des Aberglaubens zu verwerten sind, getötet. Die „rechtsbeschlagenen" Kreuzschnäbel, d. h. diejenigen, deren obere Schnabelspitze rechtsseitig über den Unterkiefer abwärts gebogen ist und unter diesen wieder jene, welche am Peters- oder Johannistage eingefangen worden sind, werden in der Gegend als Schutzmittel gegen Krankheiten hoch geschätzt und deshalb häufig gefangen gehalten. Es wird ihnen die Eigenschaft zugeschrieben das „Hauskreuz" mitzutragen, die Krankheiten der Leute, namentlich die Gicht und das Unkraut, Kinderfraisen, an sich zu ziehen. Die Kreuzschnäbel bilden auch einen auf die Gegend beschränkten Handelsartikel und werden tot à Stück etwa mit drei und im lebenden Zustande mit zehn Pfennigen bezahlt; doch kosten von den unverletzten besonders schöne Exemplare und solche, die am Petri- oder Johannistage eingefangen werden, auch mehr. (Der deutsche Jäger II. 1880. Nr. 10. S. 78).

92. LOXIA LEUCOPTERA Gm. L. (L. bifasciata Brehm).

Keyserling u. *Blasius*, Die Wirbeltiere Europas, I. S. 164. n. 130. — Verz. S. XLII.

Naumann, Naturgeschichte der Vögel Deutschlands, IV. S. 364 Taf. 110. Fig 4. — XIII. Fortsetzung der Nachträge. S. 188. Taf. 385. Fig. 1—3.

Dieser äufserst seltene Wintergast erschien in dem durch den Besuch der Hakengimpel für Deutschland denkwürdig gewordenen Jahre 1826/27 sowohl in den Gebirgswaldungen Frankens als auch in den Wäldern der oberbayerischen Hochebene. Professor Wagler schofs damals ein Exemplar bei München. Im Jahre 1830/31 wiederholte sich der interessante Besuch und erwarben die Dr. Dr. Sturm am 29. Januar ein schönes Exemplar auf dem Vogelmarkte in Nürnberg. Abermaliger Besuch 1845/46, wobei von der Mühle in den Besitz eines lebenden, im bayerischen Hochgebirge gefangenen jungen Männchens kam und einzelne Exemplare auch bei Nürnberg gefangen wurden. Für Regensburg führt ihn Koch als sehr selten auf, und 1851 sollen nach der Versicherung erfahrener Vogelsteller zugleich mit dem in zahlreichen Flügen vorhandenen Fichtenkreuzschnabel vereinzelte zweibindige im Frankenwalde bei Nordhalben gefangen worden sein.

(A. Wiedemann schreibt über den weifsbindigen Kreuzschnabel aus Augsburg: „In unserem Regierungsbezirke traf ein kleiner Flug dieser seltenen Gäste, von denen 2 ♂ und 2 ♀ gefangen wurden, das erste Mal im Monat September 1889 bei Lechhausen ein. Am 17. Oktober des gleichen Jahres zeigte sich ein kleiner Schwarm, von welchem 3 ♂ einem Schrotschusse erlagen, bei Öttingen im Ries. Ende Oktober fielen im Garten der Villa Eppmer bei der Aktienziegelei in Augsburg ca. 20 weifsbindige Kreuzschnäbel auf den dort befindlichen Sonnenblumen ein, deren Sonnen diese Vögel so anlockten, dafs es dem Gärtner daselbst gelang, drei Stück davon zu fangen. Ferner später, im Monat November gerieten bei Lechhausen etwa ein Dutzend dieser Vögel, die sich dort in Gesellschaft von Fichtenkreuzschnäbeln eingefunden hatten, in Gefangenschaft. — J. Hellerer teilt mir Folgendes mit: »Sie heifsen hier Finkenkreuzschnäbel und sind aufserordentlich selten; im Winter 1889/90 trieben sich einige auf den Innauen bei Altötting und Mühldorf herum, wovon drei Exemplare gefangen und wohl einige geschossen wurden.« — R. Bl.)

12. Familie: Häher.

Erste Gruppe: Meisen.

Genus 39. Aegithalus Vig.

93. AEGITHALUS PENDULINUS L.

Keyserling u. *Blasius*, Die Wirbeltiere Europas, I. S. 165. n 131. — Verz. S. XLIII.

Naumann, Naturgeschichte der Vögel Deutschlands, IV. S. 113. Taf. 97 Fig. 1—3.

Die Beutelmeise verfliegt sich aus dem Südosten die Donau herauf nur höchst selten zu uns. Im Winter 1821 wurde ein Weibchen am Ufer der Altmühl unweit Kelheim geschossen.

(J. Hellerer schreibt mir, dafs im Jahre 1850 und 1851 Fasanmeister Weifs und Buchhalter Baader in Hartmannshofen auf dem Gabelzweige eines Kirschbäumchens ein Nest mit Jungen gefunden hätten, seitdem sei weder eine Beutelmeise noch deren Brut in Altbayern beobachtet. — Es ist mir sehr auffallend, dafs Jäckel diesen merkwürdigen Fund nicht erwähnt! — R. Bl.)

Genus 40. Calamophilus Leach.

94. CALAMOPHILUS BARBATUS Briss.

Keyserling u. *Blasius*, Die Wirbeltiere Europas, I. S. 165. n. 132. — Verz. S. XLIII.

Naumann, Naturgeschichte der Vögel Deutschlands, IV. S. 98. Taf. 96. Fig. 1—3. — XIII. Fortsetzung der Nachträge S. 155.

Die Bartmeise verfliegt sich sehr selten, doch öfters als die vorige Art, das Donauthal oder den Rhein herauf nach Bayern und wurde am Bodensee und sonst in Schwaben (Füssen etc.) und auch in Franken öfters beobachtet oder gefangen. In den 30er Jahren erhielt ein Augsburger Ausstopfer, Mühlenarzt Hofgärtner, eine bei Augsburg erlegte Bartmeise, die noch in einer dortigen Privatsammlung steht. Am 14. Oktober 1854 wurde daselbst in einem Garten vor der Stadt ein Flug von 10 Stücken gesehen und Anfang Dezember 1852 in einem Garten zu Frickenhausen bei Memmingen fünf Stücke bemerkt, von denen zwei Männchen gefangen und von meinem verstorbenen Freunde Johannes Büchele in Memmingen ein paar Jahre lebend im Käfige gehalten wurden. In der Würzburger Universitäts-Sammlung sah ich sechs Stücke aus Franken.

(A. Wiedemann schreibt: „Am 14. Oktober 1854 konnte Augsburg in der Churschen Fabrik eine kleine Gesellschaft dieser Vögel einige Zeit beobachtet werden. Es gelang nicht, einen derselben zu fangen oder zu erlegen." Dann teilt er mir brieflich mit, dafs Herr Expeditor Benz in Neuoffingen an der Donau im Frühjahr 1890 längere Zeit ein Pärchen im Schilfe des dortigen Donaualtwassers beobachtet habe. — R. Bl.)

Genus 41. Parus L.

a) *Mecistura Leach.*

95. MECISTURA CAUDATA L.

Keyserling u. *Blasius*, Die Wirbeltiere Europas, I. S. 165 n. 133 — Verz. S. XLIII.

Naumann, Naturgeschichte der Vögel Deutschlands, IV. S. 82. Taf. 95. Fig. 4—6.

Schwanz-, Schneemeise, Pfannenstiel, Pfannenstielmeise, Stielmeise.

Überall in ebenen und gebirgigen, gemischten Waldungen ein gewöhnlicher, nirgends seltener Stand- und Strichvogel; im Winter in Dorf- und Stadtgärten in kleinen Gesellschaften umherstreifend.

Nach Eduard Tauber kommen in der Gegend von Tückelhausen bei Ochsenfurt beide Formen der Schwanzmeise mit schwarzen Streifen an den Seiten des Kopfes und mit rein weifsem Kopf zu allen Jahreszeiten vor. Von einem gepaarten Paare seiner Sammlung hat das eine Individuum den gestreiften, das andere den rein weifsen Kopf (Journal für Ornithologie von Dr. Cabanis. 1880. S. 421).

b) *Parus auct.*

96. PARUS COERULEUS L.

Keyserling u. *Blasius*, Die Wirbeltiere Europas, I. S. 165. n. 135. — Verz. S. XLIII.

Naumann. Naturgeschichte der Vögel Deutschlands, IV, S. 62. Taf. 95. Fig. 1. 2.

Blau-, Blobmeise, Blaumeisle, Blöbling, Pimpelmeise.

Gemeiner Stand-, Strich- und zum Teil auch Zugvogel. Im Juni 1878 kam eine zahlreiche Familie häufig in meinen Garten, um die Blattläuse abzulesen, welche die Kehrseite der Blätter der Äpfel und Zwetschgenbäume massenhaft bedeckten. Leu erhielt eine junge Blaumeise, deren Schnabel wie bei *Loxia curvirostra* gekreuzt ist.

Nach v. Reider und Hahn wurde eine männliche Lasurmeise, *Parus cyaneus Pall.*, zu Schney bei Lichtenfels gefangen, und nach von der Mühle eine. bei Nürnberg geschossen, über welch letztere Angabe ich Näheres nicht erfahren konnte. Die Dr. Dr. Sturm haben mich jedoch versichert, dass Ende Dezember 1852 eine solche Meise ganz nahe an Nürnberg in einem Garten zu Steinbühl von einem vollkommen verlässigen Vogelkenner beobachtet worden sei, und Dr. Gottlieb v Koch schrieb mir, dafs einer seiner Arbeiter, ein voigtländischer Weber, in der Gegend von Hof bei Naila ein Stück gefangen und längere Zeit im Käfig gehalten habe. Er selbst zwar habe den Vogel nicht gesehen, doch sei die Thatsache ganz sicher. Nach v. Droste mufs die Lasurmeise aus der Liste der deutschen Vögel gestrichen werden. Naumann habe sich berechtigt gefühlt, diese Art als deutschen Vogel aufzuführen, weil ein alter erfahrener Jäger einst ein Pärchen, welches drei Stunden von Naumanns Wohnort eine Weidenpflanzung durchzog, dafür erkannt haben wolle. Nach diesem Vorgehen hätten Dilettanten an allen Ecken Lasurmeisen gesehen und den höchst seltenen Sibirier ihren Vogelverzeichnissen angefügt. Kjärbölling habe Naumann noch übertreffen zu müssen geglaubt und lasse gleich ab und zu kleine Gesellschaften gesehen werden. Mit solchem Urtheile geht v. Droste doch zu weit. Naumann, dem nach seinem Tode viel am Zeuge geflickt wird, hat *P. cyaneus* unter die deutschen Vögel aufgenommen, weil sie nach ihm einzeln bis nach Preufsen, Schlesien und Sachsen kommt, jene angefochtene Beobachtung dagegen hat er seiner Beschreibung am Schlusse im Kleindruck beigefügt und damit offenbar jedermann freistellen wollen, darüber nach Belieben zu urteilen. Das kais. Museum in Wien besitzt zwei Lasurmeisen aus Österreich, von denen die eine im Prater, die andere 1838 in der Brigittenau bei Wien (Verhandlungen der k. k. zoologisch-botanischen Gesellschaft in Wien 1871, S. 700) erlegt worden ist. Wenn nun eine sibirische Meise nach Deutsch-Österreich bis Wien hat kommen können, so ist nicht einzusehen, warum sie nicht auch nach Deutschland und Bayern soll gelangen können. Verfliegen sich doch auch andere Sibirier zu uns und steht es doch unwidersprechlich fest, dafs die Lasurmeise nicht weit von Bayerns Grenze bei Ohrdruff in der Nähe von Coburg (Dr. Hellmann), ebenso früher schon auf einer Meisenhütte in Sachsen im Herbste unter anderen Meisen gefangen und abermals in Bayerns Nachbarschaft in Böhmen am 3. November 1873 bei Prag und Wohrad (Frauenberg) in fünf Exemplaren geschossen oder gefangen und im Museum zu Prag aufgestellt worden ist. Dafs der k. k. Oberförster v. Koch nach v. Tschusi an einem regnerischen Tage im April 1875 hart an Bayerns Grenze bei Hallein drei Lasurmeisen beobachtete, erwähne ich nur nebenbei, nicht als Beweis, da keine davon erlegt wurde. Strenge Kritik ist dem Dilettantentum gegenüber gewifs nötig, und ziehe ich es vor, die Lasurmeise nur als wahrscheinlich bayerischen Gast mit Reserve und deshalb ohne Nummer aufzuführen. Altums Meinung, dafs die gelbe Farbe im Gefieder der Blaumeise, wenn sie sich auf schneeigem Terrain umhertreibe, dem geblendeten Auge scheinbar verloren gehe und vollkommen weifs erscheine und man leicht zu der Annahme verleitet werden könne, eine Lasurmeise vor sich zu haben, während es in Wahrheit die gemeine Blaumeise sei, hat etwas für sich, und können vielleicht einzelne Täuschungen untergelaufen sein. Doch habe ich bei blendendem Sonnenscheine, schneebedecktem Boden und starkem Schneeanhang an den Bäumen Proben auf Altums Erklärung gemacht, lebende Blaumeisen im Freien beobachtet und ausgestopfte auf den frischgefallenen Schnee gestellt und regelmäfsig die gelbe Farbe sehr deutlich gesehen, obwohl meine Augen nicht zu den scharfen gehören. Die Augen anderer sehen vielleicht kein Gelb, möglicherweise auch kein Grün des Rückens, und dann ist allerdings die deutsche Dilettanten-Lasurmeise, freilich ein recht kleines Exemplar, in der Einbildung fertig.

97. PARUS MAJOR L.

Keyserling u. *Blasius*, Die Wirbeltiere Europas, I S. 166 n. 136. — Verz. S. XLIII.

Naumann, Naturgeschichte der Vögel Deutschlands, IV. S. 9. Taf 94 Fig. 1.

Kohl-, Spiegel-, Finkmeise, die Meise.

Allenthalben in den Waldungen und in grofsen Gärten ein gemeiner Stand- und Strichvogel. Nester fand ich in Mauerritzen von Kirchen mitten in Städten, von Burgruinen tief im Walde, unter Dächern von Gartenhäusern, in Felsenlöchern der Steinbrüche, eines in dem Schutzhäuschen des Blitzableiters am Pfarrhause zu Sommersdorf bei Ansbach.

Im Winter kam eine Kohlmeise durch ein zerbrochenes Fenster in den Saal eines Dorfwirtshauses und nährte sich da von einem auf dem Tische liegenden Schmeerlaibe, brachte auch dort, ohne sich von übernachtenden Reisenden inkommodieren zu lassen, auf dem Drahte eines Glockenzuges während der kalten Jahreszeit regelmäfsig auch die Nächte zu. Im nächstan Winter kam wahrscheinlich dieselbe Kohlmeise wieder in den Saal und verspeiste die dort aufbewahrten Gurkenkerne. In einem andern Dorfe schlüpfte eine Kohlmeise, der ausströmenden Wärme nachgehend, in das Luftloch der Wohnstube eines Bauernhauses, bis sie einmal durch Zustopfen des Loches von aufsen in das Zimmer getrieben und gefangen wurde. Nach etlichen Tagen verschenkte sie der Besitzer an einen Ortsnachbar, dem sie aber bald durch die geöffnete Thür wieder entkam, worauf sie sofort allabendlich wieder ihr behagliches Nachtquartier im Ventilationsloche aufsuchte. Eine frei in meinem Arbeitszimmer umherfliegende Meise schlüpfte zum Übernachten in meine Stiefel und Schuhe ein. Auf einem von Waldmäusen *(Mus sylvaticus)* bedrohten Bienenstande fing ich in einer mit Speck beköderten Mausfalle (Klappfalle) eine Meise, die eine bitter kalte Nacht in der Falle zubringen mufste. Morgens war sie vollständig munter, wurde freigelassen, stimmte auf dem nächsten Baume ihren fröhlichen Gesang an und zwei Tage danach safs das leichtsinnige Geschöpf wieder in derselben Falle.

Büchele in Memmingen erhielt 1858 eine »Spiegelmeise«, die einen gekreuzten Schnabel hatte. Beide Schnabelenden bildeten auf- und abwärts starke Haken, hinderten jedoch den Vogel nicht am Fressen.

Im November 1873 wurde in Kelheim (Niederbayern) eine überaus grofse, glänzendfarbige alte Kohlmeise gefangen, welche eine grofse glänzend schwarze Breithaube, ähnlich wie bei einer Taube, quer über den Hinterkopf hatte, im übrigen aber ganz normal gefärbt war (Zoolog. Garten 1874. S. 31).

98. PARUS ATER L.

Keyserling u. *Blasius*, Die Wirbeltiere Europas, I. S. 166. n. 137 — Verz. S. XLIII.

Naumann, Naturgeschichte der Vögel Deutschlands, IV. S. 34. Taf. 94. Fig. 2. — XIII. Fortsetzung der Nachträge S. 146.

Tannen-, Wald-, Pech-, Stockmeise, Tomeisle.

Gemeiner Stand- und Strich-, zum Teil auch Zugvogel. Sie ist noch immer so zahlreich, dafs ein Vogelfänger bei Nürnberg im Herbst 1858 an einem Vormittage 118 Stück Tomeisle auf

Leimruten im Laurenzer Walde fing, die sämtlich getötet und unter der Hand für die Küche verkauft wurden. Vor Zeiten wurde namentlich die Tannenmeise auf dem Nürnberger Reichswalde und auch bei Regensburg massenhaft gefangen. Der bekannte Freiherr v. Hohberg erzählt in seiner »Georgica curiosa«, dafs er zugesehen, wie ein Regensburger Meisenfänger an manchem Tage über 500, gegen 1000 und noch mehr kleine Meisen, wie auch Kohl- und anderer Art Meisen gefangen. Auch im Reichswalde wurden noch Anfang dieses Jahrhunderts auf mancher Meisenhütte in drei bis fünf Tagen 1000 bis 1600 Meisen gefangen. 1538 führten die Nürnberger mit dem Markgrafen Georg von Ansbach den Meisen-, auch Kraut- und Rübenkrieg, spottweise so genannt, weil der Markgraf die nürnbergischen Vogelherde und Meisenhütten einreifsen liefs, und seine Soldaten Heldenthaten an den wehrlosen Krautköpfen verrichteten und die weifsen Rüben auf den Stoppeläckern sich schmecken liefsen. Die Meisenhütten waren in leidenschaftlichem Betriebe von Bartholomäi bis Ende September. Nach dem Übergange Nürnbergs an Bayern wurde am 4. August 1809, dem Jahre der Organisation der beiden Forstämter Laurenzi und Sebaldi zu Nürnberg, aller Vogelfang auf dem Reichswalde untersagt und mufsten alle Meisenhütten und die zahlreichen Waldhäuschen der Vogelherdbesitzer abgebrochen werden.

Eine fast ganz schwarze Tannenmeise sah ich vor Jahren bei einem Ausstopfer in Fürth. Die Flügel waren durchaus schwarz; es fehlten die zwei weifsen Binden derselben und der weifse Nackenfleck gänzlich; die Bäckchen waren wenig weifs, der Bauch — und die unteren Schwanzdeckfedern schwarz, ersterer mit schwärzlichgrauer Färbung in der Mitte, letzterer mit Grau gemischt; der Schwanz selbst auch schwarz.

99. PARUS PALUSTRIS L.

Keyserling u. *Blasius*, Die Wirbeltiere Europas, I. S. 166. n. 138 — Verz. S. XLIII.

Naumann, Naturgeschichte der Vögel Deutschlands, IV. S. 50. Taf. 94. Fig. 4.

Pfaff-, *Koth-*, *Platt-*, *Pimeise*, *Piepmeisle.*

Ein mehr oder minder gewöhnlicher, in manchen Gegenden aber ziemlich seltener Stand- und Strichvogel.

100. PARUS CRISTATUS L.

Keyserling u. *Blasius*, Die Wirbeltiere Europas, I. S. 166. n. 140. — Verz. S. XLIV.

Naumann, Naturgeschichte der Vögel Deutschlands, IV. S. 42 Taf 94 Fig. 3

Bischofs-, Husaren-, Schopf-, Hopp-, Struwelmeise, Koppenmeisle.

In grofsen Nadelwaldungen ein gewöhnlicher Stand- und Strichvogel. Ein Paar baute sein Nest an einem einzelnstehenden Wirtshause des Nürnberger Reichswaldes in einem kernfaulen, zum Anbinden von Pferden eingerammten, etwa mannshohen Pfahle. Trotz dem starken Verkehre mit dem nahen Steinbruch und dem fast täglichen Besuch der Stadtbewohner hielt das Pärchen lange Zeit bei seinen Eiern aus, verliefs aber endlich das Nest, als es von den zahlreichen Besuchern des Vergnügungsplatzes aus Neugierde zu oft herausgejagt wurde. In verlassenen Eichhorn-Nestern brütet diese Meise gern.

Genus 42. Sitta L.

101. SITTA EUROPÆA L.

Keyserling u. *Blasius*, die Wirbeltiere Europas, I. S. 167. n. 143. — Verz. S. XLIV.

Naumann, Naturgeschichte der Vögel Deutschlands, V. S. 377. Taf. 139. Fig. 1 u. 2.

Blauspecht, Baumpicker, Trottler, Kotschletter, Klauber.

In gemischten Waldungen, Parken, grofsen Anlagen, Alleen lieber als im reinen Nadel- oder Laubholz einer unserer gewöhnlichsten Stand- und Strichvögel; im Winter auch in grofsen Gärten der Städte.

Zweite Gruppe: Seidenschwänze.

Genus 43. Bombycilla Briss.

102. BOMBYCILLA GARRULA L.

Keyserling u. *Blasius*, Die Wirbeltiere Europas, I. S. 167. n. 145. — Verz. S. XLIV.

Naumann, Naturgeschichte der Vögel Deutschlands, II. S. 143. Taf. 59. Fig. 1. 2. — XIII. Fortsetzung der Nachträge S. 45.

Pest-, Pfeffervogel, Pfeffervögelein, Seidenschwanz, Seidenwedel, Seidenvogel, Haubendrossel.

Der Seidenschwanz kommt nicht, wie gewöhnlich geglaubt wird, nur als periodischer Wintergast alle 6 bis 7 Jahre zu uns, sondern fast alljährlich, wenn auch nur in mäfsiger Anzahl und in manchen Strichen, wie im Voigtlande, Fichtelgebirge, im Böhmerwalde und anderwärts. In manchen Jahren dagegen überschwemmt der schöne nordische Fremdling ganz Franken, Schwaben und Bayern, wird zu Tausenden gefangen, und, wie die Krammetsvögel, massenhaft zu Markt gebracht, so 1806/7, 1813/14, 1821/22, 1828/29, 1834/35, 1844/45, 1847/48, 1859/60 und 1866/67. Er erscheint gewöhnlich Anfang November und Dezember und bleibt bis Ende Februar, auch bis Mitte März, sehr selten bis Anfang April. Im Jahre 1822 war er nach Hofrat Dr. Meyer noch am 12. April in den unteren Maingegenden (Frankfurt) ziemlich häufig und 1859 wurde ein Weibchen bei München noch am 1. Mai geschossen, während drei andere Stücke, in deren Gesellschaft es war, entkamen. Im letztgenannten Jahre sah man auch noch am 26. März und das Jahr darauf noch am 2. April 12 Stücke im Steigerwald.

Er ist so gesellig, dafs ein von einem Geistlichen in Nürnberg lebend gehaltener Seidenschwanz auf einen im Zimmer befindlichen ausgestopften Vogel derselben Art zuflog und ihn liebkoste.

(Jäckel teilte im Deutschen Jahresberichte für 1884 mit, dafs sich in den Bahnhofsanlagen bei Kaufbeuren in Schwaben am 28. Dezember eine Schar von ca. 200 gezeigt habe. — R. Bl.)

Dritte Gruppe: Raben.

Genus 44. Garrulus Briss.

103. GARRULUS GLANDARIUS L.

Keyserling u. *Blasius*, Die Wirbeltiere Europas, I. S. 168. n. 147. — Verz. S XLV.

Naumann, Naturgeschichte der Vögel Deutschlands, II. S. 122. Taf. 58. Fig. 1.

Häher, *Eichel-*, *Holz-*, *Nufshäher*, *Nusser*, *Nufsjäck*, *Holzschreier*, *Blauflügel.*

Ein mit Ausnahme der blauen Schmuckfedern des Flügels weifser Nufshäher wurde bei München, zwei gleichfalls weifse mit normalen Schmuckfedern, mit schwärzlicher Zeichnung der äufseren Schwanz- und hinteren Schwungfedern in Unterfranken, ein weifser mit normalen Schmuck- und schwarzen Schwanz- und

Schwungfedern bei Eichstädt, und ein ganz blasser, wie mit Mehl bestaubter, in Schwaben geschossen. Landbeck fing ein altes Weibchen im Dohnensteig, bei welchem der normale Oberschnabel nur halb so lang als der untere hypertrophische war.

Am 19. Januar 1856 sah ich bei Neuhaus im südlichen Oberfranken Häher, Elstern und Grünspechte bei Tauwetter auf Schneefeldern und dem schmelzenden Eise ungemein emsig Nahrung suchen. Es krochen nämlich auf Schnee und Eis eine grofse Menge zolllanger und kleiner sammetschwarzer Kantharidenlarven, kleine Spinnen *(Pachygnatha Listeri, Clubiona holosericea, Lycosa alacris* und *Thomisus calicinus)*, Caraben und Staphylinen *(Argutor vernalis, Pterostichus strenuus, Philonthus ebeninus, Lathrobium terminatum, Quedius attenuatus, Cryptobium fracticorne*, einzelne Myriapoden *(Lithobius forficatus)*, Raupen von *Agrotis segetum*, Regenwürmer, Crustaceen *(Asellus vulgaris* und *Porcellio laevis)* umher. Am 21. Januar taute es stärker und gab es noch mehr Insekten und Tiere der genannten Arten. Die Mägen erlegter Häher waren damals mit Bestandteilen obigen Speisezettels regelmäfsig angefüllt. In kalten Wintern kommen sie bei Schnee mit Saatraben, Nebelkrähen, Elstern u. s. w. auf Plätze, wo in Dorfgärten und Peunten Schweine gestochen, gesengt und gebrüht, wo Blut und Abgänge ausgeschüttet werden. Die schwächeren Häher werden aber gewöhnlich von den stärkeren Gattungsverwandten weggebissen.

Sonst fanden wir in erlegten die Reste kleiner Vögel und deren Nestjunge, Getreidekörner und ganze Weizenähren, Eicheln, Haselnufskerne, Fliegen, Spinnen, Heuschrecken, Lauf-, Mai- und Rüsselkäfer *(Phytonomus punctatus)*, im Gefieder *Ornithomyia avicularia* und in den Eingeweiden verschiedene Parasiten *(Spiroptera anthuris* und *Taenia serpentula)*.

Auf dem Schmausenbuck bei Nürnberg fing ich Anfang der 40er Jahre viele Häher auf dem Reisbaum mittels einer lebenden oder ausgestopften Eule, mit dem Häherwildruf, einem Eulenruf (Wichtel) und mit Leimruten. In den Reisbaum, eine Fichte, wurden links und rechts einen Schuh lange, am Ende durchlochte, starke Eisenstäbe eingeschraubt, um darauf schnell und sicher auf- und absteigen zu können Zwei bis drei Schuh unterhalb der Äste der Fichte war an den Stamm eine sieben Schuh lange frische Fichtenstange von einem Zoll im Durchmesser und einen Schuh tiefer, mit der oberen sich kreuzend, eine zweite Stange quer angenagelt, in welche beide drei Reihen Leimruten gesteckt wurden, eine gerade aufwärts, die zwei anderen im halben rechten Winkel rechts und links nach aufsen. Stand nur eine ausgestopfte Eule zu Dienst, so war sie so präpariert, dafs ein durch ihren Leib gehender Stab, vermittelst dessen der Kopf der Eule gedreht werden konnte, in die Hütte am Fufse des Reisbaums reichte. Zögerten die Häher, auf das Kreuz einzufallen, so bewegte man den Kopf der ihnen verhafsten Eule; war diese aber eine lebende, so zog man an der in die Hütte gehenden Schnur, womit sie befestigt war, um sie zu nötigen, Lebenszeichen durch Flügelschlagen etc. von sich zu geben. Die ersten gefangenen Häher wurden in einem gestrickten Sacke in der Hütte aufgehängt und dieser in schwingende Bewegung gesetzt, worauf die Gefangenen ein Geschrei erhoben, als ob sie am Spiefse stäken, wodurch der Hafs der auf den Bäumen versammelten Häher gegen die Eule bis zur Wut gesteigert wurde. Nun stürzten sie unter wüstem Geschrei herab auf das Kreuz und lagen in demselben Moment gefangen am Boden. Ergötzliche Scenen setzte es da manchmal ab, wenn aus der Hütte heraus die Schreckensgestalt eines der Häherfänger trat, um die Beute zu sammeln, und ein nur leicht gefangener Häher zu Fufs Reifsaus in mächtigen Sätzen nahm, hinter ihm her der mit dem bereit gehaltenen Fichtenwedel nach dem Flüchtling fehlschlagende Verfolger, wobei es vorkommen konnte, dafs dieser stürzte und der Häher das rettende Dickicht erreichte. Die Beute wurde an den Füfsen und Schnäbeln oder Hälsen ergriffen, gestreckt und jedem Stück der Schädel eingebissen. Das Wildbret dieser Vögel ist im Herbst recht gut.

Genus 45. Nucifraga Briss.

104. NUCIFRAGA CARYOCATACTES L.

Keyserling u. *Blasius*, Die Wirbeltiere Europas, I. S. 168. n. 148. — Verz. S. XLV.

Naumann, Naturgeschichte der Vögel Deutschlands. II. S. 130. Taf. 58. Fig. 2. — XIII. Nachträge S. 212. — Fortsetzung der Nachträge S. 44.

Tannen-, *Stein-*, *Schwarzhäher*, *schwarzer Nufshäher*, *schwarzer Nufsjäck*, *Nufsknacker*, *Nufskratscher*, *Zirbelkrähe*, *Zirbm-* oder *Zirblkrah*, *schwarzer Nusser*.

Ein Exemplar der Augsburger Sammlung hat einen Kreuzschnabel, der angeboren gewesen zu sein scheint, denn der Vogel ist auffallend klein und verkümmert.

Der Tannenhäher, ein Stand- und Strichvogel, liebt stille Bergwaldungen, und soll für sein ständiges Vorkommen die Zirbe *(Pinus cembra)* mafsgebend sein, eine Behauptung, der nicht beigepflichtet werden kann. Allerdings zieht er sich im Herbst nach jenen Gegenden hin, wo die edle Zirbe steht, um die Zapfen zu plündern, deren Nüsse seine Lieblingsspeise sind. Allein dieser König unserer Waldbäume fehlt in weiten Strecken des bayerischen Hochgebirges, im Tegernseeschen, im Algäu fast gänzlich und kommt nur in den höchsten Alpen vor; die schönsten Bestände auf dem Hochplateau des Funtensees und im Steinernen Meer im Berchtesgadener Gebiete und in den erhabenen Einöden des Wettersteingebirges bei Partenkirchen (Schachenalpe, Wettersteinalpe, Zirmeskopf, Kämikopf), während der Tannenhäher nicht nur den ganzen oberbayerischen und schwäbischen Alpenzug, sondern auch aufserhalb des Hochgebirges verschiedene Gegenden des Hügellandes als Brutvogel bewohnt, wo nie eine Zirbe stand und keine Kultur sie emporzubringen im stande wäre, ihre Stelle aber für die Bedürfnisse des Vogels durch die Haselnufsstaude vollständig ersetzt wird.

Im Bayerischen Walde brütet der Tannenhäher gewifs nach von der Mühle, während ihn v. Tschusi gegen die Mitte des Juni 1870 auf dem Arber und Lusen zu einer Zeit, wo noch viel Schnee lag, nicht bemerkt hat.

Nach dem alten Brehm (»Isis« von Oken 1833. S. 972) wurde von einem jungen Manne, welcher den Prof. Dr. Hornschuch auf einer Reise nach Tirol begleitete, ein Tannenhäher in der Nähe von Regensburg in einem Fichtenwalde geschossen, wo ein Paar dieser Vögel im Mai 1826 herumflog. Auch im Pacherforst bei Regensburg wurde er in neuester Zeit in einigen Paaren als Stand- und Strichvogel beobachtet und geschossen. Die zoologisch-mineralogische Vereinssammlung besitzt ein bei Wiesent am 4 April erlegtes gepaartes Paar. Im Nürnberger Gebirgslande bei Hersbruck brütet er nach Prof. Wolf. Derselbe erhielt am 30. April 1799 von dort einen jungen, erst seine Federn erhaltenden Tannenhäher, an dessen Befiederung noch die Wollhaare hingen. Er war ein erstaunlicher Fresser. Kaum hatte er den ersten grofsen Brocken hinuntergeschluckt, so schrie er schon nach dem zweiten, und stak auch dieser und der dritte in seinem Schlunde, so schien er doch mehr um deswillen einigermafsen befriedigt, weil er nichts mehr in den Schlund hinunterbringen konnte, als weil seine Frefsbegierde gestillt worden wäre. Er war zahm und lief seinem Herrn bettelnd allenthalben nach. Er hatte ein unangenehmes heiseres Geschrei und konnte gut picken, betrug sich aber etwas ungeschickt und lernte lange Zeit nicht allein fressen. Im Frankenwalde brütet er, nach dem Landgerichtsarzt Dr. Franz von Paula Brandt früher zu Nordhalben. Am Tschirner Waldhause, einem rings von Waldungen umgebenen einzelnen Häuschen am Vereinigungspunkte der Reviere Tschirn, Nurn und Effelten, sah ein Forstbediensteter am 22. Mai 1850 zwei Tannenhäher, deren einer in der Zeit zum 11. Juni seinen Tod durch einen Raubvogel gefunden hatte. Am 28. Juni traf Brandt an derselben Stelle einen alten Tannenhäher an, der mit zwei kürzlich ausgeflogenen Jungen sich in den 20- bis 30jährigen Fichtenbeständen umhertrieb. Endlich habe ich Nachrichten, dafs er in der Landschaft zwischen den Alpen und der Donau in den Bergwaldungen des Kimrathshofer Forstes und Kemptener Waldes in Schwaben brütet. Das Flachland besucht er nur in manchen Jahren, dann aber in so grofser Anzahl, dafs er als häufiger Vogel auch in Gegenden gelangt, wo man sonst nie einen sah. Gewöhnlich sind es Langschnäbel (*Nucifraga macrorhynchus* Brehm), wie bei der Invasion von 1844, wo sich im Spessart, in der Rhön, im Voigtland und Fichtelgebirge, im Franken- und Steigerwalde, überhaupt in Franken und Schwaben eine erstaunliche Menge derselben einfand. Nur zwei Exemplare erhielt ich aus der Gegend von Nürnberg, von denen das eine, wiewohl auch ein Langschnabel, zu *Nucifraga hamata* Brehm gehörte, das andere zweideutig zwischen *N. macrorhynchus* und *brachyrhynchus* Brehm stand. Auch 1850 war wieder eine Menge von Langschnäbeln in Franken und der Oberpfalz vorhanden, und befand sich unter den mir gelieferten Stücken nur eine einzige *N. brachyrhynchus* Brehm. Gewöhnlich erscheint er im Striche Ende August und Anfang September und im Oktober und verläfst uns bald wieder, da er frühzeitig an sein Fortpflanzungsgeschäft geht.

Wolf erhielt 1804 den 12. September einen lebenden Tannenhäher, den er eine Zeit lang im Käfig erhielt und mit Milch und Brot fütterte. Dann gab er ihm Hanf, den der Vogel sehr begierig frafs, wie er denn ein starker Fresser war. Der Hanf war ihm zu hitzig und zog ihm den Tod zu. Der Unrat wurde hart, der Vogel bekam Stöcken und in der Luftröhre hörte man ein Röcheln.

Haselnüsse zerklopfte er sehr, konnte sie aber nicht öffnen. Birnen und Eicheln frafs er nicht, letztere vielleicht deswegen nicht, weil sie nicht ganz reif waren. Am 26. Oktober 1804 erhielt Wolf wieder einen lebenden Tannenhäher, dem er einen lebendigen Zeisig in den Käfig gab. Sobald ihn der Häher sah, fuhr er äufserst gierig auf sein Opfer zu, packte den Zeisig, zerknickte ihm den Kopf und rupfte die Federn aus, wobei er die starken umbog und auf diese Art auszuziehen suchte. Dann rifs er Stücke herunter und frafs sie, während er mit dem einen Fufs den Zeisig hielt. Auch dem Vogelfänger frafs er auf dem Herde einen Zeisig. Sein Geschrei kräk, kräk, kräk liefs er besonders hören, wenn im Zimmer ein Geräusch gemacht wurde. In einem kreuzschnäbeligen Tannenhäher vom Schwarzwalde fand Dr. A. Günther eine Maus. In den Kröpfen und Mägen erlegter fanden wir Haselnüsse, manchmal zehn bis zwölf unversehrte verschiedene Insekten, Diptera, Caraben, *Geotrupes stercorarius et sylvaticus*, *Helops*, Curculioniden *(Brachyderes incanus)*, Bostrichinen *(Hylurgus piniperda)*, Spinnen, *Torficula auricularia*, *Locusta viridissima*, 25 grüne, einen Zoll lange, unbestimmbare Schmetterlingsraupen.

(Aufser den oben erwähnten Wanderzügen von Tannenhäher im Jahre 1844 und 1850 sind solche in Bayern noch beobachtet 1802, 1803, 1804, 1807, 1814, 1821, 1835, 1849, 1851, 1861, 1868, 1875 und 1885/86. Zahlreich wurden sie in diesem Winter beobachtet, so in der Nähe von Augsburg, bei Diedorf, im Mindelthale, bei Lauingen, Wellenburg, Dinkelscherben, Türkheim, Schönebach, Gersthofen, Langenneufnach, Öttingen, Sulz bei Rain, Schwendi, Lechhausen, Obergriesbach, Thorhaus Aurora bei Esselbach im Spessart, Bayreuth, Burgpreppach, Ebrach im oberfränkischen Steigerwalde, Aschbach, Mönchherresdorf, Koppenwied und bei München. Der gröfsere Teil der erlegten Exemplare gehörte der langschnäbligen Form an, *Nucifraga caryocatactes* (L.) *leptorhynchus*, R. Blas., die von Sibirien her in Europa einzuwandern pflegt. Die in den bayerischen Bergen brütende Form ist die dickschnäblige *Nucifraga caryocatactes* (L.) *pachyrhynchus*, R. Blas. — R. Bl.)

Genus 46. Pica Briss.

105. PICA CAUDATA L.

Keyserling u. *Blasius*, Die Wirbeltiere Europas, I. S. 168. n. 150. — Verz. S. XLV.

Naumann, Naturgeschichte der Vögel Deutschlands, II. S. 101. Taf 56. Fig. 2.

Elster, *Alster*, *Aglaster*, *Atzel*, *Hatzl*, *Hätz*, *Hätzl*, *Gäckerhätzel*, *Käckerätz*, *Kägersch*.

Farbenvarietäten sind bei diesem gemeinen Vogel keine grofse Seltenheit. Ich sah ganz weifse, eine weifse, bei der alles Schwarz durch mehr oder minder dunkles, schmutziges Braungelb vertreten war, eine chamoisfarbene mit schwarzem Schnabel und schwarzen Füfsen. Ich besafs ferner eine Elster, deren Unterschnabel drei Linien länger als der obere normal lange war.

In Vorhölzern, Feldhölzchen, Auenwaldungen und Gärten in der Nähe der Dörfer und Städte, sogar in den Dörfern ein gewöhnlicher Standvogel. So schlau und scheu die Elster ist, so dreist ist sie bei dem Nestbau. Im Garten eines meiner Bekannten suchte ein Paar mehrere Jahre nacheinander sich häuslich niederzulassen. Da er für die im Garten brütenden Singvögel fürchtete, liefs er den begonnenen Nestbau dieser berüchtigten Eierplünderer zerstören, gleichwohl wiederholten sie immer von neuem die Arbeit, bis sie endlich durch wiederholte Schreckschüsse vertrieben wurden und sich etwa 40 Schritte von jenem Garten entfernt auf einem in einer Wiese vereinzelt stehenden ganz niedrigen Erlenbäumchen ansässig machten. In einem Pfarrdorfe baute sich ein Paar auf einer etwa 30- bis 40jährigen lombardischen Pappel hart an einem alten, als Schulhaus benutzten Schlosse an. Als die Alte brütete, schofs ein Forstbeamter in das Nest. ohne diese oder die Eier zu beschädigen. Das Weibchen kam wieder und brütete fort. Die fast flüggen Jungen liefs der Ortslehrer ausnehmen, aber aus Mitleid wieder zurückbringen, worauf sie die Alte vollends grofs fütterte. Im Frühjahr darauf waren vom Neste nur noch spärliche Reste vorhanden; die Elstern bauten es wieder aus und brüteten aufs neue darinnen. In einem Dorfe nahe bei hiesiger Stadt brütet ein Paar in der Hofraithe eines grofsen Bauerngutes und Gasthauses im Gipfel einer Pappel.

In erlegten fanden wir Körner verschiedener Getreidearten, Schlehensteine, Eicheln, Reste kleiner Vögel (Meisen) und Säugetiere (Mäuse), Darmstücke von geschlachteten Schweinen, allerlei Käfer *(Carabus, Staphylinus, Curculio)* und Feuerwanzen *(Pyrrhocoris apterus)*, welche sie im ersten Frühjahre am Fuſse von Mauern und alten Lindenbäumen fängt. Sie raubt ausgeflogene junge Staare, geht im Winter selbst Menschenkot an und fällt auf das Aas. Bei einem Dorfe hiesiger Gegend wurde die Leiche eines neugeborenen getöteten Kindes durch eine auf demselben sitzende Elster entdeckt. Im Oktober sah ich mehrere Elsternpaare in Weiſskrautäckern auf den Krautköpfen sitzen, dieselben zerzausen, Blattstücke abreiſsen, zur Seite werfen und mit den Schnäbeln tiefe Löcher in die Köpfe bohren. Sie suchten Herzwürmer, die Raupen der Kohleule *(Noctua brassicae)* und thaten damit groſsen Schaden an vielen Köpfen, so löblich auch die Absicht war.

Genus 47. Corvus L.

a) Dohlen.

106. CORVUS MONEDULA L.

Keyserling u. *Blasius*, Die Wirbeltiere Europas, I. S. 169. n. 151. — Verz. S. XLV.

Naumann, Naturgeschichte der Vögel Deutschlands, II. S. 93. Taf. 56. Fig. 1.

Dohle, Dähle, Dälche, Dalle, Dallig, Deilche, Dachl, Dacherl, Dacherle, Dulle, Gotz, Turmvögele.

Varietäten sind bei diesem gemeinen Vogel nicht sehr selten. Ich sah solche mit schneeweiſsem Gefieder, blauen Augen, weiſsem Schnabel und weiſsen Füſsen. Anfang Juni 1880 wurde mir eine lebende, noch nicht flügge Junge mit partiellem Leucismus gebracht. Der Schnabel war jederseits zur Hälfte der Länge nach weiſs, die Kralle der mittleren Zehe des rechten Fuſses ebenfalls der Länge nach einerseits weiſs, andererseits schwarz. Zu beiden Seiten der Augen am Unterrande des schwarzen Scheitels stand ein weiſser Streif. Eine Dohle mit Kreuzschnabel besaſs einer meiner Freunde.

Die Dohle ist Stand-, Strich- und Zugvogel. Ein groſser Teil der in den Städten wohnenden bleibt nämlich im Winter, selbst in dem strengsten bei uns, viele aber, nämlich die in den Wäldern brütenden, ziehen im Herbst mit den Saatraben gesellschaftlich fort und kommen mit ihnen Mitte Januar bis spätestens im März wieder zurück. In sehr kalten Wintern dringen einzelne Dohlen in Taubenschläge ein und 1879/80 wurden sie durch die grofse Kälte und den vielen Schnee so in Notstand versetzt, dafs sie 2 Futterplätze täglich besuchten, welche ich für die hungernden Wintervögel auf einem Blumengestelle vor dem Fenster meiner Wohnstube und auf einem Fenstergesimse zwischen dem inneren und dem geöffneten Vorfenster zugerichtet hatte. In höchster Eile kommend und wieder verschwindend, holten sie hier die hingelegten Speisereste.

Sie nisten auf Kirchtürmen, hohen Gebäuden, alten Schlössern in Städten und Dörfern, in Felsenspalten und Höhlen der fränkischen Schweiz, des Nürnberger Gebirgslandes, in den Lechfelsen bei Schongau, in hohlen Buchen, Eichen und Föhren, aus denen sie die Hohltauben vertreibt, im Spessart, Steigerwald, Nürnberger Reichswald etc. und in Saatkrähen-Kolonien in den Hohlräumen zwischen den dicht an- und übereinander gebauten Krähennestern. Auf einem der hiesigen Kirchtürme tragen die Dohlen als Liebhaberinnen farbiger Gegenstände von dem nahen Gottesacker das weifse, rosarote und kornblaue Seidenpapier der Totenkränze als Nestmaterial zu dem bunten Gemisch von Reisig und Kälberhaaren, Stroh, Heu und Federn. Auf einem Kirchturme Mittelfrankens hatten sich die Dohlen so vermehrt, dafs die Turmuhr durch den Mist und das Geniste in ihrem Gange gehindert wurde, weshalb man alle Öffnungen des Turmes und Langhauses mit Drahtgittern versah, und die Dohlen auswandern mufsten. Nur ein Paar blieb und siedelte sich nach langem Kampfe mit Konkurrenten im Turmknopfe an, der ein grofses Kugelloch hat, welches von den Dohlen mit vieler Mühe passierbar gemacht wurde. Mehrere Jahre hinter einander fanden Kämpfe um diesen prächtigen Wohnsitz statt.

Auf den Türmen von Augsburg waren 1840 noch keine Dohlen; nur auf Türmen der nahen Dörfer nisteten sie da und dort. Die ersten siedelten sich auf dem St. Ulrichsturme an, und als dieser der angewachsenen Bevölkerung nicht mehr hinreichende Nisträume bot, wanderte das junge Volk auf die Türme der Moritzkirche, des Doms und Rathauses u. s. w. aus. Ende der 60er und in den 70er Jahren mehrten sie sich derart, dafs sie kaum einen Platz mehr zum Nisten fanden und es im Frühjahre heifse Kämpfe unter sich selbst und mit den Turmfalken absetzte. 1874 erschien daselbst in dem Garten des Majors W. in der Nähe des Doms ein schwarzes Eichhörnchen und trieb sich längere Zeit dort und in Nachbarsgärten umher. Eines Tages hörte der Major ein grofses Geschrei von Dohlen und sah, als er der Ursache nachforschte, dafs das Eichhörnchen von mehreren Dohlen verfolgt wurde, die stets darauf herabstiefsen. Es sprang von Ast zu Ast fortwährend unter den Schnabelhieben seiner Verfolger und sichtlich matter werdend. Der Herr Major holte die Flinte, um die Dohlen zu verjagen, sah aber, in den Garten zurückgekehrt, gerade noch, wie eine der Dohlen das anscheinend tote Eichhörnchen im Schnabel nach der Domkirche forttrug und die übrigen Dohlen dem Räuber folgten.

Zur Zeit der Heuernte, der Weizen- und Dinkelreife, der Schnitternte, der Kirschen-, Zwetschgen- und Traubenreife schlagen sie sich oft zu grofsen Scharen zusammen und treiben sich, ohne dafs auch nur ein Stück in den Städten zurückbliebe, wochenlang in fruchtbaren Gegenden auf Äckern und Wiesen, in Weinbergen und Obstländereien und des Nachts in den Wäldern umher, um Heuschrecken und Kerfe auf den Wiesen zu haschen, halbreife, in der Milch stehende Dinkel- und Weizenähren, Obst und Trauben zu naschen. Ihr Verschwinden wird dann, so gewöhnlich auch die Erscheinung ist, zu Zeiten von abergläubischen Leuten mit grofser Besorgnis bemerkt. So verschwanden Ende Juli 1848 aus Nürnberg alle Dohlen, eine Veranlassung banger Befürchtungen und der Prophezeiung von einer über die Stadt kommenden Pest. Anfang September kamen aber „die Dähla“ zur Freude der Besorgten wieder und blieben den ganzen Winter da. Dafs mit ihrem Verschwinden aus den grofsen Städten manchmal auch der Ausbruch einer Epidemie, der Cholera, zusammentrifft, ist wohl selbstverständlich; hat doch auch der Seidenschwanz seit dem berühmten Konzil zu Kostnitz, wo er auch erschien, der deutschen Leichtgläubigkeit mancherlei Dinge, die französische Revolution, die Schlachten bei Austerlitz und Jena, das grofse Frostwetter an der Berezyna und die berühmten Feuerwerke bei Leipzig und Waterloo u. s. w. richtig vorhergesagt (Oberforstrat Fischer im »Sylvan« 1817/18). Im letzten Drittel des August 1854 wurden die Dohlen in Nürnberg immer weniger, entfernten sich abends aus der Stadt und hielten sich des Nachts in den dichten Laubkronen sehr alter hoher Bäume (Linden etc.) auf der Allerwiese auf. In der letzten Augustwoche verliefsen sie alle die Türme der Stadt, angeblich aus dem Grunde, weil darin die Cholera ausgebrochen war. In demselben Jahre herrschte die gefürchtete Seuche auch in München ganz unter denselben Erscheinungen in der Vogelwelt. Die Wiederkehr der Dohlen wurde auch hier von der geängsteten Bevölkerung mit grofser Freude begrüfst und beruhigte viele Gemüter als ein sicheres Anzeichen des Erlöschens der Seuche, was auch eintrat. Während der Cholerazeit 1873 waren die Dohlen aus München abermals verschwunden, kehrten aber gegen Erlöschen der Hauptepidemie des Sommers zurück und blieben während der viel stärker auftretenden Nachepidemie, während Familien und alleinstehenden Personen in die Ortschaften am Fufse des Gebirges und an die Seen flüchteten, in der Hauptstadt und umkreisten lustig schreiend die Frauentürme. Oberingenieur Jul. Müllern berichtet über das nämliche Phänomen während der Choleraepidemie zu Przemysl in Galizien (26. September bis Ende November 1872). Die Dohlen verliefsen etliche Tage vor Ausbruch der Seuche die Stadt und Umgegend und kehrten am 30. November an ihre Wohnstätten zurück, worauf kein neuer Sterbefall mehr vorkam. (Zoologischer Garten 1873. S. 32).

Da sich im Sommer 1818, dem ersten Weinjahre nach 1811, die Dohlen und Staare in Franken in angewachsener Ueberzahl vermehrt hatten und in verschiedenen Gegenden den Feldfrüchten und später zur Weinbeerreifezeit in den Weinbergen grofsen Schaden thaten, so wurden unterm 20. Juli 1818 die Polizeibehörden des damaligen Unter-Mainkreises ermächtigt, für jede Ortsgemarkung, in deren Umfang sich dieses Übel der übergrofsen Menge dieser Vögel zeigte, einige rechtschaffene und verlässige Männer aus der Gemeinde aufzustellen, welche, mit eigenen Polizeikarten versehen, mit Flinten zum Wegschiefsen dieser Vögel umhergehen durften. Auch dem kgl. Fortstpersonal wurde zur verläfsigeren Erreichung einer bedeutenden Verminderung ein besonderes Schufsgeld angewiesen und den Jagdpächtern gegenüber der Wunch ausgesprochen, dafs auch sie sorgfältig hierzu mitwirken möchten.

In der Gegend von Gräfenberg (Ober-, Mittel- und Unterrüsselbach) kamen einst viele Hunderte von Dohlen zur Zeit der

Kirschenreife an, plünderten die Bäume und wurden nur mit vieler Mühe endlich durch fortgesetztes Schiefsen vertrieben.

1872 und 1878 (zwei ausgezeichnete Zwetschgenjahre) thaten sie und in ihrer Gesellschaft Staare in den hiesigen Gärten Schaden an den reifen Zwetschgen. Auch zur Nistzeit im April richten sie an Reineclauden- und Zwetschgenbäumen durch das Auffufsen auf den teilweise schon blühenden, teilweise stark knospenden Trieben, durch Abbrechen derselben zum Nestbau und durch das Schlagen mit den Flügeln während des auf schwankendem Reise vorgenommenen Abbrechens Schaden an.

Einer meiner Freunde zog als hiesiger Lateinschüler eine junge Dohle auf und liefs sie nach ihrem Belieben frei umherfliegen. Grofs geworden, mischte sie sich unter ihre wilden Kameraden, flog aber, wenn ihr Pfleger am Rathause vorüberging und sie rief, sofort auf seinen Arm herab, blieb sitzen, bis er in das Schulgebäude eintrat, kam an das Fenster des Lehrzimmers und klopfte an. Einmal fuhr der junge Mann sehr früh nach einem über zwei Wegstunden entfernten Orte; die Dohle folgte dem Wagen bis an das Reiseziel, verirrte sich aber in der Zeit bis zur Rückkehr und verunglückte wahrscheinlich; denn sie kehrte am Abend nicht zurück und ward nicht mehr gesehen.

Ein Protokoll der Naturhistorischen Gesellschaft Nürnberg aus dem Jahre 1825 enthält folgende Stelle: Eine interessante Verhandlung bot eine am 3. Februar beobachtete ungewöhnlich grofse Ansammlung von Dohlen *(Corvus monedula)* auf der Lorenzer Kirche, deren lärmende Aufführung der ganzen Lorenzer Stadtseite Ärger und Kopfweh verursachte. Hierbei wurde die wichtige Thatsache erörtert, dafs noch vor 70 Jahren diese Dohlen (Dacherle) in Nürnberg eine Seltenheit waren. In der „Anweisung, alle Arten Vögel zu fangen, Nürnberg 1754“, heifst es: „In Regensburg, zu Altenburg, Halle u. a. O. brüten diese Dohlen in grofser Menge; hingegen in der grofsen Stadt Nürnberg und anderen an Situation Regensburg gleichkommenden Orten sind keine oder wenige; ein gewisses Zeichen, dafs diesem Vogel solche Orte wegen des Frostes oder einer andern Ursache die man nicht weifs, ganz unanständig sein müssen.“ Zugleich hob der gut beobachtende Referent Diac. Osterhausen hervor, dafs in den Monaten Juli, August und September fast alle Dohlen Nürnberg verlassen, um auf den entfernten, frisch geackerten Feldern Nahrung zu suchen.

b) Krähen:

107. CORVUS CORONE Lath.

Keyserling u. *Blasius*, Die Wirbeltiere Europas, I. S. 169. n. 153. — Verz. S. XLVI

Naumann, Naturgeschichte der Vögel Deutschlands, II. S 54. Taf. 53. Fig. 2 — XIII. Nachträge S. 203.

Krähe, Krapp, Krack, Krache, Kroha, Krahon, Rab, Mistvogel.

Ganz weiſse, gescheckte, normal gefärbte, mit mehreren weiſsen Schwungfedern in einem oder in beiden Flügeln, braungraue, auch braune mit weiſslichen Flügeln und Exemplare mit Kreuzschnabel-Miſsbildung sind mir teils im Freien, teils in Sammlungen vorgekommen.

Ein gemeiner Stand- und Strichvogel. Krähennester fand ich öfter ganz in der Nähe der menschlischen Wohnungen, auf einem alten Birnbaume meines Hausgartens, einen Büchsenschuſs davon auf hohen alten Eichen, die am Damme des Schloſsgrabens nahe dem alten Schlosse Sommersdorf standen, und in der Zwiesel eines jungen Eichenstammes am dortigen Meiereihofe, etwa 20 Fuſs hoch vom Boden. An letzterem Neste ging der Schaftrieb und ein nicht wenig benutzter Feldweg vorbei und hatte sich das brütende Weibchen so sehr an den Verkehr gewöhnt, daſs es zuletzt auf den Eiern sitzen blieb, wenn Landleute und Fuhrwerke jenseit des schmalen Mühlbaches höchstens zehn bis zwölf Schritt an der Eiche vorbeikamen. So scheu und vorsichtig die Krähe sonst ist, so kann sie doch auch so dreist und übermütig werden, daſs sie ihr Leben auf das Spiel setzt, wie nachstehender Vorfall beweist. Anfang September 1841 besuchten Stiftsverwalter H. von Selb in Oberfranken und Mechanikus H. von Eckersreuth die Eckersreuther Rittergutsjagd mit einem kleinen Dachshunde, den sie beim Durchsuchen gebrauchten. Auf den Feldern sitzende Krähen neckten den Hund, indem sie ihn bis auf einige Schritte anlaufen lieſsen, dann aufstanden, nach kurzem Fluge sich wieder setzten und endlich anfingen, auf ihn zu stoſsen. Die Dreistigkeit einer Krähe ging dabei so weit, sich auf den Hund in der Art zu stürzen, daſs sie von ihm in einem kleinen Sprunge ergriffen werden konnte. Während nun dieser mit dem Erwürgen des vorwitzigen Vogels beschäftigt war, sammelte sich die krächzende Schar in der Luft und erhob ein heftiges Geschrei über den Tod ihres kühnen Gesellen, dabei sich sorgfältig in acht nehmend, dem Hunde, welchen sie zuvor zu verachten schienen zu nahe zu kommen. (Allgem. Forst- und Jagdzeitung von Steph. Behlen, k. bayer. Forstmeister. 11. Jahrgang, S. 199).

Wenn bei Flufsfischereien der Unrat (Krebskraut u. s. w. aus den Schleppnetzen auf Haufen an das Land geworfen wird erscheinen sofort nach dem Weggange der Fischer die Krähen zerwerfen die Haufen wieder und holen die darin steckende Fischbrut, kleine Krebse und anderes heraus. Werden Bachmühlen gestellt, sind die Bäche abgelaufen und viele Fische (*Lota vulgaris, Gobio fluviatilis, Rhodeus amarus, Alburnus lucidus, Leuciscus rutilus, Squalius cephalus et lepusculus, Cobitis barbatula* u. a.) auf das Trockene oder in seichte Lachen geraten, so sind alsbald die auf alle Vorgänge in Feld und Flur aufmerksamen Krähen da und machen sich selbst an ziemlich starke Fische. Bei Überschwemmungen nehmen sie die durch Schwimmen sich rettenden Mäuse in Empfang und töten sie, durchsuchen das angetriebene Uferspülicht nach Käfern aller Art, fangen die in Lachen zurückgelassenen Fische, tragen die auf die Wiesen und Flufsufer hinausgestofsenen Muscheln weg oder öffnen sie an Ort und Stelle mit kräftigen Schnabelhieben hinter die Wirbel und fressen die Schalentiere heraus. Sind im Winter die Flüsse bis auf enge Rinnsale in der Mitte zugefroren, so lauern sie am Rande des Eises oder steigen, nach Frafs spähend, umher, machen einen kurzen Flug über das Wasser, flattern über demselben, hacken emsig im durchsichtigen Eise nach einem eingefrorenen Fischlein oder gröfseren Wasserkäfer, fahren nach eingetretenem Eisstofs auf Eisschollen lange Strecken flufsabwärts, um etwas Geniefsbares zu erspähen, kommen bei grofser Kälte vor die Scheuern, in denen gedroschen, bis an die Haustennen, wo zahmes Geflügel gefüttert wird, auf die Plätze, wo Schweine gestochen und gesengt, und auf die Dungstätten, wohin bei dem Schlachten die Abgänge geschüttet werden. Im Winter 1879/80 fand ich unter den hohen Linden und Kastanien der Allee am hiesigen Bahnhofe massenhaft viele Gewölle, die gröfstenteils aus Schweinsborsten bestanden und seltene Reste von Feld-, Wald- und Hausmäusen (*Arvicola arvalis, Mus sylvaticus et musculus*) und einzelne Maulwurfsknochen bargen. Die Borsten waren auf den Düngerstätten von Dorf und Stadt aufgelesen, wohin sie mit den daran klebenden abgeschabten Hautteilen der Schlachttiere, deren Darminhalt und anderen

Abfall geworfen worden waren. Mehrere Gewölle bestanden aus Borsten und Knochenringen von Luftröhren geschlachteter Gänse. Dafs sich die Krähen in Mäusejahren durch Vertilgung vieler Feldmäuse nützlich machen und auch sonst vieles schädliche Gewürm, Engerlinge u. dgl. verzehren, ist bekannt genug; der Schaden, den sie anrichten, ist aber auch nicht zu unterschätzen. Leu sah einst im Winter eine Kette Rebhühner von zwölf Krähen verfolgt; eines wurde herabgestofsen, die andern entkamen. Das arme Huhn raffte sich noch einmal auf, um zu entfliehen, wurde aber von seinen Verfolgern eingeholt, nochmals zu Boden gebracht und mit den Schnäbeln bearbeitet, bis es liegen blieb und zerrissen und verzehrt wurde. Ein anderes Mal war er Zeuge, wie eine Krähe auf einer Wiese vor dem Siebentischwald einen Ämmerling verfolgte. Dieser flog, so schnell er vermochte, aber die Krähe holte ihn zu mehreren Malen ein, bis er, durch rasche Wendungen immer wieder einen kurzen Vorsprung gewinnend, endlich eine Pappelallee erreichte, in deren dichtem Gezweige er, es war höchste Zeit, seiner Verfolgerin entkam. Ein anderer meiner Bekannten sah eine Krähe einen Wasserstaar *(Cinclus aquaticus)* fangen, den sie vom Wasser ab in das freie Feld trieb und so lange verfolgte, bis er ermattet niederfiel. Die jungen, noch im Neste hockenden Staare zieht sie aus den natürlichen Niststätten wie aus den Kobeln hervor, fängt die Abflüglinge, raubt frisch gesetzte junge Hasen, wobei die alte Häsin ihre Kinder durch mutiges Anspringen nach der Räuberin und durch Schlagen mit den Vorderfüfsen verteidigt, und ist in höchstem Grade lüstern nach Vogeleiern. In grofsen Weiherländereien ist zur Brutzeit unter Kiebitzen und Seeschwalben immer grofse Aufregung, sobald eine Krähe sich zeigt; ohrenbetäubendes Geschrei aller dieser Schreihälse ertönt, bis es den vereinten Bemühungen gelungen ist, den Störenfried über die Grenzen des Gebietes zu jagen, und doch kann man bei jedem Gange über die Weiherdämme zahlreiche Schalenreste ausgetrunkener Eier von Rotschenkeln, Kiebitzen, schwarzen Seeschwalben, Blessen, grünfüfsigen Rohrhühnern, kleinen Steifsfüfsen und Knäkenten auffinden. In Reiherständen benutzt die verschmitzte Krähe jeden Augenblick, wo durch irgend eine Störung das brütende Reiherweibchen den Horst verlassen mufs, um Eier aus demselben wegzutragen oder den jungen Reihern Speiseüberreste zu stehlen. Erfüllt solch ein Anblick den Beobachter mit Widerwillen gegen dieses schwarze Diebsgesindel, so sieht man der Geduld mit Vergnügen zu, mit welcher die Krähe eine Walnufs oder eine Muschel durch oft wiederholtes Tragen in die Lüfte und durch Fallenlassen auf den Boden zu zerbrechen sucht, um zu dem leckeren Inhalte zu gelangen.

In den Mägen erlegter fand ich aufser dem über ihren Speisezettel bereits Mitgeteilten noch Getreidekörner (Gerste, Hafer), Äpfelstücke, Eicheln, Ebereschbeeren, allerlei Insekten, Ohrwürmer, Lauf-, Dung-, Rofs- und Rüsselkäfer (*Hylobius abietis* u. a.), sammetschwarze Cantharidenlarven, die sie im Spätherbst bei schon eingetretenem Frost und leichtem Schnee auf Strafsen und Vizinalwegen fleifsig aufzulesen pflegt, und als Zerreibungsmittel zur Beförderung der Verdauung im Winter Stücke von Schneckengehäusen *(Helix nemoralis)*, Backsteinstückchen bis zur Gröfse von Meiseneiern und kleine Porzellanscherben, weifse und bemalte. Ob es zufällig ist, dafs letztere Gegenstände fast alle buntfarbig waren, bleibt dahingestellt.

108. CORVUS CORNIX L.

Keyserling u. *Blasius*, Die Wirbeltiere Europas, I. S. 169. n. 154. — Verz. S. XLVI.

Naumann, Naturgeschichte der Vögel Deutschlands, II. S. 65. Taf. 54.

Nebelkrähe, Nebelrabe, graue Krähe, grauer Rabe, Graukrack, Österreicher.

Ob die Nebelkrähe die nordische Form der gemeinen schwarzen Krähe oder eine selbständige gute Art, konnte bis jetzt nicht aufgeklärt werden.

Leu erhielt ein altes Weibchen, deren normal langer Oberschnabel um ein Viertel kürzer als der hypertrophisch entartete Unterschnabel ist.

Sie kommt zu uns selten schon Ende (24.) September und gegen die Mitte Oktober (11.), gewöhnlich erst im November, und verläfst uns wieder im März, spätestens in der ersten Aprilwoche, bleibt aber ausnahmsweise auch den Sommer über bei uns und brütet im Fichtelgebirge sogar nicht selten, und zwar verpaart mit der schwarzen Krähe. Im Steigerwalde wurde sie ebenfalls, doch ganz vereinzelt, im Hochsommer, und in der Oberpfalz von Koch im Jahre 1815 den ganzen Sommer hindurch in drei Paaren bei Schwaighausen, Schönleithen und Leonberg, immer ein graues und ein schwarzes Exemplar beisammen, angetroffen, ohne dafs jedoch die Nester ausfindig gemacht werden konnten. Wagler schofs nicht weit von Nürnberg Ende Juni auf einen Schufs eine männliche *Cornix* und eine weibliche *Corone* beim Nest, und bei Hersbruck, im Sulzgau bei Pyrbaum und. endlich bei Regensburg wurden zuweilen gemischte Paare bemerkt. Ich selbst sah einzelne Nebelkrähen bei Ansbach und im südlichen Oberfranken bei Neuhaus-Höchstadt a. A. in den Sommermonaten Mai bis Ende Juli. Um Würzburg und in ganz Unterfranken bis an das Hessische hat sie Winckell während eines achtjährigen Aufenthaltes nie bemerkt.

109. CORVUS CORAX L.

Keyserling u. *Blasius*, Die Wirbeltiere Europas, I. S. 169. n. 155. — Verz. S. XLVI.

Naumann, Naturgeschichte der Vögel Deutschlands, II. S. 43. Taf 53 Fig. 1. — XIII. Nachträge S. 202.

Gold-, Kolk-, Kohl-, Aasrabe, grofser Rabe.

In den grofsen Waldungen des Flachlandes, der Hügelregion und des Hochgebirges ein sparsam, doch allgemein verbreiteter Stand- und Strichvogel, jedes Paar in grofsen Entfernungen vom andern wohnend, in vielen Gegenden nur auf dem Striche eine sehr seltene Erscheinung. Im Winter kommt er bei Fallmeistereien auf das Luder. Im Reiherstande des Schufsbachs, Stadtwaldes von Windsheim, horstet ein Kolkrabenpaar, welches in einem der letzten Frühjahre, als der Wald durch Vornahme einer Holzabpostung beunruhigt war, und die brütenden Reiherweibchen ihre Horste verlassen hatten, in kurzer Zeit vier Eier wegtrug. Aus den Mägen erlegter schnitt ich Reste von Feldhasen, eine Wanderratte und Schalenstücke von Reihereiern. Als Brutvogel verschwindet er mit den alten Holzbeständen aus manchen Gegenden gänzlich und wird auch sonst als der niederen Jagd sehr schädlich nicht geduldet. Früher nistete er auch auf dem Schenkenturm bei Würzburg. In den fünfziger Jahren sah man einen gezähmten, sehr verständigen Vogel dieser Art auf dem Markte in Würzburg sich herumtreiben, der allgemeinen Schutz genofs und unter dem Namen »Polizei-Krak« bekannt war, da er nachts im Polizeihof seine Schlafstätte hatte. Gegen Angriffe von Strafsenhunden wufste er sich sehr gut zu wehren (Dr. Leydig).

110. CORVUS FRUGILEGUS L.

Keyserling u. *Blasius*, Die Wirbeltiere Europas, I. S. 169 n. 156. — Verz. S. XLVI.
Naumann, Naturgeschichte der Vögel Deutschlands, II. S. 78. Taf. 55. — XIII. Nachträge. S. 203.

Saat-, Wurmkrähe, Nacktschnabel.

Büchele in Memmingen erhielt eine Saatkrähe mit Kreuzschnabel, die nur dadurch Nahrung aufzunehmen im stande war, dafs sie den Kopf seitwärts bis auf den Boden drehte und mit dem hintersten Teile der beiden Kinnladen packte. Der Oberschnabel war der Krümmung nach gemessen 6,5 cm, der Unterkiefer 9,2 cm lang und ragte letzterer 3,1 cm über die Spitze des Oberschnabels hinaus.

In manchen Gegenden in grofsen Kolonien brütend, findet sie sich in weiten Landstrichen entweder nur auf dem Striche oder auf dem Zuge. Die bei uns den Sommer hinbrachten, ziehen im Herbst, Ende Oktober gewöhnlich, in grofsen Heerhaufen bei prachtvollem Wetter himmelhoch unter lautem Geschrei und öftere Kreise beschreibend, Schar auf Schar von Ost nach West oder Südwest fort und kommen Ende Februar bis Mitte März, von West nach Ost und Nordost streichend, wieder zurück. Die grofse Höhe, in welcher solche Scharen fliegen, benimmt dem vielhundertstimmigen Gekrächz der Saatkrähen viel von seiner Rauheit und hören sich die verschiedenen Soprane und Bässe, untermischt mit dem hellen Ruf der Reisegesellschaft leistenden Dohlen gar nicht übel an. Die bei uns in Scharen überwinternden Saatkrähen sind wohl alle nordische Zuzügler, die uns im Frühjahr wieder verlassen.

Ihre Wohnplätze, insgemein Krähenhölzchen genannt, sind durch den Forstbetrieb vielfachem Wechsel unterworfen. Zu markgräflichen Zeiten waren die Rügen, so nannte man sie im Ansbachschen, im Mönchswalde bei Lindenbühl sehr häufig, und wurden alljährlich zur Zeit des bevorstehenden Abfliegens der Jungen grofse Jagden abgehalten. Auf manchen Fohren standen 15 bis 20 Nester, und wurden an einem Tage 200 bis 300 Junge geschossen, welche von armen Leuten, nachdem sie den Vögeln die Haut abgezogen, in Essig gebeizt und begierig verspeist wurden. Durch Holzfällung von dort vertrieben, siedelten sie sich in einem den Freiherren Schenk von Geyern zu Syburg gehörigen, auch schon längst niedergeschlagenen und in Felder verwandelten Holze bei Grofsenried (Herrieden) an und erhielten dort von den Bewohnern, welche die Vögel in dem bei Syburg heute noch vorhandenen, aber wegen des Holzhiebs von Jahr zu Jahr abnehmenden Krähenholze kennen lernten, den Namen »Syburger«, eine Bezeichnung, welche noch jetzt älteren Männern gebräuchlich ist. Gegenwärtig brüten sie in Feldhölzern am Bahnhofe Triefsdorf und im nahen Espachhölzchen bei Weidenbach, von wo ich ihr wüstes Geschrei an hellen Morgen bei Ostwind auf eine viertelstündige Entfernung bis herauf nach Sommersdorf vernehmen konnte. Es würde zu weit führen, alle mir bekannt gewordenen Örtlichkeiten Frankens, Schwabens und Altbayerns anzuführen, wo die Saatkrähen in den langen Jahren meiner Beobachtungen genistet haben und noch nisten; doch will ich anführen, dafs ich Krähenhölzchen in Unterfranken (Mainbernheim und Marktsteft), in Mittelfranken in der Gegend von Uffenheim (Seenheim), bei Rothenburg o. d. T. (Mörlbach), bei Wassertrüdingen, Weifsenburg (Thalmessingen) und in Schwaben (Wemding) besucht habe. In der Gegend von Nürnberg war eine Brutkolonie auf den höchsten Fohren im Layer Wäldchen bei Fürth, woselbst Wolf in den Jahren 1799 und 1800 Junge und Alte schofs. Auch Wagler erwähnt in den 30er Jahren ihr Nisten bei Nürnberg und dafs er dort Saatkrähen zu jeder Jahreszeit geschossen habe. Jetzt fehlt sie jener ganzen Gegend im Sommer gänzlich.

Sobald die Heuernte vollendet ist, kommen im letzten Drittel des Juni grofse Scharen auf die Aischwiesen, wo ihnen in einer Unzahl von Heuschrecken und Käfern, denen sie jetzt erst nachstellen können, eine reiche Tafel bereitet ist. So lange die Wiesengräser noch hoch auf dem Halme stehen, ist für sie die Kerbtierjagd noch nicht offen. In der Getreide-, namentlich in der Weizen- und Dinkelernte fallen sie schon auf das Geschnittene, nicht um der Körner, sondern ebenfalls um der Insekten, Säbelheuschrecken, Nacktschnecken und Regenwürmer willen. In den oberen Altmühlgegenden bedeckten sie zu dieser Zeit in Scharen zu Tausenden, mit Dohlen untermischt, die Felder, kehrten spät am Abend in die Krähenhölzer bei Triefsdorf-Weidenbach, in den Hirschpark daselbst und in den Mönchswald zurück und zogen am frühen Morgen, regelmäfsig dieselbe Luftstrafse einhaltend, thalaufwärts am Pfarrhause zu Sommersdorf vorbei.

Wegen des vermeintlich höchst bedeutenden Schadens, den die Saatkrähen und ihre gemeinen Artverwandten und Elstern am Feldbau und der niederen Jagd anrichten sollten, mufste im ehemaligen Fürstentum Ansbach jeder Oberförster oder Wildmeister jährlich 100 Paar Krähenfänge und jeder Streifer oder Grenzschütze jährlich 50 Paar unentgeltlich liefern. Was an dieser Zahl etwa fehlte, wurde dem Betreffenden an seinem Pürschgelde abgezogen. Statt drei Paar Krähenfänge durfte ein Paar grofse Raubvögelfänge geliefert werden. Manche Förster lieferten aufser ihrem unentgeltlichen Deputat noch 3- bis 400 Paare à 2 1/2 Kreuzer ab. Wie erwünscht mögen damals den Förstern die Krähenkolonien in ihren Waldungen gewesen sein! Noch in neuerer Zeit liefs ein Forstbeamter meiner Bekanntschaft in einem Jahre 750 Junge aus den Nestern nehmen und erhielt 25 Gulden Prämie für die eingelieferten Fänge.

In den Mägen vieler erlegter fand ich nur im Spätherbst spärliche Mäusereste, sonst nur Getreidekörner, Hanf, Obst (Cornelkirschen) und in vielen Hunderten von Sommergewöllen nur Käferpanzer und sonstige Insektenreste, nie einen Vogel oder jungen Hasen. Ein von den Überschwemmungen der Altmühl nie erreichter Wiesenkomplex, der wegen seiner Trockenheit von den Mäusen sehr gesucht war, der sogenannte Mäusebuck zwischen Sommersdorf und Thann, war einst, wie die Landleute behaupteten, von den Saatkrähen ganz verwüstet worden. Die Grasnarbe war grofsenteils vertrocknet, so dafs man die dürren Stäudchen als Streu zusammenrechen konnte. Die Erbitterung gegen die Krähen war deshalb grofs; denn täglich sah man die Racker auf der Wiese mit dem Ausziehen der Grasstauden, mit Hacken und Bohren beschäftigt. Da führte ich eines Tages die männliche Schuljugend auf die verwüstete Stätte, liefs sie ebenfalls Grasstauden auf absterbenden Stellen ausziehen und einige Quadratfufs Wiesenlandes durchwühlen, sammelte die in staunenswerter Menge vorgefundenen Engerlinge und belehrte sie über die heimlichen Feinde des dürren Mäusebucks und über das nützliche Wirken der Krähen. Leider nutzen solche Belehrungen wenig oder nichts. Naumann fand in seiner Krähenkolonie im eigenen Walde, wo 1846 ca. 2300 Junge erlegt werden konnten, ein Rebhühnernest am Stamme eines mit mehr als einem halben Dutzend Nestern besetzten Baumes; ein anderes Mal auf ähnlichem Standorte im Gesträuche das Nest der Mönchgrasmücke, und kamen die Hühner wie die Grasmücken ungestört und glücklich auf. Die Saatkrähe ist der Nichtsnutz nicht, als der sie aus Unkenntnis unter den Landwirten ausgeschrieen ist; für die Jagd vollends ist sie unschädlich, und könnte die Feldjagd bei Arberg-Triefsdorf unmöglich zu den besten des mittelfränkischen Kreises gehören, wie dies thatsächlich der Fall ist, wenn die dort Jahr aus Jahr ein höchst gemeinen Saatkrähen gefährliche Feinde der Rebhühner und Feldhasen wären. Dafs sie im Frühjahre, wo es ihnen an Käfern und Gewürm noch mangelt, Schaden an den besamten Feldern anrichten, will nicht in Abrede gestellt werden.

Genus 48. Pyrrhocorax Cuv.

111. PYRRHOCORAX ALPINUS Vieill.

Keyserling u. *Blasius*, Die Wirbeltiere Europas, I. S. 170. n. 157. — Verz. S. XLVI.

Naumann, Naturgeschichte der Vögel Deutschlands, II. S. 107. Taf. 57. Fig. 1. — XIII. Nachtr S. 211. — Fortsetzung der Nachtr. S. 41.

Bergrabe, Berghäher.

Er bewohnt gesellschaftlich die höchsten Felsen des bayerischen Hochgebirges in dessen ganzer Ausdehnung von Immenstadt bis Berchtesgaden als ein sehr gemeiner Stand- und Strichvogel. Seine Sommerwohnplätze verläfst er nur im Winter und kommt dann in die Thäler und Ebenen herab, kehrt aber am Abend jedesmal wieder in die Berge zurück.

Nach Altum erstreckt sich der Verbreitungsbezirk der Steinkrähe *(Fregilus graculus L.)* im Norden als Brutvogel sogar bis Oberbayern. Dort kennt sie nach seiner Versicherung jeder, namentlich von ihrem Aufenthalte im Winter auf Äckern und Wiesen der Thäler. Sie soll weniger gesellig sein als die Alpendohle, doch habe er einen Schwarm von 15 bis 18 Stücken gesehen. Will man dem alten Gefsner Glauben schenken, so haben allerdings zu dessen Zeit die Steinkrähen in Bayern gewohnt, weil er anführt, dafs man sie daselbst »Steintahen« (Steindohlen) nennt. Prof. Dr Wolf und Kreisforstrat Koch führen sie, der eine 1810, der andere 1816, als eine Bewohnerin der höchsten bayerischen Alpen auf. Nach dem Rückfall Tirols an Österreich wurde aber Koch ungewifs, ob sie noch als bayerischer Vogel angesehen werden könne. Sie ist jedoch schon in Nordtirol selten und fehlte der ornithologischen Sammlung in Innsbruck noch im Jahre 1855. Auch kennt sie v. Tschusi nicht als Bewohnerin der Salzburger Alpen.[1]) Die bayerischen

[1]) Auf Altums Angabe, dafs er dort auf dem Schafberge einen Schwarm von 15 bis 18 Stück Steindohlen sah, ist gar kein Gewicht zu legen. Es waren krähenartige Vögel, die ihm als »Alpenkrähen« bezeichnet wurden, nichts weiter als Alpendohlen. J.

Naturforscher Schrank, Wagler und A. Wagner haben sie in unseren Hochlanden nie gesehen und konnten auch nicht einen sicher verbürgten Fall ihres Vorkommens erfahren. Am Bodensee soll sie zwar schon als verirrter Schweizer Vogel hin und wieder wenigstens im württembergischen Landanteil des Seegebietes sich gezeigt und nach Mitteilungen eines Tierausstopfers an Landbeck im Winter 1845/46 bei München erlegt worden sein, allein diese Angaben sind sehr suspekt. Leu hat die Steinkrähe in langen Jahren weder aus Oberbayern noch aus Oberschwaben erhalten, und jener Vogel, den nach Altum jedermann im oberbayerischen Gebirge kennt, ist ganz bestimmt nicht die Steinkrähe, sondern die gemeine Alpendohle. Erstere ist daher, bis bessere Nachweise ihres wirklichen Vorkommens erbracht werden, aus der Liste der bayerischen Vögel zu streichen.

13. Familie: Sänger.

Erste Gruppe: Staare.

Genus 49. Sturnus L.

112. STURNUS VULGARIS L.

Keyserling u. *Blasius*, Die Wirbeltiere Europas, I. S. 170. n. 159 — Verz. S. XLVI.

Naumann, Naturgeschichte der Vögel Deutschlands, II. S. 187. Taf. 62. — II. Zusätze S. 994. — XIII. Nachträge S. 225.

Ganz weifse, gescheckte, mit weifsen Flügeln und Schwanzfedern bei sonst normaler Färbung versehene, silbergraue und sehr hell fahlgraue Staare wurden da und dort erlegt und stehen in vaterländischen Sammlungen.

In Laub- und Nadelwaldungen mit alten hohlen Bäumen und in Städten und Dörfern, wo ihnen Nisthäuschen, Kobel, an Häusern und auf Bäumen angebracht sind, ganz gemeine Zugvögel. Sie ziehen Ende Oktober und Anfang November von uns fort und kommen Anfang bis Ende Februar, je nachdem früher oder später allgemeines Tauwetter eintritt, auch noch Anfang März, sehr selten schon in der zweiten Hälfte des Januar wieder zu uns. Einzelne oder kleine Flüge überwintern auch, selbst bei viel Schnee und starker Kälte, wie ich dies im südlichen Oberfranken, bei Nürnberg und Ansbach beobachtet habe. Wo viele Brunnenflüsse sind, die nicht zufrieren, bringen bringen sie sich alsdann recht erträglich durch die rauhe Jahreszeit und kann man sie auch bei ungestümer Witterung meist bei auffallender Munterkeit antreffen, sogar an schönen Wintertagen sie auf Häusergiebeln ihren Gesang anstimmen hören; verweht ihnen aber starkes Schneetreiben bei heftiger Kälte auch ihre letzten Nahrungsquellen auf kürzere oder längere Zeit, so flüchten sie in offene Taubenschläge und nicht wenige verhungern. Aufser in Kobeln brüten sie in passenden Löchern von Giebelmauern hoher Häuser, in Löchern an Türmen, Schlössern und Riegelwänden von Scheuern, in faulen Balkenköpfen und in Dachrinnen wie die Sperlinge. Ein Paar nistete in meinem Taubenschlage oberhalb des Fallers, so dafs ich ihn nicht mehr schliefsen durfte, ohne das Staarennest zu gefährden, ein zweites in dem bei der Kohlmeise erwähnten Schutzhäuschen des Blitzableiters in meinem Garten, ein drittes ebenda in der Höhlung einer am Bache stehenden Eiche einen Fufs hoch über der Erde. Sie sollen, ehe sie einen Kobel beziehen, die Fluglöcher mit ihren Schnäbeln auszirkeln, ob sie die angemessene Weite haben, was recht artig lautet, aber nicht wahr ist. Sie untersuchen allerdings diese Eingänge, aber nicht mit dem Schnabel, sondern mit dem ganzen Leibe, und nehmen einen Kobel an, wenn das Flugloch nicht zu eng und namentlich, wenn es nicht zu weit ist.

In meinen Gärten bemerkte ich öfter, dafs die Staare gefüllte Leberblümchen und Hyazinthenblüten, Blütenbüschel von Reineclaude-Bäumen, Blätter von Birnbäumen und allerlei Grünes abrissen und in die Kobel trugen. Es geschah dies einmal am 9. April zur Zeit des Nestbaues, dann Anfang und Mitte Mai, wo die Weibchen brüteten und beziehungsweise Junge im Neste safsen, und endlich am 29. Mai, an welchem Tage ein Staarenmännchen, dessen Junge wenige Tage zuvor ausgeflogen waren, von einer Geraniengruppe Blätter abrifs und in die verlassene Brutstätte trug. Von dem Blumenbeete verscheucht, holte er junges Laub von einem Apfelbaum und trug es zu Nest. Über diese mir neue Gepflogenheit des Staars berichtet der Realienlehrer Schuster in der Zeitschrift »Gefiederte Welt« von Dr. Rufs V. Jahrgang S. 421, dafs er in einem Städtchen Oberhessens Staare Pflänzchen, Blätter und Blüten zu Nest tragen sah. Er habe die zu leichtem Abhängen hergerichteten Kästen abgenommen, und gefunden, dafs die Jungen im Grünen gebettet lagen, und könne die Absicht des Pflanzen-Eintragens nur die gewesen sein, den heifslagernden Jungen Kühlung zu bereiten. Seine vier Staarenfamilien hätten offenbar zu diesem Zwecke einen grofsen Goldregenbaum *(Cytisus laburnum)* vollständig seiner Blütenpracht beraubt. Kaum habe ein Pflänzchen im Garten aus der Erde hervorgeguckt, so wanderte es auch schon in das Nest der Staare. Nach meinen Beobachtungen erschien mir die Schustersche Erklärung plausibel (Zoologischer Garten 1879 S. 233 ff.). H. Schacht in Feldrom hat hierauf in einem in der eben genannten Zeitschrift (1879. S. 379) veröffentlichten Artikel die Priorität für die von ihm bereits 1871 veröffentlichte Beobachtung reklamiert, dafs der Staar sein Brautgemach mit Primeln ausschmücke; nie aber habe er beobachtet, dafs diese Vögel zu ihren brütenden Weibchen Blüten und Grünes in die Kobel getragen oder ihren Kindern damit ein kühlendes Lager bereitet hätten. Die alten Männchen, die alleinigen Baumeister von 25 bis 30 Paaren an und in seinem Hause jährlich nistender Staare, suchen nach seinem Bericht das Baumaterial immer in nächster Nähe auf und verwüsten die unter seinem Fenster gelegenen Blumenbeete oft gänzlich. Alle frühen Blumen, wie Primeln, Aurikeln, Stiefmütterchen, Grasnelken, Gänseblümchen u. s. w. werden abgerissen und zu Nest getragen. Selbst die Blüten des Traubenholunders, Zweige von Thuja, Apfelblüten, grünes Gras und Laub werden neben Stroh, Queckenwurzeln, anderen dürren Stoffen und Federn benutzt, so dafs das fertige Nest wohl einiges welkes Grünzeug enthält, sonst aber nur aus dürrem Material besteht. Ein im Frühjahr 1879 untersuchtes fertiges Nest bestand zu drei Vierteilen aus trockenem Stroh und Queckengras, zu einem Vierteil aus Apfelblättern und Knospen, kleinen Zweigen von Thuja, grünen Baumflechten, Blüten von Vergifsmeinnicht, Grasnelken, Kälberkropf, Traubenholunder und Blättern von Ebereschen und Sauerklee. Wenn das Weibchen erst dem Brutgeschäft obliegt, wird kein Grünzeug mehr in das Nest getragen. In den ersten Tagen des Brütens kommt wohl einmal (also doch!) der aufgeregte Vater herbei, beifst sich ein Blatt oder eine Blüte vom Baume und steuert damit dem Neste zu; später aber wird auch dieses Treiben eingestellt. Sitzen erst Junge im Neste, dann sind die Alten nur auf Nahrung und Reinlichkeit bedacht. Ich habe die Blumenliebhaberei des Staars nur als sehr seltene Ausnahme wahrgenommen, nach Schacht scheint sie dem ganzen Geschlechte eigen und etwas Gewöhnliches zu sein. Schuster hat für das ihm auffällige Vorkommnis eine Erklärung gesucht, die sich hören liefs, und einem so klugen Tiere, wie der Staar, wahrscheinlich nicht zu viel Erfindungsgeist zugetraut. Schacht hätte wohl besser gethan, wenn er statt seines Spottes über den Schusterschen Kühlungsapparat angegeben hätte, was nach seiner Meinung der Grund der auch nach ihm zur Brütezeit bethätigten Liebhaberei sein möchte. Denn irgend welchen Grund wird ja wohl der Staar, irgend welchen der Wespenbussard haben, wenn er täglich frisches Buchenlaub in den Horst trägt, irgend welchen der Grauwürger, wenn er sein Nest mit Stengeln wohlriechender Kräuter baut. Bei Grofsenhain wird die zweite Staarenbrut »Laubstaar« genannt, da die Vögel hierbei ihr Nest mit grünem Laub und Blüten auslegen (Dr. Cabanis, Journal für Ornithologie 1878. S. 401.)

Schuster beobachtete ferner, dafs seine vier Staarenpaare ihren Jungen nicht blofs Schnecken, Käfer, Raupen und anderes, sondern auch junge Vögel, Buch- und Distelfinken, Rotschwänzchen u. s. w. zuschleppten, und sah mehrmals Kämpfen zwischen Staaren und den eben genannten Vögeln zu, wobei immer die letzteren den kürzeren zogen, wenn er nicht helfend einschritt. Auch die Gebrüder Müller, der Oberförster Adolph und der Pfarrer Carl haben Räubereien bei unserem Staar an kahlen Nestlingen des Hausrotschwanzes wahrgenommen, und im Juni 1879 beschuldigte ein oberfränkisches Lokalblatt die Staare, dafs sie zarte nackte Junge von Stieglitzen, Finken, Spöttern, Grasmücken, Fliegenschnäppern und Rotschwänzchen ihren eigenen Jungen zur Fütterung rauben, und schlofs mit dem Verdikte: Fort mit diesen Räubern! Schacht hat gleich mir ähnliches noch nicht gesehen und nur ein einziges Mal ein nacktes totes Vögelchen, anscheinend einen Wiesenschwätzer, das am Halse verwundet war, auf einem Gartenbeet unterhalb seiner Staarenkästen gefunden. Die Sache ist aber in Richtigkeit; nur haben wir beide noch nichts mit eigenen Augen davon wahrgenommen und dürfen deshalb nicht verlangen, dafs sie, um Thatsache zu werden, erst von uns müsse gesehen und bestätigt werden. Leu in Augsburg, ein feiner Kenner und Beobachter des Tierlebens, sah in den Jahren 1859, 1865 und 1866 vier an seinem Hause und Turme brütende Staarenpaare im letzten Drittel des Mai ihre Jungen mit grofsen und kleinen Blindschleichen füttern und fand diese Reptilien teils in den Kobeln, teils unter denselben auf der Erde liegend. Die jungen Schleichen wurden fast ganz verschluckt, die grofsen so lange herumgezerrt, bis sie in Trümmern waren, wobei manche Stücke herabfielen. Am 20. April 1867 schleppten die alten Staare sogar eine Eidechse in das Nest. Wahrscheinlich greifen sie im Frühjahre, wenn die Familie gesteigerte Anforderungen an sie stellt, und in futterarmer Zeit bei knapper Maikäfer- und anderer Insektennahrung es ihnen schwer werden mufs, ihren Jungen die Mäuler und Mägen zu stopfen, im Notfalle nach allem, was ein gewürmartiges Ansehen hat, nach Schleichen und nackten, noch blinden jungen Vögeln. Ein »Fort mit diesen Räubern« ist deshalb nicht gerechtfertigt; der Staar ist und bleibt einer unserer allernützlichsten Vögel und verdient die sorgsamste Hege und Pflege. Um der Geschmacksverirrung einzelner in Notlage befindlicher Individuen oder Paare willen darf das Urteil der Vernichtung nicht über das ganze, sonst des besten Leumundes sich erfreuende Geschlecht ausgesprochen werden.

Am 9. Juli 1876 bemerkte Bp. in einem jungen Fohrenbestande des Reviers Schleifsheim in Oberbayern, welches gegen Westen an das Dachauer Moos angrenzt, die grofse Kiefernraupe *(Bombyx pini)* vorzugsweise im Raupen- und Puppenzustande so zahlreich, dafs er sofort die genaue Revision der sämtlichen Fohrenbestände, sowie die entsprechenden Vertilgungsmafsregeln anzuordnen veranlafst war. Aber schon nach einigen Tagen bekam er die dienstliche Anzeige, dafs Staare, deren Junge bereits die Brutstätte verlassen hatten und, in Schwärmen abends von allen Seiten herstreichend, in den Schilfpartien des Dachauer Mooses übernachteten, sich nach Tausenden in dem angegriffenen Bestande eingefunden hätten, wo sie während ca 6 bis 8 Tagen ständig verblieben, bis alles, was von jenem Insekt in den verschiedenen Verwandlungsformen vorhanden, aufgezehrt worden war. Interessant war hierbei der Umstand, dafs nur sehr wenige Staare ihren Flug über den Forst zum Moore nahmen, weil in dieser Richtung die Gegend wenig bevölkert und auch von Staaren wenig besucht ist, dafs aber diese wenigen ihre Beobachtung an die grofse Gesellschaft im Moore mitteilten und sie zu diesem Leckermahle heranzogen. (Allgem. Forst- und Jagdzeitung von Prof. Dr. Gustav Heyer. 1876. S. 364.)

An den Kirschen, Amarellen und Weichseln und im Herbst an den Zwetschgen und reifenden Trauben der Weinberge thun sie grofsen Schaden, wenn sie nicht durch Hüter und Schreckschüsse abgehalten werden.

Sie besitzen eine merkwürdige Gabe, die Locktöne solcher Tiere nachzuahmen, mit denen sie im Walde, auf Wiesen, Äckern, in Weiherländereien und in Dorf und Stadt nachbarlich verkehren, oft so vorzüglich, daſs Kenner getäuscht werden können. Sogar das häſsliche Chriiiiii der Schleiereule ahmten die an meinem Hause brütenden Staare im Frühling 1873 nach, lieſsen es aber in den nächsten Jahren nicht mehr hören.

An Helminthen fand ich in erlegten *Ascaris crenata*, auf jungen, noch nackten Nestlingen, die in einem vom Sturme herabgeschleuderten Kobel verunglückt waren, eine groſse Anzahl kleiner Zecken.

Genus 50: Merula Briss.

113. MERULA ROSEA Briss.

Keyserling u. *Blasius*, Die Wirbeltiere Europas, I. S. 170 n. 160. — Verz. S. XLVII.

Naumann, Naturgeschichte der Vögel Deutschlands, II. S. 206. Taf. 63. — VI. S. 41. — XIII. Nachträge. S. 235.

Ein sehr seltener Gast aus dem Südosten. Am 7. Juni 1794 wurde zu Frickenhausen in Schwaben aus einem von Südwest nach Nordost von einem Kirschbaum zum andern gehenden Fluge von sieben bis neun Stück ein ausgefärbtes Männchen geschossen und noch lebend dem Pfarrer Samuel v. Wachter daselbst überbracht. Es war so leicht verwundet, daſs die Verletzung geheilt, und der Vogel zehn Jahre im Käfig erhalten werden konnte. Aus den Notizen, welche Gottlob Tobias Wilhelm, 4. Diakon bei den Barfüſsern in Augsburg, im II. Teil seiner Unterhaltungen aus der Naturgeschichte 1795 gibt, ist die interessanteste diese, daſs der Besitzer nach Beendigung der Mauserzeit die innere Magenhaut des Rosenstaars im Gebauer liegend fand. Die Häutung hatte auf den Gesang, den Appetit und die Munterkeit des Vogels keinen Einfluſs. Am 29. Juni 1832 wurde ein altes Männchen in einem Garten der Plattners-Anlage nahe an Nürnberg erlegt, wo es mit Staaren herumflog. Es war auſserordentlich fett und gar nicht scheu, daher leicht mit der Flinte zu erlegen. Im Magen desselben befanden sich Pflanzenreste, ein Kirschkern und Käfer, unter welchen eine *Amara*, ein *Platysma* und eine *Silpha reticulata* zu erkennen waren (Dr. Sturmsche Sammlung). Bei Zell in der Nähe von Schweinfurt wurde im September 1853 ein ziemlich altes Männchen

(Dr. C. Stölker) und am 7. Oktober 1853 in der Gegend von Fürth bei Nürnberg ein altes Männchen auf einem Holunderbusch in der Zirndorfer Mühle geschossen. Der Vogel hatte sich schon am 25. September durch sein wiederholtes lautes Schreien in den Laubkronen der Erlen am nahen Biebertflüſschen bemerklich gemacht und sich dann täglich auf den hohen Bäumen des Obstgartens am Mühlgute, bald auf dem groſsen Holzstoſse im Hofraum, bald auf dem Holunderstrauche umhergetrieben. Es waren ihm die Schwungfedern des rechten Flügels ziemlich stark, weniger die des linken verstutzt; gleichwohl flog er gut und ziemlich schnell. Gefieder, Schwanz und Füſse zeigten keine Spur von Gefangenschaft, aus welcher der schöne Fremdling entkommen war. Als ich ihn erhielt, wimmelte er leider von Fliegenmaden und war nicht mehr zu präparieren; im Magen konstatierte ich Holunderbeeren und viele Zangen von Ohrwürmern (*Forficula auricularia*). Im Jahre 1855 wurden Rosenstaare mehrfach in Bayern wahrgenommen; am 6. Juni nämlich wurde in der Gegend von Landsberg in Oberbayern aus einem Fluge von beiläufig 50 Stück eins geschossen und am 7. August erhielt Leu ein schönes Männchen, welches in Schwaben in einem Garten an der Stadt Günzburg erlegt wurde. Auch bei Grönenbach bemerkte man einen vereinzelten Rosenstaar in einem Fluge gemeiner Staare und ein Stück, welches der verstorbene Hofbildhauer Behrends in Coburg stopfte, wurde in der Gegend von Thurnau bei Peesten in Oberfranken geschossen. Am 22. November 1856 erhielt der verlebte Zeichenlehrer Johannes Büchele in Memmingen ein Weibchen, welches 1¼ Stunde von der Stadt im Dorfe Volkrathshofen von einem am Zehentstadel stehenden Holunderbaume, dessen Früchte es verzehrte, heruntergeschossen wurde, und zehn bis zwölf Jahre früher wurde im Dorfe Pfersee bei Augsburg zur Zeit der vollen Baumblüte ein Paar erlegt, welches der damalige Pfarrer ausstopfen lieſs. Das letzte, durch den Besuch der Rosenstaare merkwürdige Jahr war 1875, wo sie in Italien, Österreich und Deutschland an vielen Orten in auffallender Anzahl auftraten, und ein altes Männchen in der Gegend von Augsburg bei Westheim am 31. Mai erbeutet wurde. Ein Exemplar von Untergriesbach in der Gegend von Wegscheid in Niederbayern, von welchem ich das Datum der Erlegung nicht angeben kann, steht in der Sammlung zu Passau, und zwei Stücke schoſs der Tierausstopfer N. Henseler im Jahre 1876 am Ufer des Chiemsees, wo sich ca. zehn Rosenstaare unter den gewöhnlichen Staaren herumtrieben.

(In dem Anhang I zum IV. Jahresberichte der ornithologischen Beobachtungsstationen im Königreich Sachsen, bearbeitet von A. B. Meyer und F. Helm, »Die Wanderungen der Rosenstaare nach Europa« werden für Bayern noch folgende Notizen gegeben: 1884 Mitte Juni einer geschossen in Oberbayern, und 1886 am 25. Mai zwei geschossen in Oberdorf bei Kaufbeuren. — A. Wiedemann schreibt, dafs er im Monat September 1883 wiederholt einen Rosenstaar in der Umgebung von Augsburg in Gesellschaft von Staaren beobachtet habe. — Chr. Erdt aus Kaufbeuren teilt mir mit, dafs er die beiden oben erwähnten Exemplare vom 25. Mai 1886 präpariert habe und dieselben sich in der Sammlung der Präparandenschule in Oberdorf bei Biesenhofen befinden. — R. Bl.)

Zweite Gruppe: Baumläufer.

Genus 51. Troglodytes Koch.

114. TROGLODYTES PARVULUS Koch.

Keyserling u *Blasius*, Die Wirbeltiere Europas, I. S. 170. n. 161. — Verz. S. XLVII.

Naumann, Naturgeschichte der Vögel Deutschlands, III. S. 725. Taf. 83. Fig. 4.

Zaun-, Schnee-, Mauskönig, Königlein, Zaunschlüpfer, Zaunschlüpflein.

Leu erhielt ein Weibchen mit einem linsengrofsen weifsen Fleck am Hinterkopf. Allenthalben in Laub- und Nadelwaldungen der Ebene wie des Gebirges, in Schluchten, an Flüssen und Bächen, in Steinbrüchen etc. ein gemeiner Stand- und Strichvogel. Im Winter 1851 sah ihn Landbeck in das Wohngebäude des Klingenbades in Schwaben kommen, in den Hausgängen und Winkeln Nahrung suchen und drei Stockwerke hoch durch die Abtritte hinunter und wieder hinausschlüpfen. Auch in das Innere der Kirchen kommt er durch zerbrochene Fensterscheiben, sucht das Schnitzwerk der Kanzeln, Orgeln und Altäre nach Mücken und Spinnen ab und entfernt sich wieder durch sein ihm wohlbekanntes Pförtlein. Sein Nest baut er gern in die grofsen herausgerissenen Erd- und Wurzelscheiben vom Sturme in den Wäldern umgeworfener Bäume und in den aus den knorrigen Stammauswüchsen der Ulmen hervorsprossenden jungen Trieben.

Leu nahm aus einem Neste am 15. Juni fünf und am 9. Juli abermals fünf Eier und fand in mehreren Nestern Kuckuckseier; in einem derselben, dessen Eingangsloch sehr erweitert war, drei Eier vom Zaunkönig und eins vom Kuckuck, alle kalt und verlassen. Unter einem Neste in der Erdscheibe eines umgestürzten Baumes mit vier Eiern lag auf dem Boden ein Kuckucksei.

Einst sah ich im Winter einen Zaunkönig vor meinem Fenster auf einem Birnbäumchen nach Nahrung suchen und eine raubgierige Katze den Baum erklettern. Da flog die winzige kecke Kreatur der auf einem Aste unbeweglich lauernden Katze entgegen, hüpfte unter Bücklingen und häufigen Locktönen in den Zweigen umher, flog auf eine nahe Mauer, kam sogleich wieder, um die Katze aufs neue zu necken, flog abermals weg an den Fufs eines nahen Waschhauses, hüpfte an der scharfen Kante eines der eichenen Eckpfeiler des Gebäudes wie eine Spechtmeise schnell aufwärts und kehrte nochmals zu der Katze zurück, um den vorigen Übermut zu erneuern.

Genus 52. Certhia L.

115. CERTHIA FAMILIARIS L.

Keyserling u. *Blasius*, Die Wirbeltiere Europas, I. S. 171. n. 162. — Verz. S. XLVII.

Naumann, Naturgeschichte der Vögel Deutschlands, V. S. 398. Taf. 140. — XIII Fortsetzung der Nachträge. S. 202.

Baumläufer, Baumläuferlein, Baumhäckel, Baumkleber, Baumkleberer, Baumklette, Klettervogel, Rindenrutscher.

Im ganzen Gebiete im Nadel- und gemischten Walde, in Parken, Baumgärten etc. ein gemeiner Stand- und Strichvogel, der in Lehmwänden, Rindensprüngen, Baumspalten, zwischen zusammengewachsenen Bäumen, in Astzwieseln, in Hopfenstangenpartien, die an Bäume angelehnt, und hinter abstehender Fichtenrinde, womit Schenklokale, Lauben u. s. w. in Wirtschaftsgärten verkleidet sind, sein Nestchen baut.

Der Baumläufer tritt bei uns, wie anderwärts, in den zwei bekannten Varietäten der *Certhia familiaris* und *brachydactyla* Brehm auf.

Genus 53. Tichodroma Illig.

116. TICHODROMA MURARIA L.

Keyserling u. *Blasius*, Die Wirbeltiere Europas, I. S. 171. n. 163. — Verz. S. XLVII.
Naumann, Naturgeschichte der Vögel Deutschlands, V. S. 421. Taf. 141. — XIII. Fortsetzung der Nachträge. S. 206.

Der prachtvolle Mauerspecht, ein echter Alpenvogel, bewohnt die nackten steilen Bergwände und senkrechten Felsenkuppen des schwäbischen und oberbayerischen Hochlandes als Stand- und Strichvogel. Auf dem Schinders, einer zwei Stunden hinter Tegernsee 5000′ ü. d. M. gelegenen, schroffen Felsenwand, hat Wagler in kaum einer Stunde drei Exemplare geschossen und sah ihn auch an den kahlen, von der Sonne beschienenen Felsenmassen des Blankenstein in reger Emsigkeit umherklettern und unter Flechten kleine Insekten und Felsenschneckchen zu seiner Nahrung aufsuchen. Im Winter kommt der schöne Vogel als Vorbote strenger Kälte und heftiger Schneestürme in die Vorberge und Thäler, wo man ihn nicht selten in der Nähe der Ortschaften und auch in diesen selbst an altem hohen Gemäuer, an Schlössern, Kirchen, Ruinen und an Häusern sieht. Koch erhielt lebende Mauerspechte, welche durch zerbrochene Fensterscheiben in das Innere eines Häuschens flogen und dort gefangen wurden. Aus dem Gebirge verfliegt er sich öfters herein in das Flachland bis nach Franken. Dr. Gemminger traf in der Gegend von München im März und April 1854 bei der Menterschweige am hohen Isarufer zwei Stücke an; im Chore der St. Martinskirche in Memmingen wurde eines gefangen und ein anderes von Niederhaus bei Passau steht in der dortigen Sammlung. Wiederholt wurde er ferner bei Kelheim, am felsigen Ufer der Donau bei Weltenburg und Regensburg beobachtet, ein Pärchen, von welchem das Weibchen erlegt wurde, im Februar 1847 an einem Felsen in den Steinbrüchen zu Ebenwies bei Etterzhausen. In der fränkischen Schweiz (Muggendorf) wurde er gleichfalls an den Felsen des Puttlachthales (Anfang Januar 1854), aber auch früher mehrere Jahre hintereinander im Sommer an Schlössern und Burgruinen zu Gösweinstein und anderwärts wahrgenommen, woraus man schliefsen wollte, dafs er manchmal in jenen romantischen Felsenthälern nisten dürfte, was von der Mühle auch für die Donaufelsen der Regensburger Gegend vermutete. Bei und in Eichstädt wurden Mauerspechte an Felsen, in Steinbrüchen und an der Wilibaldsburg, einer im Winter 1831 an einem Turme der Stadtmauer im Steinbruch am Buchthaler Thore, einzelne an den Mauern der Festung Wülzburg bei Weifsenburg (Februar 1834), an der Stadtmauer bei dem Lauferthore in Nürnberg (22. November 1850) und an der nordöstlichen Mauer im Zwinger des Schlosses zu Cadolzburg im Juli Ende der vierziger Jahre teils beobachtet, teils erlegt. Letzterer hielt sich längere Zeit am genannten Schlosse auf, war nicht scheu und liefs den Beobachter, den kgl. Landrichter Freiherrn v. Ausin, nahe herankommen.

Dritte Gruppe: Wasseramsel.

Genus 54. Cinclus Bechst.

117. CINCLUS AQUATICUS Briss.

Keyserling u. *Blasius*, Die Wirbeltiere Europas, S. 171. n. 164. — Verz. S. XLVII.

Naumann, Naturgeschichte der Vögel Deutschlands, II. S. 925. Taf. 91.

Wasseramsel, Bachamsel, Wasserstaar.

An allen Gebirgs- und Forellenbächen bis in das Hochgebirge hinauf ein einsam lebender, nicht besonders seltener Stand- und Strichvogel, hier und da auch an klaren Bächen der Stadtgräben (Augsburg, Memmingen), am liebsten an rauschenden Wassern und Wasserfällen, bei Mühlen etc. Im Winter verstreicht er in das benachbarte Flachland und wird alsdann bei Wasserwerken, an Mühlwehren, Eisenhämmern, Glasschleifen etc., wo das Wasser nicht zufriert, nicht selten angetroffen.

Vierte Gruppe: Bachstelzen.

Genus 55. Anthus Bechst.

118. ANTHUS SPINOLETTA L.

Keyserling u. *Blasius*, Die Wirbeltiere Europas, I. S. 172. n. 165. — Verz. S. XLVIII.

Naumann, Naturgeschichte der Vögel Deutschlands, III. S. 789. Taf. 85. Fig. 2. 3. 4. — VI. Zusätze. S. 16. — XIII. Fortsetzung der Nachträge. S. 110.

Gemeiner Zug- und Strichvogel. Er bewohnt die Latschenregion unserer Alpen und findet sich im Sommer nicht auf den höchsten Punkten des Böhmerwaldes. Wenn es im Herbst droben im Gebirge zu unwirtlich wird, verläſst er seine Sommerwohnplätze und kommt in die Ebenen Altbayerns, Schwabens und Frankens. Man trifft ihn zu dieser Zeit am Bodensee schon im Oktober an flieſsenden Gewässern und Quellen bis zum März und April an. Tritt, nachdem er in die Berge zurückgekehrt ist, noch ein Nachwinter ein, so kommt er nochmals in die Vorberge und Thäler herab. Bei Memmingen im Riede und an der Ach, bei Augsburg am Stadtgraben, am Lech, an der Wertach und den anderen südlichen Zuflüssen der Donau, an dieser selbst, an der Rednitz, Pegnitz, Aisch, Regnitz und in den Maingegenden ist er im Winter gar nicht selten. Wolf traf ihn während des ganzen Winters 1815/16 an der Pegnitz zwischen Nürnberg und Fürth, ich an Quellenbächen und am Abfall des Gleishammer-Weihers bei Nürnberg, selbst in der Stadt auf Bäumen an der Pegnitz sitzend, an der Biebert bei Ammerndorf und während groſser Kälte und tiefem Schnee bei Erlangen an. Ein im Januar 1850 bei Nürnberg gefangenes Männchen hatte bereits an der Kehle und Gurgel mehrere weinrötliche Federn des Sommerkleides. In den Mägen fanden wir Käfer und kleine Schnecken.

119. ANTHUS PRATENSIS L.

Keyserling u. *Blasius*, Die Wirbeltiere Europas, I. S. 172. n. 167. (*A. pratensis*). n. 168 (*A. cervinus*). — Verz. S. XLVIII.

Naumann, Naturgeschichte der Vögel Deutschlands, III. S. 774 Taf. 84. Fig. 3 (*A. pratensis*) Taf. 85. Fig 1. (*A. rufogularis*). — VI. Zusätze. S. 28. (*A rufogularis*). — XIII. Fortsetzung der Nachträge. S. 97. (*A. cervinus*).

Wiesen-, Wasser-, Bruchlerche, Schnitzer, Schnitzerlein, Islvögelein, Gimser, Riedgimser.

Eine Monstrosität dieses Vogels wurde einst bei Memmingen gefangen. Im Jahre 1693 fing nämlich Severin Weinhart, Bäcker, beim Taglerchen im Kalcher Felde einen Gimser mit zwei Köpfen, den man dann auf dem Steuerhause abmalen lieſs. So besagt ein altes Gemälde, von welchem ich eine Kopie besaſs.

Ein gewöhnlicher, nasses Wiesenland, sumpfige Weideplätze, groſse Weiherländereien, Torfmoore und Fluſsinseln bewohnender Zugvogel. Er findet sich ebenso in der Ebene, wie im bayerischen Hochlande, im Rhöngebirge (Kreuzberg), wie auf den Lechinseln bei Augsburg, auf unsern Mösern, wie auf den Filzen. Ende Februar und im März, spätestens Anfang April kommt er an, streicht im September in gröfseren und kleineren Gesellschaften auf Wiesen, Brach-, Kraut-, Rüben- und Kartoffelfeldern, jungen grasigen Forstkulturen und im Gebirge unter wandernden Viehherden umher und verläfst uns, je nachdem die Herbstwitterung lange freundlich bleibt oder frühzeitig rauh wird, früher oder später, manchmal erst tief im November und Dezember. Einzelne, auch kleine Gesellschaften bleiben selbst in nicht zu strengen Wintern ganz da und nähren sich an kleinen, offen bleibenden Bächen, an warmen Quellen, Teichabstürzen, Wassertümpeln und sonnigen Rainen.

Anthus cervinus Pall. oder *rufogularis* Brehm, die nordische Form unseres gemeinen Wiesenpiepers, wurde in einem schönen Exemplare bei Immenstadt im Algäu erlegt und gelangte in die Sammlung des Hauptmanns Freiherrn v. Pechmann.

120. ANTHUS ARBOREUS Bechst.

Keyserling u. *Blasius*, Die Wirbeltiere Europas, I. S.173. n. 169. — Verz. S. XLVIII.

Naumann, Naturgeschichte der Vögel Deutschlands, III. S. 758. Taf. 84. Fig. 2.

Baum-, Wald-, Spitz-, Spiefslerche, Waldgimser, Krautvogel.

Auf Lichtschlägen mit Unterholz und Überständern in Nadel- und Laubwaldungen der Ebene, Mittelgebirge (Böhmerwald) und Voralpen bis über die Fichtenregion hinaus auch in Flufsauen ein gewöhnlicher Zugvogel. Bei Windsheim leben aufserhalb des Waldes mehrere Paare auf einem kleinen, eine Viertelstunde langen, mitten im Getreidelande liegenden Hügelzuge, dem sog. Weinturm, der mit Weinreben, Hopfen, Klee und Getreide bebaut und auf seinem Scheitel aufser mit etlichen Nufsbäumen mit einem kleinen geschlossenen Bestande junger Lerchen, Fohren, Fichten und Birken, mit Dorn- und Quittengebüsch und auf dem Nordabhang mit einzelnen Obstbäumen bestockt ist, einzeln im Baumfeld, Kraut- und Getreidelande der Ebene.

Ed. Tauber fand auf ihm einen Zecken. Er kommt selten schon in den letzten Tagen des März oder Anfang April, gewöhnlich erst Mitte letzteren Monats und verläfst uns wieder im September und Oktober; einzelne verweilen noch bis Mitte November.

121. ANTHUS CAMPESTRIS Bechst.

Keyserling u. *Blasius*, Die Wirbeltiere Europas, I. S. 173. n. 170. — Verz. S. XLVIII.

Naumann, Naturgeschichte der Vögel Deutschlands, III. S. 745. Taf. 84. Fig. 1.

Auf Heiden, Brachäckern und südlichen dürren Anhöhen an Feldhölzern nicht selten. Fruchtbare Gegenden soll er meiden, doch finde ich ihn in dem schwarzen Gau um Windsheim, einem vorzüglichen Weizen-, Dinkel- und Gerstenlande, alljährlich nicht blofs auf dem in der Brache liegenden, sondern auch in einzelnen Paaren im angebauten Teile des Flures den ganzen Sommer über. Er kommt gewöhnlich erst Ende, sehr selten schon Anfang April und in der ersten Woche des Mai bei uns an; doch verzieht sich sein Eintreffen manchmal bis in die zweite Hälfte des Maimonats. Ende August fängt er an zu streichen und verläfst uns fast unmerklich wieder im September.

122. ANTHUS RICHARDI Vieill.

Keyserling u. *Blasius*, Die Wirbeltiere Europas, I. S. 173. n. 171. — Verz. S. XLVIII.

Naumann, Naturgeschichte der Vögel Deutschlands, XIII. Fortsetzung der Nachträge. S. 94. Taf. 371. Fig. 3. 4.

Nach Dr. M. Braun und Dr. J. v. Kennel (Kurze Zusammenstellung der Vögel Frankens. Würzburg 1878. S. 10. n. 122.) steht ein unterfränkisches Exemplar in der zoologischen Sammlung in Würzburg.

Genus 56. Motacilla L.

a) Motacilla auct.

123. MOTACILLA ALBA L.

Keyserling u. *Blasius*, Die Wirbeltiere Europas, I. S. 174. n. 172. — Verz. S. XLIX.

Naumann, Naturgeschichte der Vögel Deutschlands, III. S. 803. Taf. 86. — XIII. Fortsetzung der Nachträge. S. 114. Taf. 377. Fig. 1.

Gemeine, weifse, blaue Bachstelze, der Bachstelz, der Bachsterz, weifse Wasserstelze, Klosterfräulein.

In Sammlungen sah ich ganz weifse Varietäten und ein rein weifses Stück mit wenig Schwarz an den Schwanz- und Schwungfedern, alle aus Franken.

In der Umgebung der Städte und Dörfer, auch in denselben, an Mühlen und Wasserwerken ein gemeiner Zugvogel, der in den Alpen bis in die Knieholzregion hinaufgeht, auch in den Waldungen auf Holzschlägen und zahlreich auf dem fränkischen Juraplateau in Orten wohnt, die kein fliefsendes Wasser, blofs eine oder die andere Hüle (Wasserreserve) haben. Je nach dem früheren oder späteren Eintritt des Frühlings kommt sie bald schon in den ersten Tagen des Februar, bald erst Mitte bis Ende dieses Monats, gewöhnlicher aber erst Anfang bis Mitte März bei uns an und bleibt bis in den Oktober hinein. Einzelne halten bis Mitte November aus und in gelinden Wintern bleiben manche ganz an Bächen und Brunnenflüssen zurück (Januar 1853 und 1872/73), am unteren Main nach Dr. Noll in vielen Wintern ganze Züge weifser Bachstelzen.

In einem Dorfe fand ich ein Nest mit Jungen auf dem Nacken und der Dornenkrone eines Christusbildes vor einer kleinen Kapelle, von oben durch ein Blechdach geschützt; andere Nester standen zwischen aufgeschichteten Torfstücken, unter überragenden Rändern von Torfgräben, auf abgestummelten Linden- und Kastanienbäumen zwischen den alten Storzen und in Felsenlöchern.

Im Wildbade Burgbernheim sah ich im Juli 1880 eine weifse Bachstelze einen der dort nicht seltenen Schillerfalter *(Apatura Iris)* fangen.

Die Varietät *Motacilla Yarellii* Gould kommt zuweilen in Bayern vor und wurde mehrmals bei München und am 20. April 1854 bei Augsburg erlegt.

124. MOTACILLA BOARULA Penn.

Keyserling u. *Blasius*, Die Wirbeltiere Europas, I. S. 174. n. 174. — Verz. S. XLIX.

Naumann, Naturgeschichte der Vögel Deutschlands, III. S. 824. Taf. 87.

Einen vollständigen Albino erhielt Leu am 16. Oktober 1867 von Ingolstadt.

Überall an Gebirgsbächen und Flüssen, doch auch, wiewohl seltener, in der Ebene an Mühlgräben, Wasserwerken, Flofsbachbauten und an Stadtgräben alter befestigter Städte ein gewöhnlicher Stand-, Strich- und Zugvogel. Sie kommt im Februar und März bei uns an und zieht im Oktober und November wieder weg, bleibt aber auch, meist alte Vögel, alljährlich den ganzen Winter über an nicht zufrierenden Quellen und Bächen bei uns, kommt alsdann in die Dörfer und Städte an fliefsendes Wasser, auf Düngerstätten und an Kloakenabflüsse und ist auch bei der strengsten Kälte und tiefem Schnee so lebhaft und flüchtig wie im Sommer. Am 15. Januar 1845 trieb sich ein Stück weit von allem Wasser auf dem Schrannenplatze in Nürnberg umher. Bei Tückelhausen (Ochsenfurt) in Unterfranken hatte ein Pärchen schon am 19. März 1880 das erste Ei im Nest. Auf dem Frankenjura brütete ein Paar in einem Mauerloche hinter einem Weinstock 1 m weit von der Thür einer Mühle mitten in einem belebten Dorfe bei Schefslitz.

b) *Budytes Cuv.*

125. BUDYTES FLAVA L.

Keyserling u. *Blasius*, Die Wirbeltiere Europas, I. S. 175. n. 177. — Verz. S. XLIX.

Naumann, Naturgeschichte der Vögel Deutschlands, III. S. 389. Taf. 88. — XIII. Fortsetzung der Nachträge, S. 120. Taf. 373.

Gelbe Bachstelze, Kuh-, Schafstelze, Schafvögelein.

Im Oktober 1851 schofs Landbeck im Mindelthal ein altes Männchen, dessen Herbstkleid so schön war, wie das Frühlingskleid.

Am 31. August 1881 erhielt ich von Leutershausen in Mittelfranken eine weifse *Mot. flava.* Die Brust war zart rostgelblich überflogen, die Bauchseiten, oberen und unteren Schwanzdeckfedern schwach kanariengelb, die grofsen Flügeldeckfedern und Hinterschwingen mit sehr hellgelblichen Säumen. Der Schnabel bleischwarz. Füfse hornbraun, Zehen hornbräunlich.

In manchen Gegenden, z. B. bei Windsheim, Neustadt a. A., im Ansbachschen bei Sommersdorf und im südlichen Oberfranken bei Neuhaus (Höchstadt a. A.) ein ganz gemeiner Sommervogel, in anderen nur in den beiden Zugperioden, und selbst da nur sparsam. Sie bewohnt Wiesen und Fruchtfelder, kommt hier und da schon in der zweiten Hälfte des März (17. 28.), gewöhnlich erst Anfang April, die Hauptmasse Ende dieses Monats an und zieht im September bis spätestens Mitte Oktober wieder fort. Die mittelfränkischen Schäfer begrüfsen ihre Ankunft und heifsen sie „*Bätzeleinshüter*“, weil alsdann die Lämmer unbedenklich mit auf die Weide getrieben werden können. Überhaupt mag sie der Schäfer wohl leiden, da sie sich so gern bei seiner Herde besonders nach der Schafschur aufhält, den Tieren die Läuse vom Bauche herunterfängt und sich auch zu gleichem Zwecke auf die Rücken derselben setzt und auf ihnen herumläuft. Die Schafe lieben auch die lieblichen Vögelchen, bleiben stehen und nehmen sich sichtlich im Fortgehen in Acht, ihre Wohlthäter nicht zu treten.

Motacilla cinereocapilla SAVI *(M. Feldeggi* MICHAH.*)* wird alljährlich an den bayerischen Seen (Kochelsee) angetroffen und wurde einmal bei Tirschenreuth in der Oberpfalz erlegt (v. d. Mühle).

Ob die bei uns durchziehende grauköpfige Varietät der gelben Bachstelze zu der südlichen Form *(cinereocapilla* SAVI*)*, wie dies Graf Mühle that, oder zu der nördlichen Form mit grauschwarzem Scheitel *(borealis*[1]) SUNDEVALL) zu ziehen ist, vermag ich nicht zu entscheiden.

In den Mägen erlegter fand ich Käferchen und kleine Grashüpfer.

Fünfte Gruppe: Drosseln.

Genus 57. Oriolus L.

126. ORIOLUS GALBULA L.

Keyserling u. *Blasius*, Die Wirbeltiere Europas, I. 175 n. 178. — Verz. S. L.

Naumann, Naturgeschichte der Vögel Deutschlands, II. S. 171. Taf. 61. — XIII. Nachträge. S. 224.

Goldamsel, Golddrossel, Goldbrust, Pirol, Kirschpirol, Kirsch-, Bier-, Pfingstvogel, Wiedewalch.

In allen Waldungen, sowohl im Laub- als im Nadelholz, wie im gemischten Walde ebener und hügeliger Gegenden, in Feldhölzern, Parken, grofsen Baumgärten bei Dörfern und in den Auenwaldungen unserer Flüsse ein ziemlich gewöhnlicher Sommervogel. Das eigentliche Gebirge vermeidet er und findet sich daher nicht in unseren Hochalpen. Er kommt selten schon im April (15. 19. 21. 28.), gewöhnlich erst im Mai und verstreicht

[1]) Jedenfalls zu dieser Form, die auf ihrem Durchzuge Deutschland berührt, während die vorgenannte noch niemals so weit nördlich konstatiert wurde. v. Tschusi.

wieder im August bis Mitte September. Leu erhielt am 18. August ein altes Männchen, welches aus einem Fluge von etwa 20 Stücken geschossen wurde, und traf auf einer Reise in das Gebirge einst im August zwischen Kaufbeuren und Füssen einen Flug Pirole von 150 bis 200 Stücken an, welche sich in der dortigen Ebene herumtrieben und von einem Baum zum andern flogen. Die Vögel waren auf der Wanderung nach dem Süden.

In erlegten fanden wir viele Raupen von *Bombyx bucephala* und mehrere von *Sphinx ocellata* oder *populi*. Leu erhielt einen jungen Vogel, dessen Magen nur Gerstenkörner (!!) enthielt.

Genus 58. Petrocichla Vig.

a) Petrocichla auct.

127. PETROCICHLA SAXATILIS L.

Keyserling u. *Blasius*, Die Wirbeltiere Europas, I. S. 175. n. 179. — Verz. S. L.

Naumann, Naturgeschichte der Vögel Deutschlands, II. S. 348. Taf. 73. — XIII. Nachträge. S. 367. — Fortsetzung der Nachträge. S. 58.

Schon Schrank gibt als Wohnort des Steinrötels die Umgegend von Regensburg an, was Koch durch die Angabe bestätigt, dafs alljährlich einzelne Pärchen im Vilsthale in der Oberpfalz bei Hohenfels und in den Mauern der Schlofsruine Kalmünz brüten. Von dorther hat auch Graf v. d. Mühle ein Junges erhalten. In den Felsenthälern der fränkischen Schweiz (Muggendorf) trat der Steinrötel als Brutvogel zu Anfang dieses Jahrhunderts, wie mir von erfahrenen Vogelkundigen jener Zeit vielfach übereinstimmend versichert wurde, erst nach dem Tiroler Kriege (1809) ziemlich zahlreich im Wiesent-, Aufsees- und Puttlachthale auf Felsen und Burgruinen bei Aufsees, Pottenstein, Rabeneck, Waischenfeld und Wüstenstein auf. Dr. Michahelles traf ein Paar, wie ich aus dessen handschriftlichem Nachlafs bei v. d. Mühle ersah, brütend bei Pottenstein, ich selbst ein solches an dem grofsen Felsen unter der Burgruine von Streitberg und an der Muschelquelle. Im Nürnberger Gebirgslande brütete er bis in die neuere Zeit, angeblich auch erst seit dem Tiroler Kriege, auf dem seit 1839 entfestigten Rothenberg bei Schnaittach. Die Mauersteine dieser ehemaligen Festung waren von schlechter Qualität, vermochten der Witterung, namentlich der Kälte nicht zu widerstehen, so dafs der schadhafte Mauermantel den Steinröteln bequeme Brüteplätze bot. Im Jahre 1864 wurden dort das letzte Mal Junge ausgenommen und an Vogelliebhaber nach dem nahen Nürnberg verkauft, worauf sich die Alten wegzogen. Dem Rothenberg gegenüber auf dem Glatzenstein bei Kersbach, an den Spiefser Felsen und an anderen Punkten der dortigen Gegend soll der schöne Vogel gleichfalls schon genistet haben. In dem zerklüfteten Mauerwerk der nun auch dem Abbruch verfallenen Festung Wülzburg bei Weifsenburg und im nahen Altmühlthale an der Wilibaldsburg, der einstigen Residenz der Fürstbischöfe von Eichstädt, heckte er gewifs, wurde aber der Jungen so oft beraubt, dafs er endlich den Platz mied. In der Leuchtenbergschen Sammlung sah ich noch zwei sehr schöne, an der genannten Burg erlegte Paare. Bei Aschaffenburg brütete 1847 ein Paar in den Sandsteinbrüchen des Finnberges. Auf dem Zuge wurde der Steinrötel schon öfter in der Schneufse im Nürnberger Reichswalde (Engelthal) und am 11. September 1854 ein schönes Exemplar der Sturmschen Sammlung im Schmausengarten bei Nürnberg zugleich mit 77 Feldsperlingen gefangen und als vermeintlicher junger Neuntöter mit seinen unglücklichen Schicksalsgenossen zum Verspeisen getötet.

b) Petrocossyphus Boie.

128. PETROCOSSYPHUS CYANA L.

Keyserling u. *Blasius*, Die Wirbeltiere Europas, I. S. 175. n. 180. — Verz. S. L.

Naumann, Naturgeschichte der Vögel Deutschlands, II. S. 341. Taf. 72. — XIII. Nachträge. S. 367. — Fortsetzung der Nachträge. S. 58.

Die Blaumerle kommt nach Koch und Brehm nur sehr selten hier und da auf dem Striche aus dem Süden in unseren Alpen und in die Bodensee-Gegend. Mir und meinem Freunde Leu ist sie in langen Jahren nie als bayerischer Vogel zu Handen gekommen und haben wir einen verbürgten Fall ihres Vorhandenseins nicht kennen gelernt.

Genus 59. Turdus L.

129. TURDUS ILIACUS L.

Keyserling u. *Blasius*, Die Wirbeltiere Europas, I. S. 176. n. 181. — Verz. S. L.

Naumann, Naturgeschichte der Vögel Deutschlands, II. S. 276. Taf. 67 Fig. 1. — XIII. Nachträge. S. 283. Taf. 356. Fig. 1—3.

Wein-, Rotdrossel, Dröscherl.

Sie kommt nur in den beiden Zugperioden im Herbst und Frühjahr in unsere Feldhölzer und Weinberge. Der Herbststrich beginnt Mitte Oktober und dauert bis in den Dezember. Einzelne überwintern in unseren Waldungen und Hecken und bringen den Winter über kümmerlich sich durch. Anfang bis Mitte März kommt sie auf dem Wiederstrich in grofsen Scharen in die Feldhölzer, wendet da mit viel Geräusch das alte am Boden liegende Laub der Regenwürmer und Erdmast wegen um, besucht angrenzende Wiesen, auf denen Dünger gebreitet und an allerlei Dungkäfern reiche Nahrung vorhanden ist, und kehrt gesättigt in die Feldhölzer zurück, wo sie auf Eichen und anderen Bäumen am Waldsaume leise in vielstimmigem Konzerte singt. Ihr Zug dauert den ganzen März hindurch, und es verschwinden die letzten Rotdrosseln erst Mitte (13. bis 18.) April, zu einer Zeit, wo unsere Wälder bereits vom Gesang und den Locktönen der meisten Sommervögel wiederhallen.

130. TURDUS NAUMANNI Temm.

Keyserling u. *Blasius*, Die Wirbeltiere Europas, I. S. 176. n. 182. — Verz. S. L.

Naumann, Naturgeschichte der Vögel Deutschlands, II. S. 288. Taf. 68. Fig. 1. — XIII. Nachträge. S. 296. Taf. 358. Fig. 1. 2. 3. — Fortsetzung der Nachträge. S. 50.

Sie kommt nur äufserst selten auf dem Striche in Gesellschaft von Rotdrosseln oder Krammetsvögeln zu uns. Das Prachtstück, welches aus der Sammlung des vormaligen Regierungs- und Kreisforstrats Koch durch Ankauf in die Münchener Staatssammlung kam, und nach welchem, wie v. d. Mühle angibt, die Abbildung (?) in Goulds Werke gefertigt ist, wurde von Koch nach einer persönlichen Mitteilung an mich bei Burglengenfeld in der Oberpfalz geschossen, als er dort von 1814 bis 1826 Oberförster war.

131. TURDUS MUSICUS L.

Keyserling u. *Blasius*, Die Wirbeltiere Europas, I S. 177. n. 183. — Verz. S. L.

Naumann, Naturgeschichte der Vögel Deutschlands, II. S. 262. Taf. 66. Fig. 2 — XIII. Nachträge. S. 271

Weifsdrossel, Weifsdrostl, Weifsdroschl, Drossel, Droschel, Zipp-, Singdrossel, Zippe.

Im Mai 1813 wurde auf der Revier Kaltenbrunn, Forstamts Weiden in der Oberpfalz aus einem Neste mit fünf Jungen eine ganz weifse Singdrossel mit feurig roten Augen ausgenommen, aufgeätzt und lange auf dem Amtszimmer des genannten Forstamtes ihres Gesanges wegen unterhalten. Sie hatte einen Schnabel wie ein Kreuzschnabel.

Im ganzen Gebiete in ebenen und gebirgigen Waldungen, namentlich im Nadelholz ein gemeiner Zugvogel. Sie kommt manchmal schon Mitte Februar, gewöhnlich erst Anfang bis Mitte März und verläfst uns wieder Ende September und im Oktober; doch dauert ihr Strich noch den ganzen November und Dezember hindurch. Einzelne bleiben auch in gelinden Wintern ganz da, dürften aber nordische Gäste sein. Am 4. Dezember 1868 sang bei Arberg in Mittelfranken noch eine Singdrossel, wahrscheinlich ein junges Männchen.

Am Schnabel eines jungen Vogels fand ich einen dick angesogenen Zecken.

132. TURDUS SOLITARIUS Wilson.

(T. Pallasii Cabanis).

Keyserling u. *Blasius*, Die Wirbeltiere Europas, I. Verz. S. LII. Anmerkung.

Naumann, Naturgeschichte der Vögel Deutschlands. XIII. Nachträge. S. 273. Taf 355. Fig. 1. 2.

Von dieser schönen und seltenen Kleindrossel, derselben, die Naumann am 2. Dezember 1825 aus dem Kleinzerbster Forste in Anhalt erhielt, wurde ein Exemplar, früher im Besitze des Grafen H. v. d. Mühle, nun des zoologisch-mineralogischen Vereins in Regensburg, im Jahre 1851 auf dem v. d. Mühleschen Gute Leonberg in der Oberpfalz im schwarzen Berge in den Dohnen gefangen. Die auffallend hohen Beine dieses Vogels geben ihm eine grofse Ahnlichkeit mit der Nachtigall, an welche auch die übrige Gestalt, die ganze Oberseite und der rötliche Schwanz so sehr erinnert, dafs Mühle sagt, die beste Beschreibung dieses Vogels sei: oben eine Nachtigall, unten eine Singdrossel. Die Unterseite ist wie bei *Turdus musicus*. Sie wurde schon öfters in Süddeutschland erlegt. Nach Mühle stand ein schönes Exemplar davon im Naturalienkabinett zu Strafsburg, welches im Schwarzwalde gefangen worden war.

133. TURDUS ATRIGULARIS Natt.

Keyserling u. *Blasius*, Die Wirbeltiere Europas, I. S 177. n. 184. — Verz. S. LI.

Naumann, Naturgeschichte der Vögel Deutschlands, II. S. 310. Taf. 69. XIII. — Nachträge. S. 330. Taf. 361. Fig. 1. 2.

An einem drückend heifsen Nachmittag in der letzten Hälfte des Monats Juni 1853 wurde eine schwarzkehlige Drossel auf einem Bierkeller des Städtchens Osterhofen in Niederbayern, während sie, im Grase sitzend, den Schnabel aufsperrte und stark atmete, von einem jungen Manne mit der Mütze gefangen. Der Vogel hatte die Darre im höchsten Grade und Läuse in Menge und war so matt, dafs er keinen Fluchtversuch machte, Wasser begierig, Futter aber nicht mehr annahm und über Nacht starb. Er steht ausgestopft in der Sammlung des zoologisch-mineralogischen Vereins in Regensburg.

134. TURDUS TORQUATUS L.

Keyserling u. *Blasius*, Die Wirbeltiere Europas, I. S. 177. n. 185. — Verz. S. LI.

Naumann, Naturgeschichte der Vögel Deutschlands, II. S. 318. Taf. 70. — VI. Zusätze. S. 5. — XIII. Nachträge. S. 363. Taf. 361. Fig. 3.

Berg-, *Kragen-*, *Kragl-*, *Meer-*, *Ring-*, *Schildamsel;* bei Hof im Voigtland *Pfarramsel* (wegen der Ähnlichkeit des weifsen Brustringes mit den ehemaligen weifsen Halskrausen der evangelischen Pfarrer).

Ein regelmäfsiger Brutvogel der bayerischen Alpen und des Böhmerwaldes. Baron v. Tschusi traf sie vom 10. bis 13. Juni 1870 auf dem Arber (4608′) und Lusen (4352′) in dem Krüppelholz des Waldgürtels am häufigsten an, wo die Fichte der Stürme und des Schnees halber nicht mehr gut fortkommt. Sie trieb sich dort immer paarweise bei noch grofsen Schneemassen nahe an den Wegen über meist sumpfigem Boden im verkrüppelten alten Fichtenwald von 3 bis 4 Klafter Höhe umher und hatte noch keine Nester; wenigstens fand v. Tschusi keines. In unseren Hochalpen bewohnt sie die Latschenregion und ist allenthalben gemein. Im Mai 1874 kamen Ringdrosseln in grofser Anzahl bei vielem Schnee auf den Dunghaufen nächst den Stallungen in Falepp an der alten Kaiserklause bei Tegernsee, um Nahrung zu suchen. Im Oktober und November kommen sie auf dem Striche in unsere Mittelgebirge und in das bewaldete Hügelland, auf die hohe Rhön (der Pater Quardian des Franziskanerklosters auf dem Kreuzberg fing im Spätjahr 1815 allein 91 Stück und einige andere Herren eine grofse Menge in Dohnen), in den Spessart, das Fichtelgebirg, den Franken- und Steigerwald, auf die fränkische Höhe, die Altmühlalb und in die Berge der Oberpfalz, der Nürnberger und der fränkischen Schweiz. Im Frühjahre hat sie nicht sonderliche Eile, in ihre Berge zurückzukehren und bleibt in der Ebene bis Mitte April. Auf dem Sommerkeller zu Arberg verweilte ein Paar in den dortigen schönen Holzbeständen noch am 9. April; ein altes Männchen sang noch am 18. ej. m. auf einer Eiche in einer Feldhecke bei dem Dorfe Buch (Höchstadt a. A.) und bei Augsburg wurde gleichfalls ein schönes Männchen bei starkem Hagelwetter, das den Vogel am Fufse verwundete, Mitte April lebendig gefangen.

135. TURDUS PILARIS L.

Keyserling u. *Blasius*, Die Wirbeltiere Europas, I. S. 177. n. 186. — Verz. S. LI.

Naumann, Naturgeschichte der Vögel Deutschlands, II. S. 296. Taf. 67. Fig. 2. — III. Zusätze. S. 994. — VI. Zusätze. S. 3.

Krammetsvogel, Krammetser, Krammeter, Grommeter, Kronwittvogel, Kronawitsvogel, Kronewit, Kronwitten, Kronabet.

Er kommt in den beiden Zugperioden, in manchen Jahren in sehr grofsen Scharen zu uns, brütet da und dort im Gebiet, treibt sich aber auch nur in gröfseren oder kleineren ehelosen Vereinen zigeunernd den Sommer über im Lande umher. Im Dezember 1822 erschienen sie in der Oberpfalz bei Neustadt am

Culm in ungeheurer Menge. Ganze Säcke voll der Getöteten wurden auf die Märkte nach Nürnberg, München und in andere Städte versendet. Sie kamen in die Dörfer auf die Bäume vor die Häuser und einem Schützen, welcher mit langer Flinte durch die enge Öffnung eines Hausgiebels auf einen mit Drosseln wohl besetzten Baum feuern wollte, flog ein Neuankömmling auf die Flinte, als sie eben losknallte (Sylvan auf das Jahr 1824. S. 134.) 1849/50 waren sie in unsäglicher Menge auf dem Franken- und Thüringer Wald und im Fichtelgebirge vorhanden und ein vorteilhafter Handelsartikel. Bei Nürnberg waren sie damals ebenfalls höchst zahlreich und ich traf sie sogar in der Stadt auf den Bäumen der Insel Schütt. 1854/55 gab es ungemein viele Krammetsvögel in Franken, während sie auffallender Weise und trotzdem, dafs die Vogelbeeren sehr gut dort geraten waren, im bayerischen Walde nur in vereinzelten Flügen gesehen wurden. 1858/59 gab es auf der Wartei Arberg bei Gunzenhausen in Mittelfranken sehr viele Elsbeeren und in Folge dessen ungemein viele Krammetsvögel, während sie in der Augsburger Gegend selten waren. Im Winter 1877/78 erschienen sie auf dem Thüringer- und Frankenwalde so zahlreich, wie fast seit Menschengedenken nicht mehr. Auf den Promenaden hiesiger Stadt und in den Wallgärten nährten sie sich in grofsen Flügen mit Berg-, Buch- und Grünfinken von den vorhandenen Vogelbeeren, waren sehr fett, nach wenig Tagen aber, als die Kälte nachgelassen hatte, wieder verschwunden.

Im Frühling bleiben sie oft auffallend lange bis Mitte, sogar bis Ende April; so 1852 im Frankenwald bei Nordhalben und Tschirn, 1854 eine grofse Schar im Eichenwäldchen bei Buch-Neuhaus in der Gegend von Höchstadt a. A. und 1855 und 1856 kleine Flüge auf der Wartei Arberg. Kleine Gesellschaften nicht brütender Krammetsvögel beobachtete vor dem Jahre 1848 in der Gegend von Passau der damals dort lebende praktische Arzt Dr. Brandt, ein tüchtiger Ornithologe, und mein verstorbener Freund Kantor Heumann in Wonsees (Oberfranken) eine Schar von 17 bis 20 Stücken im Sommer 1830 bei Schirradorf in der Gegend von Culmbach. Er sah sie zuerst im Juni bei heifsen Tagen und schofs drei Stück davon, die aber ganz mager waren. Die andern liefs er in Ruhe, beobachtete sie aber den Sommer über fleifsig in einem Kieferngebüsch, wo er sie ihren kauderwelschen Gesang oft anstimmen hörte und Zeuge ihres munteren

Treibens, doch niemals eines verliebten Benehmens war, so oft er auch ihre Gesellschaft besuchte. Später, ehe ihre nordischen Kameraden wieder kamen, schofs er ein Männchen und ein Weibchen, die nun gut von Wildprett und fett waren. Im Juni 1848 sah er abermals bei Schirradorf und Losau einen Flug von 200 bis 300 Krammetsvögeln, die sehr scheu waren, immer auf einem Flug beisammen blieben und wohl auch Geltvögel gewesen sein dürften, da ein Brüteplatz nicht entdeckt werden konnte. Auf der Wartei Arberg blieben 1861 etwa 30 Stück Krammetsvögel in der Abteilung Weifsenberg bis tief in den Mai und in den folgenden Jahren einzelne Paare in jedem Sommer, immer in derselben Abteilung. In Unterfranken fand der freiherrlich v. Thüngen'sche Oberförster, der bekannte Jagdschriftsteller Georg Franz Dietrich aus dem Winckell auf seiner Revierförsterei Rofsbach ein Nest der Wachholderdrossel mit 5 Eiern in der Krone einer alten Birke und im Juni 1847 brütete ein Paar im Fichtelgebirg ganz nahe an Wunsiedel bei der Ziegelhütte. Das am Neste geschossene Weibchen erhielt Professor Ott für seine Sammlung und liefs, da leider Nest und Eier zerstört wurden, die zerbrochenen Eierschalen am Thatort wieder sammeln, wobei er in Erfahrung brachte, dafs solche Drosseln sich dortselbst schon seit mehreren Jahren aufhielten. Um das Jahr 1856 erhielt Professor Dr. Döbner in Aschaffenburg aus der Gegend des Ochsenkopfs im Fichtelgebirg ebenfalls ein Nest mit Eiern und dem am Neste geschossenen Weibchen und 1857 das Naturalienkabinet zu Coburg von mehreren jungen Krammetsvögeln die bei Neuhaus im Meiningen'schen am südlichen Fufse des Thüringer Waldes nächst der bayerischen Grenze erlegt wurden, ein nicht mehr brauchbares Exemplar. In der Oberpfalz brütete ein Paar im Sommer 1859 bei Haselbach zwischen Schwandorf und Amberg und im Juni 1880 traf der kgl. Oberförster W. Donle zu Kammerstein in seinem bei Schwabach, Forstamts Laurenzi in Nürnberg, gelegenen Revierbezirke und zwar in dem Forstdistrikt Dechenwald in einem beiläufig 35- bis 40jährigen, an eine mit Wachholderbüschen ziemlich bewachsene Hutfläche grenzenden Föhrenbestande vor kurzem ausgeflogene, noch mit kurzen Schwänzchen versehene junge Krammetsvögel an, um welche sich die Alten bei seiner Annäherung unter beständigem Schackern und ängstlichem Hin- und Herfliegen sehr annahmen. Nach einigem Suchen fand er in der Nähe der

Familien zwei Nester, die nach Art der Weifsdrosselnester auf die Astquirle junger, durch den Waldgärtner *(Hylesinus piniperda)* zugestutzter Föhren hart am Stamme auf ungefähr 5 Meter Höhe gebaut waren. Schon 5 bis 6 Jahre zuvor hatte er in demselben Forstdistrikt im Sommer einzelne Krammetsvögel und 3 Jahre später im Juli und August eine grofse Gesellschaft mehrmals angetroffen, die sich dort von Schwarzbeeren nährte, sehr laut war und sang und wahrscheinlich schon damals dort gebrütet hatte. Im Jahre 1848 sollen Wachholderdrosseln auch bei Burgbernheim gebrütet haben. Seit den letzten 12 Jahren ist es nicht vorgekommen, obwohl die Gegend dazu ganz geeignet wäre.

Im Frühjahr 1853 wurde bei Nürnberg ein anscheinend kränkelnder Krammetsvogel geschossen, dessen Magen von einem verschluckten eisernen Drahtstift durchbohrt war. Dieser war wellenförmig gebogen, 3 cm lang, etwa 1 mm dick, die Kopfplatte voran, in den Magen gelangt und hatte mit derselben die hintere Magenwand durchbohrt. Aufserdem enthielt der Magen die unverdaulichen Überreste dreier Hagebutten, 3 Butzen, die bekannten Haare dieser Früchte und 28 Körner. Wahrscheinlich hat der Vogel den Stiften für einen gefrorenen Wurm angesehen.

(Nach Forstmeister Falcke brüteten sie 1874/75 bei Schwandorf in der Oberpfalz und 1887 bei Pyrbaum, ebendaselbst; nach Förster Gigglberger nisten sie in einigen Paaren bei Tanzfleck, Post Freihung, Oberpfalz; nach Forstwart Wilhelm kommen sie bei Rothenbruck bei Neuhaus a. d. Pegnitz häufig vor und brüten dort auf Kiefern und Föhren; Oberförster Eigner fand sie einmal im Jahre 1882 brütend bei Neustadt a. D.; Apotheker J. A. Link konnte sie im Sommer 1890 zum ersten Male als Brutvogel bei Burgpreppach constatieren. Im 1884er Jahresberichte schreibt Jäckel: »Der Krammetsvogel ist bei Arberg in Mittelfranken ein ständiger Brutvogel geworden, dessen Nester in allen kleinen Feldhölzern, auch der Umgegend von Wiesethbruck, Heinersdorf und Lellenfeld angetroffen werden. Am 16. Juni 1883 traf Herr Förster Jägerhuber in einem 30jährigen kleinen Föhrenbestand bei Arberg in ebener Lage eine sehr laute Gesellschaft von diesen Vögeln an und schofs Ende Juli 2 Stück von etwa 20 ausgeflogenen Jungen. Am 3. Juni wurde bei Sonthofen im Algäu ein Weibchen geschossen, das noch den Brutfleck hatte, die Eier aber waren gelegt, was die Untersuchung des Eierstockes zeigte.« — R. Bl.)

136. TURDUS VISCIVORUS L.

Keyserling u. *Blasius*, Die Wirbeltiere Europas, I. S. 177. n. 187. — Verz. S. LI.

Naumann, Naturgeschichte der Vögel Deutschlands, II. S. 248. Taf. 66. Fig. 1.

Misteldrossel, Mistler, Schnarre, Schnärre, Schnärrer, Schneekader.

Eine ganz weiſse junge Misteldrossel wurde im Jahre 1838 bei Schernfeld in der Eichstädter Gegend und im Jahre 1848 im Schmerlebacher Walde bei Aschaffenburg ebenfalls ein junges schneeweiſses Exemplar mit roten Augen gefangen. Letzteres steht in der Sammlung der kgl. Forstlehr-Anstalt Aschaffenburg.

Ein gemeiner Stand- und Strichvogel unserer Laub- und Nadelwälder, Fluſsauen und Gebirgsforste. Nordische Durchzügler kommen im Oktober und November und wieder im März auf ihren Wanderungen zahlreich bei uns durch. Mitte Mai 1874 fielen bei starkem Schnee Misteldrosseln in gröſserer Anzahl auf den Dünger nächst den Stallungen des Forsthauses Falepp (817 m) an der alten Kaiserklause bei Tegernsee im bayerischen Hochgebirge ein, um Nahrung zu suchen. In harten Nachwintern, wie anfangs April 1865, gehen bei Schnee und Eis manche durch Hunger zu Grunde und habe ich zu solcher Zeit erfrorene Mistler erhalten, die in Feldhecken nahe an Dörfern tot gefunden wurden. Dr. Brandt entdeckte einst ein Nest, das brütende Weibchen auf den Eiern sitzend, auf dem Boden im Walde an einer etwas abschüssigen Stelle.

Durch die Verbreitung der bei uns nicht vorkommenden Eichenmistel *(Loranthus europaeus)* wird die Misteldrossel in den Eichenwaldungen Österreichs schädlich und sind Stimmen laut geworden, dem »immensen« Schaden durch Abschieſsen des Vogels entgegen zu wirken.

An Helminthen fand ich in ihr *Ascaris ensicaudata* und *Taenia angulata.*

137. TURDUS MERULA L.

Keyserling u. *Blasius*, Die Wirbeltiere Europas, I. S. 178. n. 190. — Verz. S. LI.

Naumann, Naturgeschichte der Vögel Deutschlands, II. S. 326. Taf. 71. — XIII. Nachträge S. 366.

Schwarzdrossel, Amsel, Schwarz-, Kohl-, Stockamsel.

Farbenvarietäten sind nicht sehr selten und stehen in vaterländischen Sammlungen nicht wenige sehr schöne Exemplare,

z. B. ein altes Männchen mit hellgrauem Schwanz und vollständig weifse. Der Domherr Conrad v. Maidenburg († 1374) erwähnt in seinem Buch der Natur, dafs er bei dem Domprobst v. Hainberch zu Regensburg eine weifse Amsel gesehen habe. An Deformitäten kenne ich ein altes Amselmännchen mit Kreuzschnabel.

Sie ist ein gemeiner Stand-, Strich- und Zugvogel unserer buschigen Laub-, Nadel-, gemischten und Auenwaldungen und seit dem Aufkommen der gegenwärtigen Geschmacksrichtung in der Baumgärtnerei aus der Waldeseinsamkeit immer näher heran an die Städte gerückt und eine Bewohnerin unserer grofsstädtischen Gärten, Anlagen und Parke, ja sogar unserer durch die Coniferen-Mode parkähnlichen grofsen Friedhöfe geworden. Aus dem scheuen Waldbewohner, der sie früher war und gröfstenteils noch ist, hat sie die Kultur der Neuheit durch ihre auf die Salubrität der Städte gerichteten Bestrebungen zu einem höchst zutraulichen Gartenvogel, nahezu zum halben Haustier gemacht. Die Amsel treibt sich jetzt, dem Buchfinken gleich, in den Kurgärten unserer Badeorte in der nächsten Nähe der ihren Kaffee im Freien trinkenden Gäste umher, läfst sich von ihnen auf den Spaziergängen im Walde bis auf wenige Schritte nahe kommen, hüpft vor und neben ihnen auf Wegen, Rasenplätzen unter Baumgruppen in aller Vertrautheit umher und baut ihr Nest auf dem vielbesuchten, gleich einem Ziergarten gepflegten Friedhofe im dichten Thuja-Gebüsch, wie im Hausgarten am Spalier und auf Balkenvorsprüngen kleiner bewohnter Häuschen in gröfseren Hofräumen bei kleinen Gärtchen sogar in der Stadt. Im Spätherbst beginnt der Strich unserer Waldamseln und wandert ein Teil derselben im Winter nach dem Süden, gewöhnlich nur Weibchen und junge Vögel, während viele alte Männchen selbst in den strengsten Wintern bei uns bleiben, in Dörfern und Städten die Beeren von Ziersträuchern, wilden Reben und an nicht eingebundenen Weinstöcken die etwa hängengebliebenen Träubchen suchen und an nicht zufrierenden Wasserläufen der Stadtgräben und in den Büschen der Anlagen sich meistens gut halten, wie ihr schmuckes strammes Aussehen und ihre ungetrübte Lebhaftigkeit kund gibt. In dem aufserordentlich kalten Winter 1879/80 freilich erging es, wie allen Wintervögeln, auch den Amseln gar traurig, so dafs im Februar bei tiefem Schnee ein Männchen durch den Ausgufsstein in die Küche eines Hauses kroch, ein anderes auf einem Dorfkirchhofe tot vor dem Kirchenfenster gefunden wurde. Unsere Gartenamseln sind ganz Standvögel geworden und bleiben Männchen wie Weibchen und Junge da, weil sie reichliche Nahrung finden und Vogelfreunde ihnen während der schlimmsten Winterzeit mildthätig Futter streuen, das sie bereitwillig annehmen und fleifsig wegholen.

Dafs Amseln nackte Nestjunge von Singvögeln, Finken, Grasmücken, Bastardnachtigallen etc. rauben und ihren Jungen zutragen, habe ich ebenso wenig, wie viele andere im Dienste der heimischen Vogelkunde ergraute Beobachter gesehen, bezweifle es aber nicht. Eine Gepflogenheit des ganzen Amselgeschlechtes ist es gewifs nicht; sonst hätten unsere grofsen Ornithologen Bechstein, Naumann und Brehm auch etwas davon gewufst. Es scheint vielmehr, dafs die übermäfsig hoch aufgebauschten Nesträubereien sich wie bei dem Staar auf die Untugend einzelner Individuen oder Paare zurückführen lassen, um derentwillen wir nicht nötig haben, die Amseln als schädliche Vögel aus unsern Gärten und Anlagen wieder in die frühere Waldeinsamkeit zu verscheuchen oder, weil dies nicht möglich wäre, sie abzuschiefsen. An Kirschen, Aprikosen, Johannis-, Him- und Erdbeeren, auch zur Zeit der Traubenreife thun sie in Gärten und Weinbergen Schaden, so dafs der Stadtmagistrat Würzburg in guten Weinjahren an die Pächter der städtischen Jagden mit Recht die Aufforderung ergehen läfst, die Amseln in den Weinbergen wegzuschiefsen. Einem dortigen Pflanzenliebhaber zerstörten zwei Amselfamilien wochenlang junge Anpflanzungen von Farnen, Saxifragen und anderen Alpenpflanzen seines Gartens durch täglich wiederholtes Herausziehen, woran sie sich durch Bedeckung der Pflänzlinge mit Moos nicht behindern liefsen. (Mein Amselprozefs von C. Semper, Professor der Zoologie in Würzburg, S. 43.) Dr. C. Rufs ist der Meinung, dafs die Vögel irgend welchen Larven oder Gewürm nachstellten, von dem die Pflanzen heimgesucht waren, was mir jedoch wenig wahrscheinlich scheint. Die Ursache dürfte Neugierde gewesen sein. Man hat beobachtet, dafs der Buntspecht bei Erbauung eines kleinen Jagdhauses im Walde und Anpflanzung von Laubholz die ihm fremden ganz gesunden Holzarten, Eichen-, Akazien-, Vogelbeer- und Lindenstämmchen, aus purer Neugierde zerhackte. Es war, als ob sich die ganze Spechtfamilie verschworen hätte, den ersten über dem Attentat geschossenen Übelthäter zu rächen.

Denn war einer abgeschossen, so waren drei wieder da und zerhackten die Eichenheister so, dafs von unten bis oben keine heile Stelle blieb; auch die Zweige, die nur einen Hieb vertragen konnten, wurden nicht verschont. Bei Rotwild, Rehen und Hasen hat man die gleiche Neigung wahrgenommen, ihnen unbekannte Holzarten oder auch solche, die ihnen selten vorkommen, zu zerschlagen oder zu verbeifsen (Prof. Dr. Altum, Forstzoologie, II. S. 100). Ähnliches berichtet Naumann (XIII. Nachträge. S. 195) von den grauen Würgern. Im Jahre 1838 griffen ihm dieselben im Garten ein kleines mit seltenen Pflanzen, deren Samen er aus Südungarn mitgebracht hatte, bestandenes Beet an, besonders Pflänzchen des *Cytisus leucophyllos*, dessen feine, unten weifshaarige, etwas filzig aussehende Blätter so sehr den Beifall der Würger gefunden hatten, dafs N. von Glück sagen konnte, den Unfug entdeckt zu haben, als es eben noch die höchste Zeit war, die letzten noch unversehrten Pflänzchen durch Aufstellung von Scheusalen zu retten. Früher hatten die Würger verschiedene Stöcke von *Achillea ageratum* und *glomerata* derart verbissen und beraubt, dafs dieselben eingingen. Nachdem ihnen die Schafgarben gewöhnlich geworden waren, gingen sie an die neu aufgesprofsten, ihnen unbekannten südländischen Pflänzchen offenbar aus Neugierde; denn boshaften Übermut wird man ihnen so wenig wie den Amseln, Spechten, Hirschen, Rehen und Hasen imputieren dürfen.

Ed. Tauber fand auf der Amsel den *Ixodes sulcatus*.

Genus 60. Accentor Bechst.

138. ACCENTOR ALPINUS J. Fr. Gmel.

Keyserling u. *Blasius*, Die Wirbeltiere Europas, I. S. 179. n. 194. — Verz. S. LIII.

Naumann, Naturgeschichte der Vögel Deutschlands, III. S. 940. Taf. 92. Fig. 1. — XIII. Fortsetzung der Nachträge. S. 144. Taf. 378. Fig. 1.

Die Alpenbraunelle bewohnt als Stand- und Strichvogel die hohen öden Felsen der Latschenregion unserer bayerischen und Algäuer-Alpen. Auf den kahlen Kuppen des Böhmerwaldes suchte sie v. Tschusi vergeblich, da hier wohl anscheinend für sie passende, doch nur beschränktere Lokalitäten sich befinden, als in unserem Hochgebirge und im Riesengebirge. In Oberbayern sah sie Altum erst bei 2500 m Höhe. Sie ist ein sehr bekannter Vogel, heifst bei dem Volke „*Steinlerche*" und wird gerne im Bauer gehalten. Wenn viel Schnee im Gebirge liegt, kommt sie in die bewohnten Thäler bis an die Berghäuser und Dörfer herab.

139. ACCENTOR MODULARIS L.

Keyserling u. *Blasius*, Die Wirbeltiere Europas, I. S. 180. n. 196. — Verz. S. LIII.
Naumann, Naturgeschichte der Vögel Deutschlands, III. S. 951. Taf. 92. Fig 3. 4. — XIII. Fortsetzung der Nachträge. S. 146.

Braunelle, Brunelle, Bleikehlein, Waldspatz, Brandvogel, Lässig

Ein gewöhnlicher, doch nicht häufiger Zugvogel, der unsere gebirgigen und hügeligen Waldungen bewohnt, im März und April zu uns kommt und im September und Oktober wieder wegzieht. Einzelne, vielleicht nordische Zuzügler, bleiben sogar in strengen Wintern ganz bei uns und kommen dann in die Gärten, Hecken, Fichten-, Lerchen- und Weymouthskiefer-Gruppen unserer Anlagen. In den Lechauen, auf den Lechinseln und in den Waldungen der vielen schwäbischen Flufsthäler (Mindel, Kamel, Zusam, Schmutter) brütet sie viel häufiger, als anderwärts.

Genus 61. Salicaria Bechst.

140. SALICARIA TURDOIDES Meyer.

Keyserling u. *Blasius*, Die Wirbeltiere Europas, I. S. 180. n. 199. — Verz. S. LIII.
Naumann, Naturgeschichte der Vögel Deutschlands, II. S. 597. Taf. 81. Fig 1.

Ein ziemlich seltener Zugvogel, der Ende April und Anfangs Mai bei uns ankommt, an manchen Orten brütet und Ende August und im September wieder wegzieht. Nach Graf von der Mühle brütet er auf dem Moose von Ismaning bei München; Schrank hat ihn um Ingolstadt, Mühle bei Regensburg auf der Insel Oberwörth mehrere Jahre nacheinander im Frühjahr singend, ebenso v. Freyberg im Rohre bei Donaustauf angetroffen. Vom 26. Juni bis 18. Juli 1868 hörte ich, in den ersten Tagen mit Baron v. Tschusi, einen Drosselsänger an der Altmühl nahe an Sommersdorf täglich anhaltend singen und ich zweifle nicht, dafs dort ein Paar in dem dichten, das ganze Flufsbett ausfüllenden Schilfrohr gebrütet hat. Das Nest scheint durch einen Fischer, der damals flufsaufwärts den gepachteten Sichelschlag ausübte und mit seinem Kahne längere Zeit täglich zweimal mit Mühe jenes Dickicht passieren mufste, wo der Vogel sang, in den Grund gefahren worden zu sein. Später erfuhr ich, es seien dort von Knaben bräunliche junge Vögel gefangen worden, die sich sehr an die Finger anklammerten. Es brüteten aber in dem Geröhricht gemeine Rohrsänger *(Salicaria arundinacea)* und können jene Gefangenen dieser Art angehört haben. Am 11. Juni 1880 hörte mein Freund Ed. Tauber den Gesang der Rohrdrossel auf einer kleinen Rohrinsel in der Nähe von Gofsmannsdorf bei Ochsenfurt am Main und fand am 16. ej. m. das Nest.

Bei Würzburg, Augsburg, Diedorf, Memmingen, Kaufbeuren und Lindau am Bodensee wurden Rohrdrosseln im Herbst- und Frühjahrzuge gefangen. Ich erhielt ein Stück aus dem Nürnberger Stadtgraben und hatte es längere Zeit im Käfig.

141. SALICARIA ARUNDINACEA Briss.

Keyserling u. *Blasius*, Die Wirbeltiere Europas, I. S. 181. n 200. — Verz. S. LIII.

Naumann, Naturgeschichte der Vögel Deutschlands, III. S. 614 Taf. 81. Fig. 2. — XIII. Nachträge. S. 440. S. 444. Taf. 370. Fig. 1. — Fortsetzung der Nachträge S. 82.

Der *Rohrsänger* oder »*Schlotengatzer*«, wie man diesen gemeinen Vogel im Fränkischen bei Fürth heifst, ist ein Zugvogel, der sehr selten schon Ende April, gewöhnlich erst Anfang bis Mitte Mai ankommt und uns von Mitte August bis Anfang Oktober wieder verläfst. Einen frisch gefangenen Vogel dieser Art erhielt von der Mühle noch im November in München in gar nicht abgemagertem Zustande.

Auf einem schmalen Damm zwischen zwei grofsen Weihern fand ich in einem niedrigen Busche dichten Haselnufs-, Salweiden-, Brombeer-, Zaunwinden- und Rohrgewirres ein Nest, welches in die dreieckige Gabel eines blühenden *Solanum dulcamara*-Strauches eingebaut war. Rohrstengel hätten leicht als Träger des Nestes gewählt werden können.

142. SALICARIA PALUSTRIS Bechst.

Keyserling u. *Blasius*, Die Wirbeltiere Europas, I. S. 181. n. 201. — Verz. S. LIII.
Naumann, Naturgeschichte der Vögel Deutschlands, III. S. 630. Taf. 81. Fig. 3.

In dichtem, mit hohem Grase, Binsen, Rohr und Nesseln durchwachsenen Ufergesträuch und im Weidendickicht lebt der »*Rohrspötter*«, wie der Sumpf-Rohrsänger da und dort in Schwaben genannt wird, und belebt die unteren Maingegenden bei Aschaffenburg und die ausgedehnten Auen der oberen Donau im bayerischen Schwaben in ziemlicher Anzahl durch seinen weittönenden herrlichen Gesang. Er kommt im Mai bei uns an und verläſst uns wieder im September. Den Vogelfängern Memmingens ist er wohl bekannt und bewohnt wahrscheinlich die Illerufer. Im Mai 1839 hat Landarzt Kreſs im Schloſsgarten zu Aschbach im Steigerwalde ein singendes Männchen im Gebüsche am Bache des Gartens geschossen.

143. SALICARIA LOCUSTELLA Penn.

Keyserling u. *Blasius*, Die Wirbeltiere Europas, I. S. 182. n. 203. — Verz. S. LIV.
Naumann, Naturgeschichte der Vögel Deutschlands, III. S. 701. Taf. 83. Fig. 2. 3. — XIII. Nachträge. S. 469 und Fortsetzung der Nachträge. S. 85.

Ein Zugvogel, welcher Sümpfe, verschilfte, nasse Wiesen, üppig bewachsene Fluſsinseln und Auengegenden bewohnt, im April und Mai bei uns ankommt und im August und September wieder wegzieht. Bei Augsburg brüten unterhalb der Stadt auf den Griesern, im Wolfszahn bei Lechhausen und im Schmutterthale viele Pärchen. Ein Freund Leu's fand auch an der Donau auf einer abgetriebenen Waldfläche unter einem Busch ein Nest mit fünf Eiern. Auf dem Zuge wird der *Schwirrl* im Frühjahr nicht selten auf Vogelherden bei München gefangen; zur selben Zeit schoſs ihn Koch am Bodensee und erhielt ihn Büchele von Memmingen. Im Mindelthale (Schwaben) kommt er auf dem Zuge öfter durch. Landbeck schoſs im Frühjahr 1845 ein Stück an der Kamlach, ein zweites in den Kartoffel- und Krautteilen im Herbst bei Schönenberg und ein drittes am 12. August 1849 im Seggengrase einer nassen Wiese bei Klingenbad, wo das Vögelchen durch den Hühnerhund gestanden und herausgestöbert wurde. Um Nürnberg ist der Schwirrl sehr selten. Wolf erhielt von dort ein Männchen am 13. Mai 1805, ein Weibchen im Mai 1815 und am 7. September 1815 wieder ein Männchen. Ich selbst hörte am 9. Mai 1865 ein singendes Männchen in einer aus Sal-, Bruchweiden und einzelnem Rohr bestehenden Hecke eines Bauerngartens an einem kleinen Wiesengraben zu Sommersdorf bei Ansbach, wenige Schritte von den nächsten Häusern entfernt, und Baron Gottlieb v. Koch schofs ein Stück im südlichen Oberfranken am 25. Juli 1869 in den Moorweihern bei Höchstadt a. A., woselbst der Vogel gebrütet zu haben scheint.

In den Mägen erlegter fand Leu Räupchen, Würmchen und Spinnen.

144. SALICARIA PHRAGMITIS. Bechst.

Keyserling u. *Blasius*, Die Wirbeltiere Europas, I. S. 182. n. 204. — Verz. S. LIV.

Naumann, Naturgeschichte der Vögel Deutschlands, III. S. 648. Taf. 82. Fig. 1.

An Seen, Teichen und Wassergräben in Sumpf- und Weiherländereien auf dem Frühjahr- und Herbstzuge, ein sehr verborgenes Leben führend. Er kommt selten schon Mitte April, gewöhnlich erst Ende des Monats und Anfang Mai und wieder im August und September, um in der ersten Hälfte des Oktober wieder aus unseren Gegenden zu verschwinden. Am Bodensee, in den Flufsthälern Schwabens (Iller, Mindel, Kamel, Schmutter), an der Isar (München), Donau (Regensburg), Altmühl, Rednitz und Pegnitz bei Eichstädt und Nürnberg wurden *Schilfsänger* mehr oder weniger selten beobachtet und erlegt. Ich selbst habe sie in den Moorweihern im südlichen Oberfranken ziemlich zahlreich auf dem Zuge durchkommen sehen. In Sommersdorf erschienen mehrere Jahre hintereinander gegen Ende Mai einzelne Männchen in einem aus Flieder, Kreuzdorn, Akazie, Ostheimer Weichsel, Rosen, Linde und Schneeball bestehenden dichten Gebüsche des Pfarrhofes, sangen da ein bis zwei Tage herrlich und verschwanden wieder. Dieselbe Beobachtung machte Landbeck im Klingenbad in Schwaben. Dort fanden sich auch im Laufe einiger Jahre etliche Männchen in einem Hollunder- und Fliederbusch ein, ergötzten ein bis zwei Tage mit ihrem schönen Gesang und wurden dann nicht mehr gesehen Ob der Vogel im Gebiete brütet, vermag ich nicht zu sagen.

In den Mägen erlegter fand ich kleine Ichneumonen, Schnaken und Käferchen, Curkulioniden und *Cercyon flavipes*.

145. SALICARIA AQUATICA Lath.

Keyserling u. *Blasius*, Die Wirbeltiere Europas, I. S. 182. n. 205 (*S. aquatica*) und n. 206 (*S. cariceti*). — Verz. S. LIV.

Naumann, Naturgeschichte der Vögel Deutschlands, III. S. 668. Taf. 82. Fig. 2. 3. (*S. cariceti*) und S. 686. Taf. 82. Fig. 4. 5. (*S. aquatica*). — XIII. Fortsetzung der Nachträge. S. 81. (*S. cariceti*).

Der *Binsensänger* kommt im Frühjahre auf unsere Seen, Teiche und Flüsse, die mit viel Binsen und Cypergräsern, Weiden und Erlengebüschen bewachsen sind, schon Mitte April und Anfang Mai. Nach Landbeck bewohnt er das ganze Donauthal von Ulm bis Passau in allen geeigneten Lagen, und der alte Brehm versichert, dafs, als er im Mai 1830 auf einer Reise von Nürnberg nach Renthendorf in den Itzgrund eintrat, die mit Weidengebüsch bewachsenen Ufer der Itz von dem Gesang des Weidenschilfsängers ertönten, und er diesen Vogel nirgends so häufig gefunden habe, als an jenem Flusse. Nach Dr. Noll erfreuen uns am Untermain von Aschaffenburg bis Kostheim die Rohrsänger *Sal. aquatica, palustris* und *arundinacea* den ganzen Sommer hindurch mit ihrem fleifsigen Gesang und heften ihre Nester kunstreich in das Röhricht oder an die Weiden. Wolf, Brehm sen. und ich beobachteten den Binsensänger auch an den Ufern der Pegnitz bei Nürnberg, und Sturm am Dutzendteich. Im September bis Mitte October verläfst er uns wieder und findet sich zu dieser Zeit nicht blofs im Seggengrase der Wiesen und in den Binsen grofser Fischweiher, sondern auch in Kraut- und Kartoffeläckern. In den Moorweihern im südlichen Oberfranken war er in beiden Zugperioden jährlich gemein. In den Mägen erlegter fand ich kleine Schnecken (*Planorbis hispidus*) Schnabelkerfe (*Gerris*) und eine Menge kleiner Käfer: *Cyclonotum orbiculare, Apion virens* und *fuscirostre, Sitones lineatus, Phythonomus nigrirostris, Erirhinus acridulus*, viele *Phythobius quadricornis, Bagous lutulentus* und *lutosus, Lyprus cylindrus, Galleruca nympheae*, einige Rohrschenkelkäfer (*Donacia*) und viele Larven von Waffenfliegen (*Stratiomys*).

Der Flufsrohrsänger (*Salicaria fluviatilis, Meyer et Wolf*), bekanntlich in Niederösterreich und bei Wien auf den Donau-Auen den Sommer über lebend und auf dem Zuge in Böhmen an der Elbe (Karlsbad), an der Moldau und Eger nach Petényi nicht selten, wird von Landbeck als höchst selten an der württembergschen Donau nnd von Dr. Küster für die Umgegend von Erlangen aufgeführt. Unmöglich ist es nicht, dafs sich dieser Rohrsänger einmal auch an der bayerischen Donau und Eger als grofse Seltenheit eingefunden, vielleicht auch die Regnitz bei Erlangen schon besucht hat, glaubwürdig nachgewiesen ist es jedoch nicht.

Sechste Gruppe: Sänger.

Genus 62. Regulus Raj.

146. REGULUS IGNICAPILLUS Brehm.

Keyserling u. *Blasius*, Die Wirbeltiere Europas, I. S. 183. n. 212. — Verz. S. LV

Naumann, Naturgeschichte der Vögel Deutschlands, III. S. 983. Taf. 93. Fig. 4. 5. 6.

Das »*Feuerhähnchen*« oder »*Feuerköpfchen*« bewohnt die Fichtenwaldungen, besonders die Junghölzer, doch lange nicht so häufig, als das gemeine Goldhähnchen, ist Zugvogel, der im März und April bei uns ankommt und im September und Oktober bis Mitte November wieder wegzieht, aber auch einzeln im Winter bei uns bleibt. Leu hat in verschiedenen Jahren während des ganzen Monats Januar Exemplare erhalten. Brütend hat man es in allen Teilen Bayerns gefunden.

147. REGULUS CRISTATUS Koch.

Keyserling u. *Blasius*, Die Wirbeltiere Europas, I. S. 184 n. 213. — Verz. S. LV.

Naumann, Naturgeschichte der Vögel Deutschlands, III. S. 968. Taf. 93. Fig. 1. 2. 3.

Goldhähnchen, Goldköpfchen, Königlein, Goldvögelein.

Ein gemeiner Stand- und Strichvogel unserer Nadelwaldungen, besonders der Föhrenwälder, im Herbst und Frühjahr mit Meisen oder nur in eigener Gesellschaft durch die Gärten streifend. Das Nest findet man zuweilen so niedrig an den Zweigen, dafs man es mit der Hand erreichen kann.

Genus 63. Ficedula Koch.

148. FICEDULA HYPOLAIS L.

Keyserling u. *Blasius*, Die Wirbeltiere Europas, I. S. 184. n. 215. — Verz. S. LVI.
Naumann, Naturgeschichte der Vögel Deutschlands, III. S. 540 Taf. 80. Fig 1.

Spötter, Spötterl, Spottvogel, Laubspötter, gelbe Grasmuck, grofser Wistling.

In städtischen Anlagen, Parken, Bauerngärten und Auenwäldern ein ziemlich allgemein verbreiteter, nicht seltener Zugvogel. Er kommt sehr selten schon im April (frühester Termin 20.), meist in der zweiten Woche des Mai, auch erst Ende des Monats an und verläfst uns wieder im September. In den ersten Tagen des Juni sogar kommen in die hiesigen Stadt- und Dorfgärten noch einzelne Männchen, singen etliche Tage höchst eifrig, ziehen aber doch noch weg. Ein Spötter nistete auf dem Mauervorsprung eines Hauses an der nach der Strafse gekehrten Seite so frei, dafs man den brütenden Vogel von drei Seiten beobachten konnte; gleichwohl brachte er seine Jungen auf. In demselben Jahre traf ich den Spötter in einer von der Goldafterraupe (*Bombyx chrysorrhoea*) heimgesuchten Gegend. Alle Obstbäume der Gärten und Chausseen und die Heckenreihen waren ganz und gar weit und breit abgefressen und standen kahl wie Besen da, und doch war der Spötter nicht ausgezogen, sondern trieb sich höchst munter und sanglustig in den trostlosen Gärten umher.

149. FICEDULA SIBILATRIX Bechst.

Keyserling u. *Blasius*, Die Wirbeltiere Europas, I. S. 184. n. 216. — Verz. S. LVI.
Naumann, Naturgeschichte der Vögel Deutschlands, II. S. 556. Taf. 80. Fig. 2.

In düsteren Laub- und gemischten Waldungen, auch in städtischen grofsen Anlagen (Würzburg und Aschaffenburg) nicht seltener, aber sparsam verbreiteter Sommervogel. Er kommt selten in der ersten Hälfte, gewöhnlich erst gegen Ende April und Anfang Mai und zieht Ende August und Anfang September wieder fort.

150. FICEDULA TROCHILUS L.

Keyserling u. *Blasius*, Die Wirbeltiere Europas, I. S. 185. n. 217. — Verz. S. LVI.

Naumann, Naturgeschichte der Vögel Deutschlands, III. S. 568. Taf. 80. Fig. 3.

Weidenzeisig, Weidenzeislein, Laubvögele, Wistling, Tannenspötter, Genggengle, Muckenvogel.

Ein sehr gemeiner, junge Nadelhölzer, Feldhölzer und Flufsauen bewohnender Zugvogel, der von der zweiten Hälfte des März an und im April zu uns kommt, im September und Oktober noch an schönen Tagen singt und uns im letztgenannten Monat wieder verläfst.

Im Sommer 1851 erlegte Landbeck im Mindelthale zwei Männchen, welche einen von dem gewöhnlichen sehr abweichenden Gesang hatten, so dafs er sie nur an der Lockstimme für Laubvögel halten konnte. Im Äufseren unterschieden sie sich in nichts von der gewöhnlichen Form.

Aus dem Steigerwalde erhielt ich 1855 und 1856 verschiedene Exemplare, die im Flügelbau vollkommen mit einem Eversmannschen Originalexemplar der *Ficedula icterina Vieill.* der Wirbeltiere Europas von Keyserling und Blasius I. S. 185. n. 218. Verz. LVI. übereinstimmten und von letzterem als solche anerkannt, später aber als nicht verschieden von *F. trochilus* erklärt wurden. Cfr. Naumannia 1856, S. 59 und S. 510 und 1858, S. 312.

Am 9. August schofs Baron Gottlieb v. Koch bei Hirschberg an der Saale einen Fitis, welcher auf dem Unterrücken eine Feder stehen hat, die ganz einer Schwanzfeder gleicht. Dieselbe ist 49 mm lang, ca. 8 mm breit und an der Spitze stumpf zugespitzt. wie ungefähr an einer mittleren Schwanzfeder. Der Schaft und die Spule ist so stark, wie bei einer Schwanzfeder, die Fahne auf beiden Seiten gleich breit. Die Wurzel dieser abnormen Feder ist von der mittleren Schwanzfeder etwas über 1 cm entfernt und befindet sich an einer Stelle, wo sonst eine gewöhnliche Deckfeder steht. Sie ist also als eine verwandelte Deckfeder anzusehen (Dr. Cabanis, Journal für Ornithologie, 1871. S. 231).

151. FICEDULA RUFA Lath.

Keyserling u. *Blasius,* Die Wirbeltiere Europas, I. S. 185. n. 219. — Verz. S. LVI.
Naumann, Naturgeschichte der Vögel Deutschlands, III S 581 Taf. 80 Fig. 4. — XIII Nachträge Taf. 369 Fig. 2. 3.

Weidenzeisig, Weidenzeislein, Muckenvögelein, kleiner Wistling, Fifetzer, Zippzapp, Zilzelterle.

Bewohnt am liebsten unsere jungen Fichtendickungen, gemischte Waldungen, Schloſsgärten, Parke, Fluſsauen, ist ein sehr gemeiner Zugvogel, kommt am frühesten unter allen grasmückenartigen Vögeln, manchmal schon Anfang des zweiten Drittels, gewöhnlich erst im letzten Drittel des März, seltener erst Anfang April, singt noch an schönen Herbsttagen, doch auch bei trübem Wetter, Nebel und Regen sein einfaches Liedchen meist stümpernd und verstreicht Ende Oktober.

Am 22. April 1856 schoſs Landarzt Kreſs in Kloster Ebrach an einem dortigen Weiher von zwei miteinander fliegenden Laubvögeln das Weibchen, das man für *Ficedula silvestris* Meissner zu halten geneigt sein konnte, und das so klein war, daſs auch Prof. J. H. Blasius erklärte, es sei dieses Vögelchen der kleinste Laubvogel, den er je gesehen. Er konnte indes keine so wesentlichen Abweichungen in der Gröſse und im Flügelbau von *Fic. rufa* an ihm finden, daſs er eine spezifische Verschiedenheit als wahrscheinlich hätte ansehen können. Der Lockton war sehr auffallend, dem der Nachtigall sehr ähnlich, jedoch leiser, aber stärker, als bei dem Rotschwänzchen, wie ihn mein Freund ähnlich noch bei keinem Laubsänger gehört hatte. Am 10. Juni hörte er abermals einen solchen Vogel im Weiherholz bei Kloster Ebrach. Cfr. Naumannia 1856. S. 511.

152. FICEDULA BONELLI Vieill.

Keyserling u. *Blasius,* Die Wirbeltiere Europas, I. S. 185 n. 220. — Verz. S. LVI.
Naumann, Naturgeschichte der Vögel Deutschlands, XIII. Nachträge S. 174. Taf 369. Fig. 4.

Der Berglaubvogel wurde 1832 von Landbeck in Württemberg und Bayern entdeckt. Er bewohnt nach ihm die ganze schwäbische Alp, Bayern, Baden, Elsaſs, die nördliche und südliche Schweiz und Nordtirol sehr gemein und brütet, Gewiſsheit konnte er darüber nicht erlangen, wahrscheinlich im bayerischen

Schwaben, auch im oberen Mindelthale. Am 10. Mai 1844 zogen 4 bis 5 Stück bei Klingenbad (zwei Stunden von Burgau und drei von der Donau) durch, am 16. August 1845 erlegte er dort von mehreren singenden Männchen ein junges, das ich besitze, auf den Obstbäumen seines Gartens; im Juli desselben Jahres hörte er während einer Hirschjagd im Ettenbeurener Forst ein Stück locken und bemerkte auch später noch mehrere durchziehende. Nach von der Mühle gehört der Berglaubvogel in mehreren Gegenden Bayerns, namentlich an der oberen Donau, nicht zu den Seltenheiten, kommt im April und Mai, zieht im September wieder weg und bewohnt im Sommer auf der Südseite der Berge, seltener auf deren südwestlichen oder südöstlichen Abdachungen die Hoch- und Mittelwaldungen, gewöhnlich reines Laubholz oder gemischtes, nur selten den Nadelwald, und diesen nur dann, wenn er Unterholz, Gebüsch und viele sonnige Blöfsen hat, welch letztere ihm an jedem Ort Bedürfnis sind. Nach Blas. Hanf hält er sich in der Umgebung von Mariahof in Steiermark beständig in den Kronen der Lärchen auf, welcher Baum dort eine Hauptbedingung seines Aufenthaltes in der Fortpflanzungszeit ist. Zum Brutplatze wählt er nach Hanf sonnige, ziemlich steile Berggehänge mit kleinen Felspartien, welche mit hohen Lärchen, jungen Fichten, Haselnufs- und anderem Gebüsche, doch nicht zu dick bewachsen sind. Baron v. Tschusi bemerkt ihn jährlich im Garten seiner Villa Tännenhof bei Hallein, in nächster Nähe der bayerischen Grenze, sehr häufig auf dem Zuge Anfang bis Ende Mai und dann wieder Ende Juli und Anfang bis Mitte August, zur Brütezeit mehrfach bei den Barbensteinen bei Hallein und dort auch auf bayerischem Gebiete. Er brütet daselbst nach diesem Forscher sicherlich.

Genus 64. Sylvia Penn.

153. SYLVIA CURRUCA Lath.

Keyserling u. *Blasius*, Die Wirbeltiere Europas, I. S. 187 n. 227. — Verz. S. LVII.

Naumann, Naturgeschichte der Vögel Deutschlands, II. S. 451 Taf 77. Fig. 1.

Weifse Grasmuck, Blauköpfle, Müllerlein, Heckenschlupfer, Liedler, Spötterl.

Ein ganz weifses Exemplar sah ich in der Leuchtenbergschen Sammlung in Eichstädt.

Ein sehr gewöhnlicher Zug- und Brutvogel, der in den letzten Tagen des März, gewöhnlich erst im April ankommt und uns im September und Oktober wieder verläſst. Als Singvogel hat diese Grasmücke keinen Wert und wird deshalb nie im Käfig gehalten. Ende Mai 1849 kam ein Weibchen häufig in meinen Garten, um die sehr überhand genommenen Blattläuse von den Rosenstöcken fortzupicken und die auf die Erde gefallenen aufzulesen.

Der königl. bayer. Oberst-Bergrat und Gewehrfabrik-Direktor v. Voith zu Amberg teilt in Okens Isis, 1831, S. 633 nachstehende interessante Beobachtung mit: »Die Gewehrläufe der k. Gewehrfabrik zu Amberg wurden lange Zeit in einem Teile des Stadtzwingers, und zwar regelmäſsig jede Woche wenigstens einmal geprobt und dabei immer 20 bis 25 Stücke auf einmal angelegt und losgebrannt. Da ihre Gesamtzahl allemal über 100 war und jeder Lauf zweimal, jedesmal mit doppelter Ladung geprobt wird, so geschehen bei jeder Probe 8 bis 10 solcher gewaltsamen Entladungen. Der Kugelfang war unter freiem Himmel gegen die südwestliche Mauer einer Bastion angebracht, an deren südöstlicher Seite eine Rebe an einem Geländer aufgezogen war. Diese wählte sich ungeachtet der heftigen Erschütterung und Explosion eine Grasmücke als Baustelle ihres Nestes. Ruhig blieb sie während des Probens über ihren Eiern sitzen, wohlbehalten brütete sie alle aus und emsig trug sie den munteren Jungen, unbekümmert um das Getümmel um sie her, die Nahrung zu. Ich muſs noch bemerken, daſs bei jeder Probe ganz in der Nähe 6 bis 8 Menschen beschäftigt waren.« Welche Grasmückenart es war, ist nicht angegeben. Höchst wahrscheinlich war es das Müllerchen.

154. SYLVIA ATRICAPILLA Briss.

Keyserling u. Blasius, Die Wirbeltiere Europas, I. S. 187 n. 228. — Verz. S. LVII.

Naumann, Naturgeschichte der Vögel Deutschlands, II. S. 492. Taf. 77. Fig. 2. 3. — XIII. Nachträge S. 410.

Meisenmünch, Schwarzplättchen, Schwarzplattl, Schwarzkopf, bei Nordhalben *Grasmücke.*

In gebirgigen und ebenen Laub- und gemischten Waldungen mit viel Unterholz, in Junghölzern etc. ein gewöhnlicher Sommervogel. Er kommt selten schon Anfang, gewöhnlich erst von der zweiten Aprilhälfte an zu uns und zieht im September und Oktober wieder weg, zu welcher Zeit er hier und da noch eine kurze Gesangsstrophe hören läfst. Ein Männchen sang noch munter am 2. November 1869 auf der Südseite des Rothenbergs bei Schnaittach in Mittelfranken. In den Gärten frifst er Kirschen und Aprikosen an, plündert die frühreifen Weintrauben und geht den reifen Hollunderbeeren nach.

155. SYLVIA CINEREA Briss.

Keyserling u. Blasius, Die Wirbeltiere Europas, I. S. 188. n. 230. — Verz. S. LVII.

Naumann, Naturgeschichte der Vögel Deutschlands, II. S. 464. Taf. 78. Fig. 1. 2. — XIII. Nachträge S. 409.

Deutsche Grasmücke, Hecken-Staudenschmatzer, Heckenschlupfer. Spötterl, rote Grasmuck, Kupfergrasmücke, Zeilerspatz (Zeil-Hecke),

Allenthalben in Feldhölzern, an Waldrändern, in Flufsauen, an Bächen und Flüssen in Hecken und Gebüschen ziemlich gemeiner Sommervogel. Sie kommt selten schon Anfang, gewöhnlich erst Mitte April, zieht im August und September wieder weg, ist ein schlechter Sänger und wird nicht im Käfig gehalten.

156. SYLVIA HORTENSIS Penn.

Keyserling u. Blasius, Die Wirbeltiere Europas, I. S. 189. n. 231. — Verz. S. LVII.

Naumann, Naturgeschichte der Vögel Deutschlands, II. S. 478. Taf. 78. Fig. 3. — XIII. Nachträge S. 409.

Grasmücke, welsche, graue Grasmücke.

In Gärten, Anlagen, buschigen Feld- und Vorhölzern und Auen ein nicht gar seltener Sommervogel. Sie kommt Ende April und Anfang bis Mitte Mai und zieht im September wieder weg. Büchele sah ein Nest auf einer Rofskastanie ca. 4 m hoch am äufsersten Ende des Astes etwa 1½ m vom Stamme entfernt.

157. SYLVIA NISORIA Bechst.

Keyserling u. Blasius, Die Wirbeltiere Europas, I. S. 189. n. 232. — Verz. S. LVII.

Naumann, Naturgeschichte der Vögel Deutschlands, II. S. 430. Taf. 76. Fig. 1. 2. — XIII. Nachträge S. 408.

Spanische Grasmücke, Edelmucke.

Kommt bei uns nur sporadisch, doch nicht selten auf den Donauinseln, um Neuburg, Ingolstadt und Regensburg brütend vor, wird aber von den Vogelstellern gewöhnlich weggefangen. Auf der oberen Donau bei Neuburg ist sie nach Graf von der Mühle nicht so selten, als man gewöhnlich glaubt, und brütete 1849 in einem Akaziendickicht des gräflichen Schlosses Bertolsheim nicht weit von der Donau unter Mühles Fenster. Auch die Ufer des Mains oberhalb und unterhalb Würzburg, z. B. den Stadtgraben von Ochsenfurt, soll sie bewohnen. Apotheker Link sah sie häufiger als anderwärts im sogenannten Bärengrunde bei genannter Stadt im Monat Mai 1863 und 1864, und obwohl sich diese Gegend durch den Reichtum an Dornbüschen auszeichnete und als Brüteplatz für die Sperber-Grasmücke wie geschaffen schien, konnte er im Juni schon kein Exemplar mehr ausfindig machen, so sehr er sich auch darum bemühte. Bei den fleifsigen Raupen- und Schmetterlingsjagden, welche er zu jener Zeit an der bezeichneten Stelle betrieb, hätte er sicher den Vogel sehen müssen, wenn er als Brütevogel dagewesen wäre. Sie kommt Ende April und verläfst uns im August und September. Auf dem Zuge wird sie nur hie und da einmal an vereinzelten Orten wahrgenommen. Prof. Wolf erhielt am 23. August 1823 einen nahe bei Nürnberg am Wasser gefangenen jungen Vogel; aufserdem wurden etliche Stücke bei Eichstädt, Passau, bei Augsburg (Lechhausen) und Memmingen gefangen. Bei München ist sie während des jährlichen Herbstzuges nicht so selten, und besafs von der Mühle nach einander drei dort gefangene Sperbergrasmücken.

Genus 65. Lusciola.

a. *Lusciola.*

158. LUSCIOLA PHILOMELA Bechst.

Keyserling u. *Blasius*, Die Wirbeltiere Europas, I. S. 189 n. 233. — Verz. S. LVIII.

Naumann, Naturgeschichte der Vögel Deutschlands, II. S. 362. Taf. 74. Fig. 1.

Echt ungarische Sprosser kommen auf dem Herbstzuge Ende August in die Auen der beiden Grenzflüsse zwischen Bayern und Österreich, der Salzburger Saale und der Salzach. Bei Passau, Regensburg, München, Memmingen (Trunkelsberg 31. August 1856) Nürnberg (Weigelshof Frühjahr 1849) und Eichstädt wurden schon hie und da Sprosser gefangen. Einen bei München gefangenen herrlichen Schläger besafs von der Mühle.

159. LUSCIOLA LUSCINIA L.

Keyserling u. *Blasius*, Die Wirbeltiere Europas, I. S. 189. n. 234. — Verz. LVIII.

Naumann, Naturgeschichte der Vögel Deutschlands, II. S. 373. Taf. 74. Fig. 2.

In Parken, buschigen grofsen Gärten und Anlagen, in Auenwäldern und Flufsthälern ein noch immer ziemlich verbreiteter Sommervogel. Allen dichtbewaldeten und gebirgigen Gegenden fehlt die Nachtigall, überhaupt sucht sie sich wärmere Lagen, ist aber aus vielen Gegenden, in denen sie noch vor 40 und 50 Jahren wohnte, als Brutvogel verschwunden. Zur Zeit wird sie als solcher südlich der Donau meines Wissens überall vermifst und geht einem grofsen Teil des südlichen und östlichen Frankens um Eichstädt, Gunzenhausen, Ansbach, Rothenburg, Uffenheim Windsheim, Neustadt, Nürnberg, Erlangen, Forchheim, Bayreuth gänzlich ab. In den oberen Donauauen ist sie einheimisch und in der Ingolstädter Niederung gibt es Nachtigallen in Menge. Am Main von Lichtenfels abwärts über Schweinfurt, Stadt-Schwarzach, Gaibach, Ochsenfurt und Würzburg hinab nach Aschaffenburg (Schönthal und Schönbusch) ist noch ihr Hauptsitz und stellt sie sich hier noch vieler Orten in Gärten, an Waldsäumen in Niederungen, Feldhölzern, Schlofsgärten und buschigen Umgebungen der Städte, z. B. im Hofgarten und auf dem Glacis in Würzburg ein. In einem Seitenthälchen des Main, dem Dürrbachthale bei Ochsenfurt, hörte ich im Sommer 1880 zwei Paare in der Nähe der Kunstmühle in Tückelhausen singen. Um Augsburg gibt es in den Weidengebüschen längs des Lech zur Zugzeit immer Nachtigallen, die von den Lechhausener Vogelfängern trotz dem Verbote weggefangen werden. Sie kommen selten schon Anfang (6. 10.), gewöhnlich erst im letzten Drittel des April und verstreichen wieder im August und September.

Leider wird dieser herrliche Sänger allen Verboten zum Trotz noch immer stark weggefangen. Ich kenne einen leidenschaftlichen Vogelliebhaber, der an der unterfränkischen Tauber bei Bieberehren und Tauberrettersheim gegen das Mergentheimsche, wo die Nachtigall noch immer zahlreich brütet, einmal sieben, ein anderes Mal zwölf Stück, nachdem er sie zuvor verhört und die besten Schläger sich ausersehen hatte, in Zeit von zwei Morgenstunden fing. Von solchen Gefangenen nehmen oft ältere

Vögel absolut kein Futter an und sterben in ihrem Starrsinn bald dahin, auch wenn man sie mit Mehlwürmern stopft. Nur selten fühlt der Besitzer so menschlich, dafs er solchen, den Verlust der Freiheit nicht verwindenden, Trotzköpfen die Freiheit wiedergibt.

b) Cyanecula Brehm.

160. CYANECULA SUECICA L. (leucocyana Brehm).

Keyserling u. *Blasius*, Die Wirbeltiere Europas, I. S. 191. n. 237 — Verz. S. LVIII.

Naumann, Naturgeschichte der Vögel Deutschlands, II. S. 414. Taf. 75. Fig 3. 4. 5. — XIII. Nachträge S. 373. Taf. 364. Fig 1 2. (*S. leucocyana*) und Fig. 3. 4. (*S. Wolfii*). S. 377 Taf. 365 Fig. 1 2 (*S. leucocyana*) und Fig. 3. 4. (*S. Wolfii.*) S. 387. Taf. 366 Fig. 1—4 (*S. suecica — orientalis*).

Blaukehlchen, Blaubrüstchen, Wassernachtigall.

Es kommen bei uns Vögel ohne weifsen Stern mit ganz blauer Brust (Memmingen, Augsburg, Tückelhausen) und wiewohl sehr selten prachtvolle, rotsternige Männchen (Nürnberg 18. Mai 1803 und Augsburg 4. Mai 1858) neben den gewöhnlichen weifssternigen vor. Das Blaukehlchen erscheint bei uns selten schon Mitte bis Ende März, gewöhnlich erst im April, nistet in dem Dickicht des Weidengebüsches am Main bei Aschaffenburg auf den mit Weidengestrüpp bedeckten Maininseln bei Heidingsfeld, in den Lechauen bei Augsburg und in der Oberpfalz im Sulzgau in der Gegend von Neumarkt und verläfst uns wieder im September und Oktober. Im Frühling fing ich bei Nürnberg ein schönes weifssterniges Männchen, welchem auf dem Scheitel und der Wange zwei sehr stark angesogene Hundszecken safsen.

c. Erithacus Swains.

161. ERITHACUS RUBECULA L.

Keyserling u. *Blasius*, Die Wirbeltiere Europas, I. S. 191. n. 238. — Verz. S. LVIII.

Naumann, Naturgeschichte der Vögel Deutschlands, II. S. 397. Taf. 75. Fig. 1. 2.

Rotkehlchen, Rotbrüstchen, Rotkröpfle, Backöfelchen.

In vaterländischen Sammlungen sah ich Varietäten mit weifsem Schwanz und weifsen Flügeln und mit weifser Brust und rotem Stirnstreif.

Ein gemeiner Zugvogel, der ausnahmsweise schon in den Tagen vom 21. bis 28. Februar und in der ersten Hälfte des März, gewöhnlich erst in der zweiten Hälfte des März bei uns ankommt, in Laub- und Nadelwaldungen, höchst selten in grofsen Dorfgärten brütet und im September und Oktober wieder abzieht. Einzelne Nachzügler bleiben bis in den November und Dezember, und dauert gelinde Witterung bis in den Januar an, so überwintern sie ganz bei uns. Kommt dann im Februar und März noch Kälte und Schnee, so flüchten sie sich in die Dörfer, kommen auf die warmen Düngerstätten, kriechen durch Ausgufssteine in die Küchen, dringen durch offene Thüren in die Wohnungen und Ställe und durch zerbrochene Fenster in die Kirchen ein und suchen Schutz und Nahrung. Ebenso mifslich ergeht es ihnen, wenn nach ihrer Ankunft im Frühjahr, wie im April 1858 und im März 1881, noch tiefer Schnee fällt. Dann ist ihr Andrang in die Dorf- und Stadtgärten, sowie an und in die Häuser ein so grofser, dafs Hunderte dieser lieblichen Sänger mit leichter Mühe gefangen werden können. Nach zwei- bis dreitägiger Gefangenschaft sind dann die meisten tot.

d) *Ruticilla Brehm.*

162. RUTICILLA PHOENICURUS L.

Keyserling u. *Blasius*, Die Wirbeltiere Europas, I. S. 191. n. 239. — Verz. S. LVIII.

Naumann, Naturgeschichte der Vögel Deutschlands, III. S. 510. Taf. 79. Fig. 1. 2 und S. 996. — VI. Zusätze S. 14

Wald-, Gartenrotschwanz, Waldblasse, Waldbläfslein, Holzbläfsle, Rotbläfsle, Waldrötele, türkischer Rotschwanz, Saulocker.

Allenthalben in Waldungen, Baumgärten, Alleen und Anlagen ein gemeiner, hoch in die Alpen hinaufgehender Zugvogel, von Mitte März und April an bis in den September und Oktober. Leu fand ein Nest in einer engen Baumritze, nur zwei Fufs vom Boden entfernt, in einer frequenten Allee Augsburgs, wo täglich viele Menschen am Nistloch vorübergingen.

163. RUTICILLA TITHYS Scop.

Keyserling u. *Blasius*, Die Wirbeltiere Europas, I. S. 191. n. 240. — Verz. S. LIX.

Naumann, Naturgeschichte der Vögel Deutschlands, III. S. 525. Taf 79. Fig. 3. 4. — VI. Zusätze S. 14.

Rotschwanz, Rotschwänzlein, Hausrötele, Wistling.

Von Varietäten sind mir vorgekommen ein ganz weifses Exemplar mit roten Augen und ein Männchen mit weifsem Kopf, Hals und Flügeln, sonst normal gefärbt, welches 1879 in hiesiger Stadt mit einem gewöhnlichen Weibchen verpaart war.

Nach Bechstein soll der Hausrötel Ende des vorigen Jahrhunderts in Thüringen noch selten gewesen sein, was Dr. Liebe bezweifelt, da die ältesten Bauern und Forstleute, die er vor 35 Jahren darum befragte, nichts davon wufsten, und der allgemein herrschende Aberglaube, dafs die Störung der Brut des Hausrötels mit Feuersbrunst bestraft werde, kein modernes Gepräge habe und viel eher für einen uralten Bestand, als für eine erst in neuerer Zeit erfolgte Einwanderung spreche. Und doch scheint die Angabe des alten Bechstein guten Grund zu haben, da auch nach Schrank unser Rötel um das Jahr 1798 in Altbayern nur erst an einzelnen Orten und noch nicht allgemein in Stadt und Dorf gelebt haben dürfte. Schrank bemerkt nämlich, dafs er den Vogel um Falkenstein und Tegernsee gesehen habe, eine Angabe, die keinen Sinn hätte, wenn der Hausrötel damals schon in Ingolstadt, Schranks Wohnort, und Umgebung gelebt hätte. Als Koch 1816 seine bayerische Zoologie schrieb, war es anders, da er von seinem schwarzbäuchigen Steinschmätzer (*Saxicola tithys*) sagt, dafs er überall, wo Gebäude sind, bis in die höchsten Alpen hinauf wohne und gemein sei. Er kommt bei uns Mitte bis Ende März an (früheste Termine in 46 Jahren 7., 11., 12. März), macht zwei Bruten und zieht im Herbst bis Ende Oktober wieder weg. Er brütet sehr gern in Kirchen, auf Altären, in den Steinornamenten der Fenster, auf Säulenkapitälen, Balken, oftmals wenige Fufs über den Häuptern der Kirchenbesucher, in wüsten und bewohnten Gebäuden, auf Dachböden, an Rauchfängen, in Nestern der Rauchschwalben, in Scheuern, in Holzschuppen, gedeckten Kegelbahnen, Gartenhäuschen, Musikpodien der Gesellschaftsgärten, in Schmiedhütten, wo die Pferde beschlagen werden, in faulen

Balken und Mauer- und Felsenritzen. Ein Nest stand im Rundgewölbe einer Brücke des Donau-Main-Kanals in der seichten Vertiefung der Kreuzscheibe hinter dem Einhackkreuz, ein anderes unter dem Schutzdächlein eines Gartenbrunnens dicht an der Hebelstange desselben, welche neben dem Neste sich täglich oft auf- und abbewegte, ohne das Rotschwänzchen zu beunruhigen. In einer hiesigen Gipshütte brüten jährlich Rotschwänzchen und sah ich dort Nester, die 1½ bis 2½ m hoch, nahe dem Brennofen und über den Dreschplätzen auf Balken oder in einem Mauerloch stehen, so dafs man glauben sollte, die Hitze, der Rauch, der stete Menschenverkehr in der beschränkten Hütte, der Lärm des Handdrusches auf zwei Tennen und die den ganzen Tag über in ihrer Nähe geschwungenen Dreschflegel müfsten die Vögelchen verscheuchen. Gleichwohl bringen sie, von den Arbeitern gern gesehen und geschont, trotz allem ihre Jungen auf und kehren jährlich wieder an diesen Lieblingsplatz zurück. Manche Männchen ahmen täuschend die Gesänge und Locktöne solcher Vögel nach, die in ihrer Nähe wohnen, z. B. von *Ficedula rufa, Sylvia curruca, Salicaria arundinacea, Sturnus vulgaris, Emberiza citrinella, Parus major* und anderen. Sie tragen diese Potpourris in Pausen, untermischt mit ihrem Naturgesang, am lautesten und fleifsigsten zur Fortpflanzungszeit, seltener und dann leise noch im Herbst kurz vor ihrem Abzuge vor. Am 11. März 1880 safs ein Rotschwanzmännchen auf einem Dachsparren einer offenen Lagerhalle in einem hiesigen Steinbruch und liefs mich auf 10 Schritt nahe kommen. Dann streckte es den Hals gerade vor sich hin, breitete den Schwanz fächerförmig aus, machte langsame Verbeugungen, drehte dabei den Kopf und Hals gleichfalls langsam nach links und rechts und gab sonderbare, fremdartige Töne von sich. Ein Weibchen war nicht in der Nähe und doch schien das Vögelchen von einem Liebesdelirium ergriffen zu sein.

In unseren Hochbergen geht er bis über die Hochregion hinauf. Baron Richard v. König-Warthausen sah ihn 1855 nicht an den Gebäuden von Bad Kreuth, wohl aber als zahlreichen Nistvogel in den Felsen oberhalb der Schinderalpe. Sobald die Voralpen vom Schnee frei werden, begibt sich der Rotschwanz dahin und zieht mit zunehmender Wärme immer höher. Wird das Wetter wieder ungünstig und fällt Schnee in den Bergen, so kommt er wieder in die Thäler herunter, was auch zuweilen im Herbst der Fall ist. Einzelne trifft man nach Koch noch im November nicht ungewöhnlich am Bodensee an. Er sah im Algäu bei der allerstrengsten Kälte ein schönes, altes Männchen mit weifsen hinteren Schwungfedern. Prof. Dr. Wolf sah am 25. Dezember 1801 noch ein Weibchen im Stadtgraben zu Nürnberg, zu einer Zeit, wo schon mehrere Wochen tiefer Schnee lag und es in den letzten acht Tagen sehr kalt war. Ich könnte eine ganze Reihe von Fällen aufzählen, wo Rotschwänze in den schärfsten Wintermonaten von mir, Leu und anderen in Oberfranken, Mittelfranken und Schwaben beobachtet und gefangen wurden. Solchen Wintergästen geht es freilich manchmal recht übel, und doch sieht man sie selten anders als schmuck und lebhaft und hat Gelegenheit, sich über ihre Findigkeit zu erfreuen. Ich liefs vor mehreren Jahren mitten im Winter eine Klafter anbrüchiges Stockholz und dürres, von Käferfrafs stark ergriffenes Laub- und Nadelprügelholz im Pfarrhofe aufarbeiten und sah schon während der Arbeit einen Zaunkönig am Platze sich herumtreiben. Kaum waren die Holzmacher zum Frühstück und in der Mittagszeit weggegangen, so fand sich mit dem Zaunkönig ein sehr altes Rotschwanzmännchen ein, um die umherliegenden Insektenlarven und Käfer aufzulesen.

Genus 66. Saxicola Bechst.

a. Pratincola Koch.

164. PRATINCOLA RUBETRA L.

Keyserling u. *Blasius*, Die Wirbeltiere Europas, I. S. 192. n. 242. — Verz. S. LIX.

Naumann, Naturgeschichte der Vögel Deutschlands, III. S. 903. Taf. 89. Fig. 3. 4.

Krautvögelein, Braunkehlchen.

Ein in vielen Gegenden auf Wiesen und Rieden, wo einzelne Gebüsche und Bäume stehen, auch in Flufsauen in manchen Jahren gemeiner, in anderen nur spärlich vorhandener Zugvogel. Er kommt selten schon Anfang, gewöhnlich erst in der zweiten Hälfte des April und Anfang Mai, fängt im August zu streichen an und verläfst uns wieder im September und Oktober. Bei Windsheim, Uffenheim, Nördlingen im Ries und am Lech und der Wertach bei Augsburg ist er zu Zeiten ein gemeiner Sommervogel.

165. PRATINCOLA RUBICOLA L.

Keyserling u. *Blasius*, Die Wirbeltiere Europas, I. S. 192. n. 432. — Verz. S. LIX.

Naumann, Naturgeschichte der Vögel Deutschlands, III S. 884. Taf. 90. Fig. 3. 4. 5.

Schwarzkehlchen, Steinpicker, kleiner Steinfletscher.

In manchen Gegenden, wie auf dem Frankenjura, in den Thälern des Steigerwaldgebietes und in der Gegend von Fürth (Zirndorf und Ammerndorf) ist dieses bunte Vögelchen gemein, in anderen dagegen, wie um Windsheim, im Sommer nur sporadisch an etlichen, weit von einander gelegenen Stellen in wenigen Paaren vorhanden, wieder in anderen, so um Augsburg und in den zahlreichen südlichen Flufsthälern der schwäbischen Donau nur selten auf dem Durchzuge. Er kommt hier und da schon Anfang März, gewöhnlich erst in der zweiten Hälfte dieses Monats und im April bei uns an und verstreicht wieder im Oktober. Landarzt Krefs beobachtete einen überwinternden Heideschmätzer den ganzen Winter hindurch an der reichen Ebrach bei Heuchelheim im Steigerwald.

b) *Saxicola.*

166. SAXICOLA OENANTHE L.

Keyserling u. *Blasius*, Die Wirbeltiere Europas, I. S. 192. n. 244. — Verz. S. LIX.

Naumann, Naturgeschichte der Vögel Deutschlands, III. S. 863. Taf. 89. Fig. 1. 2.

Steinelster, Steinbeifser, Steinfletscher, Steinschmatzer, Steinklatsche, Schrollenhupfer, Steinmetz.

Ein in vielen Gegenden recht gemeiner, öde, steinige Gegenden, Steinbrüche, die Umgebungen von Sand- und Kiesgruben, steinige Äcker etc. bewohnender, hoch in das Gebirge hinaufgehender Sommervogel. Er kommt selten schon in der letzten Märzwoche, gewöhnlich erst im April, fängt im August an, umherzustreichen, und verläfst uns wieder im September und Anfang Oktober. Landarzt Krefs schofs noch am 13. November 1832 ein Weibchen bei Kloster Ebrach im Steigerwalde. Im Herbstzuge ist er auf gestürzten Äckern, in Kraut- und Rübenländereien, im Frühjahr auf den Steinhaufen der Strafsen eine gewöhnliche Erscheinung, um Augsburg und in Schwaben überhaupt nur sehr einzeln auf der Wanderung wahrgenommen.

In den Mägen Erlegter fand ich Käfer (*Amara, Poecilus cupreus et lepidus, Aphodius sordidus, Sitona tibialis, Trachyphloeus scabriculus, Chrysomela cerealis*), Käfer- und Schmetterlingslarven (*Elater* und *Noctua*) und kleine Grashüpfer.

Genus 67. Lanius L.

167. LANIUS EXCUBITOR L.

Keyserling u. *Blasius*, Die Wirbeltiere Europas, I. S. 194. n. 250. — Verz. S. LX.

Naumann, Naturgeschichte der Vögel Deutschlands, II. S. 7. Taf. 49. — XIII. Nachträge S. 193.

Bergelster, Schätterhätz, Spatzenstecher, Finkenbeifser.

Ein überall bekannter Stand- und Strichvogel, auch im Hochgebirge. Die im Winter bei uns vorkommenden grofsen Würger sollen nordische Gäste sein, während die bei uns den Sommer über anwesenden Brutvögel im Herbst angeblich nach Süden ziehen, eine Behauptung, die ich weder vertreten, noch in Abrede stellen kann. Im Winter kommt er in die Nähe, ja in die Ortschaften und Städte auf Bäume, Hecken und Reisighaufen, wo auch Sperlinge sich einzufinden pflegen. Ich sah ihm einst von meinem Wohnzimmer aus zu, wie er vor dem Hause eines Nachbarn auf einem Haufen unaufgearbeiteten Astholzes taubenfromm in nachläfsig geduckter Stellung unter den allmählich herbeigekommenen und zutraulich gewordenen Spatzen hockte, bis ihm einer klauengerecht safs, worauf der Duckmäuser die Maske abwarf und sich auf sein Opfer stürzte. Er verfolgt die Sperlinge bis in die Häuser, und wurde im Januar 1872 ein Männchen in einem Getreidespeicher zu Kelheim eingefangen, in welchen er durch eine Fensterlucke auf eifriger Sperlingsjagd eingedrungen war.

Aus den Mägen Erlegter schnitten wir verschiedene Vögel (*Fringilla domestica, linaria, spinus, Parus major et palustris*), Mäuse (*Arvicola arvalis*), allerlei Käfer (*Pterostichus striola, Poecilus cupreus, Agonum viduum*), *Locusta verrucivora* und Raupen von *Sphinx tiliae.*

Baron v. Tschusi erlegte in unserer Nachbarschaft (Villa Tännenhof bei Hallein) mehrfach die einbündige Form dieses Würgers, den *Lanius major Pall.*, worauf ich bayerische Ornithologen aufmerksam machen möchte.

168. LANIUS MINOR Gmel. L.

Keyserling u. *Blasius*, Die Wirbeltiere Europas, I. S. 194. n. 252. — Verz. S. LX.

Naumann, Naturgeschichte der Vögel Deutschlands, II. S. 15. Taf. 50. — III. Zusätze S. 993. — XIII. Nachträge S. 194 und Fortsetzung der Nachträge S. 37.

Dieser seltenste unter den bayerischen Würgern brütete vor 40 bis 46 Jahren als ein gewöhnlicher Sommervogel auf dem sogenannten Judenbühl, dem jetzigen Maxfeld bei Nürnberg, und in der weiteren Umgebung bei Erlenstegen, Hammer, Unterbürg u. s. w. Da die landschaftlichen Verhältnisse daselbst sich wesentlich nicht verändert haben, so ist dies wohl noch jetzt der Fall. Auch bei Cadolzburg, Schwabach, Neustadt a. A., Buttenheim, Bamberg, Banz, in Unterfranken westlich vom Steigerwald bei Oberschwarzach und im Mainthal bei Ochsenfurt und Würzburg wurde er von verschiedenen meiner Freunde als Sommervogel beobachtet. Nach Forstrat Koch brütet er bei Regensburg sehr selten, ist aber nach von der Mühle in der Oberpfalz auf dem Herbstzuge auf einzeln stehenden Feld-, besonders wilden Birnbäumen nicht selten. In Ober- und Niederbayern soll er vorzüglich in der Gegend von Altötting, Burghausen, Griesbach, Landau, Deggendorf, Vilshofen und Passau leben. In Schwaben ist er selten. Leu erhielt am 15. Mai 1847 von Klingenbad, am 14. Mai 1869 von Donauwörth und von Augsburg, am 18. Mai 1871 von Göggingen, am 21. April 1875 von Aystetten und am 20. August 1876 lauter Männchen. Bei Diedorf in Schwaben fand ihn Landarzt Baumeister einmal brütend und schoſs Junge und Alte bei Dietkirch unweit Gessertshausen, sah aber brütend seitdem keinen mehr. In der Memminger Gegend wurde er bemerkt bei Zell, Ziegelberg und Aichholz. Sonst ist mir der kleine Würger in Franken nur selten vorgekommen. Im Mai 1850 wurde einer bei Dombühl in der Gegend von Feuchtwangen von einem Schäfer bei der Herde durch einen Steinwurf getötet. Drei bei Ochsenfurt (Hohestadt, Königshofen) am 9. Mai 1880 erlegte Stücke, zwei Männchen und ein Weibchen, untersuchte ich bei meinem Freunde Ed. Tauber. Sie hatten im Magen Reste von Maikäfern, einen Laufkäfer und eine grofse Anzahl von Gliedern des gemeinen Vielfufses (*Julus terrestris*).

169. LANIUS COLLURIO L.

Keyserling u. *Blasius*, Die Wirbeltiere Europas, I. S 195. n. 253. — Verz. S. LX.

Naumann, Naturgeschichte der Vögel Deutschlands, II. S. 30. Taf. 52. — III. Zusätze S. 993. — XIII. Nachträge S. 201.

Brauner Neuntöter, Dorndreher, Dorntreter, Dorngreil, Käferfresser.

Ein gemeiner Zugvogel, der manchmal schon in der letzten Aprilwoche, gewöhnlich aber erst Anfang Mai bei uns ankommt und uns wieder im September und Oktober verläfst. Nach Naumann setzt er sich noch weniger als sein rotköpfiger Vetter auf die höchsten Spitzen der Bäume. Ich sah ihn oftmals auf der höchsten Spitze eines alten, sehr hohen Kirschbaumes meines Gartens, auf hohen Scheuerdächern, auf der Wetterfahne eines Schlöfschens und auf dem Kreuze einer Feldkapelle sitzen. Er spiefst Rofskäfer (*Geotrupes stercorarius*), Hummeln, junge Mäuse und Vögel, auch Raupen auf die Dornen der Schwarzdornhecken. In den Mägen erlegter fand ich *Cicindela campestris*, andere Lauf- und oftmals Maikäfer, Schmetterlinge (*Hepialus lupulinus*) und grofse Spinnen. Leu erhielt einen solchen Würger, der mit einem Fichtenkreuzschnabel in den Klauen geschossen worden war. Ich selbst war Zeuge, wie einer eine junge Waldmaus (*Mus sylvaticus*) durch das Ohr hindurch auf einen Dorn spiefste. Nicht weit davon hatte er in einer Feldhecke aufser einer Anzahl von Käfern eine erwachsene Raupe von *Cossus ligniperda* aufgespiefst.

Leu besitzt ein altes Männchen mit Kreuzschnabelbildung, ich eines mit kreisförmig verkrummten Krallen.

170. LANIUS RUFUS Briss.

Keyserling u. Blasius, Die Wirbeltiere Europas, L. S. 195. n. 254. — Verz. S. LX.

Naumann, Naturgeschichte der Vögel Deutschlands, II. S. 22. Taf. 51. — XIII. Nachträge S. 198. und Fortsetzung der Nachträge S. 38.

Rotköpfiger Neuntöter, Rotkopf.

Allenthalben in den Umgebungen der Dörfer, in Anlagen der Städte, in Baumgärten mit moosigen Obstbäumen, in hohem

Gebüsche der Hecken auf Feldrainen, meist etwas selten, hie und da so gemein, wie der vorige, sogar noch gemeiner. Auf dem Frühjahrszuge trifft er früher als die anderen Zugwürger, gewöhnlich schon um die Mitte bis gegen Ende April, seltener erst Anfang Mai ein und verläſst uns wieder Ende August und im September. Einzelne sah ich noch bis zum 11. Oktober. Er sitzt gerne auf Hopfenstangen, Kleeböcken, Telegraphenleitungen und lauert auf Beute.

Genus 68. Muscicapa L.

171. MUSCICAPA GRISOLA L.

Keyserling u. *Blasius*, Die Wirbeltiere Europas, I. S. 195 n. 255. — Verz. S. LX.

Naumann, Naturgeschichte der Vögel Deutschlands, II. S. 216. Taf. 64. Fig. 1.

Grauer Fliegenschnapper, *Muckenschnapper*, *Kotfink*.

Allenthalben in lichten Hochwaldungen der Ebene und des Gebirges bis hoch hinauf in die Baumregion, in Parken, Alleen, Gärten, besonders gern in der Nähe der Häuser, in Dörfern und Städten gemein. Er kommt sehr selten schon Mitte April (14.) und in der ersten Maiwoche, meistens erst Mitte Mai bei uns an und verläſst uns wieder im August und September. Er nistet gern unter Dächern, auf Spalieren, einmal dicht über dem Fenster des Wohnzimmers eines meiner Freunde, in Baum- und Astlöchern, auf dem Gebälke von Gartenhäusern, offenen Kegelbahnen, Lagerhäusern der Steinbrüche u. s. w. Ein Pärchen wollte sein Nestchen auf einem Anbaue meines Hauses nahe einem Fenster anbringen und gab den Versuch erst auf, als durch den dort sich verfangenden Wind die Anfänge des Nestes zum dritten Male von dem Balkenkopfe weggeweht worden waren.

In der Augsburger Sammlung stehen aus dortiger Gegend zwei albinotische Exemplare, ein rein weiſses und ein schmutzig weiſses.

172. MUSCICAPA PARVA Bechst.

Keyserling u. *Blasius*, Die Wirbeltiere Europas I. S. 195. n. 256 — Verz. S. LXI.

Naumann, Naturgeschichte der Vögel Deutschlands, II. S. 241. Taf. 65. Fig. 3. — XIII. Nachträge S. 247. Taf. 352. Fig. 2 3. und Fortsetzung der Nachträge S. 48.

Nach Bechstein kommt der *kleine Fliegenschnäpper* in Franken vor und nistet da. Mir selbst ist er lebend noch nicht zu Gesicht gekommen, wohl aber haben ihn einige meiner Freunde zu beobachten das Glück gehabt. Im Herbst 1819 schofs Dr. Hahn ein Männchen bei Brunn unweit Neustadt a. A. Ein brütendes Pärchen fand der k. Oberförster W. Donle zu Cammerstein bei Schwabach in einem nahe am Forsthause in ziemlich hoher Lage des Heidenbergs befindlichen, mit vielen und grofsen Obstbäumen besetzten und von Hecken umgebenen Garten, vor welchem sich, keine 30 Schritt entfernt, ein auf hügeligem Terrain stockender, etwa 30 Tagwerke grofser Wald von Eichen und Birken befindet. Das Nestchen stand auf einem Aste dicht am Stamme eines Zwergobstbaumes, beschattet vom Laube eines an einer Holzschupfe stehenden Weinstockes, und konnte Donle von einem in dieser Remise befindlichen Laden aus auf höchstens zwei Schritt Entfernung das Nest mit den fünf Eiern, die brütenden und ihre Jungen fütternden Alten und die letzteren mit Mufse beobachten. Die Eier waren nach seiner Schilderung ungefähr von derselben Färbung, aber mehr als ein Drittel kleiner als die der *M. grisola.* Das Männchen war blafskehlig, die Farbe des Weibchens ging an den oberen Teilen mehr in das Graue oder Braungraue als bei dem Männchen, und die flüggen Jungen waren schmutzig bräunlich auf dem Rücken, auf der Brust gelbbräunlich bespritzt, auf dem Unterleibe graulich weifs. Der Lockton der Alten klang wie »veit veit zerrr«. Derselbe Beobachter traf ein Pärchen mit den Jungen im Berchtesgadenschen auf der Revier Schellenberg. Ganz in der Nähe auf österreichischem Gebiete bei Hallein fand Baron v. Tschusi das Vögelchen ebenfalls brütend und erlegte oder beobachtete verschiedene weifskehlige Exemplare im Garten seiner Villa Tännenhof. Landarzt Krefs in Kloster Ebrach traf 1856 von Ende Mai bis zum 24. Juni ein Männchen mit blafs rostgelber Kehle in einem herrlichen Buchenbestande des Steigerwaldes, welches immer auf ein und derselben Stelle, einem Raum von 200 Schritt, sang. Das Weibchen sah er nicht, weil es zweifelsohne brütete. Krefs schofs endlich auf den niedlichen Sänger, der angeschossen wegflog und verendet sein mag; denn am andern Tage war sein Gesang verstummt. Zu Ende des Monats Mai 1860 befand sich ein Pärchen im Distrikte Störleinsgrund des Reviers Kloster Ebrach, welches sich bis Mitte Juli dort aufhielt und gewifs auch brütete. Täglich vernahm Krefs den schönen glockenreinen Gesang des Männchens und sah es häufig auf den Ästen der Rot- und Hainbuchen nach Insekten jagen. Seiner rötlich angeflogenen Brust nach war es kein altes Männchen. Der Aufenthalt war immer an einer schattigen, feuchten Waldstelle, deren Stämme mit Ausnahme einiger Buchenüberständer eine Höhe von 40 bis 50 Fufs erreichten. Früh und abends, wo die Insekten der kühleren Temperatur des dichten Waldes wegen auf den besonnten Gipfeln der Bäume sich aufhalten, findet man auch diesen Fliegenschnäpper an den bezeichneten Stellen und nur zur Mittagszeit im Schatten. Sein Gesang ertönt immer in Zwischenräumen von einigen Stunden, und zwar am meisten von Sonnenaufgang bis gegen 9 Uhr morgens und nachmittags von 3 bis 5 Uhr. Seinem Gesang liefs das Männchen im Störleinsgrund einen krächzenden, wie »kräck, kräck« lautenden Ton folgen, den Krefs von dem Männchen des Jahres 1856 nicht gehört hatte. Leider konnte auch diesmal ein Nest nicht gefunden werden. Später wurde jener Walddistrikt sehr gelichtet und zogen sich die interessanten Vögelchen weg, 1866 aber fand sich wieder ein Paar in der Nähe der weitberühmten riesigen Königsbuche bei Kloster Ebrach ein. In ihren Manieren gleicht die *M. parva* nach Krefs mehr einem Laubvogel, als einem Fliegenschnäpper.

173. MUSCICAPA ATRICAPILLA L.

Keyserling u. *Blasius*, Die Wirbeltiere Europas. I. S. 195 n. 257. — Verz. LXI.

Naumann, Naturgeschichte der Vögel Deutschlands. II S. 231. Taf. 64. Fig. 2. 3. 4.

Schwarze Grasmücke, Flenderling, Totenvogel, Totenvögelein.

Der schwarze Fliegenschnäpper kommt selten einige Tage vor Mitte April, gewöhnlich erst in der zweiten Hälfte des Monats und Anfang Mai bei uns an, bewohnt unsere Eichen- und Buchenwaldungen, Gärten und Anlagen grofser Städte, Obstbaumanlagen nahe an Waldungen und Auenwälder und verläfst uns wieder im August und September. In manchen Gegenden, wie um Nürnberg sieht man ihn nur selten auf dem Zuge und habe ich, wie auch die Brüder Dr. Dr. Sturm und Prof. Wolf, nur einzelne Frühlings- und Herbstvögel auf den in früherer Zeit vorhanden gewesenen Vogelherden erhalten. Im Steigerwalde aber, bei Würzburg, Aschaffenburg, um Ansbach, Burgbernheim, Rothenburg, im Aischgrunde, bei Gunzenhausen, Eichstädt, Augsburg brütet er in allen geeigneten Lagen, als einer der gewöhnlichen Sommervögel. In manchen Jahren ist er auf dem Frühjahrszuge so zahlreich, daſs man auf kurzen Strecken an Waldrändern hundert und mehr dieser Vögel zugleich sehen kann. So 1853 im Ansbachischen bei Kloster Heilsbronn, 1857 und 1861 bei Augsburg und Diedorf in Schwaben.

174. MUSCICAPA ALBICOLLIS Temm.

Keyserling u. *Blasius*, Die Wirbeltiere Europas, I. S. 196. n. 258. — Verz. S. LXI.

Naumann, Naturgeschichte der Vögel Deutschlands, II. S. 224. Taf. 65 — Fig. 1. 2. — XIII. Nachträge S. 245. Taf. 352. Fig. 1.

Professor Dr. Döbner erhielt aus dem Kahlgrunde bei Aschaffenburg, wo der *Halsband-Fliegenschnäpper* im Sommer lebt, ein Exemplar, welches bis auf die Schwungfedern erster Ordnung und den Schwanz ganz weiſs war

Er ist ein Zugvogel, kommt in der zweiten Hälfte des April und Anfang Mai bei uns an, brütet in alten Eichen- und Buchenwaldungen des Steigerwaldes, in den gröſseren Waldungen bei Regensburg, in der Münchener Gegend bei Schleiſsheim, woher Leu Eier, Junge und alte Vögel bezog, wahrscheinlich auch in der Gegend von Kaisheim bei Donauwörth, wo am 7. Juni 1854 ein altes Männchen lebend gefangen wurde, und angeblich bei Lindau. In der Gegend von Neustadt a. A. brütete er früher im Schauerheimer Walde, ob jetzt noch, vermag ich nicht zu sagen. Im August und September verläſst er uns wieder. Um Memmingen, Augsburg, Eichstädt, Nürnberg und Erlangen ist er nur auf dem Zuge sehr selten beobachtet worden, von mir einmal im Walde bei Neuhaus in der Gegend von Höchstadt a. A. in einem herrlichen alten Laubholzbestande »am Bänklein« in mehreren Paaren. Apotheker Link erhielt ihn einmal im April bei Würzburg.

(A. Wiedemann schreibt, daſs J. Hellerer von München im Schloſsgarten zu Nymphenburg in den Jahren 1886 bis 1890 den Sommer über 20 bis 30 Paare beobachtete, die alle dort nisteten. — J. A. Link teilt mir mit, daſs er ihn in den Hassbergen bei Bramberg, Königsberg i. Fr. und Vorbach als Brutvogel beobachtet und noch 1889 ein Weibchen vom Bramberge erhalten und gestopft habe. — R. Bl.)

Vierzehnte Familie: Schwalben.

Genus 69. Hirundo L.

a. *Chelidon Boie.*

175. CHELIDON URBICA. L.

Keyserling u *Blasius*, Die Wirbeltiere Europas, I. S. 196 n. 259 — Verz. S. LXI.
Naumann, Die Vögel Deutschlands, VI. S. 75. Taf. 145. Fig. 2.

Die Hausschwalbe, gewöhnlich »Stadtschwalbe, Hausschwälble, Schwälmle, Steuerling, Steurle« genannt, ist allenthalben über ganz Bayern verbreitet, geht im Gebirge höher hinauf als die Rauchschwalbe, ist jedem Kinde bekannt, hat aber in der neueren Zeit wenigstens in vielen Städten an Zahl sehr merklich abgenommen, da man ihre Nester nicht blofs an den Prachtbauten unserer Grofsstädte, sondern auch am frisch getünchten Bürgerhause der Provinzialstadt nicht mehr duldet.

Sie kommt selten schon in der ersten Hälfte des April (frühester, von mir notierter Termin: 8. April), gewöhnlich erst in der zweiten Hälfte und gegen Ende dieses Monats, manchmal erst Anfang bis Mitte und sogar erst Ende Mai bei uns an, wenn der Mauersegler schon zwei bis drei Wochen da ist. Tritt nach ihrer Ankunft im Frühling, zur Brütezeit und im Sommer länger andauernde kalte, unfreundliche Witterung ein, so leiden diese zarten Vögel wegen Futtermangels grofse Not, ermatten und erstarren, verschlüpfen sich und sterben. Ermattete, die man in warme Zimmer bringt, sind meistens schon so ausgehungert und kraftlos, dafs sie kein Futter mehr annehmen und, künstlich gefüttert, gewöhnlich unter der Hand sterben. In dem nassen Sommer 1850 gingen viele junge Schwalben in den Nestern zu Grunde, und fielen endlich an der Wetterseite meines Hauses alle Nester, vom Regen erweicht, mit den toten, von Flöhen und Schwalbenläusen bedeckten Jungen ab. Es sind Ausnahmsjahre, in denen nicht ähnliche Katastrophen zu verzeichnen sind. Im August oder September, in manchen Jahren früher, in anderen später, je nach der Witterung, scharen sie sich in grofser Anzahl zusammen und ziehen Mitte bis Ende September ab. Doch sah ich einzelne Paare noch Anfang bis Mitte Oktober, ja sogar noch am 19. Oktober ihre Nestjungen füttern, nordische Durchzügler noch am 24. Oktober das hiesige Rathaus umschwärmen, und wurde glaubwürdig berichtet, dafs mehrere Hausschwalben noch am 4. November 1870 in Günzburg in Schwaben bemerkt wurden.

Prof. Dr. Jeitteles sah 1875 in Reichenhall oberhalb eines Fensters ein von der gewöhnlichen Bauart abweichendes Nest der Hausschwalbe. Dasselbe stiefs nach oben nicht an die Gesimsleiste an, sondern war nach allen Richtungen hin frei, ausgenommen natürlich die Fläche, mit der es an die Aufsenwand des Hauses angeklebt war. Es stellte eine Dreiviertelskugel dar und hatte den Eingang weder oben, noch an der Seite, sondern in der Mitte, jedoch ein klein wenig nach rechts, so ziemlich an dem von der Wand entferntesten Teil der Kugeloberfläche.

Sehr gern und in Menge frifst diese Schwalbe die Wohlverleih-Bohrfliege *(Trypeta arnicivora)*, weswegen sie im Fichtelgebirge zahlreich die Gebäude umschwärmt, auf deren Böden die Blüten der *Arnica montana* lagern.

Ganz weifse Schwalben werden hie und da als grofse Seltenheit bemerkt. Schrank sah eine in Amberg unter einem Haufen gewöhnlicher Artgenossen; in den Jahren 1822 bis 1828 konnte man fast jährlich weifse Steuerlinge über der Pegnitz an der Fleischbrücke in Nürnberg umherfliegen sehen; ein Stück wurde 1878 zu Lehrberg bei Ansbach wahrgenommen und zwei unterfränkische Exemplare besafs die Universitätssammlung in Würzburg.

b) Hirundo auct.

176. HIRUNDO RUSTICA L.

Keyserling u. *Blasius*, Die Wirbeltiere Europas. I. S. 196. n 260. — Verz. S. LXI.

Naumann, Naturgeschichte der Vögel Deutschlands. VI. S. 49. Taf. 145. Fig. 1.

Die »*Rauch-, Bauern-, Stall-, Gabel-, Spiefsschwalbe, Gabelschwälble, Gäbeleinsschwälble*« ist ein sehr gemeiner, in der Nähe der Menschen in Städten, Dörfern und Einöden wohnender Zug- und Sommervogel. Nach der bekannten Bauernregel: An Mariä Geburt (8. September) fliegen wir furt; an Mariä Verkündigung (25. März) kommen wir wiederum, richten sich unsere Bauernschwalben zwar nicht, doch trifft der Spruch manchmal zu.

Selten kommen sie schon im letzten Drittel des März, doch sind das immer nur sehr vereinzelte Quartiermacher; häufiger, aber auch noch nicht in gröfserer Anzahl, treffen sie in der ersten Hälfte, gewöhnlich erst in der zweiten Hälfte des April ein, wo der Hauptzug ist. Sie brüten zweimal in Häusern, Ställen und Scheuern, vereinigen sich im September zu grofsen Scharen auf Häusern, Blitzableitern, Telegraphendrähten, und ziehen je nach der Witterung früher oder später im genannten Monat ab. Anfang Oktober sieht man noch wenige nordische Durchzügler, aber diesen ganzen Monat hindurch, selbst dann, wenn in unseren Weingegenden, wie es 1879 der Fall war, schon die Trauben erfroren sind. Bleibt der Herbst lange mild, so ziehen einzelne Rauchschwalben oder Familien noch in der ersten und zweiten Novemberwoche bei uns durch. In strengen Nachwintern oder bei lange anhaltendem nafskalten Wetter ergeht es ihnen oftmals sehr schlimm. Sie suchen dann die Schafherden, fliegen viel über dem Wasserspiegel der Weiher und Hochwasser, besonders bei starkem Wind und Wellenschlag, der manches Geniefsbare, Käfer, Spinnen, Wasserinsekten u. s. w. an die Oberfläche bringt, suchen zeitweilig Schutz an Dämmen der Weiher und in anderen windstillen Lagen, setzen sich auf Steine am Wasser, auf den aus den Ställen geschafften frischen Dünger und flüchten sich, wenn der Landmann die Fenster schon zu öffnen wagt, in die mit überwinterten Fliegen noch wohl versehenen Viehställe. Im Juli 1855 fand man in Augsburg auf dem Wolleboden einer Fabrik Klumpen zusammengedrängter, teils erstarrter, teils toter Schwalben, und in der zweiten Juliwoche 1879 erfroren in München und anderwärts bei dem eisigen Luftzuge, welcher von den beschneiten Alpen über die bayerische Hochebene wehte, viele Schwalben dieser und der vorigen Art; ich selbst fand in einem Winkel hinter einem Hause vier tote *H. rustica* und zwei *urbica.*

In einem Reichswalddorfe bei Nürnberg sah ich 1849 ein bewohntes Schwalbennest auf der Schwarzwälder Uhr des Gastzimmers im Wirtshause. Der Aberglaube, wonach der Blitz in ein Haus nicht einschlägt, in dem Schwalben oder Rotschwänzchen brüten, und derjenige kein Glück mehr hat, der Nester, Eier und Junge dieser Vögel verdirbt, schützte die lieben Stubengenossen, dafs die jungen Schwälbchen glücklich aufkamen. In einem andern Kirchdorfe desselben Forstes stand 1876 ebenfalls ein Schwalbennest in der täglich sehr belebten Wirtsstube. In meinem eigenen Hause brütete ein Paar auf dem eisernen Schenkel des Glockenzuges im Vorplatze, zwei Schritt von einem Schranke entfernt, auf welchem dem Neste gerade gegenüber 7 ausgestopfte gröfsere Vögel standen, darunter ein mächtiger, sehr schön präparierter Uhu. Die zutraulichen, harmlosen Schwalben flogen furchtlos aus und ein, und das Männchen sang auf dem Glockenzuge, neben der glotzäugigen Eule sitzend, ihr fröhliches Lied. Leu in Augsburg sah mehrere Nester, welche auf Glockenzüge so gebaut waren, dafs der Draht durch deren unteren Teil ging und bei jedesmaligem Läuten, ohne dafs die Schwalben dadurch sich belästigt fühlten, durch den Nestunterbau hin- und hergezogen wurde.

Unter einem Neste in meinem Hause sammelte ich die verlorenen Atzungsgegenstände. Es waren Stuben-, Stech- und Schmeifsfliegen (*Sarcophaga carnaria*), Goldfliegen (*Musca Caesar*), Schweb- und Schnellfliegen (*Syrphus* und *Tachinus*), Brehmen (*Tabanus bovinus et autumnalis*), Drohnen, Wiesenschnaken (*Tipula oleracea et lineata*), geflügelte Ameisen, Dung- und kleine Laufkäfer, darunter *Agonum parumpunctatum*, Kleinschmetterlinge aus den Ordnungen *Sesia, Adela, Crambus, Tortrix viridana, Tinea lacunana, Botys purpuralis,* sogar eine *Triphaena pronuba,* kleine Orthopteren (*Gryllus*) und zarte Neuropteren (*Libellula*). Grofsschmetterlinge, wie die erwähnte *Triphaena,* fängt die Rauchschwalbe wohl nur selten, doch sah ich am 7. Juli 1879, einem nach länger andauernder kühler Witterung, novemberhaft unfreundlichen Tage, wie eine hart an meinem Hause vorüberfliegende Schwalbe eine an Blumen vor dem Fenster schwärmende *Macroglossa stellatarum* in dem Augenblicke wegschnappte, wo dieser Schwärmer seinen Saugrüssel in einen Blumenkelch gesenkt hatte. Am 20. August genannten Jahres kamen abends 6 Uhr Myriaden geflügelter Ameisen gegen den Turmhelm der Hauptkirche in Windsheim wolkenartig angeflogen und thaten sich die Schwalben, so lange der Flug dauerte, gütlich an der unverhofften Delikatesse.

Aus einem Schwalbennest in meinem Hause fielen öfters Fliegenlarven auf den Boden im Vorplatze des Hauses, die ich sammelte und verpuppen liefs, und aus denen sich *Calliphora azurea Fall.* entwickelte, deren Larven Leon Dufour unter den Flügeln junger Schwalben fand.

Mir und meinem Freunde Leu sind 13 Albinismen vorgekommen. Sie waren zum Teil (8 Stück) rein weifs mit roten Augen, zum Teil isabellfarbig, weifsgrau, hellgrau, schmutzigweifs, mit hellbräunlichen Schatten am Halse oder rötlichem Anfluge an Kehle und Bauch. Mehrmals befand sich nur ein Albino unter einem Geheck normal gefärbter junger Schwälbchen.

c) *Cotyle Boie.*

177. COTYLE RUPESTRIS Scop.

Keyserling u. *Blasius*, Die Wirbeltiere Europas, I. S. 197. n. 262. — Verz. S. LXI.
Naumann, Naturgeschichte der Vögel Deutschlands, VI. S. 91. Taf. 146. Fig. 1. 2. — XIII. Fortsetzung der Nachträge S. 214.

Das einzige Exemplar, welches der *Felsenschwalbe* das deutsche Bürgerrecht erworben hat, erhielt Prof. Dr. Wolf zu Nürnberg aus der Oberpfalz, schon stark von Fäulnis ergriffen, am 21. August 1812.

Nach der bestimmten Versicherung eines sehr erfahrenen Vogelfängers und Dieners am ehemaligen Herzoglich Leuchtenbergschen Naturalienkabinett zu Eichstädt, der die Uferschwalbe und ihr Brutgeschäft aus Erfahrung kannte, diese und die Felsenschwalbe in der Sammlung täglich vor Augen hatte und Naumanns Naturgeschichte der Vögel Deutschlands fleifsig las, hat die Felsenschwalbe vor langen Jahren bei Eichstädt in zwei bis drei Paaren gebrütet, und zwar an der Landershofener Strafse in den Felsen des Altmühlthales, wo er öfters Nester ausgenommen habe. Diese Schwalbe sei ihm und seinen Kameraden unter dem Namen Steinschwalbe bekannt gewesen, den *Cypselus apus* hätten sie Mauerschwalbe genannt. Da die Felsenschwalbe das Tiroler Innthal bewohnt, so hielt es Graf von der Mühle für sehr wahrscheinlich, dafs sie auch die nächstliegenden Flufsthäler besucht.

178. COTYLE RIPARIA L.

Keyserling u. *Blasius*, Die Wirbeltiere Europas, I. S. 197. n 263. — Verz. S. LXI.
Naumann, Naturgeschichte der Vögel Deutschlands. VI. S. 100. Taf. 146. Fig. 3. 4.

Sandschwalbe, Sandschwälble, Kotschwalbe.

Ein zärtlicher Sommervogel, der selten schon im April (einmal schon am 25. April 1852 am Schalkhausener Weiher bei Ansbach), gewöhnlich erst Anfang Mai bei uns ankommt und

Mitte August und Anfang September, wo der Strich am lebhaftesten ist, wieder fortzieht. Der späteste von mir notierte Termin ist der 19. September, wo ich sie noch über der oberen Altmühl antraf. Am 8. und 9. Mai 1858 zeigte sich auf dem Dutzendteich bei Nürnberg eine sehr grofse Zahl von Rauch- und Uferschwalben, die bei starkem Winde Schutz an einem Damme suchten und so dicht in gesonderten Haufen safsen, dafs ganze Stellen braungrau und schwarz erschienen. Auf dem Donau-Main-Kanal und in dem weiten Weiherlande der Amtsgerichte Höchstadt a. A. und Herzogenaurach traf ich sie auf dem Zuge, immer nur in kleinen Gesellschaften, während sie im Schilfe der Weiher der Oberpfalz und Oberbayerns öfter in grofser Anzahl erscheinen und auf dem Bodensee sich zu Tausenden sammeln. Sie brüten meist kolonienweise in den Wänden der Sandgruben, an steilen Lehmwänden der Flüsse, ihrer Seitenthäler und benachbarter Hohlwege, hier und da in steinernen Brücken und von Wasser bespülten Stadtmauern. Anfang der 40er Jahre brütete ein einzelnes Paar mehrere Jahre lang am Kirchturm zu Wonsees in Oberfranken in einer Mauerritze. Es kam alljährlich nur das eine Paar, und war das aus Lehm gebaute Nest so angebracht, dafs es halb innen und halb aufsen stand und oben offen war, wie ein flacher Futterkorb. Die Vögel hielten sich immer sehr hoch am Turm allein, obgleich mehrere Hunderte von Nestern der Hausschwalben an den Häusern des Ortes waren. Seit 1847 ist das Paar ausgeblieben und das Nest abgefallen. Baldamus vermutete, es möchte dieses Paar *Hirundo rupestris* gewesen sein. Dafs es hoch oben am Turm nistete, erklärt sich zur Genüge daraus, dafs die Uferschwalbe gern einsam und nicht in der Nähe der Menschen lebt, dafs es sich immer allein hielt, aus dem Umstande, dafs sich *H. riparia* nicht unter andere Schwalben mischt, was allerdings nicht ausschliefst, dafs die verwandten Arten mit ihr manchmal an ein und demselben Orte zusammentreffen. Einzeln nistende Paare sind sehr selten. Jäger in Bischofsheim bei Hanau beobachtete einen solchen Fall. Ein Paar brütete bei ihm in einer Höhlung an einer Scheuer. Ich selbst fand ein einzelnes Paar in einer steilen Uferwand des kleinen Reichenbachs bei Ammerndorf in Mittelfranken nahe am Orte, 40 Schritt von einem stark begangenen und befahrenen Wege über einen Hutwasen entfernt. In vielen gröfseren oder kleineren Kolonien brütet sie an zahlreichen Orten

Schwabens im Mindel-, Kamlach-, Zusam- und Schmutterthale, am Lech, an der Iller, Isar, an der oberen Donau, an der Altmühl, Rezat, Regnitz, Bibert, am Main bis hinab nach Aschaffenburg und in den Seitenthälern desselben. (Siehe unten Ochsenfurt.) Früher bewohnte sie in zahlreichen Kolonien die Almgruben (Sandgruben) in der Nähe Memmingens auf dem sogenannten Tummelplatze. Da aber die Gruben immer mehr ausgearbeitet wurden, so fanden sich in der zweiten Hälfte der 50er Jahre nur noch wenige Paare ein und im Sommer 1857 sah man kein Sandschwälblein mehr. In der Nähe des Bahnhofes zu Ochsenfurt in Unterfranken befindet sich 1880 in einer Kiesgrube, woraus das Deckungsmaterial für den Bahnkörper entnommen wird, eine Brutkolonie von 30 bis 40 Paaren dieser niedlichen Schwalbe, obgleich täglich Züge den Brutplatz passieren.

Ordnung IV.

Gallinaceae. Hühner.

15. Familie. Tauben.

Genus 70. Columba L.

a) Columba auct.

179. COLUMBA PALUMBUS, L.

Keyserling u. *Blasius*, Die Wirbeltiere Europas. I. S. 197. n. 264. — Verz. S. LXII.

Naumann, Naturgeschichte der Vögel Deutschlands. VI. S. 168. Taf. 149. —

Ringel-Holztaube, grosse Wildtaube.

Bei Sulzbürg in der Oberpfalz wurde eine Ringeltaube geschossen, bei welcher die Nägel der beiden äusseren Vorderzehen sehr verlängert und spiralförmig nach aussen gewunden waren. In unsern Nadelwaldungen, besonders in Fichtenwäldern und in Gegenden, wo auf den Feldern Linsen, Wicken und Weizen gebaut werden, ein nicht häufiger Zugvogel. Sie kommt im Februar und März, fängt Ende August zu streichen an und verläſst uns im Oktober. Einzelne bleiben auch bis in den November. So scheu sie ist, so gewöhnt sie sich doch an die Nähe des Menschen und brütet öfter an Orten des lebhaftesten Verkehrs, nahe an Ortschaften und gröſseren Städten, sogar in denselben. In der Gegend von Spalt nistete ein Pärchen 150 Gänge von dem Dorfe Weingarten auf einem alten, sehr starken Birnbaum, andere nächst Aschaffenburg im Schönthal und in Triesdorf bei Ansbach, obwohl alter Nadelwald in unmittelbarer Umgebung ist, auf den alten Linden nächst der Ackerbauschule und einer sehr belebten Gastwirtschaft. Trotz dem unter den Brutbäumen oftmals sich entwickelnden buntesten Treiben geselligen Lebens und rauschender Musik heulen da die Tauben auf hohem Sitze im dichten Laubdache der riesigen Linden aus der Markgrafenzeit, fliegen ab und zu und füttern ihre Jungen grofs. Im Juni 1880 sah ich ein Nest nahe an der Kunstmühle in Tückelhausen bei Ochsenfurt im Parke meines Freundes Tauber auf einer jungen Fichte hart am Wege in nächster Nähe einer Laube. Ende Mai gibt es öfter schon ganz flügge Junge. Die zweite Brut wird Ende Juli, aber auch noch Ende August flügge; 1876 wurden sogar noch zwei flügge Junge bei Augsburg auf einer Fichte gefunden. Den Nadelholzsaaten kann die Ringeltaube, wo sie in grösserer Zahl auftritt, empfindlichen Schaden zufügen. Im Juni 1865 wurde auf den ausgedehnten Holzsaaten der Revier Anzing eine solche Taube geschossen, die in ihrem Kropfe 1702 keimfähige Fichtensamenkörner hatte. Professor Wolf zeigte einst in einer Monatsversammlung der naturhistorischen Gesellschaft Nürnberg verschiedene Schnecken vor, die er im Magen einer Ringeltaube gefunden hatte.

180. COLUMBA OENAS. Gmel. L.

Keyserling u. *Blasius*, Die Wirbeltiere Europas, I. S. 197. n. 265. — Verz. S. LXII.

Naumann, Naturgeschichte der Vögel Deutschlands, VI. S.213. Taf. 151

Hohl-Lochtaube.

Überall in Wäldern mit alten hohlen Bäumen, doch seltener werdend, da letztere mehr und mehr verschwinden. Sie kommt Ende Februar und März, fängt im August zu streichen an und geht im Oktober weg. Am 2. Dezember 1868 wurde von 3 in der Mehringer Au bei Augsburg sich aufhaltenden Hohltauben ein Weibchen erlegt. Der November war sehr schneereich und zum Teil sehr kalt. Dr. W. Sturm sah auf dem Dutzendteich bei Nürnberg Hohltauben auf die Blätter der Seerose in einem der Weiher sich setzen und trinken. Der vormalige Lehrer Oechsner an der Gewerbeschule Aschaffenburg sagt in einem Programm von 1854, in welchem er die Käfer der dortigen Gegend zusammengestellt hat, die Entwicklung der *Cetonia speciosissima* gehe in den Niederlassungen der Waldtauben, in den hohen, alten, hohlen Eichen vor sich, woraus ein Entomologe der Nachbarschaft (Hanau) den prächtigen Käfer zu vielen Hunderten entnehme. Es wäre ein Irrtum, wollte man an ein Freundschaftsverhältnis zwischen diesem Goldkäfer und der Hohltaube denken. Ihr beiderseitiges Zusammentreffen ist ein zufälliges, indem die Larve des Kerfs im faulen Holz und Mulm alter Eichen lebt und die Taube in deren Höhlen nistet. Der Käfer hält sich noch einige Zeit nach seiner Entwicklung im Mulm auf, bis er ausfliegt, seiner Nahrung und dem Begattungsgeschäfte nachgeht und schliefslich seine Eier wieder in hohlen Eichen ablegt.

b) Peristera Boie.

181. PERISTERA TURTUR L.

Keyserling u. *Blasius*, Die Wirbeltiere Europas. I. S. 198. n. 267. — Verz. S. LXII.

Naumann, Naturgeschichte der Vögel Deutschlands. VI. S. 233 Taf. 152.

Turtel-Hirsetaube, Hirstäubchen.

Leu bekam ein altes, hahnenfederiges Weibchen von Genderkingen bei Donauwörth. In unseren Laub- und Nadeljunghölzern, Niederwaldungen und Flufsauen nicht selten, an vielen Orten ein gewöhnlicher, im April und Mai ankommender und im September wieder fortziehender Sommervogel. Sie brütet zuweilen ganz in der Nähe der Städte in grossen Anlagen und Gärten (Aschaffenburg im Schönthal und in der Allee nach dem Schönbusch). Auf den Waldsaatbeeten kann sie durch Verzehren des Föhren- und Tannensamens dem Forstwirt so lästig werden, dafs man ihrem schädlichen Treiben durch Abschiessen ein Ende machen mufs.

16. Familie. Steppenhühner.

Genus 71. Syrrhaptes Illig.

182. SYRRHAPTES PARADOXA, Pall.

Keyserling u. *Blasius*, Die Wirbeltiere Europas. I. Verz. S. LXIII.

A. Jäckel schreibt darüber in seinem Manuskript:

Ob das Steppenhuhn (*Syrrhaptes paradoxus Jllig.*) bei seinem massenhaften Auftreten im Jahre 1863 auch unserem Bayerlande einen Besuch abgestattet hat, vermag ich mit Gewifsheit nicht anzugeben. Ein mir befreundeter Arzt, ein tüchtiger Waidmann und Kenner unseres Jagdgeflügels, sah damals zwischen Ansbach und Triesdorf eine Schar ihm unbekannter, im Fluge an *Charadrius pluvialis* erinnernder Vögel. Ich vermochte aber weder in der reichen *Syrrhaptes*-Literatur, noch in der Tagespresse einen verbürgten Fall des wirklichen Vorkommens dieses Huhnes bei uns aufzufinden und bin überzeugt, dafs Bayern bei diesem wunderbaren Zuge abseits von der grofsen Heerstrasse liegen geblieben ist Die Wanderung ging bekanntlich von Süd-Ost aus den bucharischen und kirgisischen Steppen nach Nordwest über viele Gebiete unseres Continents bis hinüber nach England und in den Jahren 1864 und 1865, nachdem die Vögel da und dort gebrütet hatten, in umgekehrter Richtung und in sehr gelichteten Reihen wieder zurück.

»Im Jahre 1888 ist das Steppenhuhn auf seinem grofsen Wanderzuge aus den asiatischen Steppen nach Europa mehrfach in Bayern vorgekommen. Folgende Notizen liegen mir darüber vor: A. Wiedemann schreibt darüber: »Am 6. Mai erschien ein Flug von 40 Stück bei Mering unweit Augsburg, aus welchem ein ♀ geschossen wurde. Am 12. Mai flogen ca. 35 Steppenhühner in westlicher Richtung über die Stadt Augsburg. Zu gleicher Zeit konnten 11 dieser Wanderer, die in westlicher Richtung weiter zogen, bei Haunstetten beobachtet werden. Am 15. Mai sind 9 Fausthühner bei Bannacker gesehen worden.« — A. Link teilt folgendes mit: »Am 3. Mai 1888 wurden bei Stadtlauringen am Fufse der Hafsberge 21—22 Stück zuverlässig beobachtet. Am 11. December 1888 ein Stück bei Unterneuses in der Nähe von Burgebrach (Unterfranken) erlegt und für das Naturalienkabinett in Bamberg gestopft.« — Über dies nämliche Exemplar schreibt mir Fr. G. Fischer, Kgl. Inspektor des Naturalienkabinetts in Bamberg, dafs dasselbe ein ♂ adult. gewesen und vom Forstgehilfen Th. Kolb geschossen sei. Der Kropfinhalt wurde von Prof. Dr. Harz in München untersucht. Derselbe teilte darüber in der Sitzung des botanischen Vereins in München am 14. Januar 1889 (abgedruckt in der Zeitschrift des landwirtschaftlichen Vereins in Bayern) mit, dafs sich in demselben 0,85 gr. Sand befand, dessen gröfste Stücke die Durchmesser von 1,5 mm nicht überschritten. Die Samen- und Fruchtmasse, welche keine anderen Pflanzenteile (Blüthen, Knospen u. dgl.) auch keine tierischen Bestandteile beigemengt enthielt, setzte sich folgendermafsen zusammen:

		Stück.
1.	*Hordeum distichum*	94
2.	*Secale cereale*	17
3.	*Setaria viridis*	287
4.	*Bromus arvensis*	1
5.	*Atriplex angustifolia*	135
6.	*Chenopodium murale*	668
7.	*Polygonum lapathifolium*	21
8.	» *Convolvulus*	201
9.	*Silene noctiflora*	237
10.	» *inflata*	
11.	*Trifolium pratense*	951
12.	*Vicia sativa*	3
13.	» *Cracca*	2
14.	*Plantago lanceolata*	9
15.	Labiate oder Boraginee	1
	Summa	2637

Hiemit ergibt sich die erfreuliche Thatsache, dafs das Steppenhuhn auch in den ungünstigeren Wintermonaten die zu seinem Dasein erforderlichen Sämereien bei uns vorfindet. Stud. W. Heusler schreibt mir, dafs 1888 bei Landau in der Pfalz drei Steppenhühner geschossen und ein anderes bei Dirmstein lebendig gefangen worden sei. — Im 1888er Jahresberichte über die Beobachtungsstationen der Vögel Deutschlands erwähnt Parrot im Manuskript aufser den bereits genannten Fundorten noch folgendes: »In der näheren Umgebung von München wurde meines Wissens unser Vogel nicht beobachtet; ebenso wenig erhielt einer der Ausstopfer ein Exemplar zur Präparation gesandt.«

Laut Zeitungsnachrichten wurden Steppenhühner in Bayern beobachtet: »Bei Bamberg (bei Hallstadt) Ende Mai 16—18 Stück, bei Unterreichenbach (Würzburg) 18 Stück. Anfangs Juli bei Obersembach, bei Königsbrunn, Schwabmünchen, Buchloe, Neufahrn, Mühldorf. Bei Rotthalmünster wurde am 14. September ein Flug von ca. 20 hühnerartigen Vögeln beobachtet, welche man als Steppenhühner ansprach. Professor Dr. Hartig beobachtete an Pfingsten bei Grafrath an der Amper einen Flug von ca. 30 Vögeln, welche, wie er mir selbst versicherte, nichts anderes als Steppenhühner sein konnten.« — A. B. Meyer erwähnt im Anhange zum III. Jahresberichte (1887) der ornithologischen Beobachtungsstationen im Königreich Sachsen noch folgende Vorkommen: 4. April bei Selb, Oberfranken, 30—40 Stück, 15. April bei Regnitz-Losau, bayerisches Voigtland 30—40 Stück; 13. Mai bei Selb 40 Stück, Mitte Mai bei Schmalnau und Tabran in der Rhön, Ende Mai bei Unteralternheim in Unterfranken 80—100 Stück, Hegnenberg und Mühldorf 20—30 Stück, Kronach (Oberfranken), Anfang Juni ebenda. Reichenow gibt im Cabanis Journal f. O., 1889, pag. 26 u. ff. noch weitere Notizen: Bei Hüll (unweit Bayreuth) im April 10 Stück, bei Rindlhütte bei Spiegelau am 1. Mai 3 Uhr nachmittags 25—30 Stück von SW. nach NO., bei Eberberg (Oberbayern) 2. Mai 50 Stück, bei Altötting am 5. Mai bemerkt, bei Wunsiedel am Fichtelgebirge am 14. April und 5. Mai ca. 40 Stück, in Schmölz bei Kronach 20 Stück Mitte Mai, bei Augsburg 18. Mai 40 Stück, bei Seybothenreuth bei Bayreuth am 23. Mai 40—45 Stück in nordöstl. Richtung nachmittags 4 Uhr ziehend.

Notizen über Vorkommen des Steppenhuhns in Bayern in 1889 habe ich nicht gefunden. Es ist mir nicht bekannt geworden, dafs die Fausthühner im Sommer 1888 in Bayern gebrütet hätten.« R. Blasius.

17. Familie: Hühner.

Erste Gruppe: Waldhühner.

Genus 72. Lagopus Vieill.

182. LAGOPUS ALPINUS Nilss.

Keyserling u. *Blasius*, Die Wirbeltiere Europas, I. S. 199. n. 274 — Verz. S. LXIII.

Naumann, Naturgeschichte der Vögel Deutschlands, VI. S. 401 Taf. 160 u. 161

In den oberbayerischen und allgäuer Alpen von Berchtesgaden bis Hindelang und Oberstdorf allenthalben, aber ziemlich spärlich verbreitet, nicht gerade selten, doch nirgends zahlreich, bewohnt das Schneehuhn die Latschenregion bis hinauf in das höchste Gebirg, wo die Vegetation aufhört und nur Fels und Schnee sich findet. Man trifft es in Flügen bis zu 10 Stücken an. »Nach von Kobell lebt es im Allgäu, um Hohenschwangau, Partenkirchen, Tegernsee, Schliersee, Rosenheim, Marquartstein, Ruhpolding, auf dem Untersberg, auf dem steinigen Gletscherfeld über der Hochalpe Ramsau in Wimbachthal. An geschossenen Wintervögeln sah derselbe einige Male in einer gewissen Lage die Flaumen nach innen zu von einem blassen Rosenschimmer; an anderen konnte er diese Farbe nicht gewahren. Drei Exemplare, welche Leu im Januar von Oberstdorf erhielt, hatten die Kröpfe gefüllt mit Blättern von *Dryas octopetala.* Schneehühner werden bei uns selten geschossen, weil der Jäger, der ihre Region besteigt, gewöhnlich nur die Büchse führt und um eines Schneehuhns willen durch Schiefsen nicht gern das Revier beunruhigt oder sich die Bürsche auf einen Gamsbock oder Hirsch verderben mag. (v. Kobell).

Genus 73. Tetrao L.

183. TETRAO UROGALLUS L.

Keyserling u. *Blasius,* Die Wirbeltiere Europas, I. S. 199. n. 275. — Verz. S. LXIV.

Naumann, Naturgeschichte der Vögel Deutschlands, VI. S. 277. Taf. 154 und 155.

Auerhahn, Auerhenne, Auerwild.

Das Auerwild kommt fast überall in Bayern, wo grofse, zusammenhängende und ruhige Waldungen sind, im Gebirg, soweit das Hochholz hinaufreicht, doch auch längs des Alpenzuges, sowie im Hügellande und in der Ebene vor. Gute, zum Teil sehr gute Stände hat es vom Algäuer Hochland bis hinüber nach Reichenhall-Berchtesgaden, im Algäu in den Revieren Burgberg, Fischen, Immenstadt, im oberbayerischen Gebirge bei Ettal, Partenkirchen, Rifs, Altlach (Hochkopf), Hohenschwangau, Buching, in der Gegend des Ammersees um Diefsen, Reisting, Gimmenhausen und Wessobrunn, in Berchtesgaden und Ruhpolding, ferner in der Landschaft zwischen den Alpen und der Donau im Kemptener Wald (Betzigau), im Kürnacher und Kimrathshofener Forst und in der Gegend von Kaufbeuren (Sachsenried, Sulzschneid). Der bayerische Wald mit den westlichen Abdachungen und Verzweigungen des Böhmerwaldes hat meistens gute Stände in den niederbayerischen Forstämtern Schönberg und Zwiesel in den Revieren Schönau, St. Oswald, Bodenmais, Rabenstein, Finsterau, Bischofsreuth, Duschlberg, Zwiesel und Klingenbrunn. Weniger zahlreich ist das Auergeflügel im oberpfälzischen

Hügelland in den Forstämtern Cham, Kemnath, Vilseck und Weiden, schwach vertreten in den Ämtern Amberg und Neumarkt. Dagegen hat es wieder gute Stände in Oberfranken, im Frankenwalde Forstamts Kronach (Gerlas, Lauenhain, Tettau, Tschirn), auf dem Fichtelgebirg in den Forstämtern Wunsiedel und Marktleuthen und in den Revieren Bischofsgrün, Fichtelberg, Furthammer, Goldkronach, Sophienthal, Vordorf, Warmensteinach, Weifsenstadt, Martinlamitz, Rehau, Sparneck und in den Waldungen der gräflich von Castell'schen Herrschaft Ebnath in den Revieren Riglasreuth und Frankenreuth, im Veldensteiner Forst in den Revieren Bärnheck, Horlach und Weidensees, im Steigerwald und seinen Ausläufern, woran Ober-, Mittel- und Unterfranken partizipiert, in den Forstämtern Ebrach, Eltmann und Forchheim in den Revieren Koppenwind, Winkelhof, Wustviel, Oesdorf in der Markwaldung, und in den gräflich v. Castell'schen Waldungen bei Rüdenhausen, Abtswind und Burghaslach. Dank der ihm zugewendeten Hege hat sich dieses Wild im Nürnberger Reichswald Forstamts Laurenzi in erfreulicher Weise gemehrt und wurde im Jahre 1881 fast auf jedem Revier ein Hahn abgeschossen oder die Anwesenheit eines solchen konstatiert. Selbst in den benachbarten Bauernwaldungen steht Auerwild. Nur weniges aber besitzt das Forstamt Nürnberg-Sebaldi auf dem Revier Kraftshof. Unterfranken erfreut sich guter Stände im Spessart in den Ämtern Aschaffenburg und Lohr und zwar in den Revieren Heinrichsthal, Schöllkrippen, Langenprozelten, in der Rhön, Forstamts Hammelburg und Neustadt a. S. in den Revieren Euerdorf, Geiersnest, Neuwirthshaus, Römershag, Burgwallbach, Fladungen, Schmalwasser, Steinach, Wächterswinkel und Melrichstadt, ferner in den fürstlich von Leiningenschen Waldungen im bayerischen Odenwald (Amorbach, Miltenberg) und endlich in den Hafsbergen im Revier Zeil Forstamts Eltmann u. s. w. In der Rheinpfalz, wo ehemals die Auerhahnbalze um Johanniskreuz berühmt war, ging der Auerwildstand seit der Mitte der fünfziger Jahre mit auffallender Schnelligkeit zurück und blieben die besten Balzplätze allmählich unbesucht. Jetzt ist es in den meisten Revieren ausgestorben und befinden sich nur noch schwache Stände in den Revieren Taubensuhl, Waldleiningen und Wattenheim (Haidfeld). Im Reviere Ramsen, Forstamts Winnweiler, wird es mit aller Sorgfalt gehegt und verspricht der Stand wieder ein guter zu werden.

Mehr als alle Feinde, und deren hat es sehr viele, schadet diesem der Kultur und jeder Annäherung des Menschen höchst abholden Wilde die jetzige intensive Bewirtschaftung unserer Wälder, die Führung von Kahlschlägen auf grofsen Flächen an Stelle der früher üblichen Plänterwirtschaft, die Erziehung gleichalteriger, dicht geschlossener Bestände, das Einerlei ein und derselben Holzpflanze auf weiten Kulturflächen, das Verschwinden der sonnigen mit Gestrüpp und Beerenkräutern bewachsenen lückigen Stellen, die Wegebauten, Bestandesreinigungen, Durchforstungen und die damit verbundenen Beunruhigungen der Wälder. Wo viel gesäet und gepflanzt wird, verschwinden die Lieblingsplätze des Auerwildes immer mehr und mit ihnen das Wild selbst, während an Orten, wo wegen Ungunst der Standortsverhältnisse die Natur noch vorherrschend wirkt und schafft, das Auerwild sich nicht blofs hält, sondern bei rationellem Abschlufs sich sogar vermehrt und an verlassene, allmählich wieder in entsprechenden Bestand einwachsende Orte zurückkehrt.

Es ist Standwild, verstreicht aber hie und da in Gegenden, wo es gänzlich unbekannt ist oder in langen Jahren nicht mehr gesehen wurde. Abgesehen von Hennen, welche verwundet, demnach von gefiedertem Raubzeug verfolgt, mehrfach in Strafsen und Hofräumen der Städte (Hof, Bayreuth, Straubing) lebend gefangen wurden, sind mir Fälle vorgekommen, wo ganz gesunde Auerhennen offenbar auf der Suche nach Gatten oder neuen Niederlassungen begriffen, erlegt sind: eine auf dem Judenbühl bei Nürnberg, die andere im dortigen Reichswalde nicht weit von Wendelstein Erstere wurde von einer hohen Linde vor einem ländlichen Wirtshause an der Heroldsberger Staatsstrafse, die andere von einer übergehaltenen Samenföhre von einem jungen Manne herabgeschossen, der ohne alle Deckung durch die niederen Büsche des Jungholzes gerade auf sie zuging, während ich etwa hundert Gänge davon offen auf der Strafse stehen blieb und, um den Vogel zu verscheuchen, dem jugendlich unbesonnenen Schützen laute Abmahnungen nachrief. Die Henne war augenscheinlich ganz gesund und sehr gut von Wildpret. Am 21. April 1854 Abends wurde abermals eine Henne von einem Schlot der im grofsartigsten Betriebe stehenden Zeltnerschen Ultramarin-Fabrik vor dem Spittlerthore, nahe am Staatsbahnhofe in Nürnberg, herabgeschossen, nachdem sie sich Tags zuvor in jener äusserst belebten Gegend im Garten eines Schlöfschens zu Steinbühl herumgetrieben hatte. Bei Auerhähnen hat man ähnliche Beobachtungen öfter gemacht, von einer Henne aber ist mir ein derartiges Benehmen ganz unerklärlich. Wie der starke Brunfthirsch die schwächeren Hirsche bekämpft, und vom Brunftplatz abtreibt, so der eifersüchtige alte Auerhahn die jüngeren, schwächeren Nebenbuhler. Nun scheint es, daſs die abgekämpften Hähne wegen Nichtbefriedigung des Fortpflanzungstriebes einer Störung der Seelenthätigkeit verfallen, in der sie, ihr menschenscheues Naturell verläugnend, die tollsten Streiche begehen, in den Wäldern Menschen und Tiere anfallen, ja sogar die Waldeseinsamkeit verlassen und sich in Dörfern und Häusern und in Hofräumen niederlassen, um verliebte Attentate auf Haushühner zu machen und mit deren Eheherren zu raufen. Ich glaube diesen Zustand als einen den Monomanien *(Erotomanie, Nymphomanie)* bei dem Menschen analogen auffassen zu dürfen. Ist der gesunde Hahn zur Balzzeit an der Befriedigung des Geschlechtstriebes gehindert, so kann bei ihm durch die Menge der Samenfäden in den Samenbläschen, die einen vermehrten Druck auf den sympathischen Nerv ausüben, eine vermehrte Reizung eintreten. In diesem Zustand hochgradiger geschlechtlicher Erregung geht dann die ganze Individualität des Hahnes auf; sein ganzes Wollen und Streben conzentriert sich in dem unwiderstehlichen Drang nach Befriedigung des Geschlechtstriebes; sein ganzes Naturell verändert sich. Er kennt keine Scheu vor Menschen mehr, sucht denselben sogar auf, fällt ihn an und ist für jeden anderen Eindruck unempfänglich. Dieser an Bewuſstlosigkeit grenzende Zustand wird durch alles, was die Sinne reizt, vermöge reflektorischer Nerventhätigkeit hervorgerufen. Je mehr Same in den Bläschen und je länger die Abstinenz, desto mehr artet der Zustand in Raserei, Manie, aus. Man kennt Fälle, daſs einzelne solcher Hähne äuſserlich zwar unbeschädigt, aber körperlich herabgekommen und sehr mager waren, weil sie während ihrer Erotomanie wie der Brunfthirsch wenig Nahrung zu sich nehmen oder, wie dies auch bei geisteskranken Menschen vorkommt, zuletzt alle Nahrung verschmähten. Immer ist dies jedoch nicht der Fall und unheilbar ist der geschilderte Zustand auch nicht. Vor längeren Jahren fuhr ein Knecht von Heigenbrücken im Spessart vor Tagesanbruch in den Wald, um Holz zu holen, und führte einen Hund mit sich, der sich auf dem Waldwege in das Gebüsch verlor, aus dem er alsbald heulend zurückkam, hinter ihm ein Auerhahn, der mit ausgebreiteten Flügeln den Hund verfolgte, nach ihm bifs und schlug und erst auf das Peitschengeknall des Knechts von der Verfolgung abliefs. Am nächsten Tage fuhr Letzterer wieder in den Wald und fand an derselben Stelle, an der er das erzählte Abenteuer bestanden, in der Morgendämmerung auf dem Fahrwege einen dunkeln Gegenstand, den Auerhahn, liegen, steckte ihn in einen Futtersack und brachte ihn seinem Herrn, der ihn dem damaligen Oberförster, jetzigen Forstrat Fröhlich, übergab. Im Zimmer freigelassen nahm der Hahn frische Buchenknospen, die man ihm bot, zu sich und wurde nach einigen Tagen von der Aktiengesellschaft des zoologischen Gartens in Frankfurt a. M. erworben, wo er mehrere Jahre lebte (der deutsche Jäger 1881. S. 106.) In einem markgräflich ansbachischen Forste überfiel anfangs der neunziger Jahre des vorigen Jahrhunderts in der Balzzeit ein Auerhahn zwei sägende Holzhauer, schlug sie heftig mit den Flügeln und verwundete sie mit seinem starken Schnabel, setzte dies auch mehrere Morgen nach einander und so lange fort, bis er von den hievon benachrichtigten Jägern während eines solchen Anfalles gefangen wurde. Im Jahre 1840 trieb sich zwei Tage lang in den Steigerwaldorten Koppenwind und Neudorf ein Auerhahn ohne Scheu unter den Haushühnern in stetem Kampfe mit dem Haushahn herum, strich dann in den nahe gelegenen unterfränkischen Ort Wustviel ab und hielt sich dort einige Tage auf. Während dieses seines Aufenthaltes wurde er von den Bewohnern im Dorfe herumgejagt und endlich von dem dortigen Revierförster von dem Dache eines Hauses herabgeschossen. Ein anderer wurde 1848 auf dem Revier Lichtenhof im Nürnberger Reichswald zur Zeit des Rechens der weifsen Streu (Schmeelengras) erlegt. Derselbe fand sich mehrere Tage nach einander bei den Streurechern ein, strich über sie hinweg, stellte sich ganz in ihrer Nähe auf Holzklafter, Streuhaufen oder die Leitern eines Wagens und falzte, ohne sich von den arbeitenden Landleuten und einem herbeigerufenen Forstbeamten irre machen zu lassen. Einem Bediensteten im Schlosse zu Aschaffenburg wurde einst gemeldet, oben auf dem Schlofsgesimse sitze ein grofser schwarzer Vogel. Der Gerufene überzeugte sich sofort, dafs es so sei und öffnete den Laden, um den Vogel an sich zu nehmen, als dieser vom Gesimse abstrich und sich in dem unmittelbar unter dem Schlosse befindlichen Gesträuche niederthat und verkroch, woselbst er bei dem Scheine einer Blendlaterne, da es bereits dunkelte, mit Überwerfung einer Decke ergriffen wurde. Bei dem damaligen Garnisonswechsel des k. bayerischen Infanterie-Leibregiments wurde der seltene Braten an der Festtafel verzehrt (der deutsche Jäger 1881. S. 106). Im bayerisch-böhmischen Grenzorte Hermannsreuth bei Tirschenreuth fiel einst im April ein junger Auerhahn regelmäfsig abends auf den Dachgibeln ein und begann zu balzen. Jedenfalls war es auf die Haushennen abgesehen; denn in der Nähe stand ein alter Auerhahn mit nur 4 Hennen. Am 17. November 1850 schofs ein Bauer zu Sperberslohe im Nürnberger Reichswald einen Auerhahn von der Scheune seines Nachbars herunter. Die erschreckten Hofhühner flüchteten, als der mächtige Vogel Morgens 9 Uhr dahergestrichen kam, eiligst in die Häuser und in einen Backofen. Am 29. April 1879 nachmittags 3 Uhr spazierte ein Auerhahn gemütlich auf dem Dache des kgl. Oberförsters zu Eufserthal in der bayerischen Pfalz einher, suchte aber nach wenigen Minuten das Weite. Auerwild ist in dem genannten Reviere nicht, wohl aber in dem benachbarten Revier Taubensuhl vorhanden. Über einen verrückten Auerhahn berichtet d. d. Passau, Juli 1881 der Sekondleutnant Geifsler im 16. Infanterieregiment was folgt: »Der Schauplatz des nachstehend geschilderten Vorfalles ist der Neuburger Wald, Revier Passau I. In unmittelbarer Nähe des Schiefsplatzes des in Passau garnisonierenden 16. Infanterie-Regiments fingen am 21. April d. J. nachmittags zwischen 3 und 4 Uhr drei Soldaten einen alten Auerhahn, der, ihrer kaum ansichtig geworden, auf dem Boden zu balzen anfing und ohne Pause fortbalzte, so dafs ihn die Soldaten, ohne irgend welche Vorsicht anzuwenden und ohne ihn regelrecht anzuspringen, aufnehmen konnten. Während dieses gewifs seltenen Ereignisses feuerte zudem die Kompagnie, kaum 30 Schritte entfernt, ununterbrochen fort, bis ich den glücklichen Fänger mit dem Auerhahn in den Armen wahrnahm. Nachdem ich den Hahn einer genauen Betrachtung unterzogen und durchaus keine Verletzung an ihm hatte entdecken können, schenkte ich ihm wieder die Freiheit, worauf er, kaum 15 Schritte wegstreichend, wieder auf dem Boden fortfuhr zu balzen, so dafs er mit Leichtigkeit abermals hätte gefangen werden können. Einige Tage später ging ich mit einigen Kameraden an den Fangort und sahen wir alle den Hahn, wie er im Heidelbeerkraut umherrannte, fortwährend balzte und sogar auf uns zuging. Von mir verfolgt, lief er langsam davon, machte dann aber plötzlich Front gegen mich und erwartete mich in reizender Balzstellung, so dafs er wieder nur aufgenommen zu werden brauchte. Später wurde er noch mehrmals gefangen, jedoch immer wieder freigelassen.«

»Dem Berichte des Sekondleutnants Geifsler dahier über das merkwürdige Verhalten eines Auerhahns glaube ich ergänzend beifügen zu sollen, dafs der Schiefsplatz genannten Regiments auf dem höchsten Punkte der Staatswaldungen des Reviers Passau I, ungefähr 7 Kilometer von hier liegt und fast täglich von den Truppen zu Schiefsübungen benutzt wird. In unmittelbarer Nähe befinden sich die Standorte des Auerwilds. Schon einige Tage vor dem 21. April hatte der Reserveleutnant Schwertfeger morgens um 8½ Uhr denselben Auerhahn wahrgenommen. Er balzte ungefähr 10 m von den ununterbrochen feuernden Truppen entfernt, in nicht mehr als 3 m Höhe vom Boden auf einem Aste sitzend und liefs den genannten Herrn sowohl, als den zufällig des Weges kommenden Forstgehilfen wiederholt bis unter den Baum sich nähern. Auch nach dem 21. April ist derselbe Hahn von anderen Personen wiederholt vom Boden weg ergriffen, besichtigt und hierauf frei gelassen worden. Er begann jedesmal wieder zu balzen und zwar Angesichts der Zusehenden.« Passau im Juli 1881. G. (Deutscher Jäger 1881. S. 177).

Bei den Kämpfen der Hähne geht es oft sehr hitzig her. Hartnäckig auf einander einstürmend raufen sie sich die Federn an der Brust, am Kopf und an den Flügeln aus, bringen sich Wunden bei und bemerken das Herannahen der Menschen nicht. Ende März 1859 trafen Holzarbeiter in der Louisenburg bei Wunsiedel zwei kämpfende Hähne, von denen einer durch ein hingeschleudertes Holzbeil getödtet wurde. Zur selben Zeit wurden an das Forstamt Zwiesel zwei prächtige Auerhähne lebend eingeliefert, welche im Revier Zwiesler Waldhaus in erbittertstem Kampfe mit einander begriffen waren und, nachdem sie sich schwere Wunden beigebracht hatten, von hinzugekommenen Holzhauern ergriffen wurden. Baron v. Eichthal aus Augsburg schofs in der Balzzeit 1861 und Privatier Otto Forster aus Augsburg im Frühjahr 1875 bei Oberstdorf im Algäu, jeder zwei kämpfende Hähne auf einen Schufs. Im Frühjahr 1866 wurden auf einem unterfränkischen Forstrevier mit ausgezeichnetem Auerwildstande von einer Gesellschaft von drei Forstmännern zwei herrliche alte

Hähne geschossen und aufserdem zwei weitere balzende angesprungen. Während die Jäger nach Schlufs der Jagd zwischen 5 und 6 Uhr in einem Jägerhäuschen bei warmem Kaffee safsen, gewahrte einer derselben auf einer circa 90 m vom Häuschen entfernt stehenden alten Eiche zwei nahe an einander sitzende Auerhähne, auf welche sofort aus dem Häuschen durch das geöffnete Oberlicht zweimal nach einander mit Kugeln geschossen wurde. Beide Male bückte sich der eine Hahn, als ob er etwas Unbehagliches gespürt hätte, so tief er konnte, beide aber blieben auf dem Aste stehen. Jedenfalls sind beide Kugeln über ihr Ziel weggeflogen. Erst als der Schütze aus dem Häuschen heraustrat, um vielleicht aus näherer Entfernung einen glücklichen Schrotschufs anbringen zu können, strichen beide Hähne ab. Sie hatten sich höchst wahrscheinlich zuvor hart bekämpft und schienen sich auf der Eiche zu erneutem Kampfe ausruhen zu wollen; wenigstens standen sie auf ein und demselben Ast sich gegenüber und hielten die Köpfe mit vorgestrecktem Halse höchstens handbreit von einander. Offenbar hatten sie in ihrer übertriebenen Eifersucht den Schall der Schüsse, der freilich durch den Raum des Zimmers, von wo die Schüsse abgefeuert wurden, bedeutend gemindert war, ganz überhört (Deutscher Jäger 1879, S. 27). Vor mehreren Jahren baumte auf dem Revier Culmbach gegen Ende der Balzzeit ein Auerhahn nach drei vergeblichen Morgenpürschen, nachdem die beiden Jäger bei bereits hellem Tage unter lautem Gespräch eine Cigarre angezündet hatten, plötzlich auf dem Gipfel einer Fichte auf, von wo aus er unverrückt mit gesenktem, lang gestreckten Halse auf die beiden Weidmänner herunteräugte. Nach einem fehlgegangenen Kugelschufs blieb der Hahn in ungeänderter Stellung; ein Schrotschufs des anderen Schützen, von dem einige Schrotkörner auf dem dichten Federpolster der Brust des Vogels angegangen sein mochten, veranlafste ihn zum abstehen, worauf ein rasch folgender zweiter Schufs gelang, der den geflügelten Hahn zu Boden brachte (ibidem 1880. S. 134).

Die Balze beginnt, wiewohl sehr selten, schon im Februar (1877 am 22. Februar wurde auf dem Revier Taubenbach, Forstamts Amberg der erste balzende Hahn geschossen), hie und da Ende März, gewöhnlich erst im zweiten Drittel des April und dauert in den Waldungen der Ebene und des Hügellandes bis über die erste Maiwoche hinaus. Dafs ein Balzhahn noch am

11. Mai 1875 auf dem Revier Zeil am Main geschossen wurde, gehört zu den Seltenheiten. Im Hochgebirg und im bayerischen Walde balzt das Auerwild schon bei knietiefem Schnee im April, doch verschiebt sich die Balze auch bis in die zweite Maihälfte und dauert im höheren Gebirge bei Schnee bis Ende Mai und in den Juni. Sorgsame Jäger aufserhalb des Gebirges schiefsen den Balzhahn nicht vor, sondern nach Georgi (24. April), weil um letztere Zeit die Hennen alle getreten sind und das Vergnügen des Weidwerks ohne nachteilige Folgen für die Fortzucht und den guten Stand dieser Jagd genossen werden kann[1]). Junge, doch ausgewachsene Hähne balzen nicht selten an angenehmen Tagen des Spätsommers und Herbstes sowohl Morgens als Abends so feurig, als ob der Frühling in vollem Anzug wäre, so dafs sie angesprungen und erlegt werden können. Auch bei alten Hähnen kommt so späte Balze vor und dauert bis der Winter ihrem Gesange ein Ende macht. Wahrscheinlich sind es Hähne, welche im Frühjahr nicht zur Befriedigung ihres Geschlechtstriebes kamen und nun den ganzen Sommer und Herbst hindurch von der Überfülle ihrer Kraft Kunde geben. Zur Zeit des Rehblattens 1863 schofs der Graf Wolfgang zu Kastell-Rüdenhausen bei letztgenanntem Orte einen Auerhahn, der während des Blattens zu balzen anfing und nach und nach immer hitziger balzte, so dafs sich der erlauchte Weidmann schliefslich veranlafst sah, den Hahn anzuspringen und herunter zu schiefsen. Ebenso wurden bei Fladungen, Forstamts Neustadt a. S., vom 8. bis 22. August 1879 vier balzende Hähne erlegt, die keine jungen gewesen sein können; denn dafür war die Zeit zu früh. Oskar Horn berichtet hierzu im deutschen Jäger (1879 S. 6), dafs er in der dritten Septemberwoche 1878 auf dem Revier Langenbruck, Forstamts Vilseck, als er auf den Hirscheneinzug angestanden, einen alten Hahn die ganze Balzarie fortwährend hersagen gehört, ihn auch regelrecht angesprungen,

---

[1]) Die Stift Waldsassenschen Jagd-Verordnungen von 1788 (Abt Wigand von Deltsch) befiehlt § 8 Da Zeit hero einige Unser Förster recht sträflichst die Auer- und Birkhahnen gleich bei ihrer ersten Falzzeit darnieder geschossen, es mögen hernach die Hühner fruchtbar geworden seyn oder nicht, so wollen wir dieses hirnlose Vorgehen nicht allein geantet, sondern den gemessensten Befehl ertheilet haben, dafs künftighin kein Förster sich mehr unterfangen solle, vor Georgi einen Auer- oder Birkhahn zu schiefsen. Eine gesuchte Ausred, als wären mehrere Hahnen auf dem nemlichen Revier gewesen, solle

aber aus dem Grunde nicht geschossen habe, weil er kein Freund davon sei, einen Auerwildstand, wie oben von Fladungen gemeldet, zu ruinieren. Endlich mag noch angeführt werden, dafs am 12. September 1878, morgens 5 Uhr, im Veldensteinerforst auf dem Revier Horlach ein fröhlich balzender Hahn angesprungen wurde, der sein Spiel und seine Sätzlein so anhaltend wie im Frühjahr hören liefs und am 20. September 1879 Abends 6 1/2 Uhr im Nürnberger Reichswalde hinter Nerreth ein im regelmäfsigen Falzen begriffener Hahn angesprungen und zu Schufs gebracht werden konnte.

Das normale Gewicht eines Auerhahnes ist nicht unter 4, nicht über 4 1/2 Kilo. Ein alter Hahn, der schwerste, den Oskar Horn in Händen hatte, wog ausnahmsweise 7 1/2 Kilo. (Handbuch des Jagdsport).

184. TETRAO TETRIX L.

Keyserling u. *Blasius*, Die Wirbeltiere Europas, I. S. 199 n. 276. — Verz. S. LXIV.

Naumann, Naturgeschichte der Vögel Deutschlands, VI. S. 324. Taf. 157.

Birk-, Spielhahn, Birk-, Spielhenne, Birkwild, Birkgeflüg, Birkgeflügel, Spielgeflüg, Spielgeflügel. Die Schwanzfedern, »Stoss, Leier, Scheere,« (oberbayerisch *Schaar*).

Gegen die böhmische Grenze hin wurden schon öfters ganz weifse oder stark weifsgefleckte Birkhühner geschofsen. Zwei grauweifse Hähne, deren einer in der Regensburger Sammlung steht, und die sonst keine anders gefärbte Feder, nur die Augen, Schnäbel und Kämme oberhalb der Augen von gewöhnlicher Färbung hatten, und ein gelblich weifser wurden 1854 in der Oberpfalz in dem trocken gelegten Pfrentschweiher und ebenfalls zwei grauweifse mit gewöhnlich gefärbtem Stofs, Schnabel, Füfsen und Augen bei Schwarzach in Niederbayern erlegt.

---

keinem Jäger zur Entschuldigung dienen. Auer-, Hasel- und Birkhühner (Hennen) zu schiessen, solle zu jeder Zeit, mithin durchaus und auf allen Gräntzen verbothen seyn. Und da wir auf bessere Fortpflanzung des Auer-, Hasel- und Birkhühner-Geflügels unsern vorzüglichen Bedacht tragen, so solle zur Brut- und Holzsperrzeit das Schwammen und Beersammeln all- und jeden schärfest verbothen seyn. Und da das Wachholderbeerschlagen uns schlechten Nutzen, wohl aber der kleinen Jagdbarkeit einen grofsen Schaden verursachet, so solle diese Verpachtung von nun an gänzlich abgeschaffet seyn

Das Birkgeflügel ist Stand- und Strichwild, durch die Waldungen des Mittel- und Hochgebirges, wie des Flachlandes verbreitet und hat unter den Waldhühnern die gröfste Verbreitung, da es im Hochgebirg höher hinaufgeht als das Auerwild, und aus dem Walde heraus auch in die Möser übergeht. Lieblingsstände desselben sind jene auf vermagerten, trockenen und verheideten Keupersandflächen stockenden Föhren-Krüppelbestände, wie sie der Nürnberger Reichswald Laurenzi und die Oberpfalz aufzuweisen hat, grofse, durch Waldbrand, Windwurf oder Käferfrafs devastiert gewesene und wieder aufgeforstete ehemalige Kahlhiebsflächen, so lange die Kulturen sich noch nicht geschlossen haben und Beerenkräuter, Schmeelengräser und verschiedenes Forstunkraut wuchern können. Schliefsen sich die Jungschläge, so verschwindet das Birkwild und siedelt sich in anderen ihm zusagenden Gegenden an. Nicht minder als schlecht bestockte Waldungen der Keuperformation liebt es unsere mit Torfmoos und vereinzelten, elenden Filzkoppen (*Pinus pumilio*) bewachsenen Filze (Hochmoore), sowie die mit besserem Pflanzenwuchs, hohen Cypergräsern, Kolbenrohr, Wäldern verkrüppelter Föhren, Zwerg-Sommerbirken und Wacholderbüschen bestandenen Möser, (Wiesenmoore). Hier und im ganzen Alpenzug, auf den Filzen von Weilheim, Diefsen, Rosenheim, Reichenhall, auf dem Grafsauer Moos bei Marquartstein kann man im Spätherbst und Winter oft 80 bis 100 Hähne beisammen sehen. Ferner findet sich Birkwild im Aginger und Erdinger Moos, im Revier Kaisheim und Hafenreuth, Forstamts Donauwörth, um Dillingen, in der Oberpfalz zu Vilseck, Weiden, Bruck, häufig im Nürnberger Reichswald, und im übrigen Franken, im Spessart, Odenwald, Fichtelgebirg und auf der Rhön (von Kobell). Im Frühjahre streichen diese Hühner viel, weniger im Herbst umher und werden dann zufällig in Gegenden geschossen, wo man in zwei bis drei Jahrzehnten nicht ein Stück wahrnahm. Auf diesen Streifereien verirren sie sich hie und da und werden Raubvögeln zur Beute. Ein von einem Habicht verfolgter Hahn flüchtete sich in ein Haus des Dorfes Frickenhausen in Schwaben, ein anderer von der Lechhausener Aue in einen Garten an der Ostseite von Augsburg, wo er am Kopfe eines holzspaltenden Mannes vorbeisausend in der nahen Holzlege vor den Klauen seines Verfolgers Zuflucht suchte.

In milden Wintern balzt der Birkhahn manchmal schon an schönen Vormittagen im Februar und März, gewöhnlich erst Ende März und den April hindurch bis in den Mai. Ich hörte einen Hahn bereits am 15. Februar 1848 in der Lache bei Wendelstein, einen zweiten um dieselbe Zeit 1851 bei Altenfurth im Reichswalde. In den höheren Gebirgen des bayerischen Oberlandes, wo die Berghähne ihre Balzplätze meistens auf den höchsten Gebirgsrücken haben, beginnt die Balze später als im Flachlande und in den Vorbergen und dauert bis in den Juni hinein. Diese Berghähne sind stärker und haben ungleich schönere Stofsfedern als die schwächeren Mooshähne. Junge und alte Hähne balzen noch an heitern Herbstmorgen und, was noch häufiger, an schönen Herbstabenden; das Balzen besteht aber aufser der richtigen Zeit meistens nur im sogenannten Kollern und Gebirgsjäger hören es nicht gerne, da es schlechtes Wetter bedeuten soll. Kobell hörte einen Spielhahn falzen, welcher der Jagd, wo viel auf Gemsen geschossen wurde, auf ein paar hundert Schritte nahe war, sich aber weder durch das Schiefsen, noch durch den Lärm der Treiber stören liefs. Ich hörte einen Balzhahn noch am 27. November 1847 bei Gsteinach auf dem Revier Feucht, der auf das Reizen Antwort gab, und in der dritten Septemberwoche 1878 hörte Oskar Horn auf dem Revier Langenbruck aus dem nahen Röthelweiher herüber nicht blofs das Kollern, sondern auch das Schleifen eines alten Spielhahns, und acht Tage später gleichfalls auf der Morgenpürsche in der Hammergemünder Jagd wieder einen alten Spielhahn, der auch auf das Reizen des Jagdherrn antwortete und vor den Schützen einfiel. Die Hennen kümmern sich um den späten Singsang nicht mehr und ebenso gehören die tollen Sprünge der Bodenbalze nur dem Frühjahr an. Der Hahn sitzt später taubenfromm auf dem Ast, die Stofsfedern zusammengefaltet, und sagt schier gleichgültig seine »Gsetzeln«. (Der deutsche Jäger 1879. S. 6).

Jung aufgezogen wird das Birkwild zahm und in Schleifsheim gedieh einmal eine ganze Zucht, die man aufzog, und falzten dann im Frühjahr die Hähne gar lustig an der dortigen Schenke auf den Tischen inmitten zahlreicher Gäste. (v. Kobell.)

In den Mägen und Kröpfen erlegten Birkwildes fand ich Stengelteile und Beeren der weifsen Mistel, Schwarzbeeren, Grassämereien, Aspen-, Haselnufs- und Birkenknospen, Erlenkätzchen, Föhrenzäpfchen, Fichtennadeln, Heidelbeerkraut, grüne Raupen,

Gryllus-Arten, verschiedene Käfer u. s. w. Seiner Nahrung geht es selbst auf Kartoffeläckern nach. Einer meiner Freunde schofs am 7. September auf der Hühnerjagd zwei junge Birkhähne, die plötzlich vor dem Vorstehhunde aufstanden, 8 bis 10 Minuten vom nächsten Walde entfernt.

An Entozoën beherbergen seine Eingeweide einen Bandwurm und eine Menge Sandwürmer, Nematoden, eine neue Art *Heteraxis tetraonis* (v. Yvernois).

Bei Graf Preysing zu Moos in Niederbayern wurden zwei im wilden Zustande erzeugte Bastarde des Birkhahns und Fasanen erlegt.

Das Rackelwild (*Tetrao intermedius Langsd.*), bekanntlich ein Bastarderzeugnis vom Birkhahn und der Auerhenne, gehört in Bayern, obwohl unsere Forste im Hoch- und Mittelgebirge, wie in der Ebene mit Auer- und Birkgeflügel noch immer verhältnismäfsig reich versehen sind, zu den seltensten Vorkommnissen. Im Jahre 1843 bekam der verstorbene Kreisforstrat Koch in Regensburg einen am 23. April im oberpfälzischen Anteil des Böhmerwaldes, in dem damals schon trockenliegenden und kultivierten, ehedem $1^1/_2$ Stunden langen und $^1/_3$ Stunde breiten Pfrentschweiher auf der Wartei Pfrentsch, Forstamts Vohenstraufs erlegten Rackelhahn. Während des Balzens auf dem Boden machte der Vogel eine Figur wie der Birkhahn und auch der Balzlaut wurde mir als dem des letzteren ähnlich geschildert, nur mit dem Unterschiede, dafs der Bastard hie und da den Hauptschlag des Auerhahns hören liefs und nicht so anhaltend balzte als der Birkhahn. Auf dem Balzplatze hatten sich beiläufig 20 Birkhähne eingefunden, die den Eindringling heftig kämpfend verfolgten, aber nicht zu verjagen vermochten; denn immer wieder suchte er einen Platz unter ihnen. Ein im Besitz der Forstlehr-Anstalt Aschaffenburg befindliches Exemplar wurde im Jahre 1860 im Forstamt Vilseck geschossen. Auch im Hochgebirge ist er selten, doch sah ich in der Staatssammlung zu München, irre ich nicht, 5 Exemplare aus den Alpen und Voralpen, darunter zwei aus dem Forstamte Schongau von dem Revier Hohenschwangau und von Weilheim. Ein sehr schöner Hahn wurde am 9. April 1873 auf dem Revier Schongau geschossen, nachdem er mehrere Morgen vorher gehört, jedoch wegen seines steten Reitens, Standwechsels, nicht anzuspringen war. Er kam ausgestopft in den Besitz des verstorbenen kgl. Forstmeisters Klein in Schongau. In Oberfranken auf dem

Revier Maineck, Forstamts Culmbach, wo Auerstandwild nicht vorkommt, aber zur Birkhahnbalzzeit vereinzelte Auerhennen angetroffen werden, wurden 1876 zwei Rackelhähne geschossen, die wahrscheinlich ein und derselben Brut entstammten, leider beide in die Küche wanderten und einen viel besseren Braten als der Auerhahn lieferten. Die Eigenschaften dieser beiden Blendlinge anlangend, schrieb mir Oberförster Zehelein, dafs ihnen das scheue Wesen der beiderseitigen Eltern weitaus abgegangen sei und sie eine Vertrautheit an den Tag legten, die sie dem Jäger leicht zur Beute werden liefs. Einmal kam er einem der beiden Hähne im Herbst 1875 ohne die geringste Deckung schufsmäfsig nahe und konnte ganz genau bemerken, dafs der Rackel nach ihm herüber äugte und ihn lange fixierte, bis er endlich abstrich. Der Forstbeamte wollte nämlich den interessanten Sonderling nicht schiefsen, um im Frühjahre seine Balze beobachten zu können. Wirklich fing der Hahn Ende März damit an und balzte während vier Morgen erst bei fast völligem Tagesanbruch, aber lauter als der Auerhahn. Er schleifte nicht, schreibt mein Berichterstatter, sondern »pappelte und schnappte« so sonderbar, dafs man seine Balzarie treffend als ein Stottern bezeichnen kann. Da keine Hühner wahrzunehmen waren, wurde dem Reviergehilfen die Erlaubnis zum Abschufs erteilt, welches Geschäft bei der Harmlosigkeit des Wildes ohne Schwierigkeit auszuführen war. Am 20. April 1881 wurde im Nürnberger Reichswalde von dem kgl. Forstamts-Assistenten Grimm auf dem Revier Forsthof, Forstamts Laurenzi, ein Rackelhahn erlegt, der vom Kopf bis an das Ende des Stofses 72 cm lang und 2,5 kg schwer war. Schnabel schwarz, ähnlich geformt wie der des Auerhahns, jedoch schwächer; Hals-, Brust- und Bauchfedern von metallglänzender, violett-rötlicher Färbung, welcher das grau Gesprenkelte des Auerhahns gänzlich fehlte; Kehle bebartet; Flügel wie bei dem obengenannten Hahn, die Schwungfedern zweiter Ordnung mit den weifsen Binden des Birkwildes und die Achselgegend weifs; untere Flügeldeckfedern rein weifs; Rücken schwarz und die Seitenfedern etwas grau gesprenkelt; Stofs glanzlos schwarz, die oberen kürzeren Schwanzdeckfedern weifs gerändert, die äussersten Stofsfedern gesichelt, jedoch nicht so krumm wie bei dem Birkhahn; untere Schwanzdeckfedern schwarz und grau gesprenkelt wie am Auerhahn. Ebenso die grauen Zehen reich mit Balzstiften besetzt, denen des letzteren Wildes ähnlich. Über die Erlegung dieses

Rackels berichtet Gr. im deutschen Jäger (1881. S. 130) folgendes: »Es war am heurigen Ostersonntage, als mehrere Fachgenossen und ich uns des Morgens in den Laurenzer Reichswald begaben, mit der Absicht, einen balzenden Birkhahn auf den Ruf zu schiefsen. Einen Birkhahn schossen wir an diesem Morgen freilich nicht, aber umsonst war der Gang keineswegs. Es war nämlich auf unser »Blasen« ein Hahn herangestrichen, der unser Interesse im höchsten Grade erregte. Er balzte auf dem Boden, machte dabei kolossale Sprünge und breitete seinen Stofs fächerartig aus. Sein Balzton war so seltsamer Art, dafs die entfernter Stehenden nicht einmal ahnten, dafs dieser Ton eine Balzarie vorstellen sollte. Es war ein eintöniges, tiefes »Aerr«. Da der Hahn uns merkte, strich er weiter. Mein College, v. Krempelhuber, der sich darauf von der übrigen Jagdgesellschaft trennte, hörte auf seinem Heimwege plötzlich dies »Aerr« wieder, pürschte sofort den Hahn an und sah denselben mit zwei bis drei Hennen einige Male auf dem Balzplatze, einer ehemaligen, mit einzelnen Föhrenbüschen bestockten Brandfläche, wie er in Gemeinschaft mit einem Birkhahne eifrig balzte, ohne jedoch in Schufsweite kommen zu können. Der Rackelhahn, als welchen ihn v. K. erkannte, schien viel weniger vorsichtig, als der Birkhahn; niemals, die viermal, die wir ihn anpürschten, entfernte er sich weit, sondern nahm in der nächsten Nähe wieder Stand, um gleich wieder weiter zu balzen. Stieg er zu Baum, so nahm er jedesmal seinen Stand auf der höchsten Krone. Zu Schufs kamen wir an diesem Morgen nicht, aber verabredeten beide für den 20. April eine Jagd auf das seltene Wild. Schon kurz nach früh 4 Uhr dieses Tages stand der Hahn von dem Baume ab, auf welchem er die Nacht zugebracht hatte, und fing sofort zu balzen an. Es dauerte noch nahezu ¼ Stunde, bis der auf demselben Platze balzende Birkhahn sich vernehmen liefs. Kaum hatte der Rackelhahn diesen vernommen, so nahm er wieder Stand auf dem Gipfel einer Föhre und rackelte. Die mit Sonnenaufgang eingetretene grimmige Kälte liefs seine Liebe wahrscheinlich erkalten; denn fast eine halbe Stunde liefs er keinen Ton mehr hören. Endlich strich er ab nach der Sonnenseite, wo der Birkhahn sich wieder hatte vernehmen lassen, und wir beschlossen nun, uns zu trennen und am Rande der Brandfläche einander entgegen zu pürschen. Als ich kurz gegangen war, fing etwa 80 Schritte vor mir der Birkhahn wiederholt zu balzen an. Kaum konnte der Rackelhahn dies vernommen haben, so kam er auch schon herbeigestrichen und setzte sich kampfesmutig auf den Gipfel einer Föhre neben mir, um von da aus seinen Rivalen zu erspähen. Es war da keine grofse Kunst, ihn vom Baume herunterzuschiefsen.« Forstmeister Henke in Nürnberg hat den Hahn dem Naturalienkabinet der k. Universität Erlangen übergeben.

Ein sehr schöner Rackelhahn wurde am 29. April 1882 in der Gegend von Traunstein in Oberbayern auf dem Revier Marquartstein erlegt.

Genus 74. Tetrastes.

185. TETRASTES BONASIA. L.

Keyserling u. *Blasius*, Die Wirbeltiere Europas, I. S. 200. n. 277. — Verz. S LXIV.

Naumann, Naturgeschichte der Vögel Deutschlands, VI. S. 358. Taf. 158.

Das *Haselhuhn* lebt als Stand- und Strichvogel in allen Gebirgswaldungen und dem höheren Hügelland Bayerns nirgends sehr zahlreich, am häufigsten noch in den Vorbergen unserer Alpen und in Niederbayern, schwächer verbreitet in der Oberpfalz, noch schwächer in der Pfalz am Rhein und in Unterfranken. In Mittelfranken fehlt es als Standwild ganz. Die besten Stände hat es in den Forstämtern Partenkirchen und Tölz in den Revieren Garmisch, Partenkirchen, Benediktbeuren, Jachenau, Kleinweil, Rifs, Walchensee, ferner um Hohenschwangau, Rosenheim, Reichenhall und Berchtesgaden, im Algäu bis herab in den Kimrathshoferforst, in Niederbayern in den Revieren Hohenau, Schlichtenberg, Bodenmais und Rabenstein der Forstämter Wolfstein und Zwiesel, in Oberfranken auf dem Fichtelgebirg im Forstamt Wunsiedel und den Revieren Sophienthal und Warmensteinach. Einiges Haselwild steht in den gräflich von der Mühlschen Waldungen Schwarzenberg und Fischbach. In Unterfranken war es nach v. Winckell in den zwanziger Jahren dieses Jahrhunderts häufiger als das Birkgeflüg, jetzt gibt es noch einiges Haselwild im Forstamt Hammelburg auf den Revieren Geiersnest und Neuwirtshaus. Im eigentlichen Spessart kommt es nur vereinzelt, dagegen im Vorspessart in den Revieren Partenstein und Sailauf, wenn auch nicht zahlreich, vor. Nach

Dr. Wurm (Zoologischer Garten 1880 S. 205) ist es im Nürnberger Reichswald relativ häufig, was ich aus meiner mehr denn vierzigjährigen Erfahrung nicht bestätigen kann. Mir und meinen Freunden, den Nürnbergern Dr. Fr. und Wilhelm Sturm, sind aus diesem grofsen Forste nur etliche ganz vereinzelte Fälle des Vorkommens dieses Waldhuhns auf den Revieren Engelthal, Laufamholz und Heroldsberg bekannt geworden, der letzte im Herbst 1845, wo ein sehr abgemagertes Stück bei Unterbürg erlegt wurde. In vielen Gegenden, wo es vor 200 Jahren, nach vorhandenen Schufs- und Fanglisten, noch vorhanden war, ist es heutzutage selbst auf dem Striche spurlos verschwunden. In dem Verzeichnisse dessen, was 1661 am markgräflichen Hofe zu Ansbach consumirt wurde, sind 274 Haselhühner aufgeführt. 1669 wurden die Wildmeister zu Ansbach, Triesdorf, Hennenbach, Weihenzell, Unternbibert, Dachstetten, Hirschbronn und Merkendorf und der Förster zu Ansbach befehligt, so lange der Strich der Haselhühner dauere, wöchentlich zwei Stücke oder, weil es nicht überall diese Hühner gebe, zwei Schnepfen zur fürstlichen Hofküche einzuliefern. In den von Crailsheim'schen Waldungen zu Thann bei Herrieden wurden um 1654 und aus dem Neuhauser Walde bei Höchstadt a. A. von den Jägern derselben Herrschaft einmal 21, im Jahre 1660/61 noch 19, später jährlich bis sechs Stücke und 1672/73 nur noch ein einziges in die freiherrliche Küche geliefert. In den Wildbannsrechnungen der Reichsstadt Rothenburg o. T. von 1616 bis 1668 fand ich eine jährliche Lieferung von einem bis vier und sechs Stücken. Sie wurden dort vom Februar bis in den April und wieder im August bis anfangs Oktober gefangen. Auf dem Steiger- und Bamberger-Walde waren sie noch 1734 vorhanden, wie aus einem würzburg'schen Jagdmandat vom 10. März jenes Jahres hervorgeht, welches die Schonung des Haselwildes in den genannten Wäldern, wie auch in denen der Rhön und des Spessart behufs Vermehrung dieser Wildgattung, sowie des Auer- und Birkwilds befiehlt. Die Ursache dieses Verschwindens ist aus den gewöhnlich dafür geltend gemachten und oben bei dem Auerwilde angegebenen Gründen nicht recht klar. Das Haselhuhn war in vielen Gegenden als Strichvogel längst verschwunden, als die heutige Waldwirtschaft dem einstigen, unseren Waldhühnern weit günstigerem Betriebe ein Ende machte. Auch die Ansicht, dafs das gegen früher gröfsere Überhandnehmen des Raubzeuges die

Ursache der auffälligen Erscheinung sein möchte, dürfte nicht zutreffen, weil zu der Zeit, wo das Haselwild in den Gegenden, wo es jetzt verschwindet oder bereits seit lange verschwunden ist, noch als Stand- und Strichvogel vorhanden war, das Raubwild ganz gewifs nicht seltener, sondern zahlreicher als in unsern Tagen die Forste bewohnte. Die wahre Ursache ist bis jetzt noch unermittelt. Das Haselhuhn streift manchmal weit umher und verirrt sich. Im bayerischen Voigtland wurde am 3. April 1880 im Hausflur einer sehr frequenten Wirtschaft mitten in der Stadt ein Haselhahn lebendig gefangen. Im Umkreise von etwa sieben Kilometern ist in dortiger Gegend kein gröfserer Wald vorhanden. In unserer Rheinpfalz findet sich Haselwild in den Forstämtern Dahn, Pirmasenz, Kaiserslautern und Elmstein; das meiste in den beiden letzteren. Doch wurden im Jagdjahr 1878/79 in der ganzen Pfalz nur 23 Stück erbeutet, wovon Kaiserslautern neun lieferte. Aufser im bayerischen Hochgebirge verlohnt sich die Jagd auf dieses edelste Federwildpret nur noch an der bayerisch-österreichischen Grenze von Eger-Waldsafsen bis herauf an die Donau. Hier kann man wenigstens mit Erfolg eigens darauf jagen (der deutsche Jäger 1879. S. 8).

Zweite Gruppe: Fasane.

Genus 75. Phasianus L.

186. PHASIANUS COLCHICUS L.

Keyserling u. *Blasius*, Die Wirbeltiere Europas, I. S. 200 n. 278. — Verz. S. LXIV.

Naumann, Naturgeschichte der Vögel Deutschlands, VI S. 433. Taf. 162.

Fasane kommen in Bayern aufser in den königlichen Fasanengärten in der Nähe Münchens (Hartmannshöfen, Moosach, Schleifsheim)[1], in den Donau-, Isar-, Iller- und Innauen, sowie in den Rheinebenen der Pfalz vor. Die freilebenden sind teils eingesetzt, teils verwilderte Flüchtlinge aus Fasanerien. Bei Augsburg wurde der Fasan vor Jahren in der Lechhausener Aue und im Wolfszahn von reichen Jagdbesitzern eingesetzt und pflanzte sich in nicht grofser Anzahl fort. Durch den starken Schneefall im

[1]) 1881 betrug der Abschufs in diesen drei Fasanerien 802, im Jahre 1883 879 Stücke.

Februar und März 1855 wurde jedoch fast der ganze Bestand vernichtet, so dafs im Jahre darauf frische Fasanen aus Böhmen eingesetzt werden mufsten, deren, wenn auch nicht häufige, Nachkommen sich bis auf die Gegenwart in den Lechauen erhalten haben. Der gröfste Feind dieses Wildes sind die häufigen Überschwemmungen bei Eintritt der Schneeschmelze im Hochgebirge zur Brutzeit der Fasanen. Welche Verheerungen diese Hochwasser anzurichten im stande sind, ist aus einem im deutschen Jäger (1881. S. 112) veröffentlichten Auszuge aus den Schufslisten des Freiherrn Konstantin v. Podewils zu Landshut in Niederbayern zu ersehen. Auf dessen Jagdbezirk wurden

1860 : 105,
1861 nach Hochwasser 58,
1863 : 109,
1864 nach Hochwasser 68,
1866 : 135,
1867 nach Hochwasser 42 Hähne erlegt und

so kam er mit Überschwemmungen in zwei auf einander folgenden Jahren im Jahre 1874 auf 15 Hähne zurück. Bei solchen Sommerhochwassern gehen nicht blos die Gelege und die junge Brut, sondern auch alte Vögel zu Grunde. Bei Landau leben in den Alluvionen der Isar viele Fasanen, und gab es 1880 trotz dem vorausgegangenen harten Winter mehr wie in den Vorjahren, so dafs sich ein dortiger Gutsbesitzer für 1881 ca. 150 bis 158 abzuschiefsende Fasane etatisieren konnte. Sie sind dort so wenig scheu, dafs sie auf einem Saatacker unmittelbar am Bahnhof dem Dutzend nach bei hellem Tage herumlaufen. Auf dem fürstlich Thurn- und Taxisschen Jagdterrain auf dem rechten Donauufer bei Regensburg wurden in der Jagdzeit 1878 nicht weniger als 398, 1878/79 aber 495, und auf den gräflich v. Lerchenfeld-Köferingschen Jagden ebenfalls bei Regensburg 22 Fasane erlegt. Bis 1848 waren sie in Unterfranken bei Werneck heimisch, wurden aber in jenem verhängnisvollen Jahre ausgerottet. In den fünfziger Jahren wurde durch adelige Grundbesitzer dieses hocharistokratische Wild wieder eingesetzt und erhielt sich bis in die sechziger Jahre, worauf man, nachdem auch diese ihren vielen Feinden erlegen waren, eine nochmalige Besiedelung, doch auch vergeblich, anstrebte. In der Rheinpfalz wurden 1874/75 auf sämtlichen Staats- und Gemeindejagden 275 Fasane, wozu allein das Forstamt Speyer 237 Stücke lieferte, und 1878/79 246 geschossen. Sie leben dort zum Teil in reinem Laubholz-Mittelwald, im südlichen Bayern in den Flufsauen mit den daran stofsenden Feldhölzern, Wiesengründen, Sümpfen und Äckern.

Im Kropf einer Fasanenhenne fand man bei Thauwetter anfangs Januar 1879 etwas Sand, einige Grasstückchen und 145 Gehäuseschnecken, von denen ein grofser Teil bald auf dem Tische umherzukriechen begann. Im Magen befanden sich zwei unversehrte und verschiedene schon zermalmte Schneckengehäuse, auch etwas Sand und Grünes. Von den im Kropfe aufgefundenen Schnecken bestanden 105 Stücke — die übrigen waren weggekrochen — in folgenden Arten: 51 *Helix arbustorum*, 38 *incarnata Müll.*, 15 *villosa Drap.* und eine *fruticum L.* Nach Thomson fand man im Kropf eines Fasans 37 Eicheln, in einem andern Insekten neben 24 Haselnüssen, in einem dritten 1200 Drahtwürmer *(Elater segetis)*, als Ausnahmen Mäuse, Blindschleichen etc. etc. (Forstwissenschaftliches Centralblatt von Prof. Dr. Baur 1879. S. 466). Ich selbst schnitt aus dem Kropf und Magen eines anfangs Februar 1882 in den Isarauen bei Plattling in Niederbayern geschossenen Fasanenhahnes aufser etlichen nicht sicher zu bestimmenden Früchtchen und Kernen (wahrscheinlich von *Hippophaë rhamnoides)* eine grofse Menge Beerenkerne von *Ligustrum vulgare,* einiges Grüne, Sand, Quarzkörner, Kieselchen, darunter einer von 1 1/2 cm Länge, 8 mm Breite und 2 bis 3 mm Dicke, ein unversehrtes *Helix fruticum*-Gehäuse und eine Menge klein zerriebener Scherbchen solcher Schneckenhäuser. Nach Altum sind die Knollen von *Ranunculus ficaria* die hauptsächlichste Winternahrung der Fasanen bei schneefreiem Winter. Auch die kleinen flachen Eichengallen der *Cynips Malpighi* und *lenticularis* nehmen sie sehr gerne an (Zeitschrift für Forst- und Jagdwesen von Dr. Danckelmann. 1881. S. 61).

Bei München wurde eine hahnenfederige Fasanenhenne geschossen.

Dritte Gruppe. Feldhühner.

Genus 76. Perdix Briss.

187. PERDIX GRAECA Brifs.

Keyserling u. *Blasius*, Die Wirbeltiere Europas, I. S. 202. n. 286. — Verz. S. LXV.

Naumann, Naturgeschichte der Vögel Deutschlands, VI. S. 546. Taf. 164.

Das *südliche Steinhuhn* erreicht in Bayern die Nordgrenze seines Verbreitungsgebietes, bewohnt ziemlich sparsam einzelne Punkte der höchsten Zone des Pflanzenwuchses oberhalb der Baumgrenze unseres Hochgebirgs. Es findet sich im Karwendelgebirg, am Miesing und Rüchl bei Bayerischzell, einzeln bei Tegernsee (Rifskogel, Bernau), bei Kreut und Valepp, um Ruhpolding, Hohenaschau am Kampen, bei Berchtesgaden und im Algäu bei Hindelang am Obernberg, Hirschberg und Iseler. In dem strengen Winter 1879/80 hat es sehr gelitten und ist seitdem noch seltener, als es schon zuvor war.

Genus 77. Starna Bonap.

188. STARNA CINEREA Brifs.

Keyserling u. *Blasius*, Die Wirbeltiere Europas I. S. 202. n. 287. — Verz. S. LXV.

Naumann, Naturgeschichte der Vögel Deutschlands. VI. S. 477. Taf. 163.

Unter den *Feldhühnern* kommen nicht selten Spielarten, ganz weifse, weifse mit einzelnen bräunlichen Federn, mehr oder minder weifsscheckige, grauweisse und isabellgelbliche vor. Auch Schnabelmifsbildungen sind nicht selten. Am 28. Februar 1877 erhielt ich ein ziemlich mageres, kleines Weibchen mit einem von der Mitte an aufgebogenen, mit der Spitze gerade nach oben stehenden Oberschnabel, während der normal gebildete Unterschnabel in horizontaler Richtung mit seinem Ende von der oberen Kinnlade abstand. Hinter der Wurzel der letzteren befand sich eine gut erbsengrofse, kugelige, teigig sich anfühlende Geschwulst, mit einer hellbraunen, von Epidermisschuppen und einzelnen Federchen bedeckten Oberfläche. Im Innern derselben sah man eine gelbe, käsige Masse, deren Bestandteile sich unter dem Mikroskop als mehr oder weniger im Zerfall begriffene Epithelialzellen, freie Fettkügelchen, Detritusmassen und geschrumpfte Eiterkörperchen erwiesen. Die Geschwulst, welche in den hinteren und seitlichen Partieen von einer ziemlich dichten Membrane umschlossen wurde, war nach vorn offen und ging daselbst in ein unregelmäfsig gestaltetes Geschwür über, das eine jauchige Beschaffenheit und einen stinkenden Geruch darbot, einen Teil der Schnabelwurzel zerstört und sogar einen tiefgreifenden Defekt in der Substanz des Oberkiefers erzeugt hatte. Die Entstehungsursache dieser interessanten Mifsbildung ist nicht in einer Verletzung des Schnabels durch Schrotschufs zu suchen, sondern in der Vereiterung einer Balggeschwulst. Sicher ist es, dafs die Ursache der Mifsbildung seit geraumer Zeit bestand, dafs an keiner Stelle eine Granulation oder Narbenbildung, also keinerlei Einleitung eines Heilungsprozesses wahrzunehmen war und dafs der kranke Schnabel durch das Aufpicken der Nahrung von der Erde immer mehr aufwärts gebogen wurde und endlich in der beschriebenen Aufstülpung verharrte. In dem damaligen aufserordentlich milden Winter konnte das Huhn auf den sehr üppigen Samenfeldern leicht sein Leben fristen. Der Magen enthielt ziemlich verdaute, nicht mehr näher zu bestimmende Pflanzennahrung und eine Menge Quarzsteinchen von der Gröfse eines Hanfkorns, auch gröfsere und kleinere, und bin ich überzeugt, dafs das Huhn seine Nahrung nicht mit seitlicher, sondern mit normaler Haltung des Kopfes aufgenommen hat. In dieser Ansicht bestärkt mich der normal gebildete Unterschnabel, welcher bei nicht naturgemäfser Benutzung eine hypertrophische Verlängerung seiner Hornmasse erlitten hätte; ferner die vollkommen senkrechte, durch das Aufstossen auf die Erde entstandene Aufsenfläche des aufgestülpten Teils des Oberschnabels und endlich der Umstand, dafs eine Durchschneidung des Kopfes und Schnabels der Längenachse nach zwei völlig gleiche Teile ergeben hätte. In den sechziger Jahren wurde mir von Freunden versichert, dafs sie auf den Hühnerjagden um Triesdorf und Arberg verschiedene Stücke mit deformen Schnäbeln, nämlich mit aufgelagerten Hornwucherungen auf der Endhälfte der oberen Kinnlade geschossen hätten. Diese Wucherungen seien meistens fest, hie und da aber auch so lose gesessen, dafs sie sich leicht ablösen liefsen. Ich gab Auftrag und erhielt in Kurzem von der Triesdorfer Jagd fünf Stücke, welche zum Teil verkrümmte und an ihrem Ende mit der Unterkinnlade sich kreuzende Oberschnäbel, zum Teil nur jene unregelmäfsig gelagerten, festsitzenden Hornwucherungen hatten. Das Auftreten dieser Deformitäten auf einer einzigen Feldflur in wahrscheinlich ein und derselben Kette würde zu der Vermutung einer familiären Krankheits-Anlage berechtigen, wenn nicht bekannt wäre, dafs Hornwucherungen bei Rebhühnern in nassen Jahren nicht selten vorkommen. Damals zeigten sie sich auf den beiden genannten, 1 1/2 bis 2 gute Wegstunden von einander entfernten Feldfluren, was auf ein allgemeines ätiologisches Moment hinweist. Im Januar 1880 wurde auf einem Futterplatze bei Wunsiedel ein verhungertes Rebhuhn gefunden, dessen Oberschnabel wie ein Raubvogelschnabel hakenförmig gekrümmt über den Unterschnabel herabragte. An der Spitze des letzteren befand sich eine Einkerbung, ohne welche eine Öffnung des Schnabels nicht möglich gewesen wäre. Im Oktober 1880 wurde in der Oberpfalz ein junges, anscheinend völlig gesundes, doch etwas geringes Rebhuhn erlegt, welches über der Schnabelwurzel eine verhältnismäfsig ziemlich bedeutende Balggeschwulst hatte, in welcher sich eine grützähnliche Masse vorfand, die sogar zum Teil die natürliche Gehirnmasse zurückgedrängt hatte und dem Oberschnabel eine etwas verkrümmte und verschobene Stellung gegeben zu haben schien. Kurz darauf wurde ein zweites Stück desselben Volks erlegt und bei diesem ebenfalls eine, wenn auch etwas kleinere Balggeschwulst an der Schnabelwurzel konstatiert, wodurch gleichfalls eine Mifsgestaltung der Oberkinnlade entstanden war.

Das Rebhuhn lebt als ein gemeiner Stand- und Strichvogel in getreidereichen Ebenen auf allen Feldern und in Vorhölzern. Im eigentlichen Gebirg (Alpen, bayerischer Wald) fehlt es; zuweilen aber verirrt sich eine Kette Hühner von Feld zu Feld streichend in die Gebirgsthäler.

Gerstenkörner soll es nicht lieben und die des Roggens gänzlich verschmähen. Letztere habe ich hie und da in den Mägen und Kröpfen gefunden, erstere aber sehr häufig und manchmal in grofser Menge; ausserdem Hafer, Weizen, Haidekorn, Samen von *Panicum glabrum*, *Bromus mollis*, *Polygonum aviculare*, *Centaurea cyanus* und *Alsine media*, Linsen, grüne Kleeblättchen, Laufkäfer, Ameisen und deren Puppen in Menge, Erdraupen, verschiedene *Gryllus*, kleine Blattwespen und Schnaken, einmal 58 Stücke *Tipula oleracea* in einem Magen.

Genus 78. Ortygion.

190. ORTYGION COTURNIX L.

Keyserling u. *Blasius*, Die Wirbeltiere Europas, I. S. 202. n. 287. — Verz. S. LXVI.
Naumann, Naturgeschichte der Vögel Deutschlands, VI. 575. Taf. 166.

Wachtel, Kohl-, Goldwachtel.

In sehr fruchtbaren, getreidereichen Gegenden der Ebene gemein. Sie kommt selten schon in den letzten Tagen des April und den ersten des Mai, gewöhnlich erst vom zweiten Drittel des Mai an bis Ende des Monats und verläſst uns wieder im September und Oktober. Daſs eine Wachtel, wie dies einmal vorgekommen, noch am 17. November geschossen wurde, darf als groſse Seltenheit angesehen werden, ebenso der Umstand, daſs Diezel eine sehr schwere Junge mitten im Walde, den sie sonst meidet, in hoher kalter Lage bei Kleinwallstadt im Aschaffenburgschen in einer Gegend erlegte, wo sonst nirgends eine Wachtel schlägt oder gesehen wird. Leu bekam noch am 26. August und 1. September Junge im Flaumkleide. Zugvogel.

Ordnung V.

Grallatores. Sumpfvögel.

---

18. Familie: Rennvögel.

Genus 79. Glareola Briss.

191. GLAREOLA PRATINCOLA L.

Keyserling u. *Blasius*, Die Wirbeltiere Europas, I. S. 203. n. 292. — Verz. S. LXVI.

Naumann, Naturgeschichte der Vögel Deutschlands, IX. S. 437. Taf. 234. — XIII. Fortsetzung der Nachträge. S. 261.

Grieshuhn.

Die Brachschwalbe verirrt sich, die Donau heraufkommend, nur sehr selten bis zu uns, wurde aber schon zu verschiedenen Malen an den Ufern der Flüsse, Seen und Teiche, auf Sümpfen und nassen Wiesen im Herbst und Frühjahr in Ober- und Niederbayern, bei Neuburg an der Donau, auf Mösern am Bodensee, und von mir im südlichen Oberfranken ein vereinzeltes Exemplar im Mai 1854 in den Moorweihern angetroffen, wo es längere Zeit auf einem Damme sitzend, sein Gefieder putzte. Koch vermutete sogar, dafs zuweilen einzelne Pärchen am Bodensee brüten, weil er einmal im Monat Juni ein auf dem Fufsacher Moos frisch geschossenes Männchen und Weibchen erhielt.

Der Rennvogel *(Cursorius europaeus Lath.)* soll Ende der zwanziger Jahre auf einem Brachfelde bei Erding in Oberbayern geschossen und auch in der Rheinpfalz vorgekommen sein. In unserer Nachbarschaft hat man ihn bei Mainz, Darmstadt, Offenbach am Main und bei Ravensburg in Württemberg beobachtet und erlegt.

19. Familie: Trappen.

Genus 80. Otis L.

192. OTIS TARDA L.

Keyserling u. *Blasius*, Die Wirbeltiere Europas, I. S. 204. n. 294. — Verz. S. LXVII.

Naumann, Naturgeschichte der Vögel Deutschlands. VII. S. 12. Taf. 167. 168.

Der *Großtrappe*, der stärkste europäische Landvogel, brütet in Bayern und dem übrigen Süddeutschland nicht, kommt aber, wenn auch selten, in harten Wintern und Frühjahren auf dem Striche zu uns und ist in vielen Gegenden aller Kreise unseres Vaterlandes schon erlegt worden. In der Gegend von Uffenheim soll er noch in diesem Jahrhundert gebrütet haben, und wer die weiten Getreideflächen dieses fruchtbaren Gaues sieht, möchte dies auch glaublich finden. Und doch war es nie der Fall. Man erlegte Trappen bei Windsheim im Taefert, im Breitenauer Gründlein (einmal fünf Stück gesehen), bei Illesheim, Burgbernheim und in der Uffenheimer Gegend bei Geckenheim, Gollachostheim, Gülchsheim, Adelhofen und Walmersbach; ich selbst sah zwei Stücke zwischen Wiebelsheim und Ergersheim noch am 6. Mai 1872, alle aber waren nur Durchzügler. In den Wildbahnsrechnungen der ehemaligen Reichsstadt Rothenburg o. T. von 1543 bis 1667 fand ich einen einzigen, am 18. Februar 1595 bei Tauberzell geschossenen Trappen vorgetragen, ein Beweis, daſs er bereits vor 200 bis 300 Jahren in genannter Gegend, wie heute noch, nur ein seltener Strichvogel zur Winterszeit war. Ganz so verhielt es sich vor mehr als 200 Jahren in der Gegend von Nürnberg. Eine Sammlung alter Kupferstiche, seltene, in der Nähe dieser Stadt erlegte Vögel darstellend, enthält die Abbildung einer am 2. Dezember 1652 bei Almoshof geschossenen Trappenhenne. Daſs der Trappe in Süddeutschland seine Heimat nicht hat, sondern gewöhnlich nur durch miſsliche Ereignisse zu uns verschlagen wird, beweisen die besonderen Umstände, unter denen er gewöhnlich bei uns angetroffen oder erlegt wird. Ein ganz abgezehrter Hahn wurde bei Kempten, ein anderer ganz ermattet bei Leonberg in der Oberpfalz an einem Weiher, andere bei Nördlingen und Regensburg lebendig, einer davon auf dem Eise eines Fischweihers, mit Händen gefangen; im Januar 1880 ein

Paar auf dem Eise des Bodensees geschossen, ein alter Hahn im Nürnberger Reichswalde bei Schwarzenbruck auf einer Wiese mitten im Walde, während ein achter im Januar 1876 im Dorfe Rednitzhembach bei Schwabach tot aus der Luft vor das Dorfwirtshaus herabstürzte. Die Nähe menschlicher Wohnungen meidet er sonst, wie bekanntlich auch den Wald und Sumpf und die Weiherlandschaft; doch zwingt ihn in strengen Wintern die Futternot, sich selbst an grofse Städte heranzuwagen. Bei starkem Schneefall, Mitte Januar 1850, liefsen sich in den Gärten hinter der Veste nahe an Nürnberg und der Vorstadt St. Johannis zwei Trappen nieder und hielten sich sechs Tage auf den Feldern auf, wo sie furchtlos, sogar aus dem Schiefshause mit Standbüchsen beschossen, Winterkohl äseten. Am Abend des 19. Januar wurde bei dickem Schneegestöber wiederholt auf sie gefeuert, worauf sie wegstrichen und das leicht verwundete Weibchen in dem Gastwirtschaftsgarten zum weifsen Täublein am Webersplatz in Nürnberg einfiel, wo es gefangen und kurze Zeit lebend erhalten wurde. Junge Hähne wiegen 16 bis 18 Pfund; ein alter, bei Rattelsdorf in der Gegend von Bamberg erlegter, war 25 Pfund schwer. In manchen Jahren kommen auffallend viele Trappen zu uns, ohne dafs man eine Erklärung dieser auffallenden Erscheinung anzugeben vermöchte. Im Jahre 1731 liefsen sich in Schwaben bei Memmingen, Ende der siebziger Jahre des vorigen Jahrhunderts in Altbayern, 1826 bei Ebrach (sieben Stück) und 1850 ganze Flüge bei Aschaffenburg sehen. Im eigentlichen Sommer wird nur höchst selten bei uns ein Trappe gesehen. Ein Weibchen schofs der verstorbene Jagdschriftsteller Diezel bei Rödlein in Unterfranken. In diesem Kreise hat man den Vogel nicht so ganz selten bei Würzburg, im Ochsenfurter Gau, bei Thüngersheim, Schweinfurt und Aschaffenburg, höchst selten aber in den Rhöngegenden wahrgenommen. Bei Neuburg a. D. wurde ein weiblicher Trappe am 26. April 1882 geschossen.

193. OTIS TETRAX L.

Keyserling u *Blasius*, Die Wirbeltiere Europas. I. S. 204 n. 295. — Verz. S. LXVII.

Naumann, Naturgeschichte der Vögel Deutschlands, VII. S. 52. Taf. 169.

Seit der denkwürdigen Einwanderung des Fausthuhns der asiatischen Steppen (*Syrrhaptes paradoxus*) im Jahre 1863 hat wohl keine andere Thatsache die deutschen Ornithologen so sehr überrascht wie die, dafs sich im Herzen Deutschlands, in Thüringen, ein neuer Brutvogel, nicht etwa ein kleiner Sänger, ein Fink, eine Meise oder Drossel, sondern ein Grofsvogel angesiedelt habe und Zugvogel geworden sei, kein geringerer als die südöstliche Zwergtrappe. W. Thienemann, welcher hierfür die unwiderleglichen Nachweise erbracht hat, glaubt, dafs sie im Herbst kaum weiter gehen werde als bis Süddeutschland, wo sie an geschützten, den rauhen Nordwinden nicht ausgesetzten Gegenden den Winter verbringen dürfte. Was ich über das Vorkommen der *Zwergtrappe* in Bayern erkundet habe, ist folgendes. Es wurden erlegt:

1. im Herbst 1827 bei München ein Weibchen, welches mit Rebhühnern flog;
2. am 14. November 1846 ein Weibchen, dass mit vier anderen Zwergtrappen beisammen war, bei Sarching in der Gegend von Regensburg;
3. am 16. Dezember 1848 bei zehn Grad Kälte ein junges Weibchen bei Roding, Forstamts Bruck, in der Oberpfalz;
4. in der Weihnachtszeit 1848 ein Weibchen, das sich in den Schnee gedrückt hatte, ganz nahe an den Wallgärten von Windsheim in Mittelfranken;
5. im Oktober 1852 ein Weibchen kei Neuburg a. d. D.;
6. im Mai 1853 ein Weibchen bei Freising in den Isarauen;
7. am 20. September 1857 ein junges Weibchen auf einem Kartoffelacker bei Haunstetten, eine Stunde von Augsburg;
8. im Frühjahr 1858 ein junges Weibchen in der Mehringer Aue bei Augsburg;
9. in demselben Frühjahr ein Weibchen bei Schweinfurt in Unterfranken;
10. am 7. November 1858 ein altes Weibchen in der Lechhausener Aue bei Augsburg;
11. am 11. September 1869 ein altes Weibchen bei Ingolstadt;
12. am 20. November 1874 ein Weibchen bei Dietmannsried in der Gegend von Kempten, und
13. am 20. November 1877 ein Weibchen bei Krumbach im Kamlachthale im mittleren Schwaben.

Die Exemplare Nr. 2 und 3 stehen in der Sammlung des zoologisch-mineralogischen Vereins in Regensburg, Nr. 4 in der meinigen, Nr. 9 in der Sammlung der Gewerbschule in Schweinfurt, Nr. 5, 6, 7, 8, 10, 11, 12 und 13 erhielt der Pelzhändler Joh. Friedr. Leu in Augsburg und stopfte sie für verschiedene Sammlungen und Private. Gleichfalls ein Weibchen wurde anfangs der 40er Jahre vor den Thoren Augsburgs gefangen und ziert die freiherrlich v. Schertelsche Sammlung zu Klingenbad in Schwaben.

Nach den Jahreszeiten verteilt sich das Vorkommen der 13 weiblichen Zwergtrappen mit drei Stücken auf den Anfang des Herbstes, mit sechs auf den Herbst und Spätherbst (Oktober bis zum 16. Dezember), mit einem auf Wintersanfang, mit drei auf den Frühling. Das späteste Vorkommen im Frühjahre fiel in den Mai. Die Sammlung des Vereins für württembergische Naturkunde in Stuttgart besitzt ein altes Weibchen vom Bockinger See und ein Männchen von Oberkollwangen.

Leu fand in den Mägen der von ihm untersuchten Exemplare viele grosse Heuschrecken und Ohrwürmer, ausserdem Käfer und allerlei Grünzeug, Kleeblättchen u. s. w.

20. Familie: Wasserhühner.

Erste Gruppe: Rallen.

Genus 81. Crex Bechst.

194. CREX PRATENSIS Bechst.

Keyserling u. *Blasius*, Die Wirbeltiere Europas. I. S. 204. n. 297. — Verz. S. LXVII.

Naumann, Naturgeschichte der Vögel Deutschlands. IX. S. 496. Taf. 236.

Wachtelkönig, *Grasschnepf*, *Nachtschreier*, *Wiesenschnarrer*, *Wiesenschnarcher*, *Wiesenschnärr*, *Schnarre*, *Schnärz*, *Schnärzhühnle*, *Bruchhammel*, *Wiesenrall*, *Sensenwetzer*, *Mäher*, *Mähder*, *Mähervogel*, *Mäherhex*, *Knechtmäh*, *Schneidtsgern*, *Habergais*, *Sansknittel* (wahrscheinlich von sans-culotte).

In unseren Wiesenthälern, Klee- und Getreidefeldern in manchen Jahren auffallend selten, in anderen wieder in Menge, im ganzen ein gewöhnlicher Sommervogel. Er kommt im Mai, selten schon in der ersten Woche, gewöhnlich erst Mitte und Ende des Monats, in kalten Frühjahren erst im Juni. Im September fängt er an wegzuziehen und zieht den ganzen Oktober hindurch bis in den November. Mit dem Namen: Knecht mäh'! versinnlicht das Volk die knarrende Stimme des Vogels, womit er zu Beginn der Heuernte die Knechte zum Mähen auffordern soll. Wenn er im hohen Grase viel schreit, dann schneidet es gern, da ist gut mähen. Daher die Namen: Sensenwetzer, Schneidtsgern. Er schreit bald da, bald dort und narret (hext) den Neugierigen, der den geheimnisvollen Schreier gerne sehen möchte und doch nicht zu Gesicht bekommt, daher der Name Mäherhex.

In den Mägen Erlegter fanden wir grofse und mittlere Heuschrecken, namentlich *Acridium grossum*, Spinnen *(Epeira quadrata)*, Käfer *(Staphylinus)*, Ohrwürmer *(Forficula auricularia)* und Vielfüfser *(Julus terrestris)*, Pflanzenfasern und Steinchen bis zu Erbsengröfse.

Genus 82. Ortygometra Leach.

195. ORTYGOMETRA PORZANA L.

Keyserling u. *Blasius*, Die Wirbeltiere Europas. I. S. 204. n. 298. — Verz. S. LXVII.

Naumann, Naturgeschichte der Vögel Deutschlands. IX. S. 523. Taf. 237.

Wiesenstaar, Rohrhühnchen.

Auf Torf- und Sumpfwiesen, an Seen, Teichen und Altwassern, deren Ufer dicht mit Schilf, Rohr und Seggengräsern bewachsen sind, gar nicht selten, in manchen Jahren gemein. Landbeck erlegte vom August bis November 1846 im Mindelthale in Schwaben mehr denn 80 Stücke und sein Hühnerhund fing 10 lebendig. Das Sumpfhuhn ist Zugvogel, kommt sehr selten schon Ende März oder anfangs April, gewöhnlich erst in der zweiten Hälfte letzteren Monats und verläfst uns wieder im September und Oktober, spätestens in der ersten Woche des November.

In den Mägen Erlegter fand ich aufser Sand und Kieselchen kleine Konchylien in grofser Anzahl, Libellen *(Agrion forcipula)*, Phryganiden-Larven, Käfer, besonders *Otiorhynchus ovatus* und allerlei Sämereien: *Ranunculus repens*, *Comarum palustre*, *Polygonum aviculare*, *Sparganium*, *Panicum crus galli*, in den Eingeweiden an Würmern das *Distomum militare.*

196. ORTYGOMETRA MINUTA Pall.

Keyserling u. *Blasius,* Die Wirbeltiere Europas. I. S. 205. n. 299. — Verz. S. LXVIII.

Naumann, Naturgeschichte der Vögel Deutschlands. IX. S. 547. Taf. 238.

Ein Zugvogel, der nicht so selten sein dürfte, als gewöhnlich angenommen wird, aber äufserst versteckt in ausgedehnten Sümpfen, Weiherländereien u. s. w. lebt und deshalb wahrscheinlich nur übersehen wird. Im südlichen Oberfranken in den Moorweihern bei Höchstadt a. A. und in den angrenzenden Weihern bei Buch und Neuhaus ist es wenigstens gar nicht selten; denn ich sah es dort im Frühjahr gewöhnlich schon in den Tagen vom 20. bis 25. April und erhielt acht erlegte und lebendig gefangene Exemplare. Sie trieben sich im dichten Seggengrase der Weiherränder und in den Weihern selbst auf dem dichten Filz des Schwadengrases und auf den Blättern der weifsen Seerosen umher. Gottlieb v. Koch erlegte ebenda am 16. und 18. April 1869 und am 1. Mai 1870 drei Exemplare. Leu bekam in 25 Jahren vier Stücke aus der Umgebung von Augsburg und ein an der Donau bei Dillingen erlegtes Männchen schon am 26. März 1861, Büchele aus der Gegend von Memmingen zwei, eines am 27. April 1851 vom Memminger Riede, das andere am 12. April 1858 von der Iller; die Dr. Dr. Sturm eines Mitte April 1822 aus der Umgegend von Nürnberg, Landarzt Krefs ein im Orte Kloster Ebrach am 27. April 1851 lebendig gefangenes, und Fabrikant Tauber ein bei Ochsenfurt (Erlach) am 23. April 1880 erlegtes Exemplar. Sonst wurde das liebliche Sumpfhühnchen in den Sümpfen am Bodensee, im Mindel- und Kamlachthale (Burtenbach, Edelstetten), im Schmutterthale (Diedorf) in Schwaben, auf den Donauschütten bei Ingolstadt, in Unterfranken bei Würzburg und Volkach und in der Oberpfalz bei Wernberg erbeutet.

Ich erwähnte die Ankunftszeiten um deswillen genau, weil dieses Sumpfhuhn nach Naumann zu den in Deutschland am spätesten wiederkehrenden gehören und nicht leicht vor Anfang, viel öfter erst gegen die Mitte des Mai erscheinen soll, was für

Süddeutschland nicht zutrifft. Im August und September verstreicht es wieder. Nach Koch nistet es bestimmt am Bodensee. Ich selbst habe ein Nest nie auffinden können.

197. ORTYGOMETRA PYGMAEA Naum.

Keyserling u. *Blasius*, Die Wirbeltiere Europas. I. S. 205. n. 300. — Verz S. LXVIII.

Naumann, Naturgeschichte der Vögel Deutschlands. IX. S. 567. Taf. 239.

Das *Zwergsumpfhuhn* kommt im April und Mai bei uns an und verläſst uns wieder im September und Oktober. In den untersten Maingegenden bei Offenbach und Frankfurt ist es nach Hofrat Dr. Meyer gar nicht selten; er traf es dort alljährlich in Sümpfen in ziemlicher Anzahl an und schoſs es einige Male im Juli. Nach Gottlieb v. Koch wurden am 12. und 25. Juli 1869 an den Moor- und Bucher-Weihern bei Höchstadt a. A. im südlichen Oberfranken zwei Stücke erlegt, deren eines er erhielt (Dr. Cabanis, Journal für Ornithologie 1870. S. 393). Ein altes Männchen wurde bereits am 1. April 1881 in der Gegend von Augsburg bei Bobingen an der Sinkel geschossen.

Genus 83. Rallus L.

198. RALLUS AQUATICUS L.

Keyserling u. *Blasius*, Die Wirbeltiere Europas. I. S. 205. n. 301. — Verz. S. LXVIII.

Naumann, Naturgeschichte der Vögel Deutschlands. IX. S. 472. Taf. 235.

Eine weiſse *Ralle* mit hellroten Flecken steht in der v. Schertelschen Sammlung in Klingenbad.

In Sümpfen, auf Rieden, an schilf-, binsen- und grasreichen Teichufern gar nicht selten. Sie kommt im März und April bei uns an und verläſst uns wieder im September und den folgenden Monaten bis Ende Dezember, bleibt jedoch in milden Wintern an offenen Stellen der Gräben, Sümpfe und Bäche ganz da. Ich habe Rallen im Weiherlande des südlichen Oberfrankens bei Höchstadt a. A. (Neuhaus) zur Brutzeit im Sommer angetroffen und ihren scharfen Pfiff »Huit« des Nachts oft gehört, glaube daher, daſs sie dort brütet, habe aber ein Nest nicht gefunden. Auch um Augsburg und Diedorf in Schwaben wurde der Vogel im Sommer zuverlässig beobachtet. Auch erhielt Leu ein Exemplar am 24. Juni 1856, so daſs man mit aller Wahrscheinlichkeit auf sein dortiges Brüten schliefsen darf. In den Mägen Erlegter fand ich *Potamogeton*, knollige Wurzeln und Schneckchen.

Zweite Gruppe: Blefshühner.

Genus 84. Gallinula Brifs.

199. GALLINULA CHLOROPUS Brifs.

Keyserling u. *Blasius*, Die Wirbeltiere Europas. I. S. 205. n. 302. — Verz. S. LXVIII.

Naumann, Naturgeschichte der Vögel Deutschlands. IX. S. 587. Taf. 240.

Wasserhuhn, *Rohrhenne*, *roter Bläfsling*, *Rotbläfsle*.

Auf stehenden Gewässern, Teichen und ruhigen Altwassern mit freiem Spiegel und vielem Schilf und Rohr an den Rändern, auf Schlofsgräben u. s. w. Im Graben eines herrschaftlichen Schlosses brütete ein Paar gerade unterhalb eines Abortschlauches an der Schlofsmauer und brachte seine Jungen durch die den Vögeln zulieb unterlassene Benutzung des Abortes auf. Das Teichhuhn kommt im März und April, verläfst uns wieder im Oktober und November und überwintert nicht selten. Professor Dr. Wolf bekam ein Stück am 23. Januar 1803, welches in einem Graben auf der Dulnau bei Nürnberg zu einer Zeit gefangen wurde, wo es seit drei Wochen kalt und alle Weiher bei wenig Schnee zugefroren waren. Leu erhielt Überwinternde von Augsburg aus den Lech-Auen, von der Wertach und Schmutter, von Lindau am Bodensee und von Freising an der Isar. Am 21. April 1881 verflog sich ein ganz gesundes Teichhuhn in ein Haus hiesiger Stadt.

In den Mägen Erlegter fand ich Blattreste von *Potamogeton* und Samen von *Rumex maritimus*, *Polygonum amphibium*, *persicaria* und *lapathifolium*, endlich von *Sparganium*.

Genus 85. Fulica L.

200. FULICA ATRA L.

Keyserling u. *Blasius*, Die Wirbeltiere Europas. I. S. 205. n. 303. — Verz. S. LXVIII.

Naumann, Naturgeschichte der Vögel Deutschlands. IX. S. 365. Taf. 241.

Blasse, *Blässe*, *das Pläfs*, *Bläfs*, *Bläfsling*, *Blafshuhn*, *Blafs-*, *Bläfsente*, *See-Ente*, *Plärre*.

Auf Seen und ruhigen mit Rohr und Schilf bewachsenen grofsen Teichen mit teilweise freiem Wasserspiegel im ganzen

Gebiete gemein, in manchen Gegenden, in den grofsen Weihern der Oberpfalz bei Vilseck u. s. w. und im südlichen Oberfranken in den grofsen Weihern bei Höchstadt a. A., den Neuhäuser- und Moorweihern, sehr zahlreich. Sie kommen bei uns selten schon anfangs bis Ende Februar, gewöhnlich erst im März und anfangs April an. Um die Mitte dieses Monats sind sie auf den Moorweihern oft massenhaft vorhanden. Der Herbststrich beginnt Mitte Oktober und dauert bis die Weiher zufrieren, nicht selten bis tief in den Dezember, worauf sie sich auf die Flüsse (Donau, Wertach u. s. w.) begeben. Auch auf unseren südbayerischen Seen und deren Ausflüssen überwintern sehr viele, z. B. auf dem Starnbergersee. Friert er zu, so versammeln sie sich haufenweise in der Ach oder dem Ausflusse der Würm, wo ihre Erlegung in früherer Zeit eine fürstliche Ergötzung war. Kurfürst Max Emanuel erlegte einmal vom Morgen bis Mittag 224 Stücke.

Am 24. September 1856 traf ich auf den Weihern bei Neuhaus noch zwei Ketten ganz kleiner rotköpfiger Dunenjungen mit ihren Eltern an.

Die Blassen waren früher eine beliebte Fastenspeise und sind es in manchen Gegenden noch. Nach der Chiemseer Fisch- und Seeordnung vom 1. Dezember 1768 durfte sich der Fischmeister bei schwerer Ahndung nicht unterstehen, mit Blässeln oder anderen Enten an jemand Verehrungen zu machen. Alles Gefangene mufste zur Hofhaltung nach München geschickt werden. Damit die Blässeln durch das Legen zu vieler Angeln nicht vertrieben werden möchten, durften nicht mehr als 20 Eisen gelegt werden, und zwar dergestalt, dafs wöchentlich nur zwei Fischer abwechslungsweise die Eisen richten und aufheben sollten. Das Schiefsen der Blässeln war schon seit 1732 bei 12 Reichsthaler Strafe verboten und wurde dieses Verbot in obengenanntem Jahre in der Art wiederholt, dafs der Fischmeister, welchen im Übertretungsfalle die gleiche Geldstrafe bedrohte, niemand, wer es auch sein möchte, das Blässelschiefsen weder auf noch um den See und in den Winkeln zu gestatten und desfalls strenge Aufsicht zu halten habe.

In den Mägen vieler Erlegter fand ich nie etwas anderes als groben Sand, Kieselchen und Kiesel bis zur Bohnengröfse und allerlei Carpologisches, namentlich Samen von *Potamogeton*, in den Eingeweiden aber einen Bandwurm *(Taenia inflata)*.

21. Familie: Kraniche.

Genus 86. Grus Pall.

201. GRUS CINEREA Bechst.

Keyserling u. *Blasius*, Die Wirbeltiere Europas. I. S. 206. n. 307. — Verz. S. LXIX.

Naumann, Naturgeschichte der Vögel Deutschlands. IX. S 345 Taf. 231

Der *Kranich* brütete noch um das Jahr 1858 in beschränkter Anzahl auf ausgedehnten, dem Menschen schwer zugänglichen und gefährlichen Moorgründen, Filzen, Oberbayerns, auf dem Erdinger oder Ismaninger Moos, am Kochelsee bei Schleedorf, am Staffelsee, auf dem grofsen Filze bei Murnau, bei Rosenheim zwischen Aibling und Brannenburg.

Einen stattlichen, im Eisen an letztgenanntem Orte gefangenen Kranich erwähnt v. Kobell in seinem Wildanger S. 124 und einen von dem Herzog Max von Leuchtenberg im Jahre 1836 auf dem Ismaninger Moos erlegten, ein sehr schönes Männchen, sah ich in der herzoglichen Sammlung zu Eichstädt. In Schleedorf wurden vor Jahren zwei junge Kraniche aufgezogen, die am Hornvieh, besonders am Herdochsen, ungemeine Freude hatten und vor demselben die possierlichsten Sprünge machten. Heutzutage scheint der Kranich an allen den aufgeführten Orten als Brutvogel verschwunden zu sein; auf dem Zuge aber erscheint er noch regelmäfsig in der Gegend von München, Trostberg (Seeon) u. s. w. Am 6. August 1880 zogen elf, am 8. fünf und am 9. neun Stücke in südwestlicher Richtung über die Villa und den Garten des Baron von Freyberg zu Diefsen am Ammersee morgens zwischen 9 und 10 Uhr hinweg. In der Rheinpfalz soll er auf dem sog. Gebrüch, dem Torfmoor bei Landstuhl brüten; sicher ist, dafs im Jahr 1878/79 im Jagdbezirke Zweibrücken zwei Kraniche erlegt wurden. Im Jahre 1853 zogen die Kraniche vom 10. März an durch Unterfranken und die Gegend von Aschaffenburg in solchen Massen ihren Sommerwohnsitzen zu, dafs die erfahrensten Jäger sich nie so erinnerten. Nach dem Wiedereintritt kalter Witterung am 16. März kamen sie auf einmal, durch Schnee, Eis und Nahrungslosigkeit dazu gezwungen, totmüde und ausgehungert wieder zurück. Viele waren nicht mehr im stande, sich zu erheben und wurden den Jägern leicht zur Beute. Einige wurden sogar gefangen, nachdem man sie in den Wald gejagt hatte, wo sie nicht mehr entlaufen konnten. Bei Frankfurt a. M. wurden damals allein 12 Stücke geschossen, und würde eine wahre Niederlage unter den armen Tieren angerichtet worden sein, wenn nicht manche Jäger sich entschlossen hätten, keine Kraniche mehr zu schiefsen. Am 19. März sah Diezel bei Kleinwallstadt in der Gegend von Aschaffenburg bei heiterem Wetter einen Flug von 71 Kranichen hoch in der Luft. Sie drehten sich unter Schreien in dem bekannten Kreisfluge, dabei weiter rückend. Am gleichen Tage sah in derselben Gegend ein anderer Schütze 13 dieser Vögel. Anfang April wurden bei Carlstadt (Eusenheim) und Partenstein einige erlegt, nachdem eine starke Kranichherde bei Frammersbach erschienen war. Später, als man ihren Zug beendigt hielt, gewahrte man am 9. und 10. April mehrere Züge noch nach Osten steuern. Im Herbst ziehen sie durch die Aschaffenburger Gegend gewöhnlich zwischen dem 10. bis 20. Oktober, aber auch noch Anfang November. Dafs sich Kranichherden früher schon in jener Gegend zur Rast niedergelassen hätten, einzelne Marodeure abgerechnet, erinnerten sich damals alte Weidmänner nicht, in dem genannten Frühjahre aber war es der Fall. Bei erlegten fand man blofs Eicheln und wenige grüne Blätterspitzchen von Heckengewächsen und früh angetriebenem Strauchwerk; denn auf die Saat konnten sie wegen tiefen Schnees nicht gelangen. Im Herbst 1854 hörte Diezel zur gewöhnlichen Zugzeit nur selten ziehende Kraniche im Aschaffenburgschen, dagegen gab es viele Anfang November, und am 20. Dezember sah er bei Kleinwallstadt einen Zug laut rufender in hoher Luftregion dahinziehen, eine Seltenheit zu so später Jahreszeit. 1855 strichen sie durch Unterfranken in den Tagen vom 3. bis 5. März und sah man täglich bis Anfang April starke Züge. Im Herbst 1856 wurden wenige bemerkt, und 1858 sah Diezel zur Zeit des Schnepfenstrichs zwei Kraniche auf einer Wiese bei Grafenrheinfeld (Spiefsheimer Moor bei Schweinfurt). Bei genannter Stadt wurden schon öfter Kraniche erlegt, und 1832 waren dort so grofse Scharen dieser Vögel, wie sich ihrer die ältesten Jäger nicht erinnern konnten. In Mittelfranken zeigten sich viele 1740 bei Roth am Sand; am 29. Juli 1848 wurde in der Gegend von Erlangen bei Frauenaurach ein junges Männchen erlegt und flogen 12 Stücke über die Brucker Lache; am 2. April 1837 erschienen am Seukendorfer Weiher bei

Cadolzburg zwei Flüge, einer zu 5, der andere zu 12 Stücken, von denen eines erlegt wurde; gröfsere und kleinere Flüge sah man bei Kaidenzell, Nürnberg, Altenfurth, bei Wilhermsdorf im Zenngrund, bei Windsheim, Feuchtwangen (Dentlein), Gunzenhausen und Arberg, an letzterem Orte am 20. Oktober 1868 einen Flug von 24 Stücken. In vielen Gegenden ist der Kranich eine Seltenheit: in Schwaben am Bodensee (Lindau, 12. April 1851), bei Bobingen, in der Oberpfalz bei Regensburg, Vilseck, in Oberfranken bei Goldkronach und Weifsenstadt. Hier wurden 1843 vier Stücke an einem Weiherdamme erstarrt gefunden, von welchen einer meiner Freunde einen Hahn lebend und längere Zeit in Gefangenschaft erhielt, in der er sehr zahm wurde. Im südwestlichen Oberfranken wurden Kraniche bei Aschbach im Steigerwalde, bei Pommersfelden (9 Stücke) und Adelsdorf unterhalb Höchstadt a. A. beobachtet und auch erlegt. Am 26. März 1855 stand ein Stück in den mehrerwähnten Weihern bei Buch und am 22. März 1856 zogen 23 Kraniche laut schreiend durch die benachbarten Moorweiher. Einer derselben wurde angeschossen und entkam, ein zweiter, ein sehr altes Männchen, wurde erlegt und kam in meinen Besitz. Im Magen desselben fand ich ein Haberkorn, zwei Buchweizenkörner, die Knochen und Federn einer *Salicaria aquatica*, Reste von Rüsselkäfern *(Phytonomus punctatus)*, Schnabelkerfen und Maulwurfsgrillen, im Gefieder aber *Docophorus rotundatus*. Am 15. März 1864 hatten sich zwei, am 24. März 1865 vier und am 15. März 1879 auf einem Felde nahe den Moorweihern 22 Kraniche niedergelassen, die sich sehr schlau benahmen und nicht zum Schusse gebracht werden konnten.

22. Familie: Regenpfeifer.

Genus 87. Oedicnemus Temm.

202. OEDICNEMUS CREPITANS Temm.

Keyserling u. *Blasius*, Die Wirbeltiere Europas, I. S. 206. n. 309. — Verz. S. LXIX.

Naumann, Naturgeschichte der Vögel Deutschlands, VII. S. 92. Taf. 172.

Der Triel bewohnt unsere Möser (Erdinger Moos bei Ismaning u. s. w.), das Lechfeld, die Inseln unserer Flüsse, die Donauschütten, jene sandigen und kiesigen Ablagerungen, welche sich häufig später zu Inseln bilden, die in dem höchst unregelmäfsigen Laufe der Donau, nachdem sich der Lech in dieselbe ergossen, bis nach Ingolstadt urplötzlich nach hohem Wasserstande entstehen, erst nach jahrelangem Verlaufe fruchtbar werden und dann ebenso schnell, wie sie entstanden, durch das plötzlich geänderte Flussbett hinweggeschwemmt werden. Hier sieht man auf lehmigen, trockenen Flächen, wo nur einige Binsenstauden stehen, den Triel emsig umherlaufen (von der Mühle). Ebenso bewohnt er die Auen längs des Lech vom Lechfeld abwärts bis an die Einmündung desselben in die Donau und die Lechinseln. Dort sammelte Leu eine so grofse Anzahl Eier und junge Vögel im Flaumkleide, dafs er bei seinen späteren Exkursionen erstere liegen und letztere laufen liefs, da er sie nicht mehr mitnehmen mochte. In Unterfranken haben ihn Leisler und Meyer Anfang dieses Jahrhunderts bei Alzenau im Aschaffenburgschen oft geschossen und auch brütend angetroffen. Bei Würzburg wurde im Juli 1850 ein altes Männchen erlegt. Sehr selten kommt er schon Anfang März (8. März 1799 bei Nürnberg) bis Ende des Monats (29. März bei Günzburg an der Donau) und Anfang April (4. April 1881 bei Bayreuth), gewöhnlich erst in der zweiten Aprilhälfte bei uns an. Der Herbststrich beginnt Ende September und dauert den ganzen Oktober hindurch bis in den November und in die ersten Tage des Dezember hinein. In der ersten Novemberwoche 1881 wurden in den Inn-Auen bei Rosenheim vier Triele bei Treibjagden geschossen. In den Mägen erlegter fand Leu immer nur Laufkäfer, *Carabida*. Das Fleisch der Frühjahrvögel ist, wenn auch noch so gut zubereitet, kaum geniessbar.

Genus 88. Vanellus Briss.

203. VANELLUS CRISTATUS Meyer u. Wolf.

Keyserling u. *Blasius*, Die Wirbeltiere Europas. I. S. 207. n. 311. — Verz. S. LXIX.

Naumann, Naturgeschichte der Vögel Deutschlands. VII. S. 269 Taf. 179.

Kiebitz, Geiwitz, Gaubitz, Gaubitzl.

Ein sehr weifsscheckiger Kiebitz wurde Ende Februar 1871 unter einer grofsen Schar normal gefärbter bei Windsheim gesehen.

Allenthalben in Bayern auf sumpfigen Wiesen, Viehweiden, Torfstichen, Rieden, Mösern, in grofsen Weiherländereien, in Flufsthälern und auf Flufsinseln ein ganz gemeiner Zug- und Brutvogel. Er kommt Mitte Februar und im März bei uns an, schlägt sich im Oktober zu Flügen von Hunderten zusammen, hält die ersten Winterfröste aus, streift dann noch scharenweise in gefischten Weihern, auf Feldern und Wiesen umher und verschwindet erst, wenn es ernsthaft zuwintert. Einzelne trifft man sogar noch im tiefen Winter. Am 15. Januar 1840 wurde bei Sugenheim in Mittelfranken ein junger Kiebitz bei einer Kälte von 12° R. und abends 15° geschossen und 1845/46 waren die Riede des Mindelthales in Schwaben bis zum Januar von grofsen Kiebitzscharen besucht, die wohl kaum südlich zogen, sondern die warme Frühlingswitterung im Donauthale vollends abwarteten. In der Woche vor Weihnacht 1856 wurde bei Mönchherrnsdorf im Steigerwalde ein ganz munterer Kiebitz und bei Neuhaus unterhalb Höchstadt a. A. an Weihnacht selbst ein Paar gesehen.

Auf dem Ochsenwasen bei Sommersdorf fand ein Schafknecht in der ersten Maiwoche 1868 in einem Neste sieben Eier und überbrachte mir diese ihm in seiner Praxis und auch mir noch nie vorgekommene Merkwürdigkeit. Alle Eier hatten in Gröfse, Form, Grundfarbe und Zeichnung denselben Charakter, waren ganz frisch und wahrscheinlich doch von zwei Weibchen zusammen gelegt. Zur Lüge hatte der Mann keinen Grund; denn er erhielt für die Eier nicht mehr Bezahlung, als für sieben Eier aus zwei Nestern.

In den Mägen erlegter fand ich *Elater*-Larven, Libellen, Käfer *(Byrrhus, Parnus prolifericornis, Cyclonotum orbiculare, Bagous lutosus)*, Schlammschnecken, *Planorbis hispidus* und bei einem etwa drei Wochen alten Kiebitz in den Eingeweiden die *Taenia variabilis*, von der ich auch aus Erwachsenen eine grofse Anzahl entwickelte.

Die Kiebitzeneier, eine Delikatesse selbst auf königlicher und fürstlicher Tafel, werden in grofsen Mengen gesammelt, unter der Hand verkauft und zu Markte gebracht, ohne dafs man in guten Kiebitzländereien eine Abnahme des Vogels konstatieren könnte, so dafs die alten Jungfern, welche die malitiöse oberpfälzische Sage in die Weiher versetzt, wo sie Kiebitze hüten müssen, sehr beschwerliche Arbeit haben mögen.

Genus 89. Squatarola Cuv.

204. SQUATAROLA HELVETICA Briss.

Keyserling u. *Blasius*, Die Wirbeltiere Europas. I. S. 207. n. 313. — Verz. S. LXX.
Naumann, Naturgeschichte der Vögel Deutschlands. VII. S. 249. Taf. 178. — XIII. Fortsetzung der Nachträge S. 230.

Bergmolle (am Bodensee).

Auf seinem Herbstzuge am Bodensee, auf den kiesigen Anschütten der oberen Donau (Neuburg, Ingolstadt etc.), wo er in Gesellschaft von Kiebitzen und anderen Strandvögeln erlegt wird, an der Altmühl und am Main selten. In den Moorweihern bei Neuhaus im südlichen Oberfranken habe ich ihn nur im Herbststrich wahrgenommen, und zwar alljährlich einzeln oder in kleinen Gesellschaften von drei bis vier Stücken oder als Anführer von Scharen kleiner Strandvögel, meist der Alpenstrandläufer, manchmal auch in bunter Gesellschaft mit letzteren, Kampf- und dunkeln Wasserläufern *(Tringa cinclus, Machetes pugnax* und *Totanus fuscus)* beisammen, hie und da nicht eben selten. Sie trieben sich meist in den Weihern, gefischten und ungefischten, umher; einmal führten drei Kiebitzstrandläufer eine Schar von zwanzig Alpenstrandläufern an, denen sich auch ein Flug Kampfstrandläufer und ein *Totanus fuscus* beigesellt hatte. Der früheste Termin seiner Ankunft, den ich in sieben Jahren notierte, war der 9. September; gewöhnlich erscheint er in der ersten Hälfte des Oktober; nach dem 15. dieses Monats ist er mir nicht mehr vorgekommen; ein mittelfränkisches Exemplar der Dr. Dr. Sturmschen Sammlung in Nürnberg war am 12. Oktober 1826 erlegt. Koch schoſs ein altes Männchen mit tiefschwarzer Brust ebenfalls im Oktober am Bodensee und Hofrat Dr. Meyer traf ihn fast alljährlich in kleiner Anzahl am Untermain zugleich mit dem Goldregenpfeifer an. Landbeck aber bekam im Mai 1833 ein altes Männchen vom Bodensee, eine auſserordentliche Seltenheit.

Er ist ein höchst gewandter Flieger. Ein Lerchenfalke verfolgte in den Moorweihern einen Flug von vier Kiebitzstrandläufern und sprengte einen derselben von seinen Begleitern ab, vermochte ihn aber doch nicht zu stoſsen und stand endlich, ich war Zeuge des unerwarteten Schauspiels, von seiner vergeblichen Mühe ab.

Genus 90. Charadrius L.

205. CHARADRIUS PLUVIALIS L.

Keyserling u. *Blasius*, Die Wirbeltiere Europas, I. S. 207. n. 314. — Verz. S. LXX.
Naumann, Naturgeschichte der Vögel Deutschlands. VII. S. 138. Taf. 173. — XIII. Fortsetzung der Nachträge S. 221.

Brachhuhn, Brachhühnle, kleiner Brachvogel, kleiner Grillvogel.

Der Goldregenpfeifer kommt nur auf seinem Frühjahr- und Herbstzuge zu uns, und zwar in beiden Perioden gewöhnlich nur in kleinen Gesellschaften, manchmal aber auch in Flügen zu 40 und 60 Stücken. Man trifft ihn dann gewöhnlich in Flufsthälern, auf Brachfeldern, nassen oder überschwemmten Wiesen, auf der Saat, in grofsen Weiherlandschaften, auf den südbayerischen Mösern, grofsen Ödungen und selbst an einsamen, wasserlosen Orten auf Feldern in der höchsten Lage unseres Frankenjura allenthalben an. Der Frühjahrzug beginnt kurz vor oder um die Mitte des März und dauert den April hindurch, der Herbstzug Ende September und währt den Oktober und November hindurch bis Anfang Dezember. Auf dem Frühjahrzuge kommen im April bei den Männchen nicht selten Übergangskleider zum Sommergewand, nämlich weifs und schwarz gefleckte Unterseiten. sehr selten reine Sommerkleider vor. Ein Männchen im vollendeten Hochzeitskleid erhielten die Dr. Dr. Sturm am 25. April 1846 von Maiach bei Nürnberg.

Genus 91. Eudromias Boie.

206. EUDROMIAS MORINELLUS L.

Keyserling u. *Blasius*, Die Wirbeltiere Europas. I. S. 208. n. 315. — Verz. S. LXX.
Naumann, Naturgeschichte der Vögel Deutschlands VII. S. 163. Taf. 174.

Ein seltener, nur auf dem Zuge, meist in kleinen Gesellschaften vorkommender Vogel. Er wurde am Bodensee, bei Memmingen, auf dem Ismaninger Moos bei München, bei Schrobenhausen, Augsburg, Donauwörth, Regensburg, Nürnberg, Neustadt a. A. und am Main in Unterfranken teils auf dem Frühjahrstrich, teils im Herbst in der Zeit vom 11. August bis 10. September geschossen.

In den Mägen etlicher erlegter fand Leu aufser Sand und Steinchen nur Käfer.

Genus 92. Aegialites Boie.

207. AEGIALITES CANTIANUS Lath.

Keyserling u. *Blasius*, Die Wirbeltiere Europas, I. S. 208. n. 318. — Verz. S. LXXI.

Naumann, Naturgeschichte der Vögel Deutschlands, VII. S. 210. Taf. 176.

Der *Seeregenpfeifer* besucht nach Landbeck auf der Herbst- und Frühlingswanderung die Ufer des Bodensees (Koch hat ihn dort nicht bemerkt) und der Donau. Am Untermain bei Offenbach hat ihn Hofrat Dr. Meyer im August 1806 ziemlich häufig angetroffen. Mir und meinem Freunde Leu ist ein vaterländisches Exemplar dieses Vogels noch nicht zu Gesicht gekommen.

208. AEGIALITES CURONICUS Besecke.

Keyserling u. *Blasius*, Die Wirbeltiere Europas, I. S. 208. n. 319. — Verz. S. LXXI.

Naumann, Naturgeschichte der Vögel Deutschlands, VII. S. 225. Taf. 177. — XIII. Fortsetzung der Nachträge S. 229.

Griesläufer, Strandläuferle, Ringelvogel, kleiner Sandläufer.

Ein ziemlich gewöhnlicher, die Sand- und Kiesbänke und Inseln unserer gröfseren Flüsse, der Donau, Iller, Wertach, des Lech, Main, der Rednitz, Regnitz u. s. w. bewohnender Zugvogel. Ich fand seine Eier bei Erlangen auf grofsen toten Flächen des Flufssandes. Bei Überschwemmungen gehen viele Bruten zu Grunde. Einmal traf ich ihn schon am 30. März an; gewöhnlich kommt er im April und verstreicht Mitte Juli bis Ende September.

209. AEGIALITES HIATICULA L.

Keyserling u. *Blasius*, Die Wirbeltiere Europas, I. S. 209 n. 320. — Verz. S. LXXI.

Naumann, Naturgeschichte der Vögel Deutschlands, VII. S. 191. Taf. 175.

Griesläufer.

An den gröfseren Flüssen, an Seen und Teichen des Gebietes in beiden Zugperioden nicht sehr selten. Nach Koch und

Walchner bewohnt er die Ufer des Bodensees. Wenn seine Jungen flügge sind, sagt ersterer, so bilden die beiden Alten mit ihnen eine Gesellschaft und streichen am See hin und her, wo sie dann, weil sie nicht scheu sind, sehr leicht geschossen werden können. Im Herbst vermehrt sich ihre Zahl oft sehr ansehnlich durch die aus dem Norden kommenden. Sie sammeln sich zu dieser Zeit in gröfseren Scharen, die man noch bis in den halben Oktober bemerkt; alsdann aber ziehen alle südlicher. Nach Dr. Noll soll diese Art auch am Untermain (Aschaffenburg bis Kostheim) den ganzen Sommer über angetroffen werden und auch dort nisten. In den Moorweihern bei Höchstadt a. A. traf ich diesen Regenpfeifer auf dem Schlamme der gefischten Weiher einzeln oder in kleinen Gesellschaften entweder mit seinesgleichen oder im Verein mit *Tringa subarquata* in der Zeit vom 27. September bis 15. Oktober an. Bei Memmingen, Woringen und Monheim (26. März 1881 mas adult.) in Schwaben, bei Regensburg und Sulzbürg in der Oberpfalz, bei Nürnberg und Fürth wird er öfters geschossen. Professor Wolf und Dr. Dr. Sturm bekamen ihn vom Dutzendteich bei Nürnberg.

In den Mägen erlegter fand ich *Diptera*, *Agrion forcipula-* und *Sialis lutaria*-Larven, kleine Konchylien *(Planorbis hispidus)*, Käfer *(Haliplus fulvus et impressus)* und Samen von *Potamogeton* und *Pilularia globulifera*,

Genus 93. Strepsilas Illig.

210. STREPSILAS INTERPRES L.

Keyserling u. *Blasius*, Die Wirbeltiere Europas I. S 209. n. 321. — Verz. S. LXXI.

Naumann, Naturgeschichte der Vögel Deutschlands, VII. S. 303. Taf. 180.

An der Donau, dem Lech und Main, auch an unseren grofsen südbayerischen Seen sehr selten auf dem Strich. Koch schofs im Herbst junge Vögel am Bodensee und traf sie meistens in Gesellschaft anderer Sumpfvögel, am Seeufer nach Insekten jagend, umherlaufen. Leu erhielt am 26. August 1872 einen jungen, in der Mehringer Au bei Augsburg geschossenen *Steinwälzer*, Dr. Meyer ein junges Männchen am 7. Mai 1809 am Untermain bei Offenbach.

Genus 94. Haematopus L.

211. HÆMATOPUS OSTRALEGUS L.

Keyserling u. *Blasius*, Die Wirbeltiere Europas, I. S. 209. n. 322. — Verz. S. LXXI.

Naumann, Naturgeschichte der Vögel Deutschlands, VII. S. 325. Taf. 181.

Der *Austernfischer* wurde, wiewohl sehr selten und nur in den beiden Zugperioden, schon einige Male auf dem Bodensee, am Chiemsee (1879), am Main bei Aschaffenburg (am 2. Oktober 1854 ein junger bei Kleinostheim), 1832 bei Mühlbach oberhalb Karlstadt und im Frühjahr 1861 bei Schweinfurt erlegt, ein anderer in unserer nächsten Nachbarschaft am Untermain bei Offenbach am 10. August 1803, in Schwaben ein altes Männchen am 22. September 1880 bei Günzburg und das letzte, mir bekannt gewordene Exemplar in der Augsburger Gegend bei Hainberg am 13. Oktober 1882.

23. Familie: Schnepfen.

Genus 95. Recurvirostra L.

212. RECURVIROSTRA AVOCETTA L.

Keyserling u. *Blasius*, Die Wirbeltiere Europas, I. S. 209. n. 323. — Verz. S. LXXI.

Naumann, Naturgeschichte der Vögel Deutschlands, VIII. S. 213. Taf. 204. — XIII. Fortsetzung der Nachträge S. 245.

Die *Avosette* erscheint, wahrscheinlich von Ungarn die Donau heraufkommend, nur sehr selten an unseren grofsen Seen und Flüssen, sowie an Teichen und im Sumpflande. Nach Franz von Paula Schrank (Landshutische Nebenstunden, 1. Heft S. 104. n. 7) wurde ein Exemplar zu sehr auffallender Jahreszeit im kalten Winter 1798/99 bei München geschossen. Koch erhielt ein am 15. Mai auf dem Fufsacher Moos am Bodensee erlegtes Weibchen, welches stark herangewachsene, beinahe zum Legen reife Eier bei sich hatte, woraus er vermutete, dafs diese Vogel sehr wahrscheinlich in der Gegend des Sees genistet haben würde. Die Brüder Dr. Dr. Sturm beobachteten im März 1827 in der Gegend von Nürnberg auf dem Espan (sumpfige Ödung) zwischen Grofsreuth und Ziegelstein auf der Bekassinenjagd eine Avosette, wahrscheinlich dasselbe Tier, welches kurz darauf bei Erlangen (Frauenaurach) geschossen wurde. Am 9. Juni 1841 wurde in der Gegend von Memmingen in Schwaben, auf dem Riede bei Beningen, ein Stück, zwei andere alte Vögel, der eine am 28. Mai 1865 am Main bei Aschaffenburg, der andere zu derselben Zeit auf dem Ludwigs-Donau-Main-Kanal bei Neumarkt in der Oberpfalz erlegt. Auch an der Donau und am Dutzendteich bei Nürnberg soll sie wahrgenommen worden sein. In der unteren Maingegend bei Offenbach wurde im August 1811 ein altes Weibchen geschossen (Meyer).

Genus 96. Hypsibates Nitzsch.

213. HYPSIBATES HIMANTOPUS L.

Keyserling u. *Blasius*, Die Wirbeltiere Europas. I. S. 209 n. 324. — Verz. S. LXXII.

Naumann, Naturgeschichte der Vögel Deutschlands. VIII. S. 191. Taf. 203. — III. Fortsetzung der Nachträge S. 244.

Auch der *Stelzenläufer* kommt wahrscheinlich das Donauthal herauf als seltener Gast an unsere grosse Seen, Flüsse und Teiche, meistens nur in sehr heifsen Sommern. Schrank sah 1788 einen jungen am Starnberger See erlegten Vogel in der Naturaliensammlung des ehemaligen Chorherrenstiftes Beuerberg. Im Mai 1834 (vom Mai bis September war es aufserordentlich trocken und heifs) erschien eine ganze Schar bei Eibelstadt am Main in Unterfranken. Im Sommer 1851 wurde an der Regnitz bei Erlangen ein Stück erlegt und für die Naturaliensammlung der Universität erworben; Anfang Mai 1855 erhielt Baron Richard v. König-Warthausen ein auf den gräflich Pallavicinischen Jagden bei Rosenheim erlegtes Exemplar und im August 1857 zeigten sich in der Gegend von München auf dem Erdinger Moos zwei Strandreuter, von denen einer geschossen wurde. Ein durch das Erscheinen vieler dieser prächtigen Vögel merkwürdiges Jahr war das bekannte Kometenjahr 1858. In den bereits mehrfach erwähnten Moosweihern im südwestlichen Oberfranken, Bezirksamt Höchstadt a. A., gewahrte ich am 3. und 4. Mai die ersten zwei Stücke in einem Weiher bei Krausenbechhofen. Am 8. Mai stand ein Paar in den Poppenwinder

Weihern im grofsen Stöcksee und wurde das Weibchen davon erlegt. Das Männchen strich nicht weit weg, kam auf die Stelle des Anschusses, wo der Schütze eben beschäftigt war, das geflügelte Weibchen zu fangen, laut und anhaltend krächzend zurück, setzte sich nach kurzem Kreisfluge in denselben Weiher, wurde auf 45 Gänge gefehlt und strich in einen benachbarten grofsen See, wo es sich in solcher Entfernung vom Ufer niederliefs, dafs ein Schufs nicht anzubringen war. Im Herausstreichen schrie es dann viel, schwang sich hoch auf und verliefs die Gegend. Rührend war die Anhänglichkeit des Gatten an sein Weib. Am 9. Mai stand ein einzelner, wahrscheinlich der Witwer vom vorhergehenden Tage, im Strittweiher und wurde von Weiher zu Weiher über Mechelwind, Oberlindach gegen Weifsendorf hin vergeblich verfolgt. Am 10. Mai sah ich wieder zwei Stücke im grofsen Stöcksee und fünf, nämlich vier alte und einen jungen, im Strittweiher. Durch Gräserinnen sehr beunruhigt, fielen die Vögel nur da und dort auf kurze Zeit ein und hielten, einmal rege gemacht, eine Annäherung auf Schufsweite nicht mehr aus. Ein Männchen wurde gleichwohl angeschossen und Tags darauf in Abelsweiher bei Moorhof vollends erlegt. Gleichzeitig waren auch Strandreuter auf dem Dutzendteich bei Nürnberg. Am 8. Mai spät abends sah Dr. J. W. Sturm daselbst das erste Pärchen am grofsen Teiche an einer Landzunge, an und auf welcher ein Trupp von ungefähr 20 *Larus ridibundus* und acht *Sterna nigra* ihr munteres Wesen trieben, in Gesellschaft mehrerer *Totanus* bis an den Bauch im Wasser herumsteigen. Am 9. Mai morgens 5 Uhr traf er sie ziemlich an derselben Stelle, in den Nachmittagsstunden nochmals in Gesellschaft seines Bruders Friedrich und hatte die Freude, noch ein zweites Pärchen und ein einzelnes Stück dieses lieblichen Sumpfvogels zu entdecken. Mit guten Fernrohren versehen, gewahrten die Brüder, wie ein Paar den Coitus vollzog, worauf sich zuerst der Mann und hernach das Weib mehrmals badeten. Der kalte Tag (+ 9° R.), der heftige Ostwind und öftere Regenschauer mufsten den Vögeln unlieb sein; denn sie verbargen sich hinter den Kufen. Auch ein Pärchen der *Larus ridibundus* schnäbelte sich mehrmals am Lande und vollzog später den Coitus. Am 10. Mai regnete es vormittags; der Abend aber war sonnig und windstill, weswegen die *Totanus* sehr munter waren und laut schreiend viel umherstrichen. Ein Strandreuterpärchen war mitten unter ihnen, blieb jedoch auf der Landzunge zurück, wenn die Wasserläufer wegstrichen. Als es schon zu dunkeln anfing, safsen sie wieder in einer Gesellschaft von 12 Wasserläufern und wahrscheinlich übernachteten sie auch an dieser Stelle. Die von mir und den Dr. Dr. Sturm beobachteten Strandreuter waren demnach verschiedene, nicht ein und dieselben Individuen, und haben sich damals ungewöhnlich viele dieser Bewohner des Südens und Südostens nach Franken verflogen. Im Jahre 1859, das sich durch tropische Sommerhitze auszeichnete und in den Moorweihern eine ziemliche Menge von Wanderheuschrecken *(Acridium migratorium)* zur Entwickelung brachte, kehrten die Strandreuter daselbst wieder ein. Am 20. April abends standen zwei Stücke am Moorweiher, strichen von da in die Poppenwinder und von da in der Richtung der grofsen Bischofsweiher bei Grofsdechsendorf und Erlangen ab. Auch in den späteren Jahren besuchten sie noch öfter die ihnen sehr zusägende Weiherlandschaft. Am 17. April 1863 kamen auf den grofsen Moorweiher, in den Steigsee und in den dritten Teil (Weiher) neun Strandreuter, von denen zwei erlegt wurden, am 26. April 1867 drei Stücke in den grofsen Moorweiher und ebendahin im heifsen Sommer 1874 dreizehn Stücke, nämlich ein einzelner und auf zwei Haufen fünf und sieben, welche zwei Tage lang verweilten, ohne dafs einer hätte geschossen werden können. Zu derselben Zeit, am 5. Juli, erschien ein Paar auf der sehr stark ausgetretenen Altmühl bei Gunzenhausen zwischen Schlungenhof uud Altenmuhr, im sogenannten Binsenwöhr, und wurde der eine davon von meinem Freunde Bezirksamtsassessor Ferdinand Rabus erlegt. Der überlebende Gatte suchte nach seinem verschwundenen Gefährten etwa eine halbe Stunde lang, worauf er aus der Gegend verschwand. Sonst wurde der Strandreuter am Bodensee, ein junger Vogel am 16. Juli 1867 bei Buchloë in Schwaben und an der Donau bei Regensburg erlegt.

In den Mägen der von mir untersuchten fand ich kleine Wasserkäfer und unbestimmbares kleines Gewürm, in den Gedärmen eine sehr lange, interessante *Taenia.*

Genus 97. Totanus Briss.

214. TOTANUS GLOTTIS L.

Kayserling u. *Blasius*, Die Wirbeltiere Europas. I. S. 210. n. 325. — Verz. S. LXXII.

Naumann, Naturgeschichte der Vögel Deutschlands, VIII. S. 145. Taf. 201. — XIII. Fortsetzung der Nachträge. S. 243.

Grofser Züger.

Nur in beiden Zugperioden an Seen, Teichen, Flüssen und Strömen im allgemeinen gar nicht selten, stellenweise ziemlich häufig, ja sogar gemein. Nach Koch kommt er im Herbst an den Bodensee und ist dann nicht sehr selten, im Frühjahr wird er weit weniger bemerkt. Nach Naumann gehört er im Frühjahr in allen deutschen Ländern unter die Seltenheiten, was wenigstens für die Moorweiher nicht zutrifft. Im Frühjahr 1859, wo der Strich dieser Wasserläufer allerdings aufserordentlich gut war, sah ich am 27. April 17 Stück beisammen, am 28. April 19 und Tags darauf 15, nachmittags auf einem Haufen auf dem seicht unter Wasser stehenden Hutwasen am grofsen Moorweiher 14 Stücke und 2 einzelne an kleinen Lachen, am 2. Mai 13 und 10 Stücke auf zwei Haufen. In anderen Frühjahren beobachtete ich öfter fünf bis neun Exemplare beisammen und hörte während des Frühlingsstriches den nicht zu verkennenden Lockruf dieses schönen Vogels jeden Tag wenigstens aus etlichen Kehlen, wenn nicht von allen Seiten her, was oftmals der Fall war. Aufserordentlich häufig war er wieder in diesen Weihern im Frühjahr 1867, in welchem Jahre aber auch der Herbststrich ein ausgezeichneter war. Von der zweiten Hälfte des September an den ganzen Oktober hindurch wurden kleine Flüge bis zu 30 Stücken, aber auch von 50, 80, 150, 200 bis 300 hell- und dunkelfarbige Wasserläufer in gemischten Haufen beisammen gesehen. Er kommt zu uns frühestens nach der Mitte des März bis Ende des Monats, gewöhnlich erst im letzten Aprildrittel und Anfang Mai, wo der Strich am wärmsten ist. Dieser dauert den ganzen Mai hindurch, sogar in einzelnen Exemplaren noch bis Mitte Juni. Ob der Herbststrich schon am 1. Juli, wo ich noch einen einzelnen, oder am 12. und 13. Juli, wo ich kleine Flüge bis zu vier Stücken antraf, seinen Anfang nimmt, oder ob diese Vögel noch auf dem Frühjahrsstriche begriffen oder Vagabunden waren, vermag ich nicht zu entscheiden. Von Mitte Juli oder Anfang August an waren sie in den Weihern eine täglich häufiger werdende Erscheinung, so dafs sie Ende August und im September gemein waren und in Gesellschaften bis zu 30 Exemplaren umherstrichen. Der Herbstzug dauerte, allmählich schwächer werdend, den ganzen Oktober hindurch bis in die erste Novemberwoche. Hofrat Dr. Meyer traf ihn in den unteren Maingegenden bei Offenbach im Frühjahr sehr selten, im Spätsommer und Herbst ziemlich häufig, einzeln und in kleinen Herden an.

Er fliegt manchmal mit Kampfstrandläufern, führt auch Alpenstrandläufer an.

In erlegten fand ich Wasserkäfer *(Ilybius fuliginosus)*, Bachmücken *(Tipula)*, Seejungfern *(Agrion forcipula)*, Schnabelkerfe *(Notonecta glauca)*, Froschquappen und junge Fröschlein *(Rana esculenta)* und Knochen und Gräten kleiner Fische.

215. TOTANUS STAGNATILIS Bechst.

Keyserling u. *Blasius*, Die Wirbeltiere Europas. I. S. 210. u. 326. — Verz. S. LXXII.

Naumann, Naturgeschichte der Vögel Deutschlands. VIII. S. 171. Taf. 202. — XIII. Fortsetzung der Nachträge. S. 244.

Kleiner Züger.

Dieser dem Südosten angehörige Wasserläufer kommt nach Koch und Landbeck äufserst selten am Bodensee auf dem Zuge vor, doch gesteht der letztere Autor, den Vogel nicht selbst gesehen zu haben. Auf den Donauschütten bei Rain und Ingolstadt, am Untermain (Offenbach am 1. Mai 1808) und am Sachsenrieder Weiher bei Grönenbach in Schwaben wurde er geschossen.

216. TOTANUS FUSCUS Briss.

Keyserling u. *Blasius*, Die Wirbeltiere Europas. I. S. 210 n. 327. — Verz. S. LXXVII.

Naumann, Naturgeschichte der Vögel Deutschlands. VIII. S. 123. Taf. 200. — XIII. Fortsetzung der Nachträge. S. 242.

Zipter.

Während der beiden Zugperioden an unsern Flüssen, Teichen und Seen ein gar nicht seltener, stellenweise ziemlich gewöhnlicher, sogar gemeiner Wasserläufer, doch nicht so zahlreich wie der hellfarbige, wiewohl es auch Jahre gibt, wo er ihm an Häufigkeit nahezu gleichkommt. Der Herbst 1859 war durch sein ungewöhnlich zahlreiches Auftreten in den Moorweihern ein vorzüglicher. Ich sah dort Flüge von 9, 14 und 40 Stücken und hörte seinen Ruf »Tjuit« von allen Seiten. Noch viel besser war dort der Herbststrich 1867. Von Mitte September bis Ende Oktober schwärmten nie gesehene Scharen hell- und dunkelfarbiger Wasserläufer, teils jede Art für sich in kleinen Truppen bis zu 20 Stücken, teils in gemeinschaftlichen Vereinen von 50 bis 80, 150 bis 200 und 300 Stücken umher. Auch 1869 war nach Gottlieb v. Koch (Journal für Ornithologie von Dr. J. Cabanis 1870. S 393) daselbst ein sehr guter Strich sowohl im Frühjahr, wie auch von Ende Juli an, zu welchen Zeiten er die Art sehr häufig antraf. In den Weiherlandschaften der Oberpfalz, bei Vilseck und Schwandorf u. s. w. ist der dunkle Wasserläufer ebenso zahlreich vorhanden, auch habe ich ihn in der oberen Altmühlgegend oft, aber viel seltener als in den Moorweihern, beobachtet.

Der Frühjahrsstrich beginnt in der Mitte des April und dauert bis Anfang oder Mitte Mai, zu welcher Zeit der Vogel sein vollendetes Sommergewand trägt. Einzelne oder kleine Flüge kamen noch den ganzen Juni hindurch und Mitte Juli bis Ende des Monats vor, wahrscheinlich vagabundierende Individuen, welche nicht zu ihren Brutplätzen zurückkehrten, sich nicht fortpflanzten und in der ihnen sehr zusagenden Weihergegend verblieben. Ich kann es wenigstens nicht wahrscheinlich finden, dafs sie schon zu so früher Zeit von ihren weit entlegenen Brutplätzen wiederum zurückgekehrt sein konnten. Der Herbststrich beginnt selten schon Anfang bis Mitte August, gewöhnlich in dessen zweiter Hälfte und Anfang September, ist im weiteren Verlaufe dieses Monats und Anfang Oktober am lebhaftesten und dauert den ganzen Oktober und November hindurch. Nach Koch ist er am Bodensee in gewissen Jahren im Herbst gar nicht selten, im Frühjahr aber zeigt er sich zuweilen, und es kann als eine Seltenheit angesehen werden, wenn alsdann einer geschossen wird. Leu bekam von der Donau und dem Lech in den Monaten August und Oktober eine geringe Anzahl junger und alter Vögel im Winterkleide.

Ich war Zeuge, wie ein Lerchenfalke einen solchen Wasserläufer stiefs. In den Mägen erlegter fand ich Kaulquappen von

Rana esculenta, einen weiblichen *Triton cristatus*, drei *Naucoris cimicoides* und einen Stengelpartikel von *Potamogeton*.

217. TOTANUS CALIDRIS L.

Keyserling u. *Blasius*, Die Wirbeltiere Europas. I. S. 211. n. 328. — Verz. S. LXXII

Naumann, Naturgeschichte der Vögel Deutschlands. VIII. S. 95. Taf. 199.

Rotbeiniger Wasserläufer, Züger, Rotschenkel, Rotfuſs, Rotfüſschen, Pfeifer.

In sumpf- und wasserreichen Gegenden ein gemeiner Zugvogel, der auf allen südbayerischen Mösern und auch sonst an geeigneten Orten im Lande, am Bodensee, auf einer Insel im Wörthsee, bei Inning an einer sumpfigen Stelle, in der Gegend von Memmingen, auf dem Riede bei Beningen und Steinheim, an sumpfigen Altwassern, auf Torfstichen und Halbinseln des Mindelthales bei Klingenbad u. s. w. in Schwaben, in groſser Anzahl auf den Lech- und Wertach-Inseln bei Augsburg, auf den Donau-Inseln und in den Moorweihern des südlichen Oberfrankens brütet. Durch die Überschwemmungen der aus den Alpen kommenden südlichen Nebenflüsse der Donau werden viele Bruten vernichtet. Mitte Mai findet man gewöhnlich schon Junge, Leu fing aber solche noch am 8. August 1868 im Flaumkleide und sah, daſs die Alten bei ihren Jungen drohender Gefahr sich auf die Gipfel junger Fichten setzten und groſses Geschrei aufschlugen. In dem feuchten Jahre 1845 brüteten die Rotschenkel häufig auf den Sumpfwiesen des Mindelthales; im trockenen Jahre 1846 kamen sie wieder, zogen aber nach kurzem Aufenthalt wieder ab und nur wenige heckten an den sumpfigen Altwassern der Mindel. Sie kommen Mitte März und Anfang April bei uns an und verstreichen im August und September. Gröſsere Gesellschaften als 30 bis 40 Stücke sah ich nicht. Öfters fliegen sie mit Kiebitzen, Staaren, groſsen Brachvögeln (*Numenius arquatus*) und führen auch Alpenstrandläufer an.

In den Mägen erlegter fand ich Käfer (*Hyphydrus ovatus* und *Onthophagus fracticornis*), Larven von Köcherjungfern und viele ihrer Sandumhüllung entkleidete Köcher derselben und Eintagsfliegen, in den Eingeweiden aber den Schmarotzer *Taenia filum*.

218. TOTANUS GLAREOLA L.

Keyserling u. *Blasius,* Die Wirbeltlere Europas. I. S. 211. n. 330. — Verz. S. LXXII.

Naumann, Naturgeschichte der Vögel Deutschlands, VIII. S 78. Taf. 198.

In beiden Zugperioden an Seen, Teichen, Altwassern und Flüssen einzeln und in Flügen von 10 bis 40 Stücken nirgends selten, stellenweise gemein. Er kommt in manchen Jahren schon Mitte Februar (am 16. Febr. 1863 bei Augsburg), auch Ende März an, so frühe aber immer nur sehr selten, gewöhnlich erst gegen die Mitte bis Ende April. In den Moorweihern sah ich *Bruchwasserläufer* den ganzen April, Mai und Juni hindurch und hörte täglich ihr Jodeln. Bekanntlich hat dieser Vogel Ende April und Anfang Mai Eier und Anfang Juni flugbare Junge, so dafs ich Grund zu der Vermutung hatte, er dürfte in diesem Weiherlande brüten. Ich fand jedoch weder Nester noch Eier und niemals Junge, die bekanntlich schon im Dunenkleide umherlaufen, konnte auch von den Alten niemals ein um ihre Jungen besorgtes Schreien und Umherfliegen wahrnehmen, was, veranlafst durch häufige Störungen durch Gräserinnen, Gänse und Hornvieh, sicherlich hätte gehört werden müssen, wenn diese ohnehin sehr lauten Vögel in den Weihern gebrütet hätten. Auch fand ich auf den Dämmen nie ein von Krähen geraubtes und ausgetrunkenes Ei des Bruchwasserläufers, während man aus solchen Resten, ohne Eiersucher zu sein, die vorhandenen Arten des dort brütenden Sumpf- und Wassergeflügels leicht festzustellen vermochte. Einzelne oder kleine Flüge zeigten sich noch bis Mitte oder Ende Juli, im August aber erschienen sie haufenweise; überall vernahm ich ihr Gegicker, oftmals ärgerlich über das muntere Völklein, wenn ein seltsamer Ruf oder die bekannte Stimme eines seltenen Vogels aus der Ferne undeutlich über die weite Wasserfläche klang.

Das Jodeln hörte ich einzeln und nicht mehr in der Vollkommenheit, wie im Frühjahr, noch bis zum 20. August, ein eigentümlicher Gesang, welcher an das Lullen der Heidelerche erinnert und zur angenehmen Belebung eines grofsartigen Weiherkomplexes ganz entschieden beiträgt. Ende September verstreicht dieser Wasserläufer. Hie und da sah ich ihn mit andern naheverwandten Schnepfenvögeln fliegen, einen mit 4 *Totanus glottis.* In den Mägen Erlegter fand ich kleine Fischchen.

219. TOTANUS OCHROPUS L.

Keyserling u. *Blasius,* Die Wirbeltiere Europas. I. S. 211 n. 330. — Verz. S. LXXII.

Naumann, Naturgeschichte der Vögel Deutschlands. VIII. S. 59. Taf. 197. — XIII. Fortsetzung der Nachträge. S. 241.

Auf dem Durchstrich an Bach- und Flufsufern, Altwassern, Seen und Teichen, an Gräben und Löchern der Torfstiche, an grofsen Wasserlachen in der Nähe des Waldes, selbst im Walde an Ufern der Waldbäche, an Wässerungs- und Entwässerungsgräben nur selten in baumloser Gegend, häufiger, wo Erlen- und anderes Gebüsch steht. Er sucht jede Regenlache auf Wiesen, selbst auf Vicinalwegen im freien Felde auf. Nach Landbeck brütet er wie in Württemberg an den gröfseren Flüssen, so auch in Bayern am ganzen Lauf der Donau von Ulm bis hinab nach Passau und nach Koch bei Regensburg. Bei Ingolstadt wurde er nach Schrank mitten im Sommer geschossen, ebenso im Steigerwald an der Ebrach, an der Iller und am Lech in Schwaben. Leu bekam ihn aus der Augsburger Gegend (Gersthofen, Stettenhofen) am 23. Juni und 26. Juli; nach Dr. Noll lebt er den ganzen Sommer über in kleinen Gesellschaften am Untermain und ich selbst habe den Vogel in den Monaten, in welche sein Brutgeschäft fällt, an verschiedenen Orten Frankens wahrgenommen. Ob er aber bei uns brütet, vermag ich mit Gewifsheit nicht anzugeben. Er kommt gewöhnlich bei uns im März, seltener schon in den ersten Tagen, gewöhnlich in der zweiten Hälfte des Monats und anfangs April an, kommt wieder im Juli und August und verschwindet bis auf wenige nach der Mitte des Oktober. Am Bodensee, wo er während der beiden Zugperioden nicht ungewöhnlich ist, hat ihn Koch während des ganzen Winters in einzelnen Exemplaren angetroffen, Leu ihn in verschiedenen Jahren einmal am 20. Dezember, fünfmal im Januar und dreimal vom 3. bis 16. Februar erhalten; 1842 überwinterte er an der Iller; am 17. Februar 1853 wurde er in der Feuchtlach bei Ansbach an der Silbermühle geschossen, am 16. Februar 1883 an der alten Aisch bei Windsheim und am 19. Februar 1808 von Hofrat Dr. Meyer in Offenbach am Untermain angetroffen.

An dem in die Altmühl fliefsenden Mühlgraben in Sommersdorf kam er öfter in meinen Garten so nahe an das Pfarrhaus und die nebenstehende Mühle heran, dafs ich den Silberton seiner Stimme in meiner Studierstube hörte und ihn durch das vorsichtige Öffnen des Fensters verscheuchte, obwohl er in dem tief eingeschnittenen Bachbette, das mit Hasel- und Eichengebüsch, Erlen, Kirschen- und Weichselbäumchen bewachsen war, mich nicht sehen konnte. Die bei dem Stillestehen der Mühle durch das Abfliefsen des Baches in seichtes Wasser gerathenen Flohkrebse und kleinen Fische lockten ihn an. Mehrmals sah ich ihn an Teichufern auf der angetriebenen, gemähten Weiherstreu nach Nahrung umhersteigen. In Übereinstimmung mit Altum sah ich diesen Wasserläufer nie in Flügen, sondern nur einzeln oder in wenigen Stücken in loser Gemeinschaft an besonders einladenden Stellen.

Genus 98. Actitis Boie.

220. ACTITIS HYPOLEUCOS L.

Keyserling u. *Blasius*, die Wirbeltiere Europas, I. S. 212. n. 334 — Verz. S. LXXIII.

Naumann, Naturgeschichte der Vögel Deutschlands, VIII S. 7. Taf 194.

Ein an unsern Seen, Flüssen und Teichen überall vorkommender, wenn auch an vielen Orten nicht häufiger, doch nirgends seltener Zugvogel, an der Donau, Wertach und dem Lech auf Sandbänken und Inseln ganz gemein. Bei Überschwemmungen oder hohem Wasserstande gehen viele Bruten zu Grunde. Bei Augsburg hat Leu sehr viele Eier und Nestjunge gesammelt; ich traf ihn brütend an der Wiesent bei Waischenfeld in der fränkischen Schweiz. Er kommt in der zweiten Hälfte des April, gewöhnlich erst im Mai und verläſst uns wieder, nachdem er gegen das Ende des Juli umherzustreichen begonnen hat, im September.

Genus 99. Phalaropus Briss.

a. Lobipes Cuv.

221. PHALAROPUS CINEREUS Briss.

Keyserling u. *Blasius*, Die Wirbeltiere Europas, I. S. 212. n. 335. — Verz. S. LXXIII.

Naumann, Naturgeschichte der Vögel Deutschlands. VIII. S. 240. Taf. 205.

Der *schmalschnäbelige Wassertreter* kommt einzeln aus dem Norden als sehr seltener Gast auf unsere Möser, Seen und Flüsse.

Er wurde am Bodensee, im Frühjahr und Spätherbst 1842 je ein altes Männchen am Starnberger See, im August 1847 ein junges Exemplar auf den Mösern der Revier Gern, in Unterfranken anfangs der fünfziger Jahre einer auf dem Herbstzug bei Königshofen und ein junger Vogel am 2. September 1805 am Untermain geschossen. Ich selbst erhielt einen jungen, an einem kleinen Weiher bei Uffenheim in Mittelfranken zwischen Langensteinach und Reichardsroth am 18. September 1881 erlegten Vogel, in dessen Magen sich verschiedene, nicht mehr zu bestimmende Reste von Kleinkäfern, darunter ein Curkulionide, und etliche Sämereien vorfanden.

b. Phalaropus auct.

222. PHALAROPUS RUFESCENS Briss.

Keyserling u. *Blasius*, die Wirbeltiere Europas, I. S. 212 n. 336. — Verz. S. LXXIII.
Naumann, Naturgeschichte der Vögel Deutschlands, VIII. S. 255. Taf. 206.

Eine höchst seltene Erscheinung in Süddeutschland. Leu in Augsburg und Büchele in Memmingen erhielten am 10. Januar 1863 und 26. November 1856 je ein Exemplar im Übergang aus dem Sommer- in das Wintergewand, beide von Lindau. Auch Walchner und Landbeck führen Herbstkleider *breitschnäbelige Wassertreter* vom Bodensee an. Ende Oktober 1879 wurde der Kopf eines solchen Vogels am Ufer des Ammersees bei Dießen gefunden (Baron v. Freyberg in litt.).

Genus 100. Limosa Briss.

223. LIMOSA AEGOCEPHALA L.

Keyserling u. *Blasius*, die Wirbeltiere Europas, I. S. n. 213. u. 338. — Verz. S. LXXIV.
Naumann, Naturgeschichte der Vögel Deutschlands, VIII. S. 406. Taf- 212 und 213.

Die *schwarzschwänzige Limose* wird nur auf dem Zuge in Sümpfen, Teichen, an grossen Seen und Flüssen bei uns wahrgenommen. Am Bodensee ist sie nach Koch im Frühjahr sehr selten, der junge Vogel aber im Herbst öfter vorhanden. Nach

Altum berührt sie auf ihrem Zuge zum Süden die Binnenländer verhältnismäfsig äufserst selten, was ich in den Moorweihern bestätigt fand, indem sie mir dort im Herbst nicht ein einziges Mal zu Gesicht gekommen ist, während ich sie im Frühjahr gar nicht selten, in manchen Jahren sogar ziemlich häufig antraf, wie aus nachstehenden Tagebuch-Notizen zu ersehen sein wird:

1854 traf ich in den Weihern am 16. April zwei Stücke, neben ihnen viele Kiebitze, Tags darauf eine, am 19. ej. m. zwei und am 20. ej. sechs beisammen an.

1855 erschienen die ersten Limosen am 25. April und sah ich an diesem und den zwei folgenden Tagen nur eine einzige.

1856. Ankunft am 10. April. Tags darauf strichen zwei Stücke aus den Bucherweihern in die Moorweiher. Am 17. ej. m. standen 2 Stücke in dem 72 Tagewerke grofsen Moorweiher im kurz aufgesprofsten Riedgrase und jodelten, nachdem sie sich erhoben hatten. Am 19., 22. und 23. ej. m. flog ein altes Männchen, wahrscheinlich immer derselbe Vogel, in Gesellschaft von Kampfstrandläufern, Kiebitzen und Staaren; am 27. und 28. ej. m. waren zuerst 5, dann 6 Stück auf einem Haufen vorhanden und liefsen öfter ihr Jodeln vernehmen.

1857. Ankunft am 7. April; mehrere Exemplare am 25. dieses Monats gesehen.

1858 zeigten sich die Limosen am 23. März; Tags darauf und bis zum 17. April war immer nur ein einziges Exemplar anzutreffen, am 18. und 19. April jedoch jedesmal sechs auf einen Flug.

1859 kamen die ersten am 31. März und wurde ein Stück erlegt. Vom 4. bis zum 10. April sah ich je eine einzelne, am 8. aber zwei und am 12. ej. m. bei sehr heftigem Winde in Gesellschaft einer grofsen Schar Kampfstrandläufer in einem Weiher zehn Limosen stehen, am 16. April wieder bei starkem Winde, empfindlicher Kälte und Graupelstürmen zugleich zwei Haufen, deren einer aus fünf, der andere aus zehn Stücken bestand, von denen zwei angeschossen wurden. Anderen Tages standen bei fortdauerndem, kalten und windigem Wetter und eisigen Niederschlägen achtzehn Stücke im grofsen Moorweiher auf einem Haufen und einzeln ein altes Männchen von ausnehmender Schönheit im fertigen Sommergewand im sogenannten Soorweiherlein, wo es geschossen wurde. Am 18. April standen zwei in einem kleinen Weiher bei Biengarten und wurde, wie

Tags zuvor auch geschehen, eine der angeschossenen vergeblich verfolgt. Am 20. April wurde von 4 Stücken ein altes Weibchen erlegt, am 21. ein Stück und die angeschossene, am 23. zwei Exemplare angetroffen und aufserdem letztere endlich erlegt. Am 23. zeigte sich noch ein Flug von 3 Stücken und am 24. eine Einzelne, die letzte in diesem Frühjahr.

1861 war ihr Strich schwach. Nur am 1. April, am 7. und 14. Mai zogen je zwei Limosen durch.

1862. Ankunft am 26. März; am 29. ej. m. ein Flug von drei, am 2..und 16. April zwei Flüge, jeder von 5 Stücken.

1864 war ein limosenarmes Frühjahr; am 2. April sah ich zwei Stücke, später keines mehr.

1865 und 1866 war der Strich ganz schlecht. Im ersteren Jahre stand am 21. April ein vereinzeltes Stück im Soorweiherlein; in letzterem wurde auch nur ein einziges Exemplar am 24. April bemerkt.

1867 dagegen war der Strich sehr lebhaft und standen am 20. April in dem ebengenannten kleinen Weiher dreizehn Stücke.

1869 begann der Strich am 4. April und erhielt Baron Gottlieb v. Koch ein altes Weibchen. Es wurden während der Strichzeit fast täglich Pfuhlschnepfen bemerkt, einmal ein Trupp von 5 Stücken.

1871 sah v. Koch vom 21. bis 23. April täglich drei bis vier Stücke, einmal vier prachtvolle Männchen, die sich lange Zeit sehr ungeniert beobachten liefsen. In den folgenden Jahren sind diese herrlichen Vögel noch zahlreicher geworden

Sonst hat man Limosen an der Donau, am Main (Aschaffenburg), an der Regnitz (Erlangen) und an der Zenn in Mittelfranken erlegt. Hervorzuheben ist, dafs ein Stück bei Ochsenfurt zu ungewöhnlich früher Zeit Ende Februar 1870 und zwei junge Vögel am 29. Juli 1851 auf dem Steinheimer Riede bei Memmingen und am 18. Juli 1872 auf der Meringer Au bei Augsburg erlegt wurden. Auch bei Offenbach am Untermain traf sie Hofrat Dr. Meyer am 24. Juli 1806 einzeln auf dem Durchzuge an einem grofsen Sumpfe an.

224. LIMOSA RUFA Briss.

Keiserling u. *Blasius*, die Wirbeltiere Europas, I. S. 213. n. 339. — Verz. S. LXXIV.

Naumann, Naturgeschichte der Vögel Deutschlands, VIII. S. 446. Taf. 215 und S. 428. Taf. 214. — XIII. Fortsetzung der Nachträge. S. 246 und 247.

Sehr selten auf dem Durchzuge. Koch traf sie im Spätherbst auf den Mösern des Bodensees; einzelne Stücke wurden am 28. August 1849 auf dem Riede bei Memmingen, am 27. Sept. 1854 ein Weibchen an der Wertach bei Augsburg, an der Donau bei Regensburg, am 5. September 1851 bei Erlangen, im mittleren Aischgrunde bei Markt Dachsbach und am Main bei Aschaffenburg geschossen. Am Untermain traf sie Hofrat Dr. Meyer in Offenbach am 22. September 1805 einzeln auf Brachäckern. Ich sah in den Moorweihern eine rothe Limose am 8. Mai 1856 unter lautem Schreien durch jenes wasserreiche Gebiet streichen und nach v. Koch wurde daselbst am 13. April 1869 ein Stück geschossen und wurden aufserdem mehrere Exemplare in jenen Weihern beobachtet.

(A. Wiedemann teilt mir mit, dafs am 24. April 1884 am Lech bei Augsburg (Kissing) ein Männchen erlegt wurde. — R. Bl.)

Genus 101. Machetes Cuv.

225. MACHETES PUGNAX L.

Keyserling u. *Blasius*, die Wirbeltiere Europas, I. S. 213. n. 341 — Verz. S. LXXV.

Naumann, Naturgeschichte der Vögel Deutschlands, VII. S. 502. Taf. 190, 191, 192, 193.

Auf den südbayerischen Mösern, z. B. auf dem Dachauer Moose bei Allach soll er brüten, ebenso in der Rheinpfalz und zu Kochs Zeiten wurden jedes Jahr einzelne Paare auf dem Fufsacher Moose am Bodensee angetroffen. Sonst findet er sich überall nur in den beiden Zugperioden an Flüssen, Teichen und auf Sumpfwiesen, stellenweise z. B. in den Moorweihern als einer der gemeinsten Schnepfenvögel. Leu erhielt in dem gelinden Winter 1874 ein junges Männchen aus der Gegend von Augsburg bereits am 9. Februar und nach Landbeck wurde er auch in Württemberg am Neckar schon im Februar 1820 erlegt. Ich sah die ersten Ankömmlinge vom 10. März an bis Ende des Monats; häufiger kommt er erst im April und zwar wird der Zug in der zweiten Aprilhälfte von Tag zu Tag belebter, so dafs man nicht blofs kleine Flüge von 10 bis zu 40 Stücken, sondern Schwärme von Hunderten junger Vögel und Weibchen wahrnehmen kann. Von da an dauert der Zug in immer mehr abnehmender Frequenz bis Ende Mai fort und einzelne Exemplare sieht man noch bis Ende Juni. Der Widerstrich beginnt schon in der zweiten Hälfte des Juli und dauert während der Monate August und September bis zum zweiten Drittel des Oktober. Die ersten Ankömmlinge im Frühjahr sind immer junge Weibchen vom Vorjahre und junge Männchen im Frühlingskleide, deren weifse, schwarze, gebänderte, rostrote und rostbraune Hals- und Nackenkrägen weithin sichtbar sind. Solche junge Männchen trifft man mit den jungen Weibchen oftmals gemeinschaftlich an, doch kann man leicht an den in der Gröfse bedeutend abweichenden Gestalten und unterstützt durch den auffallenden Federschmuck der Männchen gewahr werden, dafs beide Geschlechter, auch wenn sie sich zu einem Trupp vereinigen, gleichwohl es lieben, sich nach dem Geschlechte zu gruppieren. Während die chevaleresken Männchen beisammen stehen oder gegenseitig hadern und in Boxerstellung auf einander losfahren, weiden etwas seitwärts die harmlosen Weibchen, emsig auf dem kurzen Wasen umhertrippelnd. Auf einmal aber etwa von einem Raubvogel erschreckt oder aus eigenem Antriebe, erhebt sich Alles und eilt in einer Schar, Männchen und Weibchen beisammen, in reifsend schnellem Fluge davon. Die alten Weibchen ziehen anfangs bis Ende Mai in Flügen von 5 bis 12 Stücken noch bis Ende Juni durch. Der Herbststrich ist gegen den des Frühjahrs sehr gering; es kommen nur einzelne Vögel oder kleine Flüge durch und solche machen dann, was sie allerdings auch im Frühjahre thun, gerne die Anführer von Alpenstrandläufern. Gröfsere Scharen sah ich im Herbst nie. In manchen Jahren ist der Strich sehr ärmlich und sieht man in der besten Zeit des Frühlings nur Flüge bis zu 20 Stücken; ganz ausgezeichnete Jahre waren 1856, 1857, 1859, 1865 und 1867. Männchen im vollendeten Sommergewand sah ich in den Moorweihern nie, nur Frühlingskleider, zum Teil schon mit vielen Warzen im Gesicht. Schon Mitte Aprils, häufiger im Mai war ich öfters Zeuge, dafs die Männchen von dem Verlangen ergriffen wurden, mit einander zu turnieren. Zu eigentlichen Kämpfen sah ich es freilich nicht kommen, bemerkte auch nicht, dafs sie besondere Kampfplätze gehabt hätten, wie dies an ihren Brutörtern der Fall ist. Es rannte eben an einem beliebigen Orte, wo sie zufällig eingefallen waren, plötzlich ein Männchen gegen einen ruhig dastehenden oder umherlaufenden Kameraden herausfordernd an. Die Partie wurde entweder nicht angenommen oder es kam nicht zum Ernste, indem nach kurzem grimmigen Gegenüberstehen der eine oder andere feig über die Mensur zurückging.

Auch auf den Weihern der Oberpfalz findet er sich zur Zugzeit zahlreich ein. Prof. Dr. Wolf erhielt ihn aus der Nürnberger Gegend von Lauf, die Gebrüder Dr. Dr. Sturm aus der Gegend von Cadolzburg, wo am 15. Mai von 15 Stücken am Seukendorfer Weiher ein altes Männchen erlegt wurde, und vom Dutzendteich bei Nürnberg. Ich sah kleine Scharen bis zu 25 Stücken am 2. und 3. Mai 1861 an der Altmühl bei Herrieden, bei Sommersdorf und bei Triesdorf auf dem beiläufig 142 Tagewerk grofsen Moose bei Hirschlach und erhielt von da verschiedene Frühlings- und Herbstvögel. Leu und andere Freunde bekamen zahlreiche Exemplare vom Bodensee, Memmingen, Augsburg, Ingolstadt, wohin sie nach Schrank einst in grofsen Scharen kamen, aus Oberbayern, Niederbayern und Unterfranken (Aschaffenburg).

In den Mägen Erlegter fand ich: Samen von *Polygonum persicaria,* viele Käfer (*Agonum viduum, Bembidium velox, Parnus auriculatus, Cyclonotum orbiculare, Sitones tibialis, Pissodes notatus, Rhinoncus pericarpius, Philhydrus testaceus*), Schwimmwanzen, (*Naucoris cimicoides*) und Köcherfliegen (*Limnophilus griseus*) und an Eingeweidewürmern die *Taenia brachycephala.*

Genus 102. Calidris Illig.

226. CALIDRIS ARENARIA L.

Keyserling u. *Blasius,* Die Wirbeltiere Europas, I. S. 214. n. 342. — Verz. S. LXXV.

Naumann, Naturgeschichte der Vögel Deutschlands, VII S. 353. Taf. 182. — XIII. Fortsetzung der Nachträge. S. 231.

Auf dem Herbststrich nicht gar selten am Bodensee, auf der Donau (Donauschütten), am Lech, an der Iller, Regnitz, am Main.

Am 4. Oktober 1868 sah Leu am Lech einen kleinen Flug bei Prütriching in der Meringerau, wovon ein Stück erlegt wurde. Dr. Meyer zu Offenbach traf ihn ziemlich häufig im Mai 1806 am Untermain, im Herbst alljährlich. Apotheker Link schofs ihn 1850 im Herbst ebenfalls am Mainufer bei Obereisenheim in der Gegend von Volkach.

Genus 103. Tringa L.

a) mit erweitertem, geraden, langen Schnabel.

227. TRINGA CANUTUS L.

Keyserling u. *Blasius*, Die Wirbeltiere Europas, I S. 214. n. 344. — Verz. S. LXXVI.

Naumann, Naturgeschichte der Vögel Deutschlands, VII. S. 372. Taf. 183. — XIII. Fortsetzung der Nachträge S. 232.

Auf dem Zuge sehr selten und zwar im Frühjahr noch seltener als im Herbst an unsern grofsen Gewässern (Bodensee, Lech, Main). Koch erhielt mitten im Sommer ein altes Weibchen, das auf dem Fufsacher Moose (Bodensee) geschossen wurde. An einem kleinen Bache bei Offenbach erlegte Dr. Meyer am 18. April 1807 zwei Stücke.

b) mit schlankem, gebogenen, langen Schnabel.

228. TRINGA MARITIMA Brünn.

Keyserling u. *Blasius*, Die Wirbeltiere Europas, I. S. 214. n. 345. — Verz. S. LXXVI.

Naumann, Naturgeschichte der Vögel Deutschlands, VII. S. 467. Taf. 188.

Der *Seestrandläufer* kommt nur als höchst seltener Wintergast an den Bodensee u. s. w. und an unsere Flüsse. Ein am Lech bei Augsburg am 8. November 1869 erlegtes Weibchen erhielt Leu und ein am 23. Februar 1870 bei Rothenbuch im Spessart geschossenes Exemplar sah ich im naturhistorischen Museum in Wiesbaden. Über dieses Vorkommen berichtete der Schütze, der damalige Kandidat der Forstwissenschaft Franz Freiherr von Preuschen, an den Professor Dr. C. L. Kirschbaum in Wiesbaden: »Die Quellen der Hafenlohr, die ziemlich zahlreich bei Rothenbuch entspringen, sind auch in den kältesten

Wintern warm genug, um den Boden der von ihnen bewässerten Wiesen vor dem Gefrieren zu bewahren und die Vegetation der darauf befindlichen Gräser und Pflanzen in Thätigkeit zu erhalten. Als im Januar 1870 ein anhaltender und heftiger Nordostwind nach vorherigem Schneefall eintrat und bis in den Februar dauerte, versammelten sich auf den überrieselten und darum offenen Stellen zahlreiche Bekassinen und Drosseln, um dort ihre Nahrung zu suchen. Bei Gelegenheit einer Bekassinenjagd am 23. Februar bemerkte ich einen Vogel, der in seinem Bau Ähnlichkeit mit den Bekassinen hatte, jedoch etwas kleiner war als dieselben und von dunklem Gefieder. Besonders fiel mir an demselben auf die Unverdrossenheit und Lebhaftigkeit, mit der er seiner Nahrung nachging, und die Geschicklichkeit, mit der er strich. Er watete durch das Wasser, so dafs nur der Kopf über der Oberfläche sichtbar war, strich auf meinen ersten Schufs einige Schritte weiter und begann sogleich wieder mit dem Schnabel im Boden zu bohren, liefs mich dann auf etwa zehn Schritte ankommen, ohne sich irgendwie zu verstecken oder zu drücken, und liefs mich auf diese Entfernung meinen zweiten tötlichen Schufs anbringen. — Wie es scheint, war die anhaltende Kälte, der aus Norden wehende Wind und die dauernde Bedeckung des Bodens mit Schnee die Ursache, dafs der nordische Vogel soweit südlich gestrichen. Im Verdauungskanal waren unkenntliche Nahrungsstoffe, zwei Insektenlarven *(Perla)* und einige kleine Kieselsteinchen im Magen.« (Zoologische Mitteilungen von Dr. C. L. Kirschbaum in den Jahrbüchern des nassauischen Vereins für Naturkunde Jahrgang XXV und XXVI, Wiesbaden, 1871 und 1872. S. 439 ff.).

229. TRINGA SUBARQUATA Güldenstädt.

Keyserling u. *Blasius*, Die Wirbeltiere Europas, I. S. 214. n. 346. — Verz. S. LXXVI.

Naumann, Naturgeschichte der Vögel Deutschlands, VII. S. 408. Taf. 346. — XIII. Fortsetzung der Nachträge S. 234.

Grofser Gropper.

Auf dem Durchzuge einzeln oder in kleinen Flügen nicht besonders selten. Junge Vögel kommen jeden Herbst an die Ufer des Bodensees, doch erhielt Landbeck von dort auch ein Pärchen alter Vögel im Sommergewand. Letztere sind jedoch weit seltener. Einzeln, einmal in Gesellschaft mit zwei jungen

Aegialites hiaticula, ein andermal drei Stücke beisammen, habe ich junge Vögel von Ende September bis Ende Oktober etliche Male in den ausgefischten Moorweihern und in den Weihern bei Buch angetroffen und ein Stück erhalten. Sonst wurde er in Oberbayern an der Amper und deren Bächen, am Lech, auf den Donauschütten, bei Regensburg und am Main erlegt.

In den Mägen fanden wir Insekten, Käferlarven und 15 Larven der gemeinen Wasserflorfliege *(Sialis lutaria)*.

230. TRINGA CINCLUS L.

Keyserling u. *Blasius*, Die Wirbeltiere Europas, I. S. 215. n. 347. — Verz. S. LXXVI.

Naumann, Naturgeschichte der Vögel Deutschlands, VII. S. 426. Taf. 186 und S. 453. Taf. 187. — XIII. Fortsetzung der Nachträge S. 235.

Gropper, Gropperle.

Auf dem Durchzuge im Frühjahr und Herbst in allen geeigneten Lagen auf sandigen oder schlammigen Plätzen der Seen, Teiche und Flüsse ein ganz gewöhnlicher in Scharen von 20, 30 und mehr Stücken vorhandener Strandläufer. Man hat ihn an den oberbayerischen Seen, am Bodensee, auf der Isar (München), am Lech (Augsburg, auf dem Wolfszahn und dem Lechfeld), an der Mindel, Donau, Altmühl, auf dem Moose bei Hirschlach in Mittelfranken, am Dutzendteich bei Nürnberg und am Main in Unterfranken sehr häufig wahrgenommen und erlegt. In die Moosweiher kommt er auf seiner Herbstwanderung manchmal schon anfangs (7.) August, häufiger im weiteren Verlauf dieses Monats an. Der Hauptzug ist im September und Oktober, wo man ihn in staarähnlichen Flügen sehen kann, und dauert bis in die ersten Tage des November. Zur Zeit der Fischerei treiben sie sich in den leeren Weihern umher und traf ich einzelne oder kleine Flüge noch, als alle kleinen Weiher schon ganz, die grofsen teilweise überfroren waren. Schon am 17. und 18. März pflegen sie sich in manchen Jahrgängen auf dem Striche in den Weihern wieder einzufinden; der Haupt-Frühjahrstrich ist anfangs bis Mitte April und dauert bis in die zweite Hälfte des Mai. Der späteste von mir notierte Termin, wo ich noch zwei Stücke antraf, ist der 24. Mai 1855. Leu erhielt ein junges Exemplar mit ganz kurzen, unausgewachsenen Schwanzfedern am 11. Mai 1866 vom Lech. Im Frühjahr sind die *Alpenstrandläufer* um vieles seltener, als im Herbst; ich beobachtete sie da nur in kleinen Gesellschaften von drei bis zwölf Stücken. Am 13. April 1858 erhielt ich aus den Moorweihern ein Männchen im Übergang zum Sommerkleid, am 14. Mai ej. a. und am 19. Mai 1855 zwei Männchen im reinsten Hochzeitskleide und am 16. Mai 1858 sah ich am Ufer des grofsen Hesselberger Weihers einen Flug von acht Männchen beisammen, welche alle letzteres Gewand vollständig trugen. Sommerkleider oder beginnende Übergänge in das Winterkleid sind bei uns sehr selten. Leu erhielt am 15. Oktober 1852 ein bei Göggingen an der Wertach geschossenes Weibchen mit schwarzem Brustschild und Bauch.

Auf dem Zuge gesellen sich die Alpenstrandläufer gerne zu anderen Sumpfvögeln *(Machetes pugnax*, *Totanus glottis*, *fuscus*, *calidris*, *Squatarola helvetica)*, deren Führung sie vertrauensvoll folgen.

In den Mägen Erlegter fand ich kleine Conchylien *(Vertigo 7 dentata)*, unkenntliche Larven von Eintagsfliegen und Früchtchen von *Nymphaea alba*, *Polygonum persicaria*, *Potamogeton* und *Ranunculus*.

c) mit schlankem, geraden, kurzen Schnabel.

231. TRINGA MINUTA Leisl.

Keyserling u. *Blasius*, Die Wirbeltiere Europas. I. S. 215. n. 351 — Verz. S. LXXVII.

Naumann, Naturgeschichte der Vögel Deutschlands. VII. S. 391 Taf. 184. — XIII. Fortsetzung der Nachträge S. 233.

Rafsler.

Im Frühjahr, Mai, kommt der *Zwergstrandläufer* einzeln, im Herbst dagegen viel zahlreicher auf dem Durchzug auf unsere Flüsse, Teiche und Seen, auf den Bodensee nach Koch gewöhnlich Ende September oder anfangs Oktober, wo er eine kurze Zeit verweilt und dann weiter südlich zieht. Er ist sehr scheu, erhebt sich bei dem Auffliegen sehr hoch in die Luft, streicht weiter und setzt sich erst in grofser Entfernung nieder. Im Flug läfst er schwirrende, dem Rasseln der Ketten nicht unähnliche Töne hören, daher ihn auch die Jäger »Rafsler« nennen. Leu erhielt von Mitte August bis Ende September von Lindau,

Augsburg und Althegnenberg in Oberbayern verschiedene Exemplare, junge Vögel; andere wurden an der Donau (Regensburg, Passau) erlegt und eines erhielt ich am 5. November 1860 aus der Gegend von Höchstadt a. A. Es befand sich in Gesellschaft zweier Alpenstrandläufer im leeren Kirchweiher zwischen Buch und Neuhaus und wurde mit seinen Begleitern geschossen.

232. TRINGA TEMMINCKII Leisler.

Keyserling u. *Blasius*, Die Wirbeltiere Europas. I. S. 215. n. 350. — Verz. S. LXXVII.

Naumann, Naturgeschichte der Vögel Deuschlands. VII. S. 483. Taf. 189. — XIII. Fortsetzung der Nachträge S. 234

Grauer Raſsler.

Auf dem Durchzug sehr selten. Koch traf ihn am Bodensee meistens einzeln oder in kleinen Gesellschaften und schoſs ihn nur im Herbst. Auf den Donauschütten bis Ingolstadt aufwärts, bei Regensburg, am Lech (12. August), auf dem Dutzendteich bei Nürnberg (4. September aus einer gröſseren Gesellschaft drei Stücke erlegt) und am Main wurde er gleichfalls beobachtet.

Genus 104. Limicola Koch.

233. LIMICOLA PYGMÆA Lath.

Keyserling u. *Blasius*, Die Wirbeltiere Europas. I. S. 216. n. 352 — Verz. S. LXXVII.

Naumann, Naturgeschichte der Vögel Deutschlands. VIII. S. 271. Taf. 207. — XIII. Fortsetzung der Nachträge.

An den Ufern und auf den Rieden des Bodensees zur Zugzeit im September sehr selten. Koch schoſs dort ein Männchen und ein Weibchen in genanntem Monat auf einen Schuſs. In den Moorweihern und deren Nachbarschaft habe ich diesen seltenen Vogel mehrere Male beobachtet und einmal im Fleische erhalten. Den ersten sah ich am 9. Mai 1854 am Rande des groſsen Moorweihers, einen zweiten am 17. Mai in einem Weiher bei Buch, am 20. Mai den dritten wieder in den Moorweihern und ein schönes altes Männchen erhielt ich am 22. Mai aus den Poppenwinder Weihern. Seitdem ist mir das höchst interessante Vögelchen nur noch einmal am 4. Oktober 1856 in einem gefischten

Weiher bei genanntem Poppenwind zu Gesicht gekommen, woselbst es wenige Schritte von mir entfernt auf dem Schlamme umhertrippelte. Das harmlose Tierchen kam langsam an den Weiherdamm heran, auf welchem ich stand, und liefs sich in nächster Nähe betrachten. Als ich und mein Begleiter, ein alter Förster, der seine letzten beiden Schüsse auf einen Kiebitz-Strandläufer abgegeben hatte, auf das Schnepfchen zugingen, flog es auf und strich so niedrig an uns vorüber, dass es ein geschickt geführter Peitschenhieb aus der Luft hätte herabschleudern können. Im nächsten morastigen Weiher fiel es nach kurzem Fluge ein und trieb sich wieder nur etliche Schritte vor uns furchtlos umher. Den Körper wagerecht, die Brust etwas höher getragen, den Hals eingezogen, die Schnabelspitze gegen die Brust gesenkt, trippelte es in seltsamer Grandezza still dahin. Im Fluge wurde der Schnabel, was die nahe Verwandtschaft mit den Sumpfschnepfen bekundete, stark abwärts gehalten. Als ich nachmittags an Ort und Stelle mich abermals einfand, war das Vögelchen trotz allem Suchen mit dem Hunde nicht mehr aufzufinden. Die anderen von mir beobachteten flogen ein paar Schritte vor meinen Füfsen aus dem Riedgrase heraus, strichen bald in weiterem, bald in kürzeren Bogen, wobei sie ein trillerndes »Tirrr« hören liefsen, weg und kamen ziemlich genau an dieselbe Stelle wieder zurück, waren dann aber durch Suchen und Lärmen ohne Hund nicht aus dem Gesümpfe herauszubringen.

Mein gewöhnlicher Begleiter — ich selbst mufste mir die Führung eines Gewehres versagen — war selten zu bewegen, auf kleines Zeug zu schiefsen. Er wollte sich die Entenjagd nicht verderben und meinte überdies, im Herbst gebe es von diesen kleinen »Betteln« ganze Haufen, so dafs man auf einen Schufs genug erlangen könne. Es half keine Vorstellung und mufste ich einen Bauern von Poppenwind, der eine grofse Wasserjagd in den Moorweihern besafs, wiederholt ersuchen, mir eines der bezeichneten Strandläufer-Schnepfchen zu schiefsen. Ich erhielt es, aber in unbrauchbarem Zustande, da es von Fliegenlarven bereits so erfüllt war, dafs sich das Bauch- und Halsgefieder hob und senkte. In dem Magen dieses Männchens fand ich aufser vielen Kieskörnchen unkenntliche Reste von Wassergewürm, Wasserkäfer *(Cyclonotum orbiculare*, Conchylien [zwei Gehäuse von *Planorbis hispidus])* und allerlei Carpologisches, Samen von *Potamogeton, Polygonum* und *Pilularia globulifera.*

Ein junges Männchen wurde am 23. September 1883 bei Lauingen in Schwaben erlegt.

Genus 105. Ascalopax.

234. ASCALOPAX GALLINULA L.

Keyserling u. *Blasius*, Die Wirbeltiere Europas, I. S. 216. n. 353. — Verz. S. LXXVII.

Naumann, Naturgeschichte der Vögel Deutschlands. VIII. S. 344. Taf. 210. — XIII. Fortsetzung der Nachträge S. 246.

Kleine Bekassine, kleiner Gräser, das Bruchböckel, Bockerle, Haarschnepfchen.

Auf dem Durchzuge im Herbst (Oktober und November) und wieder im Frühjahr, hie und da schon Ende Februar, gewöhnlich von der zweiten Märzhälfte an und den April hindurch auf Mösern, an Teichen, Wassergräben und Seen seltener als die Bekassine, in manchen Jahren ziemlich gemein, sporadisch auch brütend. Ende April 1862 wurden auf dem Revier Dormitz bei Erlangen Forstamts Nürnberg-Sebaldi von einigen Holzhauern bei dem Reinigen von Gräben in tiefer nordöstlicher Lage nächst den sogenannten Kreuzweihern auf einer sumpfigen, früher mit Erlen bestockten, seit genanntem Jahre aber entwässerten, mit Fichten bepflanzten und an nasse Wiesen angrenzenden Fläche drei Nester der kleinen Bekassine gefunden, die sämtlich am Rande der Gräben in einer mit ziemlich hohem Grase bewachsenen, wahrscheinlich durch den Tritt des früher dort weidenden Viehes entstandenen Vertiefung angebracht und, nur leichtfertig mit dürrem Grase und etwas Erlenlaub ausgekleidet, blofs dem scharfen Auge bemerklich waren. In den drei Nestern fand der jetzige Oberförster W. Donle, z. Z. in Cammerstein, je vier Eier, die sämtlich angebrütet und zum Ausblasen nicht zu gebrauchen waren, und von einem vierten Neste, das D. selbst in einer Vertiefung bei einem Erlenstock entdeckt hatte, zersprangen von den drei darin befindlichen, noch nicht brütigen Eiern zwei derselben, weil er sie bei der damals ziemlich hohen Temperatur zu lange unausgeblasen hatte liegen gelassen. Um alle Zweifel zu beseitigen, erlegte er ein von dem Neste abstreichendes Schnepfchen und zwei andere, deren Nester jedenfalls zerstört worden waren, am Kreuzweiher. Das einzige gut ausgeblasene Ei schickte ich, um ganz sicher zu gehen, an Dr. Baldamus, der mir am 27. Dezember 1863 schrieb, es sei dasselbe sicher ein solches der *Ascalopax gallinula.* Wahrscheinlich brütet dieses Schnepfchen an manchen Orten Deutschlands, ohne bei seinem stillen, verborgenen Wesen beobachtet worden zu sein. Ich traf es oft noch sehr spät im April in den Moorweihern, ebenda Gottlieb v. Koch noch am 1. Mai und Förster Jägerhuber in Arberg noch am 6. Mai. Auch versicherte mir Oberförster Leykam, nun in Forsthof bei Nürnberg, dafs das Haarschnepfchen am Kauerlacher Weiher in der Oberpfalz brüte. In Pommern und Westfalen hat man neuerdings auch Nester und Eier dieser Art gefunden.

235. ASCALOPAX GALLINAGO L.

Keyserling u. *Blasius*, Die Wirbeltiere Europas. I. S. 316. n. 355. — Verz. S. LXXVII.
Naumann, Naturgeschichte der Vögel Deutschlands. VIII. S. 310. Taf. 209.

Bekassine, Gräser, Himmelsziege, Himmelsgäs (Gäs = Gaise), Habergeis, Moosbock, Moor-, Moosschnepfe, Wasserschnepfe.

Auf allen Moosen, grofsen Sümpfen, Morästen, Torfmooren, versumpften Weideplätzen, Wiesengründen und Walddistrikten ein gemeiner Brüte- und Zugvogel bis hinauf in die hohe Rhön. Im Jahre 1844 erlegte der Graf Ricciardelli auf dem Ismaninger Moos in zwei Tagen 96 Bekassinen. Sie kommt in den letzten Tagen des Februar und im März bei uns an, beginnt in der zweiten Hälfte des August das Umherstreichen und zieht im Oktober und November wieder ab. Einzelne überwintern an Baumquellen im Gesümpfe sogar in so harten Wintern, wie der von 1879/80 war, wo in Franken in vielen Kellern geheizt werden mufste, damit die Kartoffeln nicht erfroren. Ich traf damals eine Bekassine in hiesiger Gegend mehrmals im Moose bei Külsheim an einem Quellenbächlein an, und erhielt endlich das von einem hungrigen Schützen erlegte, fast nur aus Knochen und Federn bestehende, selbst im Gefieder schlechte Jammerbild. Im Herbst trifft man sie oft auf Äckern, Krautländereien und jungen Nadelholzsaaten mit kleinen nassen Stellen an. Am 20. August, 28. September und 2. Oktober hörte ich sie in den Moorweihern noch meckern. So ungesellig, wie Naumann sie schildert, ist sie doch nicht; denn ich sah geschlossene Züge von 8 bis 12 Stücken wie Staare auf einem Haufen aus einem Weiher in den andern streichen.

Winckell schofs im Frühling 1821 ein Männchen dieser Schnepfe von dem Dache eines Fischhauses herab, auf dem es sich niedergelassen und sitzen geblieben war. Einer meiner Freunde suchte mit seinem Hühnerhunde in einem Sumpfe nach Bekassinen. Der Hund kam auf junge Bekassinen; die Alte setzte sich auf eine am Rande des Sumpfes stehende alte Föhre und wurde herabgeschossen.

In den Mägen Erlegter fand ich Käfer *(Hydrobius fuscipes)*, Teilchen zarter Pflanzenblätter und Samen von *Alisma plantago, Panicum glaucum, Scirpus, Carex* und *Polygonum*-Arten, in den Eingeweiden in grofser Menge einen Bandwurm *(Taenia variabilis)*.

Bekanntlich hat Prof. Altum 1855 in der »Naumannia« eine neue Theorie über die Entstehung des Meckerlautes der Bekassine aufgestellt, dafs nämlich die ausgebreiteten Schwanzfedern, in deren Schärfe der heftige Luftstrom des schräg und zitternd herabstürzenden Balzvogels fährt, das meckernde Instrument seien. Später hat er seine Theorie dahin modifiziert, dafs nur je die äufserste Steuerfeder die tönende Zunge sei, dafs man wenigstens mit dieser den Meckerton täuschend nachmachen kann, wenn man mit der an die Spitze eines Stabes oder eines Drahtes befestigten Feder so durch die Luft fährt, dafs die Aufsenfahne dieselbe scharf durchschneidet. Zuvor zweifelnde oder gegnerische Forstleute hat er durch das Experiment mit der Feder am Draht zu einem rückhaltlosen concedo gebracht, gewisse Ornithologen aber nicht überzeugen können. Durch ein Erlebnis eines Akademikers von Neustadt-Eberswalde glaubt er nun den Dezennien langen Streit endlich zum völligen Abschlufs, wenigstens für sich und die meisten Männer der grünen Farbe, gebracht zu sehen. Im März 1880 schofs jener Akademiker (S.) eine Bekassine, welche er jedoch nur flügelte. »Er trägt dieselbe lebend in der Hand und zwar dem Winde entgegen. Plötzlich beginnt sie leise zu meckern. Der Schwanz ist starr ausgebreitet und der Luftzug bläst in die Schärfe der Federn und erzeugt einen Ton, wie er beim Blasen auf eine Messerschärfe entsteht. Um den meckernden Schnurrlaut zu verstärken, fährt S. mit dem Vogel heftiger dem Luftstrom entgegen und sieht seinen Zweck vollauf erreicht. Von nun an machte er sich wohl eine halbe Stunde lang das Vergnügen, die ausgebreiteten Schwanzfedern in der angedeuteten Weise beliebig schnurren zu lassen. Der Ton unterschied sich in nichts von dem Meckern der frei balzenden Bekassine. Durch Bekanntwerden dieser Thatsache wird wohl der letzte Zweifel an der Entstehung des vielbesprochenen Lautes beseitigt sein.« Bei dieser Hoffnung nimmt er einige Ornithologen, namentlich Eugen v. Homeyer, aus. Für alle übrigen möchte es erwiesen sein, daſs erstens die Schwanzfedern ohne Konkurrenz der Schwingen (1873 hatte er in seiner Forstzoologie II. S. 492 noch die vier äuſsern Schwanzfedern als tönende Zungen in Anspruch genommen und auch den Flügelfedern einigen Anteil am Gesamtton des Meckerns zugesprochen) den Ton erzeugen; denn die Flügel waren ja bei obigem Vogel an den Körper gelegt und mit der Hand angedrückt, und daſs zweitens auch von einer am Boden sitzenden Bekassine — in diese Ansicht ist Altum verrannt — bei nur mäſsigem Gegenwinde der Meckerlaut auf die besagte Weise hervorgebracht werden könne. Bei einer Unterhaltung Altums mit einer Anzahl seiner Akademiker über diesen Gegenstand meldeten sich zwei, welche ebenfalls schon eine Bekassine am Boden meckern gehört hatten und von denen einer sich des gleichzeitigen scharfen Luftstroms deutlich erinnerte. »Da die vor Jahren auf der Zentrifugalscheibe unseres physikalischen Kabinetts angebrachte Schwanzfeder bereits bei einer Schnelligkeit von 14 m in der Sekunde tönte, so braucht der Wind drauſsen durchaus kein Orkan zu sein, wenn der Laut entstehen soll, zumal wenn man berücksichtigt, daſs der freie Vogel den Federzungen die möglichst günstige Lage und Stellung zum Tönen geben wird, was von einer isolierten Feder am Rande der rotierenden Scheibe schwerlich behauptet werden kann.« (Dr. Altum in der Danckelmann'schen Zeitschrift für das Forst- und Jagdwesen. Berlin 1880. S. 565.)

Die Äolsharfe auf dem Steiſs der Bekassine, über welches Instrument ich vor mehr als einem Vierteljahrhundert wahrscheinlich berechtigten Spott ausgegossen habe, wäre also doch trotz dem Widerspruche einiger Ornithologen zur Anerkennung gebracht? Altum glaubt es, und was er einmal behauptet hat, ist richtig, steht baumfest, bombenfest. Mir drängt sich, ich kann es nicht verhehlen, unabweislich die Befürchtung auf, Altum könnte das Opfer eines Studentenwitzes geworden sein. Ein hochgelehrter Professor, der über ein Vierteljahrhundert unverdrossen ein und dasselbe Steckenpferd reitet, mit einer Bekassinenfeder an der Spitze eines Drahtes vor Zweiflern und Ungläubigen durch die Luft säbelt oder eine solche Feder auf einer Zentrifugalscheibe rasend tanzen und tönen läfst und mit seinen Zuhörern Jahr für Jahr die Bekassinen-Meckertheorie behandelt, kann leicht, ohne es selbst zu merken, zur erheiternden, den jugendlichen Übermut herausfordernden Persönlichkeit werden, mit der sich ein Schalk gelegentlich einen ungeziemenden Witz erlaubt. Altum hätte über das Meckern »in der Hand« doch bedenklich werden und die Frage sich vorlegen sollen, ob nicht einer flügellahm geschossenen, vom Schmerz gequälten, von dem Schützen in der Hand getragenen und geängsteten Bekassine die Lust vergehen werde, eine halbe Stunde lang ihren Steifsfedern die möglichst günstige Lage und Stellung zur Windrichtung und zum Tönen ihrer Federzungen zu geben. Dieses Bedenken wäre umsomehr zu erwarten gewesen, da er in seinem Buche »der Vogel und sein Leben« den Beweis führt, dafs animal non agit, sed agitur. Mit zerschossenem Arm und gehalten von der kräftigen Faust des Jägers vergeht dem schneidigsten oberbayerischen Wilderer das Jauchzen und Schuhplatteln [1]), und ein furchtsames, armseliges, noch dazu wundes Schnepfchen soll einen übermenschlichen Heroismus entwickeln und in der Hand seines Todfeindes seine Balzarie intonieren? Wollte man einwenden, nicht die Bekassine, sondern die dem heimkehrenden Schützen konträre Windrichtung habe die Schwanzfedern starr ausgebreitet und das Meckern ohne Zuthun des geflügelten Vogels hervorgebracht, so ergeben sich nach Altum für das Zustandekommen des berüchtigten Balzlautes zwei Möglichkeiten. Er entsteht dann nämlich bei ruhigem Wetter, wie bei starkem Wind, im ersten Falle — dies die Regel — durch kraftvolle Selbstthätigkeit der fliegenden Bekassine (Kreisflug und Abstürze), im zweiten durch ihre mitwirkende Thätigkeit im Sitzen, indem sie sich mit ihrer Kehrseite dem Wind entgegenstellt und entweder selbst ihren Federzungen die möglichst günstige Lage und Stellung zum Tönen gibt oder sich so lange in das Steifsgefieder blasen läfst, bis es in die gehörige Richtung und Starre gebracht ist. Quod erat demonstrandum. Nun weifs aber jeder Jäger, dafs die

---

[1]) Im Schuhplatteltanz ahmen unsere Hochlandsbursche mit Jauchzen, Schnalzen und Springen den balzenden Birkhahn nach.

Bekassine starken Wind hafst und an stürmischen unfreundlichen Tagen aus dem Gesümpfe aufgejagt, sobald sie aus der Schufsweite ist, sich gegen den Luftstrom wendet, um nicht aus ihrem schützenden Revier geschleudert zu werden. Wind im Rücken liebt überhaupt keiner unserer Vögel; er sucht vor ihm Deckung etwa am Boden, indem er ihm die Brust bietet, oder er bekämpft ihn im Fluge, indem er gegen ihn steuert. Das alles kennt Dr. Altum so gut wie jeder erfahrene Vogelkundige. Gleichwohl höre ich eine Stimme:

»Und sie meckert doch mit dem Steifs!«

236. ASCALOPAX MAJOR J. Fr. Gmel.

Keyserling u. *Blasius*, Die Wirbeltiere Europas. I. S. 216 n. 356. — Verz. S. LXXVIII.

Naumann, Naturgeschichte der Vögel Deutschlands. VIII. S. 291. Taf. 208.

Grofser Gräser, Halbschnepfe, Mittelschnepfe, grofse Bekassine, Wiesschnepfe, Doppler, Doppelbekassine.

Auf den südbayerischen Moosen, in grofsen Sumpf- und Weiherländereien ziemlich selten, so dafs es schon viel ist, wenn man in guten Lagen bei sehr gutem Bekassinenstrich zwei bis drei Stücke antrifft. Sie kommt Ende März und im April zu uns, im Herbststrich aber anfangs August und den September hindurch. Ein Exemplar erhielt ich noch am 29. Oktober von dem Moose bei Hirschlach in der Gegend von Triesdorf in Mittelfranken, von wo mir im ganzen fünf Stücke zukamen, und Leu ein Männchen noch am 25. November von Ingolstadt. Nach Forstrat Koch ist sie in der Gegend von Regensburg ein seltener Brutvogel, und bei Augsburg wurde ein Weibchen noch am 17. Mai erlegt.

Bei Gunzenhausen und Windsfeld gab es im Jahre 1866 ungewöhnlich viele »Doppler«. Eine besondere Seltenheit ist sie nirgends, wird auch jährlich allenthalben in Bayern in geeigneten Lagen geschossen, weswegen eine spezielle Anführung der mir bekannt gewordenen Fundorte nicht angezeigt erscheint. Nur das sei noch erwähnt, dafs ein Exemplar der Dr. Sturmschen Sammlung am 14. September 1831 in einem Kartoffelacker bei Poppenreuth (Nürnberg) erlegt ist.

Genus 106. Scolopax L.

237. SCOLOPAX RUSTICOLA L.

Keyserling u. *Blasius*, Die Wirbeltiere Europas. I. S. 217. n. 357. — Verz. S. LXXVIII.
Naumann, Naturgeschichte der Vögel Deutschlands. VIII. S. 361. Taf. 211.

Waldschnepfe, der Schnepf.

Schneeweifse und weifsgescheckte Schnepfen mit unregelmäfsigen weifsen Federpartien im sonst normalen Gefieder wurden hie und da erlegt, bei Ansbach eine solche, welche auf dem Rücken und den Flügeldeckfedern mit äufserst feinen, wellenförmigen, grauen Strichelchen gezeichnet, sonst aber schneeweifs war und dunkle Lichter (Augen) hatte.

Die gemeine Waldschnepfe ist in den beiden Zugperioden mehr oder minder zahlreich vorhanden, so dafs ihr Strich in manchen Jahren sehr gut, in anderen mittelmäfsig, wieder in anderen geradezu schlecht ist. Sie kommt, sobald es das Wetter erlaubt, unbekümmert um den Kalender, um die ihr unbekannten Schnepfensonntage und den Tag des h. Joseph, die ersten Eclaireurs des grofsen Zugs hie und da schon in der zweiten Hälfte des Februar, gewöhnlich erst im Laufe des März an. Selbst am oberbayerischen Gebirg und im Böhmerwald trifft sie schon von den ersten Märztagen bis Ende des Monats ein. Am 6. März 1876 wurden die ersten Schnepfen bei Partenkirchen, 1877 am Fufse des Arber, woselbst im Walde noch 10 Fufs tiefer Schnee lagerte, die ersten bei Bodenmais und Draxelsried am 30. und 31. März geschossen und am 17. März die ersten bei Reichenhall auf dem Striche gehört. Ihre gröfsere oder geringere Häufigkeit im Frühjahr hat ihren Grund nicht sowohl in allgemeinem Mangel oder Überflufs an diesen Vögeln, wiewohl sie in manchen Jahren durch aufserordentliche Ereignisse zu Wasser und Land in sehr gelichteten Reihen den deutschen Boden erreichen, als vielmehr in der zur Zeit des Strichs herrschenden Windrichtung. Ist diese für sie besonders günstig, was auch bei Schneefall und rauherer Temperatur der Fall sein kann, so ziehen sie erfahrungsgemäfs möglichst eilig über uns hinweg nach dem Norden, ohne sich länger aufzuhalten, als zum Ausruhen und Nahrungsuchen unbedingt nötig ist. Der Hauptzug ist bei uns beiläufig um Josephi und Tralarum, wenn die Birke Knospen treibt. Der Strich 1881 war sehr gut, zum Teil brillant. In der Gegend von Ingolstadt wurden beim Buschieren ein paarmal an sechs Stück geschossen und manche Abende fielen bis zu 60 Schüssen. Im Revier Grünau wurden 52, im Revier Ernsgaden in die 40 Stücke erlegt. Eine Waldschnepfe wurde sogar im Schilfe angetroffen, eine Örtlichkeit, wo man dieses Wild sonst nicht sucht[1]). 1882 dagegen war der Strich gering und schnell vorüber. Im Main- und Regnitzthal von Bamberg abwärts über Hafsfurt in den Spessart kamen die ersten Fouriere des Zuges in den Tagen vom 2. bis 6. März an und zog das Gros zwischen dem 11. und 13. dieses Monats durch. Von da an trat eine Pause bis zum 16. ein, von welchem Tage an eine Woche hindurch noch eine kleine Zahl von Nachzüglern bemerkt wurde. Dann war alles vorbei.

Sie brütet an bruchigen, humusreichen Stellen an vielen Orten Bayerns, nicht blofs im Hoch-, sondern auch im Mittelgebirge, auf den zahlreichen Seigen, Versumpfungen des bayerischen Waldes, in der Rhön, im Spessart, Franken- und Steigerwald und in allen gröfseren Waldungen der Ebene und des Hügellandes, in milden Jahren schon sehr früh. So wurden in der Pfalz am 16. März 1881 auf dem fertigen Gelege (4 Eier) brütende Schnepfen gefunden und im Donauthale flügge Junge am 26. April und 4. Mai (Oskar Horn). Nach Winckell sollen viele Schnepfen zwei Gehecke machen, das erste Mitte bis Ende März oder Anfang April, das zweite zu Ende des Juni oder Anfang Juli. Ich glaube an diese zweiten Bruten nicht. Solche werden behauptet, weil man schon Ende April und Anfang Mai und wieder Ende Juni und Anfang Juli flugbare junge Schnepfen und solche im halben Wollkleide findet und balzende, angeblich eine zweite Brut beginnende Schnepfen hört. Wenn nicht nachgewiesen werden kann, dafs Schnepfenpaare, die schon im Frühling geheckt und ihre Jungen grofsgezogen haben, noch zu einer Sommerbrut schreiten — dieser Beweis dürfte nicht geführt werden können —, so darf man als das Wahrscheinlichere annehmen, dafs jene späten Bruten von solchen Paaren gemacht werden, die um ihr erstes Gelege gekommen sind, und der zweite

[1]) Einer meiner Freunde traf eine solche weit vom Walde nahe an Nürnberg zur Zeit der Hühnerjagd in einem Spargelacker an, dessen dichtstehende, hohe, ästige Pflanzenstengel dem Felde das Ansehen einer jungen Nadelholzkultur gaben und die Schnepfe anzogen.

Schnepfenstrich von Abflüglingen der Frühjahrsbrut ausgeführt wird. Balzen doch auch die jungen Hähne unserer Waldhühner schon im ersten Sommer ihres Lebens, ohne dafs an ein nachfolgendes Brüten gedacht werden könnte. Es wird aber eingewendet, jene noch im Juli und August balzenden Schnepfen seien zum Teil auch alte Vögel, was unbedenklich zugegeben werden kann, da auch alte Auer- und Birkhähne noch im Spätsommer und Herbst balzen, aber eine zweite Brut in demselben Jahre nicht machen.

Die Waldschnepfe sitzt ungemein fest auf ihren Eiern. Herr Forstmeister Höchtlen in Ipsheim teilte mir mit, dafs er auf dem Revier Hofstetten bei Eichstädt eine Schnepfe aus einem Gebüsch in dem Augenblick herausstreichen sah, als eine gefällte starke Eiche dröhnend zu Boden stürzte. Den lebhaften Verkehr der Forstleute und Holzhauer und den Lärm des Sägens und Hauens hatte sie in einer Entfernung von etwa 50 Gängen ruhig auf ihren Eiern ausgehalten.

Der Herbststrich beginnt sehr selten schon Mitte September (1876 bei Windsheim sehr früh, schon am 3. Sept.), gewöhnlich erst im Oktober, wird um die Mitte dieses Monats am lebhaftesten und dauert meistens, bis Ende November Kälte und Schnee eintritt. Einzelne überwintern auch an offenen Stellen der Flüsse und Bäche, in sehr gelinden Wintern, wie 1824/25, sogar in ziemlich grofser Anzahl. Solche Überwinternde, gewöhnlich »Lagerschnepfen« genannt, sind meist ganz mager und manche verhungern schliefslich, wenn ein strenger Nachwinter ihnen den Boden zu lange verschliefst. Wahrscheinlich werden einzelne durch Blessuren zur Strichzeit bei uns zurückgehalten. Nach Oskar Horn trifft man merkwürdigerweise in besonders milden Wintern weniger Lagerschnepfen bei uns an, als in strengen. Auf seiner Jagd im Aschaffenburgischen hatte er im strengen Winter 1879/80 immerfort Schnepfen; ein unberufener Schütze schofs in der grimmig kalten Weihnacht an einer Quelle mitten im Dorfe unweit des Waldes eine ganz gut bei Wildprett befindliche Schnepfe nachts um 11 Uhr, wozu ihm der Vollmond leuchtete und der beschneite Rand der Quelle das Absehen erleichterte. Das Jahr darauf in den milden Wintermonaten 1880/81 fand Horn keine einzige Schnepfe, wie oft er auch mit den besten Hunden ihre Lieblingsplätze absuchte (Handbuch des Jagd-Sport von O. Horn. Wien. Pest. Leipzig 1882. S. 93.)

Genus 107. Numenius Briss.

238. NUMENIUS PHAEOPUS L.

Keyserling u. *Blasius*, Die Wirbeltiere Europas. I. S. 217. n. 358. — Verz. S. LXXVIII.

Naumann, Naturgeschichte der Vögel Deutschlands. VIII. S. 506. Taf. 217.

Kleiner Bracher, halbe Grieshenne, Bluderer.

Sehr selten auf seinem Durchzuge im Frühjahr und Herbst, wurde er am Bodensee, an der Iller bei Kempten, am Lech bei Augsburg, auf dem Donaumoos bei Neuburg, an der Donau bei Regensburg, am Main bei Staffelstein und Aschaffenburg, an der Schwabach bei der Stadt gleichen Namens, in der Oberpfalz am 19. September 1881 an der Waldnaab bei Tirschenreuth erlegt und von mir etliche Male im Mai, Juli und August in den Moorweihern angetroffen. Am 19. Dezember 1861 sah und hörte ihn Förster Jägerhuber in Arberg bei Gunzenhausen über sich hinstreichen.

Zwei Exemplare des *Numenius tenuisrostris Vieill.* sollen nach Dr. Küster bei Erlangen erlegt worden sein. Ich nehme aber Anstand, diesen Vogel in unsere Ornis aufzunehmen. Am 18. August 1874 wurde in der Gegend von Ochsenfurt (Tückelhausen) ein vermeintlicher *N. tenuirostris* erlegt, über den sich Dr Cabanis im Journal für Ornithologie 1878 S. 210 also ausspricht: »Der Vogel erscheint bei dem ersten Anblick als *N. tenuirostris*, weist aber bei genauerer Betrachtung wesentliche Abweichungen von dieser Art auf. Die Schnabelform ist die von *tenuirostris*, aber der Oberkopf ist dichter gestrichelt, die charakteristischen Doppelflecke an den Weichen fehlen und endlich ist der Vogel bedeutend gröſser als letztere Art. Der Flügel miſst 28, der Lauf 7,5 cm, während das gröſste Exemplar von *tenuirostris* im Berliner Museum 26 cm Flügel- und 6,7 cm Lauflänge zeigt. Es ist nicht wohl anzunehmen, daſs man es hier mit einer bisher noch übersehenen Art zu thun hat, sondern es ist wohl eher an eine Varietät zu denken.« Ich habe, ehe ich dieses Urteil kannte, den Vogel auch untersucht und erklärte ihn für einen Zwerg des *Num. arquata* aus nachgelegtem kleinen Ei eines wiederholt seines Geleges beraubten und dadurch ziemlich erschöpften, entweder normal groſsen oder vielleicht auch schon aus gleicher Ursache klein gebliebenen Elternpaares. Von den oberbayerischen Jägern werden die Eier des groſsen Brachvogels zertreten, weil er das Wild auf den Jäger aufmerksam macht. Viele Gelege gehen durch Überschwemmungen, durch Arbeiter in den Torfstichen und durch Eiersammler zu Grunde So nehmen die Altenmuhrer Fischer den auf den dortigen Altmühlwiesen brütenden Moosgrillen alljährlieh wiederholt die Eier ab und verkaufen sie zu guten Preisen in die feineren Weinhäuser der Kreishauptstadt Ansbach und in die Edelsitze der Umgegend. Wenn dann solche beraubte Vögel noch einmal zum Brüten schreiten, was in manchen

Fällen immerhin geschehen wird, wenn die Eiersaison vorüber und der Graswuchs so hoch geworden ist, dafs sich das Eiersuchen von selbst verbietet, so werden so spät nachgelegte Eier viel kleiner ausfallen müssen, als die im April und Mai gelegten, und ebenso die aus solchen Eiern fallenden Vögel schwächer werden, als solche aus normal entwickelten. Nach Angabe des Besitzers des fraglichen *Numenius*, Herrn Fabrikanten Eduard Tauber in Tückelhausen, mafs der Vogel in frischem Zustande 49 cm; ich selbst habe folgende Mafse notirt der Schwanz 12,5, die äufsersten Schwanzfedern 1,6 kürzer als die mittleren, Länge der Mittelzehe 3,4 cm, des Nagels 6 mm, Länge der inneren Seitenzehe 2,8 cm, des Nagels 6 mm, Länge der äufseren Seitenzehe 3,1 cm, des Nagels 5 mm, Hinterzehe 1,1 cm, Nagel derselben 0,4 cm; Schnabel von der Stirnbefiederung bis zur Spitze 8,8 cm, von der Rachenöffnung bis zur Spitze 9,2 cm, Unterschnabel kürzer als der Oberschnabel 0,4 cm, Höhe des Ober- und Unterschnabels an der Basis 12 mm, Breite des Schnabels an der Basis 9 mm, Höhe desselben in der Mitte 5 mm. Der Schwanz ist nicht rein weifs zwischen den dunklen Bändern, sondern rostgelblich und grau. Die seitliche Befiederung des Unterkiefers reicht weiter als die des Oberkiefers und erstreckt sich nicht bis unter die Nasenlöcher. Die Sehne des Schnabelbogens weicht 6 mm von der stärksten Krümme ab. Die Spitze des Oberschnabels ist nicht, wie bei der Waldschnepfe, behufs Eingreifen des Unterschnabels unten ausgekerbt, der über den Unterschnabel hervorragende Teil nicht voll, wie es bei *tenuirostris* sein müfste, sondern unterseits bis zur äufsersten Spitze mit tiefer Längsfurche zwischen den wulstig vortretenden Mundkanten. Die mit letzteren parallel laufende jederseitige Furche des Oberkiefers reicht fast bis zur Spitze, während sie an der Unterkinnlade auf dem letzten Drittel der Länge verläuft. Auf der Rückenpartie des Gefieders herrscht die schwarze Farbe des Gefieders über die rostgelbe vor, während auf den kleinen Flügeldeckfedern und den hinteren Schwingen das Rostgelb und Braunschwarz ziemlich gleichmäfsig verteilt ist. *Numenius tenuirostris* ist es also nicht, auch keine bis jetzt übersehene Art. Riesen- oder Zwergwuchs (*Macrosomia* und *Microsomia*) berechtigen nicht zu Aufstellung neuer Arten.

239. NUMENIUS ARQUATA L.

Keyserling u. *Blasius*, Die Wirbeltiere Europas. I. S. 217. n. 360. — Verz. LXXVIII.

Naumann, Naturgeschichte der Vögel Deutschlands. VIII. S. 478. Taf. 216. — XIII. Fortsetzung der Nachträge. S. 248.

Brachvogel, Brachschnepf, Bracher, grofser Bracher, Brachkreck, Mooskreck, Kreck, grofse Moosgrille, Moosgrühle, Moosgrähle, Grille, Grill[1]*, Viehhaufser.*

Auf allen unsern Mösern, grofsen Sümpfen, Torfstichen und nassen oder mit vielen Wassergräben durchschnittenen Wiesen-

[1]) Diesen bei den oberbayerischen und oberschwäbischen Jägern heute noch gewöhnlichen Namen finde ich schon 1651. Bei einem im Hanns Jacob

gründen südlich von der Donau gemein. So auf dem Donauried bei Leipheim, Dillingen, Höchstädt und Donauwörth, auf dem Donaumoos bei Ingolstadt, auf dem Lechfeld, dem Lechhausener und Meitinger Moos bei Augsburg, auf dem Dachauer und Erdinger Moos bei München u. s. w. Nördlich von der Donau reichen seine Nistplätze herauf bis in die Gegend von Nördlingen, Wemding, Gunzenhausen und Ornbau. In letzterer Gegend auf dem weiten Wiesengrunde des Altmühlthales bei Altenmuhr, Gern, Mörsach, Hirschlach brüten jährlich 10 bis 12 Paare und habe ich in verschiedenen Jahren fünf Gelege Eier, alle im April, erhalten. Von dort kamen die Bracher einzeln schon Anfang Juni, in Flügen von 10 bis 30 Stücken erst im Juli bis in den September häufig herauf gegen Sommersdorf, Thann und Herrieden, wo sie sich den Tag über auf Wiesen und dem Sommersdorfer Riede, dem Ochsenwasen, herumtrieben, bis sie abends wieder zurückstrichen. Bei Breitenbrunn in Schwaben nächst der Zusam nisteten sie auf feuchten Torfwiesen der Au, verschwanden aber als Brutvögel, als diese trocken gelegt wurden. Im oberen Mindelthale brüteten sie 1845 zahlreich auf den sumpfigen Wiesen, während sie im unteren bei Klingenbad jährlich nur in zwei bis drei Paaren vorhanden waren, von denen Landbeck am 8. April vier Eier bekam. Im trockenen Jahre 1846 kamen die Vögel in zahlreichen Scharen wieder, zogen aber fast alle weiter, ohne sich lange aufzuhalten und nur wenige brüteten an den Altwassern der Mindel, welche allein noch Sümpfe bildeten. Auf dem Zuge kommen sie wohl in den meisten Gegenden nicht besonders selten vor, in wasserreichen aber sind sie gemein. In den Moorweihern waren sie 1858 selten, da durch den tiefen Schnee und die Kälte, womit ihre Winteraufenthalte im Süden (Griechenland etc.) heimgesucht waren, viele zu Grunde gegangen sein mochten. Im August bis Oktober des folgenden Jahres aber waren sie in den genannten Weihern sehr gemein, und ich sah Scharen von 30, 50, 80 bis 100 Stücken. Sie sind äufserst furchtsame Vögel. Einmal traf ich im August auf drei Haufen 24, 16 und 9 Bracher an, die durch einen in den Weihern

---

Fuggerschen Hause zu Augsburg abgehaltenen »Pankhet« wurden 20 Grillen à 5 Kreuzer verzehrt, aufserdem 66 Rebhühner à 30 Kreuzer, 134 Wachteln à 3 Kreuzer und 2 Rheinschwalben (*Sterna hirundo* oder *Larus ridibundus*) à 30 Kreuzer (Stettens Kunst-, Gewerb- und Handelsgeschichte der Stadt Augsburg).

plötzlich erschienenen Fischadler so erschreckt wurden, dafs sie angstvoll kreischend zu einem einzigen Fluge zusammenstrichen und eiligst das Weite suchten. Enten, Blassen und Rohrhühner fürchten sich bekanntlich nicht vor dem Fischadler. Eine andere hervorstechende Eigenschaft der Bracher ist ihre grofse Geselligkeit, die für sie oft verhängnisvoll wird. Einer meiner Bekannten erlegte z. B. bei Sanspareil in Oberfranken auf einen Schufs fünf Stücke.

Sie kommen zu uns selten schon Anfang und in der ersten Hälfte des März, häufiger in dessen zweiter Hälfte, gewöhnlich erst im April. Einzelne oder kleine Flüge bis zu 10 und 15 Stücken bleiben in den Moorweihern bis Mitte Mai und an Zahl abnehmend noch bis in den Juni und Juli. Im August erscheinen sie wieder zahlreich und verweilen bis in den Oktober und November über die ersten Fröste hinaus, bis der rauhe Winter die letzten von dannen treibt. Einen bei Thalmessingen in Mittelfranken erlegten grofsen Brachvogel erhielt ich am 20. Dezember 1851.

In strengen Nachwintern gehen viele zu Grunde und wurden im Frühjahr 1865, wo Ende März und Anfang April tiefer Schnee lag, auf dem Donauried und bei Augsburg ganz abgemagerte und verhungerte Brachschnepfen tot gefunden.

In den Mägen erlegter fand ich jederzeit Käfer, Lauf- und Rofskäfer, Feldgrillen und Larven von allerlei Wassergewürm.

24. Familie: Sichler.

Genus 108. Ibis Cuv.

240. IBIS FALCINELLUS L.

Keyserling u. *Blasius*, Die Wirbeltiere Europas. I. S. 217 n. 361. — Verz. S. LXXVIII.

Naumann, Naturgeschichte der Vögel Deutschlands. VIII. S. 539. Taf. 219. — XIII. Fortsetzung der Nachträge S. 253.

Auf dem Zuge an unseren grofsen Gewässern sehr selten. Auf dem Memminger Riede in Schwaben, am Inn bei Passau (Neuhaus, Aigen), an der Donau bei Regensburg, am Kauerlacher Weiher bei Burggriesbach in der Oberpfalz, in Unterfranken bei Bimbach am Fufs des Steigerwaldes, bei Kitzingen (4. August 1800) und bei Aschaffenburg wurden Ibisse erlegt. Ein Exemplar meiner Sammlung wurde am 20. Oktober 1854 bei Gunzenhausen in dem grofsen, etwa 70 Tagwerke haltenden, zwischen den Orten Brand und Laubenzedel gelegenen Gräfensteinberger Weiher, wo er nach der Fischerei im Schlamme herumstieg, von dem kgl. Oberförster Model dahier geschossen. In 4½ Stunden hielt der Vogel auf 90—100 Gänge acht Schüsse aus, immer wieder bald da bald dort auf der verlockenden Fläche einfallend. Erst ein einziges Schrotkorn des neunten Schusses tötete ihn.

(A. Wiedemann schreibt März 1890: Das in unserer Vereins-Sammlung in Augsburg befindliche Exemplar ist vor mehreren Jahren bei Memmingen, und zwei andere sind am Bodensee geschossen worden. — Nach W. Heussler wurde ein Exemplar im Herbste 1888 bei Speyer geschossen. — R. Bl.)

25. Familie: Reiher.

Genus 109. Ardea L.

a) *Ardea auct.*

241. ARDEA PURPUREA L.

Keyserling u. *Blasius*, Die Wirbeltiere Europas. I. S. 218. n. 362. — Verz. S. LXXIX.

Naumann, Naturgeschichte der Vögel Deutschlands. IX. S. 363. Taf. 221.

Der *Purpurreiher* wird sehr selten beobachtet und erlegt. In Schwaben am Bodensee, bei Immenstadt, Kempten (Keeserser Weiher bei Grönenbach), bei Augsburg, Günzburg, Lauingen, Dillingen, Donauwörth, Regensburg und Passau, in Oberbayern am Chiemsee, München und Schrobenhausen, in Mittelfranken an den Weihern bei Dürrnfarnbach, Cadolzburg, bei Ansbach (Rügland) und Rothenburg o. T., in Oberfranken bei Aschbach im Steigerwalde und in Unterfranken bei Kitzingen, Schweinfurt (Rödlein) hat man ihn mehrfach geschossen. Ob er im Donauthal und seinen Beithälern hier und da brütet, ist sehr fraglich, doch wurden alte und junge Vögel in allen sein Horsten wahrscheinlich machenden Frühlings- und Sommermonaten, vom April bis incl. Juli, erbeutet. Der Herbststrich beginnt bereits Anfang August und dauert bis Mitte November. Leu bekam in 23 Jahren 13 Stücke zum Stopfen, die meisten vom Lech und von der Donau. Vom 7. bis 11. Mai 1882 erschienen fünf

Purpurreiher in dem fürstlich Fuggerschen Jagdrevier Ottmarshausen in Schwaben, von denen ein Stück von dem Freiherrn v. Gravenreuth und die anderen vier Stück durch den dortigen Revierjäger erlegt wurden. Es waren ein altes und zwei junge Männchen, ein altes und ein junges Weibchen, von welch' letzteren das alte im Federschmuck dem alten Männchen wenig nachgab und nufsgrofse Eier bei sich hatte, woraus sich schliefsen liefs, dafs sie in der Gegend brüten wollten. Das Jahr zuvor wurden gleichfalls in Schwaben an der Donau bei Höchstädt und an der Wörnitz bei Oettingen zwei Purpurreiher geschossen, beide alte Männchen, ersterer am 25. August, letzterer am 25. Juni.

242. ARDEA CINEREA L.

Keyserling u. *Blasius,* Die Wirbeltiere Europas. I. S. 218. n. 363. — Verz. S. LXXIX.

Naumann, Naturgeschichte der Vögel Deutschlands. IX. S. 24. Taf. 220. — XIII. Fortsetzung der Nachträge. S. 255.

Fischreiher, grauer Fischreiher, Reiher, Fischraigel, blauer Raigel, Raigl, Roigl.

Die langen schwarzen Kopffedern, eine beliebte Hutzierde, heifsen in Bayern Reiherkrandln, Kraneln, wahrscheinlich von Krone. Leu erhielt ein altes Weibchen mit fünf schönen Graneln. Ein allgemein bekannter, da und dort in Kolonien nistender, auf dem Zuge an allen Gewässern, im Winter selbst an Brunnquellen vorkommender Vogel. Er überwintert gar nicht ungewöhnlich bei uns, selbst in so grimmigen Wintern, wie die von 1844/45 und 1879/80 es waren, und kommt dann, wenn die Kälte grofs wird, auf nicht zufrierende Stellen von Bächen so nahe an die Dörfer heran, dafs vor mehreren Jahren ein Reiher aus einem der zunächst stehenden Häuser eines Dorfes hiesiger Gegend von der Wohnstube aus bei geöffnetem Fenster geschossen werden konnte. Im strengen Winter ergeht es vielen sehr schlimm. Stundenlang im eiskalten Wasser oder auf dem Eise stehend und auf kärgliche Nahrung lauernd, erfrieren sie die Zehen und verlieren dadurch einzelne Glieder. Prof. Dr. Wolf erhielt einen Reiher, dem an den drei Vorderzehen des rechten Fufses die letzten, an der mittleren sogar zwei Glieder und an der äufseren Zehe des linken Fufses das letzte Glied fehlte. Am 22. Januar 1823 wurde ihm bei grofser Kälte ein auf dem Eise lebendig gefangener

Reiher gebracht, welcher seinen Schnabel in einem Mausloch am Ufer des Baches stecken hatte. Im Magen eines im Winter 1844/45 mit den Händen lebend ergriffenen, ganz abgemagerten Exemplars, das nach wenig Stunden starb, fand ich merkwürdigerweise die Reste von Grab- oder Mordwespen (*Crabro*), von einer Wanzenart (*Cimex*), mehrere Rüsselkäfer (*Otiorhynchus*), Froschknochen, kleine Sämereien und fünf Samenkerne vom Schneeballenstrauch (*Viburnum opulus*). Dagegen waren andere Reiher, die ich in jenem berüchtigten Winter erhielt, sehr fett, so dafs ich Mühe mit dem Abbalgen hatte und dabei eine vorzügliche Stiefelschmiere gewann.

Er kommt hie und da schon im Februar, gewöhnlich erst Mitte März bei uns an, verstreicht bis auf die überwinternden im Oktober, wo er sich in Weiherlandschaften in grofsen Flügen bis zu 50 und 100 Stücken in den ausgefischten Weihern wochenlang herumtreibt.

Ich erinnere mich einer ziemlichen Anzahl gröfserer und kleinerer Reiherkolonien in Oberbayern, Schwaben und Franken, von denen wohl die meisten infolge Abtriebs jener alten Hölzer, auf denen die Horste standen, verschwunden sein werden. Der gröfste Reiherstand in Bayern besteht seit Jahrhunderten noch im Westerholz bei Landsberg, in der Gegend von Augsburg am rechten Lechufer, wo auf manchen Eichen fünf bis sieben und mehr Nester stehen und mehrere Hunderte von Reihern jedes Jahr beisammen sind. Die Kurfürsten von Bayern lagen dort noch im letzten Drittel des vorigen Jahrhunderts von dem nahen Jagdschlosse Lichtenberg aus der Reiherbeize ob. Eine kleinere Kolonie besteht in dem Windsheimschen Stadtwald Schufsbach bei Linden in Mittelfranken, wo etwa 80 Paare jährlich horsten; kleine von etwa 20 Reihern bei Breitenfurth in der Gegend von Eichstädt, im Revier Bischbrunn im Spessart und in den Bergwäldern des Mindel- und Kamelthales in Schwaben; in letzterem etwa 30 Paare in einem prächtigen Fichten- und Buchenholz von acht bis zehn Tagwerk Fläche auf hochragenden Fichten in der Gegend von Krumbach bei Loppenhausen (Bezirksamts Mindelheim). Wo nicht grofse Flüsse und viele stehende Gewässer in der Nähe ihrer Horste sind, müssen diese Vögel die Deckung ihres Nahrungsbedarfs auf grofse Entfernungen hin suchen, so dafs man zur Zeit, wo sie Junge haben, Reiher in Gegenden antreffen kann, wo weit und breit kein Nest sich befindet. Mit gröſster Zähigkeit halten sie an ihren liebgewordenen Heimstätten fest. Der viele Jahre lang fortgesetzte Massenmord ihrer Jungen vermochte sie nicht aus dem Windsheimer Stadtwalde zu vertreiben, ebensowenig ein Orkan, der die mächtigen Waldriesen ihrer Kolonie niederwarf. Fortrückend richteten sie sich in den jüngeren Beständen der angrenzenden Forstorte wieder häuslich ein und können hier wahrscheinlich nicht eher vertrieben werden, als bis die letzten alten Stämme unter der Säge und Axt gefallen sind.

Die Reiher lieben die wärmenden Sonnenstrahlen sehr und genieſsen sie, auf Weiherdämmen stehend, mit geöffneten Flügeln oft lange.

In den Mägen erlegter fanden wir Hechte bis zu einem halben Pfund, Barsche, Karpfenbrut, Greſslinge (*Gobio fluviatilis*), Bartgrundeln (*Cobitis barbatula*, einmal acht Stücke), Wühlmäuse (*Hypudaeus amphibius, Arvicola arvalis*), Wasserspitzmäuse (*Sorex fodiens*), Frösche, die sie namentlich im Winter in warmen Brunnquellen suchen, Krebse, von denen oft der ganze Kropf und Magen strotzt, Wasserkäfer (*Dytiscus marginalis, Ilybius fuscus*) und deren Larven, verschiedene Netzflügler und Libellen. In dem sehr kalten Dezember 1879 wurde nahe an Kaufbeuren an einem Forellenweiher ein toter Fischreiher gefunden, der im Schlunde eine 400 g wiegende Forelle hatte. Ohne Zweifel ist derselbe an diesem für ihn offenbar zu groſsen Fische erstickt (Bayerische Fischerei-Zeitung 1880. S 17). Der geringe Nutzen, den er in Mäusejahren durch Vertilgung von Feldmäusen und gelegentliches Wegschnappen einzelner Fischereifeinde, wie der Wasserratte und Wasserspitzmaus, unleugbar stiftet, wird durch den groſsen Schaden, welchen er an Fischen und Krebsen anrichtet, weit überboten. Der unterfränkische Kreis-Fischereiverein bezahlt daher für jeden erlegten Fischreiher eine Prämie von 60 Pfennigen und wurde diese im Jahre 1879 für 83 erlegte Stücke ausbezahlt. Im Kreise Schwaben und Neuburg wurden im Jahre 1882 für 381 erlegte Fischreiher 762 Mark Prämien à 2 Mark gewährt. Die Rabenkrähe und der Kolkrabe, von dem sich im Schuſsbach ein Paar in der Reiherkolonie angesiedelt hat, tragen zur Verminderung dieser Fischräuber nicht unwesentlich bei, indem sie jeden Augenblick, wo das brütende Reiherweibchen aus irgend welcher Veranlassung den Horst verläſst, raubgierig wahrnehmen, um Eier aus demselben wegzutragen.

Bei einer Holzabpostung entflohen die Reiherinnen, nicht aber, wie man vermutet hatte, der Rabe, welcher in kurzer Zeit aus ein und demselben Neste zwei Eier wegtrug. Am 30. März 1881 hatten die Reiher des Schufsbach bereits Eier und die Rabenkrähen ihre Nestplünderungen begonnen. Am 10., 14. und 20. Mai 1882 wurden bei Loppenhausen Jagden auf die dort brütenden alten und die noch im Neste sitzenden jungen Reiher, drei bis fünf Stück in jedem Neste, abgehalten und 178 derselben erlegt. Die Alten streifen hier aus der nur zehn Minuten von genanntem Dorfe liegenden Kolonie zunächst nach der an Barben, Hechten, Dickköpfen, Rotaugen und Edelkrebsen reichen Kamel, dann weiter der Mindel und der Flossach zu regelmäfsigen Tagesstunden zu, nämlich 9 Uhr morgens und 3 Uhr nachmittags (Deutscher Jäger 1882. Nr. 20 S. 158).

b) *Egretta Bonap.*

243. EGRETTA ALBA L.

Keyserling u. *Blasius*, Die Wirbeltiere Europas. I. S. 218. n. 364 — Verz. S. LXXIX.

Naumann, Naturgeschichte der Vögel Deutschlands. IX. S. 85. Taf. 222. — XIII. Fortsetzung der Nachträge. S. 255.

An unsern Seen, Flüssen und Weihern während der beiden Zugperioden im April und Mai und wieder im September und Oktober sehr selten. 1842 am 11. September wurde ein Weibchen auf dem Steinheimer Riede bei Memmingen erlegt. 1854 strich ein *Silberreiher* mit drei grauen Reihern am Lech bei Gersthofen Anfang Mai mehrere Tage umher, konnte aber nicht zu Schufs gebracht werden. Am 20. Oktober ej. a. zeigten sich vier Stücke in der Gegend von Günzburg in Schwaben, und wurden am 26. Oktober zwei davon bei Weifsenhorn erlegt, deren eines Leu stopfte. 1857 trieb sich Anfang Mai ein Stück mit mehreren grauen Reihern bei Augsburg umher; im April 1859 wurden zwei bei Illertissen gesehen, Ende April 1860 einige bei Diedorf an der Schmutter und 1863 am 30. und 31. Mai einer unter grauen Reihern auf einer Lechinsel bei Gersthofen. Sonst hat man ihn am Bodensee, an der Donau bei Ingolstadt und Regensburg, am Main bei Würzburg und Aschaffenburg und bei Nürnberg am Dutzendteich beobachtet und geschossen. Ich selbst sah am 14. Oktober 1854 einen jungen Silberreiher unter 50 bis 60 grauen Artgenossen im grofsen Moorweiher stehen. Derselbe hielt sich in der Umgegend bis Ende genannten Monats auf, bis er endlich bei Erlangen geschossen wurde und in die dortige Universitäts-Sammlung kam. Am 24. April 1865 stand wiederum ein Exemplar in den Moorweihern, und zwar im Flachsweiher, 200 Schritte entfernt von dem Dorfe Poppenwind. Ebendort wurde im Frühjahr ein einzelner erlegt.

244. EGRETTA GARZETTA L.

Keyserling u. *Blasius*, Die Wirbeltiere Europas. I. S. 219. n. 366. — Verz. S. LXXIX.

Naumann, Naturgeschichte der Vögel Deutschlands. IX. S. 101. Taf. 223. — XIII. Fortsetzung der Nachträge. S. 257.

Der *Seidenreiher* kommt sehr selten an unsere Seen und Flüsse. Am Main, an der Donau bei Regensburg (12. Juli 1882), bei Donauwörth (11. August 1869 mas juv.), zu derselben Zeit an der Isar bei Landshut und am Kochelsee bei Benediktbeuren wurden einzelne Stücke erlegt, an letztgenanntem Orte ein altes Männchen mit drei Nackenfedern.

(Wilh. Heusler schreibt mir aus Speyer, dafs im April 1888 zwei Vögel bei der Stadt gesehen wurden. — J. Hellerer teilt mir mit, dafs am 12. November 1888 einer bei Moosburg an der Isar geschossen wurde. — R. Bl.)

c) *Buphus Boie.*

245. BUPHUS COMATA Pall.

Keyserling u. *Blasius*, Die Wirbeltiere Europas. I. S 219 n. 368. — Verz. S. LXXX.

Naumann, Naturgeschichte der Vögel Deutschlands. IX. S. 120. Taf. 224. — XIII. Fortsetzung der Nachträge. S. 258.

Selten auf dem Zuge, ist er während aller Frühlings- und Sommermonate einzeln und in kleinen Flügen bei uns vorgekommen: am Bodensee, Tegernsee, an der Wertach bei Kaufbeuren, Augsburg, an der Isar bei München und Landshut, an der Donau bei Donauwörth, Neuburg, Ingolstadt und Regensburg, mehrmals auf dem Kauerlacher Weiher bei Burggriesbach, an der Altmühl bei Pappenheim, im Steigerwalde bei Neuhof, bei Lichtenfels in Oberfranken und am Main bei Achaffenburg und bei Gemünden an der Sinn. Es ist nicht unwahrscheinlich, dafs er schon in den Isarauen bei Landshut etc. gebrütet hat. Am 6. August 1882 wurde ein junger bei Rosenheim am Inn erlegt, welcher an den Federspitzen des Kopfes noch die flaumigen Anhängsel des Dunenkleides hatte.

(R. Lauterborn schreibt mir, dafs am 24. April 1887 bei Kusel ein prachtvolles ♂ erlegt und nach Ludwigshafen zum Ausstopfen geschickt wurde. — R. Bl.)

d) Ardeola Briss.

246. ARDEOLA MINUTA L.

Keyserling, u. *Blasius*, Die Wirbeltiere Europas. I. S. 219. n. 369. — Verz. S. LXXX.

Naumann, Naturgeschichte der Vögel Deutschlands. IX. S. 194. Taf. 227.

Die *Zwergrohrdommel* ist ein gar nicht seltener Zug-, doch hier und da nur vorkommender Brutvogel. Während der beiden Wanderperioden haben ihn meine Freunde und ich selbst aus so vielen Gegenden und so oft erhalten, dafs eine spezielle Nachweisung aller uns bekannt gewordenen Fundorte als müfsig erscheint. Er kommt um die Mitte April bis Ende des Monats und im Mai bei uns an und brütet an rohrreichen Teichen sogar nahe an Dörfern, an Altwassern der Donau und auf sumpfigen Rohrinseln des Main. Eduard Tauber fand am 16. Juni 1880 bei Gofsmannsdorf in Unterfranken ein über fünf Eiern brütendes Weibchen und nahm am 29. ej. m. die Dunenjungen aus. Von Lindau am Bodensee erhielt Dr. Stöcker am 14. Juli 1872 fünf lebende Junge, Leu aber 13 alte Vögel, die ihm in der Zeit von Anfang Mai bis Ende Juli von Illertissen an der Iller, von Bobingen in Schwaben, von Aichach in Oberbayern und von Burgkundstadt in Oberfranken zukamen, woselbst der Vogel ebenfalls regelmäfsig zu brüten scheint.

In den Kröpfen und Mägen erlegter fand ich Barschenbrut *(Perca fluviatilis)*, kleine Frösche *(Rana esculenta)*, von Schnabelkerfen den gemeinen Rückenschwimmer *(Notonecta glauca)*, und Prof. Dr. Wolf im Magen eines bei Nürnberg geschossenen Exemplars die safranbäuchige Bergeidechse (*Lacerta crocea* Wolf).

e) *Botaurus Briss.*

247. BOTAURUS STELLARIS L.

Keyserliug u. *Blasius,* Die Wirbeltiere Europas. I. S. 220. n. 370. — Verz. S. LXXX.

Naumann, Naturgeschichte der Vögel Deutschlands. IX. S. 159. Taf. 226.

Rohrdommel, Rohrtrommel, Rohrdummel, groſse Mooskuh, Fluder.

Brütend an unsern groſsen Seen und Flüssen mit rohrreichen sumpfigen Ausständen, Altwassern, an groſsen Teichen und Morästen, z. B. am Kauerlacher Weiher bei Freistadt-Burggriesbach in der Oberpfalz, im Kochler Rohrsee bei Benediktbeuren[1]), in den Altwassern der Donau, des Inns, an der Isar und am Regen. Während der beiden Zugperioden ist sie eine ziemlich gewöhnliche Erscheinung allenthalben auch an kleinen Flüssen, Weihern, Torfgräben u. s. w. Die zunehmende Kultur hat sie von vielen ihrer Brutplätze vertrieben. Ältere Bewohner von Höfen in Weiherlandschaften wissen noch Schauerliches zu erzählen von unheimlichem nächtlichen Gebrüll in Gegenden, wo jetzt kein Mensch mehr von solchen Tönen beängstigt wird. Sobald das Eis aufgebrochen ist, erscheint die Rohrdommel auf unsern Gewässern, gewöhnlich von Mitte März an und dauert der Zug den ganzen April hindurch. Ende August beginnt der Herbststrich, wird lebhaft im September, am wärmsten in der zweiten Hälfte des Oktober und dauert bis in den November hinein. In gelinden Wintern bleiben nicht wenige ganz da, und wurden solche an der Donau, dem Lech, der Iller und am Bodensee während der eigentlichen Wintermonate, selbst bei einer Kälte von —15° R. nicht selten erlegt.

In den Mägen vieler von mir untersuchten Rohrdommeln fand ich Büschelchen nicht mehr bestimmbarer Wasserpflanzen, Früchtchen von *Bidens tripartita,* von denen sich auch viele in den Puderdunen-Gruppen der Befiederung angehängt hatten, ein Getreidekorn, verschiedene Säugetiere (*Arvicola arvalis* und *Sorex fodiens*), Wasserfrösche (*Rana esculenta*), häufig Fische (*Perca fluviatilis*) bis zu 12 cm Länge, Karpfenbrut, *Squalius lepusculus,* und Hechte, in einem Magen eine kleine Käfersammlung: *Dytiscus marginalis et*

[1]) Der Rohrsee, ein früherer Teil des Kochelsees, ist jetzt ein verschlammter und beschilfter Seesumpf von 1200 Tagwerken oder 48000 Quadratmetern.

circumflexus, *Argutor vernalis*, *Omaseus nigrita*, *Parnus proliféricornis*, *Aphodius fimetarius et prodromus*, *Rhinoncus inconspectus*, *Erirhinus acridulus*, *Sitones hispidulus*, *Cassida margaritacea*, *Galeruca rustica*, *Chrysomela staphylaea* und *Coccinella* 14 *pustulata*, mehrere *Euprepia*- (wahrscheinlich *fuliginosa*) Raupen, von deren kurzen Haaren die inneren Magenwandungen gleich einem Kuckucksmagen vollständig behaart erschienen, ferner viele Kaukerfe: *Libellula sanguinea*, *Notonecta glauca*, *Naucoris cimicoides*, *Ranatra linearis*, Spinnen (*Lycosa riparia*), mehrere Mollusken (*Succinea amphibia*) und viele Roſsegel (*Haemopis vorax*). Die *Bidens*-Früchtchen, sogenannte Bubenläuse, kamen gewiſs nur zufällig, die vielen Kleinkäfer wahrscheinlich nur mittelbar, nämlich als Mageninhalt der verzehrten Frösche und das Weizenkorn im Maule einer verschlungenen Feldmaus in den Rohrdommel-Magen. Aus den Eingeweiden entwickelte ich *Holostomum cornu* und *Ascaris microcephala*.

f) *Scotaeus*.

248. SCOTAEUS NYCTICORAX L.

Keyserling u. *Blasius*, Die Wirbeltiere Europas. I. S. 220. n. 372. — Verz. S. LXXX.

Naumann, Naturgeschichte der Vögel Deutschlands. IX. S. 139. Taf. 225. — XIII. Fortsetzung der Nachträge. S. 259.

Der *Nachtreiher* brütet sehr vereinzelt in einigen Gegenden Bayerns. Heinrich Graf von der Mühle erhielt am 5. Juni 1847 aus der Umgegend von Nymphenburg einen jungen, der noch Dunenspitzen an den Federn hatte. Daſs dieser junge Vogel schon um diese Zeit aus den südöstlichen Donauländern sollte heraufgewandert sein, kann nicht angenommen werden. Auch Prinz Adalbert von Bayern schoſs im Juni 1847 einen jungen Nachtreiher am Main bei Aschaffenburg, der wohl auch in dortiger Umgegend ausgebrütet worden ist. Meistens alte Männchen und einige junge Nachtreiher wurden Mitte bis Ende Mai am Bodensee bei Lindau, bei Kempten und im Hofgarten zu Eichstädt, im Juli in den Isarauen bei Freising und an der Donau bei Donauwörth, im April und August auf dem Zuge befindliche bei Lindau, Günzburg, Neuburg, Augsburg (Gersthofen), Reichertshofen, in Oberbayern auf dem Dachauer Moos und am Zötzelhofener Weiher, in Niederbayern bei Arnsdorf, Gern und Passau (Fürsteneck), in der Oberpfalz bei Regensburg, in Oberfranken bei Heiligenstadt, in Mittelfranken bei Neustadt a. A. und Nürnberg (Rosenauweiher) und in Unterfranken am Main bei Kloster Heidenfeld und Veitshöchheim erlegt.

26. Familie: Störche.

Genus 110. Ciconia Briss.

249. CICONIA NIGRA L.

Keyserling u. *Blasius*, Die Wirbeltiere Europas. I. S. 220. n 373. — Verz. S. LXXX.

Naumann, Naturgeschichte der Vögel Deutschlands. IX. S. 279. Taf. 229.

Der *schwarze Storch*, auch *Waldstorch* genannt, brütete früher und nistet wahrscheinlich zur Zeit noch in einigen Gegenden Oberbayerns in den Umgebungen Münchens im Forstenrieder Forst, wo die alten Vögel, um sie nicht auszurotten, geschont werden, ferner in der Oberpfalz im Hirschwald bei Amberg und in Oberfranken an der pfälzischen Grenze auf dem Revier Bärnheck im Forstort Buchgraben auf einer alten Buche in einer Höhe von 60 Fuſs. An letzterem Brutplatze verschwanden die schwarzen Störche Ende der vierziger Jahre, ihr Brutbaum aber, die Storchbuche, ist noch vorhanden. Auf dem Zuge im August, September und Oktober und wieder im März und April wird er nicht eben sehr selten einzeln oder in kleinen Flügen, öfters in Gesellschaft grauer Reiher überall im Lande beobachtet und geschossen. Bei Vilseck in der Oberpfalz wurde am 11. Mai 1850, bei Landshut an der Isar in Niederbayern am 12. Juli 1867 je ein altes Männchen und junge Vögel am 26. Juli 1886 bei Donauwörth, sowie bei Rosenheim (Oberaudorf) am Inn am 30. Juli 1882 und am 24. Juli 1883 bei Neuburg a. D. erlegt, Vorkommnisse, welche auf ein Brüten in der Gegend mit hoher Wahrscheinlichkeit schlieſsen lassen.

Im Magen und Schlund schwarzer Störche fand ich eine groſse Menge kleiner und groſser Thaufrösche (*Rana temporaria*), unbestimmbare Wasserkäfer und einzelne Hechte. Ein erlegter gab im Verenden drei Fische von sich, einen über ein halbes Pfund schweren Hecht und zwei Aalruppen (*Lota vulgaries*). Ein junges Männchen, welches sich mit einem zweiten Kameraden in der Gegend von Langensteinach und Reichartsroth bei Uffenheim herumgetrieben und am 19. August 1881 geschossen worden war, hatte 12 Thaufrösche im Magen und war von Läusen (*Philopterus tricolor*) dermafsen bedeckt, dafs sie aus allen Ritzen der Kiste hervorkrochen, in der mir der Vogel zugesendet wurde.

250. CICONIA ALBA Briss.

Keyserling und *Blasius*, Die Wirbeltiere Europas, I. S. 220. n. 374. Verz. S. LXXXI.

Naumann, Naturgeschichte der Vögel Deutschlands, IX. S. 231. Taf. 228.

Der *Storch* ist nach Prof. Dr. Wagner in vielen Teilen Bayerns ganz gemein, dagegen in anderen sehr selten oder völlig fehlend. Dem Hochgebirge, dem Bayerischen Walde, Fichtelgebirge, dem inneren Spessart und der Hohen Rhön geht er ganz ab, wie sich dies aus seiner Lebensweise leicht erklären läfst. Dagegen fehlt er auch vielen Lokalitäten, wo man ihn wohl noch erwarten sollte. So wird er zwischen der Donau und dem Alpengebirge in den meisten Gegenden gänzlich vermifst oder höchstens auf dem Zuge wahrgenommen; in Kempten, Kaufbeuren, München, Freising, Landshut, Passau ist er ganz unbekannt. Erst weiter abwärts bei Dachau, Pfaffenhofen, dann um Aichach (in Friedberg, Schrobenhausen, Hörzhausen und Weichenried), sowie westwärts des Lech im unteren Teile des Kreises Schwaben und namentlich in den dortigen Donaugegenden stellen sich die Störche nistend ein; in Landsberg und Althegnenberg sind sie wieder verschwunden, wahrscheinlich weil sie weggeschossen wurden. Von der Donau an nordwärts ist in Bayern die eigentliche Heimat der Störche. Schon in der Oberpfalz werden sie zahlreicher, dem ganzen Fichtelgebirge, selbst noch Bayreuth und Culmbach gehen sie ganz ab, desto häufiger sind sie im Bambergschen um Gerolzhofen und ganz Mittelfranken, wo sie allenthalben in Städten und Dörfern (Nürnberg, Erlangen, Baiersdorf, Forchheim, Bamberg, Gunzenhausen, Ansbach u. s. w.) als willkommene Sommergäste sich einstellen. In Unterfranken wird der Storch wieder seltener und nistet z. B. nicht in der ganzen Umgegend von Würzburg, während er im Forstamt Aschaffenburg häufig vorkommt. Dies der angebliche Stand der Verbreitung des Storchs in den vierziger Jahren, in wesentlichen

Punkten unrichtig schon für die damalige Zeit. Nach Walchner ist der Storch in Oberschwaben in Städten und Dörfern der Bodenseegegend ziemlich häufig. In Memmingen hat er sich bereits im Jahre 1600 häuslich niedergelassen und bewohnt diese oberschwäbische Stadt bis auf diesen Tag, hat zahlreiche Nester auf den Kirchen des Mindel- und Kamelthales und ist in der Augsburger Gegend seit langen Jahren, in der Stadt selbst seit 1860 ansässig, zur Zeit in vier Paaren, ein fünftes im nahen Lechhausen. In Boding am Regengebirge oder Bayerischen Walde brütet er, ebenso seit 1850 in Bayreuth, fehlt in Unterfranken dem ganzen Ochsenfurter Gau, bewohnt aber Würzburg, die Frankenebene westlich vom Steigerwalde, Schweinfurt und seit 1845 Kissingen. Ein Paar nistet auch in Hammelburg, wo es bei dem grofsen Brande 1854, wo die Flammen fast das Nest erreichten, dennoch diesen Aufenthalt nicht aufgab. Die Störche verschwinden manchmal auf kürzere oder längere Zeit von ihren Wohnorten und kommen erst nach Jahren wieder. Nach dem grofsen Brande von Windsheim 1730, der auch das Rathaus, auf welchem ihr Nest stand, in Asche legte, blieben sie sechs Jahre lang fort; erst am 13. April 1737 bezogen sie wieder die Stadt und siedelten sich auf einem Gefängnisturm; dem danach benannten Storchnest, an, wo sie bis zum Abbruch dieses Baues im Jahre 1777 verblieben, worauf sie die Spitalkirche bezogen, auf der sie noch wohnen. 1669 brannte ihnen das Nest ab und 1713 fiel es mit den jungen Störchlein herab; gleichwohl verliefsen sie die liebgewordene Gegend nicht. Die nämliche Wahrnehmung von treuer Anhänglichkeit an teure Heimstätten beobachtete ich im unteren Aischgrunde, wo ein Storchenpaar auf einem adeligen Schlosse sich zum dritten Male anbaute, nachdem in einem Jahre das Nest verbrannt und im andern vom Sturme herabgeworfen worden war. Dagegen verliefs ein anderes 1865 in Weidenbach bei Triesdorf neu angesiedeltes Paar sofort die Gegend, als ein starker Wind das Nest mit den Eiern von dem Schlote des Pfarrhauses weggefegt hatte. In Nürnberg, wo gegenwärtig drei Nester vorhanden sind, blieben die Störche im vorigen Jahrhundert sieben Jahre lang alle aus, ohne dafs man eine Ursache dieses auffallenden Phänomens hätte finden können, und kamen erst zwischen dem 12. und 21. Mai 1779 wieder. Als sie sich 1850 in Bayreuth aufs neue einfanden, waren es gerade 50 Jahre, dafs sie in der Stadt nicht mehr genistet hatten, und fiel es auf, dafs das neue Paar denselben Schlot zur Residenz wählte, auf welchem ein halbes Jahrhundert zuvor das Storchnest stand. Als der alte protestantische Graf Ludwig von Öttingen und sein ältester Sohn Ludwig im schmalkaldischen Kriege, ihrer Religion wegen mit der Acht belegt, ihr Land verlassen und im Exil herumziehen mufsten, die Grafschaft aber den beiden katholischen Söhnen Ludwigs, Wolfgang und Friedrich huldigen mufste, flogen die Störche im Frühling 1547 um das Schlofs herum, setzten sich auf die Kirche und verliefsen die Stadt, ohne wiederzukehren. Im Frühling 1548, in welchem das Interim eingeführt wurde, kamen die Störche wieder und flogen abermals fort. Erst am 15. April 1552 standen sie wieder auf ihren alten Nestern, blieben zum Jubel der Bewohner da und schauten am 4. Mai auf den Einzug des alten Grafen herab. Das Wegziehen der Störche galt den protestantischen Unterthanen als ein deutliches Zeichen eines auf dem Schlosse ruhenden Fluches; ihr Wiedererscheinen als Prophezeiung der baldigen Ankunft des vertriebenen alten Herrn. Wo die Gegend wesentliche, die Ernährung der Störche erschwerende Veränderungen erfährt, ziehen sie entweder ganz weg oder ihre Anzahl vermindert sich auf so viel Paare, als die Örtlichkeit noch zu ernähren im stande ist. So hatte Ansbach früher fünf Nester, 1863 noch zwei und gegenwärtig nur noch eines, Sommersdorf und das nahe Grofsenried zwei Paar Störche, von denen sich nach Adaptierung der dortigen Weiher zu Wiesen zuerst das auf dem Schlosse zu Sommersdorf nistende aus der Gegend verlor, und zuletzt auch das andere, ohne sich durch ein auf dem hohen Dache angebrachtes Rad zu einer Neubesiedelung bewegen zu lassen.

Über die Ankunftstermine der Störche besitze ich für eine Reihe von Städten Bayerns genaue, auf lange Jahre sich erstreckende Aufzeichnungen, für Nürnberg vom Jahre 1764 an. Die Sänftenträger schrieben in ihren Mufsestunden jene Tage von dem genannten Jahre bis 1788 an eine weifse Wand im Fünferhause; vom Anfang des gegenwärtigen Jahrhunderts bis 1849 notierte sie ein alter Bürger in seinen Hauskalendern und stellte mir einen Auszug daraus zur Verfügung; ich selbst machte regelmäfsige Aufschreibungen von 1839 bis 1845, dann die Dr. Dr. Sturm bis an ihren Tod und seitdem notierte ich die Ankunftstermine durch Korrespondenz. Sehr selten kommt das

Männchen und Weibchen zugleich oder binnen 24 Stunden an; meistenteils erscheint das Männchen zuerst und allein und hat auf die Ankunft der Gattin 3 bis 10, auch 20 Tage zu warten. Hier und da trifft er in Franken schon im Februar ein und habe ich folgende Termine notiert: am 19. Februar 1878 Ankunft in Hammelburg, 21. Februar 1863 in Windsbach bei Ansbach, 1842 in Neustadt a. A. das Männchen am 22. Februar nachmittags 3 Uhr, das Weibchen am sechsten Tage danach, in Schweinfurt am 26. Febr. 1868, in Memmingen am 27. Februar 1849, in Nürnberg am gleichen Tage des Jahres 1859, am 28. Februar 1858 in Memmingen, an demselben Tage 1863 in Schweinfurt, am 29. Februar 1871 in Windsheim und am 25. Febr. zu Buchloe in Schwaben. Meistens kommt der Storch erst im März, sogar noch im April und Mai, so spät aber, wie am 24. April 1879 zu Windsheim und am 13. Mai in Nürnberg nur ausnahmsweise. Der Abzug erfolgt Ende August bis Anfang September. Am 11. Dezember 1861 traf der Förster Jägerhuber noch einen einzelnen Storch im Altmühlgrunde bei Gunzenhausen (Wald), und 1877, am 4. Januar, wurden zwei Stücke bei Augsburg gesehen. Im Jahre 1843 blieb ein Storchenpaar, beide Gatten waren gesund, auf der Kirche zu Balzhausen im Mindelthale Schwabens während des ganzen Winters da, kam regelmäfsig auf das Nest, um gemeinschaftlich zu übernachten, und setzte das Überwintern fünf Jahre fort. Die in diesen fünf Jahren erzeugten Jungen verliefsen dagegen zur gewöhnlichen Zeit ihre Geburtsstätte und wanderten aus. Im ersten nicht sehr strengen Winter 1843/44 brachte sich das Paar gut durch; in dem äufserst strengen und schneereichen Winter 1844/45 fristete es sein Leben in einer benachbarten Abdeckerei, wo Aas seine einzige Nahrung war [1]). Trotz dieser traurigen Erfahrung blieb das Paar auch im Winter 1845/46 wieder da, 1846/47 nur einer, wahrscheinlich das

[1]) Auch in strengen Nachwintern nimmt der Storch menschliche Hilfe gerne an Ein Hausbesitzer zu Ansbach öffnete im März 1865 bei einer längere Zeit andauernden Temperatur in den Morgenstunden von — 5 bis 10° R. eine oberste Stelle seines Hausdaches und legte auf einem zwischen den Latten in das Freie hinausgeschobenen Brette in der Nähe des Storchnestes täglich eine reichliche Quantität Kaldaunen, geschnittene Lunge und Fleischabfälle nebst anderem Geeigneten und Ungeeigneten vor, was von den klugen Tieren bereitwilligst angenommen wurde, so dafs sie die kritische Zeit ohne Not überstanden.

Männchen, 1848/49 aber wieder beide. Am 14. Februar jenes Jahres traf beide der neue Pfarrherr am Tage seines Aufzuges zu seiner Verwunderung auf dem Kirchdache an. Sie hatten sich abermals gut durch den Winter gebracht und im nahen Riede, in Mühlgräben und bei dem Abdecker Nahrung gefunden. Bei grofsem Schneegestöber hielten sie sich in den benachbarten Waldungen auf und warfen, wenn sie wieder auf das Nest kamen, den Schnee mit den Schnäbeln heraus. Das Mindelthal ist einige Wochen vor der Herbstwanderung von vielen hundert Störchen besucht, die sich nach und nach zusammenscharen und alsdann gemeinschaftlich nach Süden ziehen, wobei sich die Balzhausener Störche nicht ungesellig zeigten, aber abends auf ihre Nester zurückkehrten und endlich die Scharen abziehen liefsen, ohne ihnen zu folgen. Auch in Mittelfranken überwinterte in den dreifsiger Jahren ein Storch in Langenfeld bei Neustadt a. A., kam auf seinen Streifereien öfter bis Sugenheim in den Marktflecken hinein und war ein von Jung und Alt gern gesehener Bettler.

Findet der Storch während des Nestbaues auf Bleich- oder Rasenplätzen hingelegtes feines Weifszeug, Spitzen, Garn und dergleichen, so trägt er es in sein Nest, weshalb die Jugend zu Nürnberg dem mit solchem Nestmaterial heimfliegenden Storche »Garndieb« nachruft. Sein häusliches und Familienleben bietet überraschende Züge von Elternliebe und Erkenntnis der Sachlage. Bei grofser Junihitze sah ich öfter, wie die Alten ihren lechzend den Schnabel aufsperrenden Jungen Wasser einflöfsten und sie durch Schütteln ihres zu diesem Zweck in einem nahen Weiher nafs gemachten Gefieders bespritzten, sich sodann mit dem Rücken gegen die Sonne stellten, ihre Flügel entfalteten und so wie mit Sonnenschirmen ihre Kinder gegen den Sonnenbrand schützten. Am 9. Juni 1859 flog der Storch von dem Neste auf dem Amthause zu Neuhaus bei Höchstadt a. A. herab auf den Dorfbrunnen, der etwa 60 Schritt davon entfernt ist, stellte sich auf den steinernen Trog der Viehtränke und holte im Schnabel Wasser. Als er seine fünf Jungen verliefs, waren diese allein; der andere Gatte blieb wahrscheinlich mit Wasser zu lange aus; um selbst an den nahen Teich zu fliegen, hätte er sich zu weit entfernen und die zarten Spröfslinge ohne alle Aufsicht zurücklassen müssen; so flog er denn, kurz entschlossen, an die Viehtränke herab, um bei der sengenden Hitze die durstenden Nesthocker erfrischen zu können. Vor Jahren wurde ein Hausdach in Fürth überstiegen, worauf ein Storchnest stand. Der Maurer, welcher gerade am First die Ziegel verstrich, neckte den Storch mit einem Besen, nach welchem der Vogel mit dem Schnabel stiefs. Nach einer Weile flog dieser vom Neste, kehrte aber bald wieder und spritzte auf den die Neckereien wiederholenden Mann eine Ladung Wasser herab. Die Thatsache ist verbürgt. Welch rührende Beweise von Elternliebe sie bei Schadenfeuer trotz grofser Hitze und Wolken von Rauch an den Tag legen, ist bekannt genug.

Gewöhnlich haben sie drei bis vier Junge, sehr selten fünf. Im August versuchen die jungen männlichen Störche hie und da schon den Coitus mit den weiblichen Familienangehörigen auf dem Neste, wobei jedoch die jungen Schönen, in denen der Naturtrieb nicht so früh erwacht, aufrecht stehen bleiben. Man hat hierin Anstalten zu einer zweiten Brut in demselben Jahre erblicken wollen, ein Irrtum, der nur auf der mifsverstandenen Thatsache des versuchten vorzeitigen Flätterns der Storchjünglinge beruht.

Der Kinderbringer ist in Stadt und Land bei Bürger und Bauer ein nahezu heiliges Tier; anders sieht ihn der Jäger an, der ihn nicht mit Unrecht für einen heiligen Nichtsnutz hält, da er junge Hasen und Rebhühner wegfängt, was nicht geleugnet werden kann.

Genus III. Platalea L.

251. PLATALEA LEUCERODIUS L.

Keyserling u. *Blasius*, Die Wirbeltiere Europas. I. S. 221. n. 377. — Verz. S. LXXXI.

Naumann, Naturgeschichte der Vögel Deutschlands, IX. S. 312. Taf. 230.

Der *Löffelreiher* erscheint hie und da als seltener Streifer an unseren grofsen Seen (Bodensee, Starnberger- und Ammersee), an der Donau und ihren Nebenflüssen, am Main in Unterfranken und in grofsen Weiherlandschaften Mittel- und Oberfrankens und der Oberpfalz, aus Holland den Rhein, oder aus Ungarn die Donau heraufkommend. Am 22. September 1857 standen in den Moor- und benachbarten Weihern bei den Dörfern Zeckern und

Heppstädt vier solche Vögel, von denen am 29. September ein einjähriges Männchen in einem gefischten Weiher geschossen und mir gebracht wurde. Ich sah sie mehrere Tage zuvor in der Nähe zahmer Gänse in einem Weiher. Am 18. Mai 1859 besuchte wiederum ein Löffelreiher die Moorweiher und am 6. Oktober 1859 spazierte bei Bächingen an der Brenz in der Gegend von Lauingen in Schwaben ein altes Männchen unter einer Gänseherde auf dem Felde herum. Der Gärtner des Baron v. Süfskind sah ihn, holte eine Flinte, schofs aber nicht sogleich, weil er ein paar Hausgänse hätte mittreffen können, sondern ging auf den Löffler zu, bis er aufflog und herabgeschossen werden konnte. Wie v. Frauenfeld in den Verhandlungen der zoologisch-botanischen Gesellschaft in Wien 1863 S. 63 berichtet, hat das durch hohe Temperatur und aufserordentliche Trockenheit ausgezeichnete Jahr 1863 viele auffallende Erscheinungen in Bezug auf grofse Verbreitung südöstlicher Tiere gebracht. Am 14. Mai erschien der Löffelreiher an dem Steinröhrner Teich auf der Grafschaft Wittingau in Böhmen in einem viele hundert Stücke zählenden Schwarm. Von dort kamen sie auf die Sandinsel am Bestrever Teiche bei Frauenberg, wo fünf Stücke geschossen wurden. Dann teilten sie sich in mehrere kleine Ketten, von welchen eine ca. 50 Stücke zählende sich bis Mitte Juli am Munitzer Teich bei Frauenberg aufhielt. Von diesen Löffelreihern ist ein grofser Flug zu uns nach Bayern gekommen. In der Woche vom 17. bis 23. Mai zeigten sich in dem über 100 Tagwerk grofsen Kauerlachweiher bei Burggriesbach an der oberpfälzisch-mittelfränkischen Kreisgrenze eine Schar von 33 Stücken, von denen ein alter und ein junger Vogel geschossen wurde. Sämtliche Löffler waren mehr vertraut als scheu, hielten sich fast drei Tage an dem Weiher auf und strichen erst, nachdem auf sie gefeuert worden war, in der bekannten Pflugschleifenform, wie Gänse fliegend, weg. Nach etwa 14 Tagen wurden wiederum sechs Stücke auf einem anderen Weiher unweit Burggriesbach gesehen, die sich aber nur kurze Zeit aufhielten, worauf Anfang Juli noch ein einzelner Junger erlegt wurde. Vom Kauerlachweiher war die grofse Schar in nordwestlicher Richtung fortgestrichen und kam ein Paar an die genau in dieser Richtung liegenden Moorweiher, woselbst am 29. Mai spät abends das eine Stück, ein altes Männchen, erlegt wurde. Grofser Wassermangel in Ungarn soll diese Vögel nach

Böhmen und Bayern getrieben haben. Im Juni 1866 wurde 14 Tage lang auf den Weihern bei Leonberg in der Oberpfalz ein Löffelreiher gesehen, der sich besonders an dem 100 Tagwerk grofsen, tiefen und beinahe schilflosen Weiher bei der Ölmühle aufhielt und auch bei den Weihern von Rauberweiherhaus nordöstlich von Bodenwöhr beobachtet wurde. Am 23. Juli 1867 zeigten sich zwei Stücke zwischen Augsburg und Donauwörth bei Oberndorf am Lech und wurde eines derselben, ein Männchen, erlegt. Andere wurden bei Reichertshofen in Oberbayern und in Mittelfranken an der Altmühl bei Windsfeld in den Monaten Mai bis Juli erbeutet.

In den Mägen erlegter fand ich viele Fischbrut und Wasserwanzen (*Notonecta glauca*), Leu aber verschiedene Libellen.

27. Familie: Flamingos.

Genus III. Phoenicopterus L.

252. PHOENICOPTERUS ROSEUS Pall.

Keyserling u. *Blasius*, Die Wirbeltiere Europas I. S. 221. n. 378. — Verz. S. LXXXI.

Naumann, Naturgeschichte der Vögel Deutschlands. IX. S. 408. Taf. 233. — XIII. Fortsetzung der Nachträge. S. 260.

In diesem und dem vorigen Jahrhundert kam der *Flamingo* als verschlagener Irrgast mehrmals nach Deutschland. 1728 im April erschienen die ersten, später oft ganze Züge auf dem Alten Rhein bei Mainz, wo sie sich auch 1795 wieder zeigten. Am 10. April 1728 wurde einer in Rheinhessen am Altrhein unfern Alsheim geschossen, ein anderer, im Museum zu Cassel stehender, am 8. September 1746 unweit der Edder bei Röddenau, sechs Stunden von Marburg, von einem Bauern gefangen. Ein Trupp von 27 Stücken erschien in dem heifsen Sommer des berühmten Kometen- und Weinjahres 1811 am Mittelrhein. Anfang Juni bemerkte man sie zuerst bei Kehl und am 26. Juni bei Gimbsheim unweit Strafsburg am Altrhein. Sechs Stücke, fünf Weibchen und ein Männchen, wurden davon erlegt. Vom 14. bis 16. Juni sah man zwei Stücke bei Schierstein auf dem

Sande an einer Rheinaue und wenige Tage nachher auch bei Idstein. Es waren lauter zweijährige Vögel. Am 25. Juni 1811 zog ein Trupp von sechs Stücken jener Irrlinge über Bamberg und wurde einer in der Nähe des Bades Kissingen an der Saale geschossen. Auch am Bodensee ist damals der Flamingo gesehen worden und nach einem in meinem Besitz befindlichen Manuskript des verstorbenen Dr. Küster wurde ein Stück bei Bayreuth erlegt.

Ordnung VI.

Natatores. Schwimmvögel.

28. Familie: Enten.

Erste Gruppe: Schwimmende Enten, ohne Hautsaum.

Genus 113. Cygnus Bechst.

253. CYGNUS MUSICUS Bechst.

Keyserling u. *Blasius*, Die Wirbeltiere Europas, I. S. 222. n. 379. — Verz. S. LXXXII.

Naumann, Naturgeschichte der Vögel Deutschlands, XI. S. 478. Taf. 296.

Der *Singschwan* kommt fast jährlich, besonders aber in strengen Wintern, meistens in kleinen Gesellschaften bis zu sieben, selten in Flügen von 20 bis 40 und mehr Stücken als keine grofse Seltenheit auf unsere Seen, Teiche und Flüsse, weshalb ich die grofse Zahl der Nachweise seines Vorkommens in allen Kreisen Bayerns übergehen kann. In manchen Wintern war er im Gebiete besonders häufig, so 1709 und 1740, wo in dem sehr kalten Januar und Februar ganze Scharen an den Bodensee und in die Gegenden von Memmingen, Augsburg und nach Franken (Roth am Sand, Windsheim, Uffenheim, Markt Steft und Schweinfurt) kamen. Im gegenwärtigen Jahrhundert waren sehr schwanenreiche Winter 1829/30, 1838, 1855 und 1858. Im Jahre 1855 traf ich in den Moorweihern, auf dem Brandsweiher bei Neuhaus und den Bischofsweihern bei Dechsendorf-Erlangen an manchem Märztage vier bis elf alte und junge Schwäne an, und zu derselben Zeit lagen auf dem grofsen, nun trocken liegenden Breitenauer See bei Bamberg zehn Stücke, von denen verschiedene bei Hallstadt, Bautzfeld, Neuses und Forchheim erlegt wurden. Die überlebenden blieben bis Mitte April, verschwanden aber, von Bauernschützen unablässig beschossen, endlich aus der Gegend. Anfang März 1855 zeigte sich auch in der Gegend von Werneck in Unterfranken ein ansehnlicher Flug von etwa zwölf Stücken (Leydig). Auf dem Starnberger See stellte sich im Januar 1858 eine Schar von 45 Schwänen ein und blieb 14 Tage dort und in der Umgebung. Zum Morgen- und Abendanfall kamen sie auf die Würm, abends meist sehr zeitig und früher als die Enten, und man hörte ihr Geschrei weit und fast immerwährend. Sieben Stücke wurden davon erlegt, darunter prächtige alte weifse Exemplare zu 21 bis 23 Pfund. Im Jahre 1833 hielten sich am Starnberger See drei dergleichen Schwäne mehrere Wochen auf und wurde den Jägern Befehl gegeben, sie lebendig zu fangen. Das geschah in der Art, dafs man sie durch Aufstreuen von Gerste an ein Ufer, wo sie sich öfters niederliefsen, auf einen kleinen Platz lockte und dann ein Tellereisen legte, dessen Feder aber nur stark genug schlug, um den Schwan, wenn er sich fing, festzuhalten. Zwei Jäger waren in etwa 500 Schritt Entfernung Tag und Nacht auf der Passe und erkannten an dem Flügelschlagen, wenn sich einer gefangen hatte, eilten dann herbei und lösten ihn aus. Es fingen sich so zwei, beide am Hals, und wurden nach Nymphenburg gebracht, wo sie sich bald an die dortigen zahmen Schwäne *(Cygnus olor)* gewöhnten und bei ihnen blieben (v. Kobell, Wildanger S. 419). Ein bayerisches Mandat vom 16. Mai 1733 verbot das Schwanenschiefsen, damit die schönen Vögel bei uns vielleicht heimisch werden möchten, was wohl hätte in Erfüllung gehen können, wenn die leidige Schiefswut nicht gewesen wäre. Mitte der zwanziger Jahre blieben auf dem oben genannten grofsen Bischofsweiher Schwäne bis tief in den Mai, verliefsen aber die 130 Tagwerk grofse Wasserfläche (eine zweite von 100 Tagwerk grenzt an), als man ihnen unklugerweise ein Bruthaus in den Weiher setzte. Im Jahre 1809 war der Singschwan vom Januar bis in den März nach Hofrat Dr. Meyer am Untermain ziemlich häufig. Ein Trupp von etwa 30 Stücken blieb in der Gegend von Geinsheim am Rhein auf einem überschwemmten grofsen Wiesengrunde und ein Weibchen legte auf eine mit Gebüsch bewachsene sandige Erhöhung vier Eier, die von einer zahmen Gans, die sie ausbrüten sollte, gefressen wurden. Auch bei Nürnberg hielten sich damals während des Januar und Februar auf dem Dutzendteich und Königsweiher 14 Singschwäne auf.

Anmerkung 1. *Cygnus minor* Pall. ist nach meiner Anschauung eine kleine Form des Singschwans und nicht besondere Art. Für Bayern wurde er zuerst von Prof. Dr. Wagler in München im Jahre 1832 nachgewiesen. Bei Landshut auf der Isar wurde nämlich ein- in Gesellschaft von zwei anderen seinesgleichen betroffenes Individuum flügellahm geschossen und lebte auf einem Meierhofe zwei Jahre lang in bestem Einverständnisse mit einer Gans. Nach dieser Zeit wurde es von einem Hunde scheu gemacht und entfloh. Ein zweites Exemplar wurde auf dem Chiemsee flügellahm geschossen und befand sich längere Zeit lebend in Gesellschaft eines Schwans zu Nymphenburg im Besitze des damaligen Kronprinzen und späteren Königs Maximilian II. Andere wurden auf dem Tegernsee, am 16. November 1860 bei Diedorf in der Gegend von Augsburg ($9^3/_4$ Pfund schwer und 45 Zoll bayer. Mafses lang) und am 17 Februar 1820 auf der Altmühl bei Altenmuhr (4' $5^2/_5$" lang, wovon der Schwanz $8^1/_8$" betrug, 6' $9^1/_2$" breit) erlegt. Am Main erscheint er zuweilen im Winter an Stellen, die nicht zufrieren, so bei Zell unterhalb Würzburg, wo er 1829/30 und 1845 beobachtet wurde. Im Spätjahr 1865 hielten sich drei Stücke auf dem Main bei Staffelstein einige Tage auf und wurden durch einen Fehlschufs verscheucht. Am 1. November 1860 erschienen zwei kleine Schwäne in den Moorweihern, wurden vergeblich beschossen und strichen über die Weiher bei Biengarten in der Richtung gegen die Ailersbacher Weiher ab. Nächsten Tages lagen sie ganz nahe an meinem damaligen Pfarrorte Neuhaus mitten im Neuweiher, woselbst einer, der ausgestopft im Forstamte Nürnberg-Laurenzi steht, geschossen wurde, der andere aber über Adelsdorf und Lauf an der Aisch in den Pfaffenweiher bei Weppersdorf abstrich, wo er gleichfalls erlegt wurde. Letzterer, ein altes Weibchen, kam in meinen Besitz, war von der Schnabel- bis zur Schwanzspitze $41^1/_2$" Pariser Mafses lang und von einer Flügelspitze bis zur andern 68" breit und 8 Pfund bayer. Gewichtes schwer. Er steht gegenwärtig in der Sammlung zu Augsburg. Der andere, ein junges Weibchen, war nach der Schätzung des glücklichen Schützen beiläufig 8 Pfund schwer. Kurz zuvor sahen die Dr. Dr. Sturm auf dem Dutzendteich bei Nürnberg zwei kleine Schwäne, wahrscheinlich dieselben, welche bei Neuhaus ihren Tod fanden.

Anmerkung 2. Ob *Cygnus olor* Gm. L. in wildem Zustande je im Gebiete vorgekommen ist, vermag ich nicht zu sagen.

(A. Wiedemann schreibt: »Im Jahre 1883 erschien ein Paar auf dem Bodensee in der Nähe von Lindau. Da man dasselbe möglichst ungestört liefs, begann es im April 1885 zu nisten. Als die Jungen gröſser geworden waren, siedelten die Eltern mit denselben auf den Bodensee über. Seit dieser Zeit oblagen diese Vögel alljährlich dem Brutgeschäft und vermehrten sich so, daſs im Frühjahr 1888 einmal 15 Stück vorhanden waren.« — J. Hellerer teilt mir mit, daſs er in strengen Wintern zuweilen durchziehend und überwinternd an der Amper vorkommt. So wurde am 9. November 1890 ein junger bei Schrobenhausen geschossen, zwei weitere Mitte Januar 1891 bei Bamberg erlegt. — R. Bl.)

Anmerkung 3. *Cygnopsis canadensis* Briss. Eine kanadische Gans, sicherlich ein Parkflüchtling, wurde vor langen Jahren in der Würzburger Gegend bei Randersacker erlegt.

Anmerkung 4. *Anser hyperboreus* Pall. Die Polargans kommt nach Landbeck höchst selten an den Bodensee, was der Bestätigung bedarf. In dem strengen Winter 1870/71 zeigte sich in hiesiger Gegend bei dem Dorfe Schwebheim in einem von Wildgänsen und Enten stark besuchten Wiesengrund ein Flug Saatgänse und in deren Gesellschaft und bei dem Hin- und Herstreichen an ihrer Spitze mehrere Tage nach einander eine weiſse, durch stärkere Statur und schwarze Flügelspitzen vor den übrigen sich auszeichnende Wildgans. Diese Abweichungen fielen einem Schäfer auf, der darüber an den Jagdpächter berichtete. Letzterer machte mir über die auch ihm merkwürdigen Umstände Mitteilung, vermochte aber das interessante Tier nicht zu erlegen, weshalb es fraglich bleibt, ob es eine Polargans war.

(J. Hellerer schreibt mir: »Die *Schneegans* kommt jeden Winter [besonders wenn streng] an der Amper zwischen Bruck und Dachau, auch weiter aufwärts, vor. Heuer [1890/91] waren 15 bis 20 Exemplare da, wovon [wie alljährlich] mehrere geschossen wurden.« — J. Sprater teilt folgendes mit: »Eine Schar von 30 bis 40 Schneegänsen wurde zu Weihnachten 1890 bei Schifferstadt, 3/4 Stunden von Neustadt, gesehen, zwei Exemplare bald danach geschossen«. — Nach Oberförster Eigner wurden im Winter 1888/89 und 1889/90 in der Umgebung von Regensburg einige geschossen. — Nach Forstmeister Falcke wurde am 7. Januar 1890 bei Pyrbaum in der Pfalz ein Flug von 15 bis 20 Stück angetroffen. — Im November 1883 wurde ein Exemplar bei Wondreb geschossen, das von einem nach Süden streichenden Zuge von Gänsen zurückgeblieben war, nach Forstmeister Dolles. — R. Bl.)

Genus 114. Anser Briss.

a) *Anser auct.*

254. ANSER ALBIFRONS Pall.

Keyserling u. *Blasius*, Die Wirbeltiere Europas, I. S. 223. n. 385. — Verz. S. LXXXIII.

Naumann, Naturgeschichte der Vögel Deutschlands, XI. S. 351. Taf. 289 — S. 340. Taf 288. — S. 365. Taf. 290. — XIII. Fortsetzung der Nachträge S. 293 und 295.

Die hochnordische *Blässengans* kommt im Oktober und November und wieder im März und April entweder einzeln oder mit Saatgänsen, doch nur sehr selten, zu uns auf die Donauschütten, die Isar, den Lech, die Altmühl, den Main u. s. w. Im Winter 1848 gelangte ein schönes altes Männchen auf den Wildpretmarkt in München; auch Leu sah sie früher, als er noch nicht sammelte, öfters auf dem Markte in Augsburg, erhielt ein Stück aus dortiger Umgegend im Winter 1851/52 und von einer im Gasthof zu den drei Mohren verspeisten Blässengans leider nur den noch ungerupften frischen Kopf. Professor Wolf beobachtete mehrere Stücke in der Gegend von Nürnberg und erhielt junge Vögel und alte Männchen mit schwarzen Flecken auf dem Unterleibe von der Altmühl bei Gunzenhausen von den dortigen Entenfängern am 29. November 1806 und 18. Dezember 1817. In derselben Gegend wurden Anfang der dreifsiger Jahre und am 5. Dezember 1853 einzelne Exemplare, darunter ein Männchen, andere in den unteren Maingegenden bei Aschaffenburg geschossen. Hofrat Dr. Meyer in Offenbach traf sie dort mehrmals im Winter an.

Anser minutus Naum., von der ein schönes junges Stück 1834 bei Isareck auf der Donau geschossen wurde, ist eine Zwergform von *Anser albifrons.*

255. ANSER SEGETUM J. Fr. Gml.

Keyserling u. *Blasius*, Die Wirbeltiere Europas, I. S. 224. n. 386. — Verz. S. LXXXIII.

Naumann, Naturgeschichte der Vögel Deutschlands, XI. S. 302. Taf. 287. — S. 277. Taf. 286. — XIII. Fortsetzung der Nachträge S. 291 und 292.

In einem kleinen Fluge von sieben Stücken Schnee- oder Saatgänsen befand sich 1864/65 nach Aussage eines Altenmuhrer

Fischers und Entenfängers eine weifsscheckige, die schon von Weitem auffiel. Unter Wildgänsen sind Schecken eine sehr grofse Seltenheit.

Sie zieht im Herbst regelmäfsig, öfters in grofsen Scharen, bei uns durch, überwintert auch auf den Mösern, an warmen Quellen und auf üppigen Wintersaaten und verläfst uns wieder im Frühjahr. Sie kommt gewöhnlich erst Mitte Oktober bis Mitte November, in manchen Jahren erst im Dezember, sehr selten schon Ende September. Im Februar und März ziehen diejenigen Gänse, welche bei uns nicht überwintern, sondern weiter nach Süden gewandert waren, wieder bei uns durch und es gehört zu den gröfsten Seltenheiten, dafs ich am 25. April 1861 im oberen Altmühlgrunde noch zwei Saatgänse nach dem Irrebacher Gründlein über Sommersdorf streichen sah. Von alten Jägern und Entenfängern hört man Klagen über die grofse Abnahme der Wildgänse, eine Thatsache, die dem Landmann sehr zu statten kommt. Im unteren Aischthal war man noch in diesem Jahrhundert gezwungen, die Saatfelder hüten und die eingefallenen Gänsescharen verscheuchen zu lassen. Indessen gibt es noch immer Jahrgänge, die sich den besten Zeiten alter Jagdherrlichkeit würdig anreihen, aber selbst solche vorzügliche Jahre in die anderen, oft recht schlechten gerechnet, vermögen jene Klagen nicht zu entkräften. Im Jahre 1859 sah ich auf den Aischwiesen und Wintersaaten, auch in den Moorweihern Scharen von 150 bis 400 Stück, so dafs es oftmals schien, als hätte der Gänsehirte lauter wildfarbige Hausgänse ausgetrieben. Auch auf der Altmühl von Hirschlach abwärts über Altenmuhr, Wald, Windsfeld, Gunzenhausen u. s. w. sind sie zu Zeiten (1864/65) nicht nach Hunderten, sondern nach Tausenden vorhanden, ebenso im Ries und in der Gegend von Augsburg. Durch Unterfranken zogen grofse Scharen im Winter 1879/80.

256. ANSER CINEREUS Meyer und Wolf.

Keyserling u. *Blasius*, Die Wirbeltiere Europas, I S. 224. n. 387. — Verz. S. LXXXIII.

Naumann, Naturgeschichte der Vögel Deutschlands, XI. S. 229. Taf. 285.

Die *Grau-* oder *Märzgans* zieht paarweise oder in kleinen Flügen im August und September, Oktober und November und wieder Ende Februar und im März bei uns durch und hält sich dann in sumpfigen ebenen Gegenden an Seen und Teichen auf. Man hat sie am Bodensee, bei Memmingen, im Mindel- und Kamelthale, an der Isar (München), auf der Donau (Donauschütten bei Ingolstadt, Regensburg u. s. w.) und ihren Nebenflüssen (Altmühl etc.), in den Moorweihern und am Main im Aschaffenburgischen öfters erlegt. Förster Jägerhuber sah ungewöhnlich bald am 2. August 1853 bei Ansbach sieben Graugänse von der unteren Feuchtlach über Eyb ziehen. In den Moorweihern traf ich ein Paar am 7. März 1859 und erhielt davon das erlegte Weibchen und mein Freund Diezel, der bekannte Jagdschriftsteller, schofs am 21. Februar 1855 aus einem Flug von fünf Stücken eines am Untermain. Winckell berichtet, dafs bei den Männchen der Graugans heftige Kämpfe vorkommen. »Abgeschlagene vereinzeln sich oft und fallen dann nicht selten bei zahmen Gänsen ein, um da den Begattungstrieb zu befriedigen. Ich fand einst einen solchen Ehestandskompetenten mitten in einem Dorfe auf einem Bach unter vielen zahmen Gänseweibchen, schofs im Flug darauf mit Schrot Nr. 4 und hörte auch deutlich die Schrote anschlagen Die wilde Gans zog fort bis hinter das Dorf, wo sie auf dem nämlichen Bach wieder einfiel. Hier fand ich Gelegenheit, mich abermals hinanzuschleichen und gab ihr den zweiten Schufs, indem sie etwa 60 Schritte vor mir aufstand. Nichts weniger als krank zog sie wieder zurück auf den ersten Platz und liefs sich's gemütlich bei den zahmen Gänsen sein, bis sie mich gewahrte und nun zum andern Male dahinflog, wo ich das letzte Mal Feuer auf sie gegeben hatte. Ärgerlich ging ich nachhause, holte die Büchse und schofs sie mit dieser im Sitzen endlich tot (Handbuch für Jäger etc. von George Franz Dietrich aus dem Winckell. 4. Auflage, bearbeitet und herausgegeben von J. J. v. Tschudi. II. Leipzig 1865. S. 175).

b) Bernicla Briss.

257. BERNICLA BRENTA Pall.

Keyserling u. *Blasius*, Die Wirbeltiere Europas, I. S. 224. n. 388. — Verz. S. LXXXIII.

Naumann, Naturgeschichte der Vögel Deutschlands, XI. S. 393. Taf. 292. — XIII. Fortsetzung der Nachträge. S. 296.

Die *Ringelgans*, eine Bewohnerin des höchsten Nordens, erscheint sehr selten auf dem Zuge meistens einzeln oder in kleinen Flügen, einmal ein junges Weibchen schon am 26. September, gewöhnlich erst im Oktober bis in den Dezember und wieder Anfang März auf unseren Seen, Teichen und Flüssen. Ein altes Männchen, von mir und zwei Jägern lange vergeblich verfolgt, lag am 7. und 8. März 1859 tief in dem grofsen Moorweiher bei einer Schar von etwa 40 Tafelenten. Anfang dieses Jahrhunderts kamen nach Hofrat Dr. Meyer im Winter fünf Stücke auf den Untermain, welche alle, ohne dafs nur eine den Versuch gemacht hätte, sich durch die Flucht zu retten, von zwei Schützen tot geschossen wurden. Sie wurde im Gebiete auf dem Bodensee, in Oberbayern bei Schrobenhausen, an der Donau (Neuburg, Regensburg, Prüfening und Weichs), an der Altmühl bei Eichstädt und am Main (Schweinfurt und Aschaffenburg) erlegt.

258. BERNICLA LEUCOPSIS Bechst.

Keyserling u. *Blasius*, Die Wirbeltiere Europas, I. S. 224 n. 389. — Verz. S. LXXXIII.

Naumann, Naturgeschichte der Vögel Deutschlands, XI. S. 378. Taf. 291. — XIII. Fortsetzung der Nachträge. S. 296.

Auch die *weifswangige Gans* bewohnt den höchsten Norden und verfliegt sich nur äufserst selten auf den Main, die Donauschütten bei Ingolstadt, auf die Isar in die Umgebungen Münchens, wo Wagler indessen nur den jungen Vogel beobachtete, und auf den Bodensee. Am 5. Januar 1805 traf sie Hofrat Dr. Meyer in Offenbach bei Ostwind und 4° Kälte bei genannter Stadt auf dem Felde unweit des Mains an.

Anmerkung 1. *Bernicla ruficollis* Pall. Im Winter 1843/44 kam diese zu den gröfsten Seltenheiten Deutschlands zählende Gans in mehreren Exemplaren in das südliche Deutschland und wurde am 30. Dezember 1843 im benachbarten Württemberg ein Stück ganz nahe an der bayerischen Grenze bei Bopfingen im Ries und ein prachtvolles Exemplar, das nunmehr im Naturalien-Kabinett zu Stuttgart steht, am 1. Januar 1844 bei Eltingen, Oberamts Leonberg, erlegt.

Anmerkung 2. *Chenalopex aegyptiaca* L. Vor Jahren wurden in der Gegend von München und anderwärts im Lande vereinzelte Nilgänse erlegt, welche alle Flüchtlinge aus Parken oder Fasanerien waren. Der mehrgenannte Hofrat Dr. Meyer in Offenbach hat schon 1810 darauf hingewiesen, dafs diese Gans in Hanau, seiner Vaterstadt, und in Kassel in den Fasanerien sehr häufig gehalten wurde und er wisse, dafs oft viele im Herbst, wenn ihnen nicht zur rechten Zeit nach der Mauser die Schwingen abgeschnitten wurden, davonflogen. Die Vögel, welche Naumann sah, seien zuverlässig solche Flüchtlinge gewesen. Er führt auch das Zeugnis eines Kasselschen Fasanenmeisters auf, welcher ihm schrieb, dafs die Ur-Urenkel dieser Gans den Sitten ihrer Voreltern darin treu bleiben, dafs sie, sobald sie fliegen können, trotz der zahmsten Erziehung schon im Nachsommer von einem Flufs oder Teich zum andern und im Herbst wie andere Zugvögel davon fliegen, wenn ihnen nicht in der zarten Jugend an dem einen Flügel das Gelenk im Ellenbogen abgeschnitten wurde.

Genus 115. Vulpanser Antiq.

259. VULPANSER TADORNA L.

Keyserling u. *Blasius*, Die Wirbeltiere Europas, I. S. 225. n. 392. — Verz. S. LXXXIV.

Naumann, Naturgeschichte der Vögel Deutschlands, XI. S. 534. Taf. 298.

Die gemeine *Fuchsente*, ein charakteristischer Brutvogel der Nord- und Ostsee, verfliegt sich sehr selten in strengen Wintern auf unsere Flüsse und Seen. Landbeck erhielt im Februar 1834 das Weibchen eines am Bodensee erlegten Paares. Ein altes Männchen im Prachtkleid, in der Augsburger Sammlung stehend, wurde bei Nürnberg, zwei gleichfalls alte Vögel im Jahre 1864 in der Oberpfalz und ebenda drei Stücke auf dem Herbststrich 1865 (Dr. Franz Baur, Monatsschrift für das Forst- und Jagdwesen 1865 S. 221 und 1866 S. 191), ein Stück im Januar 1816 auf der Donau bei Regensburg geschossen. Leu erhielt ein Weibchen von Kloster Holzen an der Schmutter bei Biberbach in Unterschwaben zu auffallender Jahreszeit am 19. Juli 1876, wahrscheinlich ein Flüchtling aus einem zoologischen Garten.

Anmerkung. *Casarea rutila* Pall. Nach Landbeck kommt die Höhlenente in strengen Wintern vom schwarzen Meere die Donau herauf nach Bayern und Schwaben (Bodensee). Bestätigung ist abzuwarten. Mir selbst ist kein bayerisches Exemplar bekannt geworden und auch Leu hat sie in langen Jahren für das Gebiet nicht nachzuweisen vermocht.

Genus 116. Anas L.

a) Mareca Stephens.

260. MARECA PENELOPE L.

Keyserling u. *Blasius*, Die Wirbeltiere Europas, I. S. 226. n. 394. — Verz. S. LXXXIV.

Naumann, Naturgeschichte der Vögel Deutschlands, XI. S. 724. Taf 305.

Pfeifente, Pfeifer, Kupferente, Rothals, Schmia.

Während der beiden Wanderperioden auf allen Gewässern nicht selten, in manchen Gegenden, wie im Aischgrunde und in den Moorweihern, auf der Altmühl, der Donau, dem Lech, der Iller u. s. w. ganz gemein. Sie kommt, sobald die Gewässer eisfrei geworden sind und die ausgetretenen Flüsse gröfsere Strecken bedecken, manchmal schon in der zweiten Hälfte des Februar, gewöhnlich erst im März, zu welcher Zeit man sie in den Moorweihern in Flügen von 30 bis 50 Stücken zu Hunderten antreffen kann. Ich sah sie dort den ganzen Mai hindurch in Trupps zu 16 bis 24 Stücken, im Juni und Juli teils gepaarte Paare, teils zur Brütezeit vereinzelte Enteriche, so dafs ich mit ziemlicher Wahrscheinlichkeit vermuten darf, dafs einzelne Paare auf diesen Weihern in den Jahren 1857, 1858 und 1864 gebrütet, die Eier aber durch Eiersucher und anderes Raubzeug verloren haben, weil ich niemals Ketten junger Pfeifenten entdecken konnte. Der Herbststrich begann dort schon im August (frühester Termin der 11. d. Mts.), öfters erst gegen dessen Ende, gewöhnlich aber erst im September. Am wärmsten wurde der Strich im Oktober und dauerte den November hindurch zuweilen mit Scharen von mehreren Hunderten. Auf der Donau und am Bodensee dauert der Zug bis tief in den December und in gelinden Wintern bleiben dort sogar nicht wenige.

In den Mägen erlegter fand ich vorwiegend Schwadengras *(Glyceria fluitans)*, Blätter von *Ranunculus repens* und Samen von *Polygonum hydropiper et sparganium*, in den Eingeweiden aber die *Taenia laevis*.

b) Cyanopterus Eyton.

261. CYANOPTERUS QUERQUEDULA L.

Keyserling u. *Blasius*, Die Wirbeltiere Europas, I. S. 226. n. 395. — Verz. S. LXXXIV.

Naumann, Naturgeschichte der Vögel Deutschlands, XI. S. 677. Taf. 303.

Halbentlein, Mittelentlein, Weifsmergle, Ratscherle.

Die *Knäkente* kommt im März und April, fängt im August zu streichen an, ist von Mitte dieses Monats an in grofsen Scharen zu 100 und mehr Stücken beisammen und verstreicht Ende Oktober, wo man z. B. auf der Altmühl hie und da Flüge von beiläufig 300 Knäkenten sehen kann. Grofse Weiherlandschaften belebt sie durch ihre ausgezeichnete Flugfertigkeit und das kastagnettenartige Ratschen der Männchen im Frühjahre in sehr angenehmer Weise. Sie brütet in vielen Gegenden in sumpfig verlaufenden, schilf- und binsenreichen Teichen, in deren Nähe in jungen Fohrendickichten, in den Moorweihern und deren Umgebung, an Altmühlgräben bei Gunzenhausen, Altenmuhr u. s. w., in den oberpfälzischen Weiherdistrikten und in Torflöchern bei Klingenbad in Schwaben. Ich habe verschiedene Gelege dieser häufigen Ente, noch nicht flugbare Junge, die bei dem Mähen der Weiherstreu erschlagen wurden, und noch am 12. September 1855 eine noch nicht ausgewachsene junge Knäkente erhalten.

In den Mägen erlegter fand ich viele Schnecken *(Planorbis hispidus)*, grofse Rofsegel *(Haemopis vorax)*, Schwimmwanzen *(Naucoris cimicoides)*, zahlreiche Phryganidenlarven und sehr viele leere, vom Sande entblöfste Köcher derselben, verschiedene Käfer *(Parnus prolifericornis, Hydrobius fuscipes* und *Cyclonotum orbiculare)*, endlich allerlei Samen von *Potamogeton lucens, Sparganium simplex et ramosum, Scirpus, Carex, Glyceria fluitans, Juncus, Nymphaea alba, Polygonum persicaria, amphibium, lapathifolium et hydropiper, Rumex maritimus* und *Ranunculus aquatilis.*

c) *Anas auct.*

α) Chauliodes Swains.

262. CHAULIODES STREPERA L.

Keyserling u. *Blasius,* Die Wirbeltiere Europas, I. S. 226. n. 396. — Verz. S. LXXXV.
Naumann, Naturgeschichte der Vögel Deutschlands, XI. S. 639. Taf. 302.

In den beiden Zugperioden im Februar und März und wieder vom September bis Ende Dezember einzeln oder in kleinen Flügen auf den Flüssen, Altwassern, Teichen und Seen des Gebiets eine unserer selteneren Süfswasserenten. Sie wurde auf dem Bodensee, auf der Iller (Memmingen), auf der Donau (Blindheim, Höchstädt und Regensburg), auf der Isar (Ismaning), der Altmühl, wo sie auf den Entenpfuhlen bei Altenmuhr etc. gefangen wird, und auf dem Main (Aschaffenburg) erbeutet. Im unteren Aischgrund traf ich einmal auf dem Weiher hinter dem Schlosse Neuhaus einen Flug von zwölf Stücken an. In gelinden Wintern überwintern einzelne auf dem Bodensee.

β) Dafila Leach.

263. DAFILA ACUTA L.

Keyserling u. *Blasius*, Die Wirbeltiere Europas, I. S. 226. n. 397. — Verz. S. LXXXV.
Naumann, Naturgeschichte der Vögel Deutschlands, XI. S. 638. Taf. 301.

Spiefsente, Pfeilschwanz, Spitzzackel.

Während der beiden Strichperioden auf unseren Flüssen, Seen und Teichen nirgends selten, an manchen Örtlichkeiten gemein. Ich sah nie eine solche Menge Spiefsenten, wie im Frühjahre 1858 auf den Moorweihern, wo ich auf einem einzigen Teiche mindestens 60 Paare antraf, und im März 1861 und 1867, wo auf der ausgetretenen Altmühl bei Sommersdorf und Altenmuhr Flüge von 80 bis 150 Stücken lagen. Sie kommt, wiewohl selten, schon im Februar auf unsere Flüsse, ihr Zug beginnt aber gewöhnlich erst im März, ist gegen Ende dieses Monats am lebhaftesten und dauert den ganzen April hindurch. In den Jahren 1859, 1864 und 1869 traf ich zwei Paare, auch einzelne Antrache, während Entinnen nicht zu sehen waren, bis zum 25. Mai auf den Moorweihern und dürften einzelne Paare dort gebrütet haben. Doch bemerke ich ausdrücklich, dafs ich niemals Eier noch Junge dieser Ente, noch auch eine aus alten und jungen Spiefsenten bestehende Familie gesehen habe. Sicher ist aber, dafs schon einzelne Paare in Süddeutschland genistet haben. Im Sommer 1801 brütete ein Pärchen auf einem mit Schilf bewachsenen kleinen See bei Offenbach, und den 24. Juli schofs Hofrat Dr. Meyer flügge Junge von dieser Brut. Der Herbststrich ist verhältnismäfsig viel geringer als der im Frühjahr, beginnt selten schon Anfang oder Ende September, gewöhnlich erst im Oktober und dauert den ganzen November hindurch bis in den Dezember. Am 15. Januar 1861 wurde in der Gegend von Augsburg (Lechhausen) und am 12. Januar 1882 bei Lauingen je ein junges Männchen geschossen, und auf dem Bodensee bleiben einzelne Stücke fast jeden Winter ganz da. Im April 1859 erhielt ich vier Männchen, bei denen die Brust und der ganze Unterkörper an den Federrändern wahrscheinlich durch eisenhaltiges Wasser lebhaft rostrot gefärbt war.

In den Mägen erlegter fand ich Wasserkäfer *(Dytiscus)*, Wurzelknollen und Gesäme von Laichkrautarten: *Potamogeton, Cyperaceen (Carex ampullacea), Polygonum amphibium, persicaria, lapathifolium et hydropiper, Rumex maritimus* und von dem botanisch höchst merkwürdigen, kryptogamischen Pillenkraut *(Pilularia globulifera)*, welches im Bischofsweiher und im nächst daran grenzenden östlichen Weiher bei Dechsendorf-Erlangen seinen Standort hat. Zwischen den Bischofsweihern und den Moorweihern wechseln alle Arten von Zugenten stark hin und her.

γ) Anas L.

264. ANAS BOSCHAS L.

Keyserling u. *Blasius*, Die Wirbeltiere Europas, I. S. 227 n. 398. — Verz. S. LXXXV.

Naumann, Naturgeschichte der Vögel Deutschlands, XI. S. 575 Taf. 300.

Rein weiſse oder isabellförmige echte Wildenten sind sehr selten. Am 6. Dezember 1879 erhielt ich von Aschaffenburg eine 2½ Pfund schwere männliche, ganz weiſse angebliche Wildente, die am ganzen Gefieder mit jenem chamoisgelben Anflug bedeckt war, den man bei sehr gut genährten Hausenten bemerkt, welche täglich Bäche und Teiche besuchen können. Sie war am Main unter Wildenten angetroffen worden, flog zuerst auf und wurde heruntergeschossen, hatte aufgerollte Krückelfedern, ganz gelbroten Schnabel, plumpen Kopf und Hals, breite Schnabelform und die stärkeren roten Latschen (Füſse), welche der zahmen Hausente eigen, und war als solche unschwer zu erkennen.

Auf unseren Seen, Teichen, Flüssen, Bächen und gröſseren Altwassern ein gemeiner Stand-, Strich- und Zugvogel. In den Moorweihern gab es 1836/37, 1852/53 und 1855/56 Tausende von Enten, so daſs sich die ältesten Jäger besserer Entenjahre nicht erinnern konnten. Im März 1856 sah ich auf dem groſsen Moorweiher, nachdem bei Ostwind und Windstille in einer Nacht alle Weiher so überfroren waren, daſs das Eis fast einen Mann trug, einige Tausende von Enten auf verhältnismäſsig kleinem Raume, den sie sich im Teiche durch beständiges nächtliches Umherschwimmen offengehalten hatten, dicht gedrängt liegen.

Als auf sie gefeuert worden war, standen sie unter einem Brausen auf, als ob ein Kavallerie-Regiment ansprengte. Auf der Altmühl war der Frühjahrsstrich 1865 und auf der oberen Aisch 1881 ein ganz vorzüglicher. Auf den grofsen Weihern der Oberpfalz bei Vilseck, Tirschenreuth u. s. w. bestehen ähnliche Verhältnisse wie in den Moorweihern und sind die Treibjagden auf junge Stockenten sehr ergiebig. Am 23. und 29. August und am 4. September traf ich noch in den Weihern bei Buch, eine halbe Stunde von Neuhaus ob der Aisch Ketten an, deren Junge noch nicht flugbar waren, und war zugegen, wie sie in der Zeit vom 12. bis 19. September abgeschossen wurden. Im Herbst verschwinden sie erst bei heftiger Kälte, überwintern aber auch häufig bei uns an Brunnenquellen und offenen Wassern. Was im Spätherbst südlich gezogen ist, kommt Ende Februar und im März wieder zurück.

Auf der Altmühl traf ich öfters wilde Enteriche bei wildfarbigen zahmen Lockenten der dortigen Fischer, und im Frühjahr 1873 hielt sich einer längere Zeit im Röttenbacher Mühlweiher bei Arberg (Gunzenhausen) zu einer zahmen Ente des dortigen Müllers, stieg mit ihr aus dem Wasser und nahm das vorgeworfene Futter furchtlos auf, war aber eines Tages mit seiner Holden verschwunden.

In den Moorweihern war ich oftmals Zeuge, dafs von Wanderfalken verfolgte Entenscharen wiederholten Stöfsen des Räubers glücklich entgingen, wenn sie im Fluge fest zusammenhielten. Durch den bei den blitzschnellen, von allen zugleich ausgeführten Schwenkungen erzeugten starken Luftdruck wurde der Verfolger förmlich zurückgestofsen. Die einzelne Ente, welche sich durch wiederholte kühne Angriffe des Feindes verwirren und von dem Haufen abtreiben läfst, ist verloren und verblutet nach wenigen Augenblicken in seinen Mordkrallen.

Am 5. Februar 1882 wurde an der Isar eine hahnenfederige Stockente geschossen. Sie hatte einen grünen Kopf und an der Vorderseite des Halses einige den weifsen Halsring des Entvogels andeutende weifse Federchen; der ganze Hals aber und die ganze Vorderseite, Brust und Bauch bis zum Schwanze trug das Kleid der Ente, während der Rücken, die Flügel und die Flügeldeckfedern die des Entvogels waren. Die Partien unter den Flügeln, die untere Partie des Rückens zeigten das Gefieder der

Ente und der Steifs war oben wie beim Entvogel mit den schwarzgrünen Federn bedeckt, von denen hinwiederum die Schwanzfedern der Entin sonderbar abstachen. Aufgerollte Krückelfedern fehlten (Der deutsche Jäger 1882. S. 86).

265. ANAS CRECCA L.

Keyserling u. *Blasius*, Die Wirbeltiere Europas, I. S. 227. n. 399 — Verz. S. LXXXV

Naumann, Naturgeschichte der Vögel Deutschlands, XI. S. 701. Taf. 304.

Mergle, Schwarzmergle, Pfeiferle.

Während der beiden Wanderperioden gemein, in wasserreichen Gegenden zu Hunderten, nicht selten brütend. Die *Kriekente* kommt manchmal schon Mitte Februar, gewöhnlich erst im März und April. Der Herbststrich beginnt im September und dauert bis in den Dezember. Einzelne trifft man noch im Januar und den ganzen Winter hindurch auf offenen Flüssen. Am 23. August 1859 wohnte ich in den Moorweihern einer Jagd auf junge Kriekenten bei, die noch nicht aufstehen konnten. Als eines der Entchen tot im Weiher lag, strich die Alte, um die Gefahr von ihren Kindern abzuwenden, indem sie sich verwundet stellte, halb fliegend, halb auf dem Wasser plätschernd langsam in einen nahen Weiher, wohin ihr der Hühnerhund folgte. Als dieser abgepfiffen zurückkehrte, um das tote Entlein zu apportieren, kam auch die Mutter zurück und dem Hunde so nahe, dafs er seine Beute fallen liefs und zum zweiten Male der Alten nachjagte. Auch am Untermain, auf den Weihern bei Vilseck in der Oberpfalz, im Mindel- und Kamelthale in Schwaben brütet die Kriekente. In den Altwassern der Auen bei Lechhausen und Gersthofen bei Augsburg züchteten 1856 zwei Paare; durch die Regulierung des Lech aber ist ihnen jetzt in dieser Gegend die Gelegenheit dazu genommen. Im unverletzten Magen einer solchen Ente fand ich einmal aufser Früchtchen von *Ranunculus aquatilis* und *Polygonum*-Arten auch ein Hühnerschrotkorn, welches wahrscheinlich statt eines Kieselchens oder *Pilularia globulifera*-Früchtchens im Teichgrunde aufgeschnattert worden war.

Genus 117. Rhynchaspis Leach.

266. RHYNCHASPIS CLYPEATA L.

Keyserling u. *Blasius*, Die Wirbeltiere Europas, I. S. 227. n. 401. — Verz. S. LXXXV.

Naumann, Naturgeschichte der Vögel Deutschlands. XI. S. 747. Taf. 306. — XIII. Fortsetzung der Nachträge S. 312.

Löffelente, Breitschnabel.

Zur Zugzeit im Frühjahr und Herbst auf unseren Seen, Teichen und Flüssen einzeln oder in kleinen Gesellschaften ziemlich selten, in manchen Jahren jedoch ziemlich zahlreich. In den Moorweihern traf ich einmal 30 Stücke beisammen und auch 1867 war der Strich sehr gut. Sie kommt selten schon vor Mitte März, gewöhnlich erst Ende dieses Monats bei uns an und im April ist der Hauptstrich. Sie hat schon hie und da in Süddeutschland gebrütet: in Württemberg 1832 am Buzersee und 1842 am Federsee, woselbst Landbeck am 26. Mai ein Nest mit zehn Eiern fand und das Weibchen erlegte. Auch in Bayern und zwar bei Aschaffenburg hat sie schon gezüchtet und wahrscheinlich auch in den Moorweihern. Dort traf ich wenigstens 1859 bis Mitte Mai verschiedene Paare, am 9. Mai bei einem Weibchen vier sich gegenseitig heftig bekämpfende Enteriche, und ein einzelnes Männchen noch im Juni und den ganzen Juli hindurch an. Auch die Dr. Dr. Sturm beobachteten auf dem Dutzendteich bei Nürnberg am 10. Mai 1869 ein Paar und waren der Meinung, dafs es dort brütete. Junge und Flüge ganzer Familien habe ich in den Moorweihern, wie ich nicht verschweigen will, niemals gesehen. Im Herbststrich erscheinen die ersten Löffelenten vom letzten Drittel des August an und dauert der eigentliche Strich von Mitte September an den ganzen Oktober hindurch bis tief in den November. Einzelne bleiben auch im Winter auf unseren Flüssen und wurden am 5. Januar 1864 und 12. Januar 1879 Löffelenten bei Augsburg erlegt.

Zweite Gruppe: Tauchende Enten mit Hautsaum.

Genus 118. Somateria Leach.

267. SOMATERIA MOLLISIMA L.

Keyserling u. *Blasius*, Die Wirbeltiere Europas, I. S. 228. n. 403. — Verz. S. LXXXVI.

Naumann, Naturgeschichte der Vögel Deutschlands, XII. S. 252. Taf. 321 und Taf. 322 Fig. 1.

Eine unserer seltensten Enten, die sich jedoch aus dem hohen Norden schon hie und da nicht blofs zu uns, sondern bis in das südliche Dalmatien verflogen hat. Junge Vögel erhielt Leu von der Donau bei Lauingen (9. November 1861), von Höchstädt (27. November 1860), eine ermattete, welche nicht mehr fliegen konnte und lebend ergriffen worden war, von Augsburg (29. Dezember 1868) und eine vierte von Donauwörth (11. November 1879), alle aus dem nördlichen Schwaben. Bei Aschaffenburg wurden am 28. Oktober 1858 zwei *Eiderenten*, ein altes Weibchen und ein jüngerer Vogel, und im Herbst 1834 auf einem Weiher bei Dürrnfarrnbach in der Gegend von Wilhermsdorf an der Zenn in Mittelfranken ein altes Männchen erlegt, welches sich etliche Tage auf dem Weiher allein ohne sonderliche Scheu vor Menschen herumgetrieben hatte. Ich hatte das prachtvolle Exemplar in Händen und sah es ausgestopft bei dem verstorbenen Herrschaftsrichter Wunder In sehr kalten Wintern besucht sie nach Landbeck den Bodensee.

(A. Wiedemann schreibt: »Am 13. November 1889 verletzte sich ein junges Männchen in Pfersee — wahrscheinlich geblendet durch die elektrische Beleuchtung — an einem Fabrikkamine, fiel in den dortigen Hof hinab, wurde gefangen und in Augsburg präpariert. Der Magen war leer«. — Nach R. Lauterborn wurde im November 1888 ein junger Vogel bei der Rheinau geschossen und in Ludwigshafen ausgestopft.)

Genus 119. Oidemia Flem.

268. OIDEMIA FUSCA L.

Keyserling u. *Blasius*, Die Wirbeltiere Europas, I. S. 228. n. 406. — Verz. S. LXXXVI.

Naumann, Naturgeschichte der Vögel Deutschlands, XII. S. 123. Taf. 313.

Im Winter vom November und Dezember bis zum Februar und März auf unseren Gewässern selten, meistens junge Vögel und Weibchen, seltener Alte. Auf dem Bodensee, dem Alpsee bei Immenstadt, auf dem Weiher bei dem Lettenhäuschen bei Memmingen, auf dem Chiemsee und Tegernsee, auf dem Lech bei Landsberg, auf der Isar (München, Landau), auf der Donau (Günzburg, Ingolstadt und Regensburg), auf der Naab (Schwandorf, Wernberg), auf der Altmühl (Eichstädt, Gunzenhausen), bei Nürnberg (Mögeldorf), auf dem Dutzendteich, auf der Regnitz bei Bayersdorf, in den Moorweihern auf einem Teiche in der Kraushaid bei Krausenbechhofen, auf dem Main (Schweinfurt, Aschaffenburg) und in der Gegend von Brückenau auf einem Weiher bei Weifsenbach-Detter wurden *Sammtenten* erlegt, darunter verschiedene alte Männchen. Dr. J. W. Sturm sah auf dem Dutzendteich bei Nürnberg eine solche Ente am 20. März 1858 und beobachtete sie bis zum 12. Mai, weshalb er ihr Brüten vermutete. Emil Schütt erhielt sogar am 20. Juni 1855 ein am Bodensee geschossenes Männchen von Radolfzell (Baden) und vermutete gleichfalls ihr dortiges Brüten, gewifs mit Unrecht, da es bekannt ist, dafs manche Sammtenten aufserhalb ihrer Brütezonen den Sommer über vagabundieren.

In den Mägen erlegter fand ich immer nur Schalenfragmente einer Teichmuschel *(Anodonta)*.

269. OIDEMIA NIGRA L.

Keyserling u. *Blasius*, Die Wirbeltiere Europas, I. S 228. n. 407. — Verz. S. LXXXVI.

Naumann, Naturgeschichte der Vögel Deutschlands, XII. S. 108. Taf. 312.

Die *Trauerente* kommt zuweilen bereits von Ende Oktober an bis in den März auf unsere Gewässer und wurde auf dem Bodensee, auf dem Weiher von Keesers bei Dietmannsried in Oberschwaben, auf der Günz (Schöneck), auf der Donau (Ingolstadt), auf der Salzach, dem bayerisch-österreichischen Grenzflusse, auf der Altmühl (Beilngries), auf einem Weiher bei Aschbach im Steigerwald, auf dem Main bei Aschaffenburg und in der Gegend von Schweinfurt auf einem kleinen Wassertümpel neben der Strafse dicht an dem Dorfe Schwebheim erlegt. Am 19. Februar 1807 schofs Hofrat Dr. Meyer in Offenbach ein altes prachtvolles Männchen bei Südwind auf dem Untermain.

(Nach A. Wiedemann glückte es Mitte April 1871 einem Fischer bei Lindau, eine dieser Enten lebend in einem Fischnetze zu fangen. — R. Bl.)

Genus 120. Undina.

270. UNDINA MERSA Pall.

Keyserling u. *Blasius*, Die Wirbeltiere Europas, I. S. 229. n. 408. — Verz. S. LXXXVI.

Naumann, Naturgeschichte der Vögel Deutschlands, XII. S. 149. Taf. 315.

Die *Ruderente* erscheint nach Koch und Landbeck im Winter einzeln und sehr selten auf dem Bodensee, was neuerdings E. F. v. Homeyer mit dem Bemerken bestätigt hat, dafs sie gar nicht so selten auf diesem See sei, wie viele Exemplare der Schweizer Sammlungen beweisen (Journal für Ornithologie 1878. S. 121). Auch auf die Donau kommt sie nach Landbeck.

Genus 121. Glaucion.

271. GLAUCION CLANGULA L.

Keyserling u. *Blasius*, Die Wirbeltiere Europas, I. S. 229. n. 409. — Verz. S. LXXXVI.

Naumann, Naturgeschichte der Vögel Deutschlands, XII. S. 162. Taf. 316.

Scheckente, *Schecke* (das Männchen), *Braunkopf* (das Weibchen und der junge Vogel).

Die *Schellente* ist während des Herbst- und Frühjahrstriches vom zweiten Drittel des November an und wieder im Februar und den ganzen März hindurch auf unseren Gewässern ziemlich gemein. Viele überwintern auf der Donau, Iller, dem Lech und Bodensee, auf dem sie manchmal auch im Sommer angetroffen wird. Forstrat Koch teilte mir mündlich mit, dafs er ein Paar Schellenten im Sommer oftmals über sein Haus in Bregenz hinstreichen sah (er wohnte von 1807 bis 1814 unmittelbar am Seeufer im ehemaligen Kloster Meererau). Nach Steinmüllers Alpina (I. S. 299) brüteten zu Anfang dieses Jahrhunderts alle Jahre einzelne am Wallenstädter See und es ist daher nicht unwahrscheinlich, dafs dies auch am Bodensee der Fall war. In den Moorweihern traf ich ein altes Männchen und zwei Weibchen noch am 4. April 1855 an.

In den Mägen erlegter fand ich viele Flohkrebse *(Gammarus pulex)*.

Genus 122. Harelda Leach.

272. HARELDA GLACIALIS L.

Keyserling u. *Blasius*, Die Wirbeltiere Europas, I. S. 229 n. 411. — Verz. S. LXXXVII.
Naumann, Naturgeschichte der Vögel Deutschlands, XII. S. 210. Taf. 319.

Die *Eisente* kommt nur selten in kleinen Flügen auf unsere Gewässer, gewöhnlich im Jugendkleid, seltener alte Vögel. Koch bekam ein Weibchen vom Bodensee, und am 7. November 1876 wurde dort auf dem Obersee ein Pärchen und am 28. ej. m. ein Weibchen erlegt (Dr. Stöcker). Im Winter 1827/28 schofs Baron v. Pflummern bei Memmingen in der Nähe der Riedmühle ein Stück, im Januar 1827 Prof. Wagler auf der Isar bei München einen jüngeren Vogel. Andere wurden auf der Donau bei Regensburg, auf der Nab bei Schwandorf, auf der Altmühl bei Gunzenhausen *(mas adult)* und im Winter 1852 bei Schlungenhof *(fem. juv.)*, im Dezember 1826 auf der Aisch, im März 1863 auf dem Main bei Aschaffenburg *(mas juv.)* und am 28. Dezember 1881 ein junges Männchen bei Augsburg geschossen. Hofrat Dr. Meyer schofs junge Vögel am Untermain bei Offenbach bei Ost- und Nordostwind und 1 bis 2° Kälte am 5. November 1803 und 6. Februar 1804 und traf dort fast alle Jahre kleine Herden junger Eisenten auf Flüssen und Teichen an.

273. HARELDA HISTRIONICA L.

Keyserling u. *Blasius*, Die Wirbeltiere Europas, I. S. 230. n. 412. — Verz. S. LXXXVII.
Naumann, Naturgeschichte der Vögel Deutschlands, XII. S. 199. Taf. 318.

Lättentlein (am Bodensee).

Nach Koch und Landbeck kommt sie zuweilen bei sehr kalten Wintern auf den Bodensee, nach letzterem auch auf die Donau und den Main. Nach Krefs wurde ein Exemplar in der Gegend von Gerolzhofen bei Neuhof in Unterfranken erlegt. Mir und meinem Freunde Leu, dem Hunderte seltener Bodenseevögel zu Handen kamen, blieb sie als bayerischer Vogel unbekannt und mufs sie daher im Gebiete höchst selten sein.

Genus 123. Fuligula Raj.

274. FULIGULA MARILA L.

Kayserling u. *Blasius*, Die Wirbeltiere Europas, I. S. 230 n. 414. — Verz. S. LXXXVII.

Naumann, Naturgeschichte der Vögel Deutschlands, XII. S. 88. Taf. 311. — XIII. Fortsetzung der Nachträge S. 312.

Schimmelente, Bergente.

Diese hochnordische Art, bekanntlich ein Seevogel, kommt zur Zeit groſser Kälte und Stürme im Norden auf dem Zuge gewöhnlich nur sehr selten in kleinen Flügen, in anderen gar nicht zu uns und überwintert auf Gewässern, die nicht zufrieren. Hie und da einmal, wie im strengen Winter 1843/44, war sie auf dem Bodensee und den Weihern Oberschwabens (Memmingen) gar nicht selten, meistens Weibchen oder Junge. Auch auf der Altmühl wurde damals ein altes Paar bei Eichstädt und 1816 am 29. November bei Gunzenhausen zwei alte Männchen geschossen. Andere wurden in der Gegend von Augsburg am 10. November 1874 bei Hainhofen an der Schmutter, ein altes Männchen am 12. Februar 1855 bei Günzburg an der Donau, vier Stücke im Dezember 1848 in der Gegend von Schwabach auf einem Weiher bei Cammerstein, vereinzelte bei Regensburg, Erlangen (Dormitz) und in Unterfranken bei Stadtprozelten erlegt.

275. FULIGULA CRISTATA Raj.

Keyserling u. *Blasius*, Die Wirbeltiere Europas. I. S. 230 n. 415 — Verz. S. LXXXVII.

Naumann, Naturgeschichte der Vögel Deutschlands. XII. S. 64. Taf. 310.

Strauſsente, Kiebitzente, Reiherente, Porzellanschecke (das alte Männchen), *Schwarztüchel* (der junge Vogel und das Weibchen). *Tüchel* bedeutet *Taucher.*

Die Reiherente kommt in der zweiten Hälfte des Oktober, im November und Dezember und wieder Ende Februar und im März, auch noch im April einzeln oder in kleinen Flügen zu sechs bis acht, selten zu 10 bis 30 Stücken als eine unserer häufigsten Tauchenten auf die Gewässer des Gebietes. In verschiedenen Jahren traf ich in den Moorweihern einzelne Paare bis zum 13. April an; Leu erhielt vom Lech ein Stück noch am 19. April und Dr. J. W. Sturm sah sie noch am 10. Mai 1858 auf dem Dutzendteich bei Nürnberg. Bei letzterer Stadt erhielt sie Prof. Dr. Wolf einst vom Rosenau-Weiher, wo sie sich nahe den menschlichen Wohnungen ohne Scheu umhertrieb.

In den Mägen erlegter fand ich Fischbrut, einen Grasfrosch *(Rana esculenta)*, Muscheln *(Pisidium fontinale)*, Larven von *Phryganea* und *Ephemera*, Grasspelzlein und Sämereien von *Polygonum amphibium, persicaria et lapathifolium, Rumex* und *Potamogeton.*

276. FULIGULA NYROCA Güldenst.

Keyserling u. *Blasius*, Die Wirbeltiere Europas, I. S. 230. n. 416. — Verz. S. LXXXVII.
Naumann, XII. S. 41. Taf. 309.

Braunkopf, Rotkopf, Rotköpflein, Rotbrust, Rothals, Braunentlein, Brandentlein, Brandtüchel, Brandtüchel-Ente, -Entlein, Mier-Morgente, Merrer.

Auf dem Zuge erscheint sie selten schon Ende Februar, gewöhnlich erst im März und April und wieder im September und Oktober. Nicht wenige bleiben bis in den November und Dezember, und in gelinden Wintern überwintern manche auf dem Bodensee und unseren gröfsten Flüssen. Auf den dicht bewachsenen Weihern bei Buch, Poppenwind, Biengarten, Krausenbechhofen und in den Moorweihern bei Moorhof brüten jährlich sechs bis acht Paare, und habe ich dort vielen Jagden auf noch nicht flugbare und flügge junge *Moorenten* angewohnt, einer noch am 1. September, wobei drei Junge erlegt wurden. Am 2. September 1856 schofs der Freiherrlich v. Crailsheimsche Gutsverwalter Mahr zu Neuhaus von einer in den dortigen Weihern ausgebrüteten Kette ein Junges, das noch ganz kleine Blutkiele hatte; die übrigen Jungen schofs der gutsherrliche Förster Steurer in der zweiten Woche des Oktober. Auch auf den grofsen Weiherkomplexen der Oberpfalz und dem Kauerlacher Weiher bei Burggriesbach brütet sie. Landarzt Krefs in Kloster Ebrach schofs sie im Sommer 1836 bei Aschbach im Steigerwald, und einer meiner Bekannten traf gepaarte Paare noch spät im Frühling und sehr junge Exemplare im Sommer auf Weihern der Umgegend von Neustadt a. A. an.

In den Mägen erlegter fand ich Regenwürmer, Reste kleiner Muscheln, grofse und kleine Libellen und Larven von solchen *(Libellula, Agrion)*, Phryganiden-Larven und viele leere, entsandete Köcher derselben, Käfer *(Sitones)*, Schwadengras und allerlei Carpologisches *(Polygonum persicaria, Potamogeton* und *Nymphaea alba)*. Aus noch ganz jungen Moorenten entwickelte ich Bandwürmer *(Taenia lanceolata)*.

·277. FULIGULA FERINA L.

Keyserling u. *Blasius*, Die Wirbeltiere Europas, I. S. 230. n. 417. — Verz. S. LXXXVII.

Naumann, Naturgeschichte der Vögel Deutschlands, XII. S. 21. Taf. 308.

Grofser Rot-Braunkopf, Kohltüchel.

Koch besafs ein schönes Exemplar, das ganz wie das alte Männchen der *Tafelente* gezeichnet war, aber einen braunen Unterleib hatte und zwei Zoll kleiner war, als das Männchen der genannten Ente.

Sie kommt im März und April in Flügen bis zu 20 und 25 Stücken zu uns, schlägt sich in den Gegenden, wo sie brütet, im September zu Scharen von 50 bis 60 und mehr Stücken zusammen und streicht umher. Am lebhaftesten wird der Herbststrich im Oktober und dauert, immer mehr abnehmend, bis Ende November; doch bleiben in gelinden Wintern einzelne dieser Enten auch ganz da, so auf dem Bodensee und den gröfseren Flüssen, dem Lech, der Iller u. s. w. Im kalten und schneereichen Dezember 1875 wurde in hiesiger Gegend eine männliche alte Tafelente auf der Landstrafse dicht an einem Chausseebaume in den Schnee gedrückt angetroffen, von einem Bauer mit dem Fufse angestofsen und im Herausstreichen mit dem Stock erschlagen und mir gebracht. Sie war zuvor von einem Habicht oder Wanderfalken gestofsen und ihr der Hals in der Brustgegend aufgerissen.

Sie brütet auf dem Bodensee und jährlich in sechs bis acht Paaren in den Moorweihern und den benachbarten Weihern bei Buch, woselbst ich oftmals Jagden auf junge Tafelenten beigewohnt habe. Auf dem Dutzendteich bei Nürnberg sah sie

Dr. W. Sturm noch am 12. Mai 1858 und Prof. Dr. Wolf am 25. Juli 1809, so dafs man mit Recht auch auf ihr dortiges Brüten schliefsen darf. Förster Jägerhuber in Arberg bei Gunzenhausen traf sie am 1. Mai 1861 auf dem Röttenbacher Weiher an.

Sie ist viel weniger scheu als andere Wildenten. Am 21. Oktober 1860 lag auf dem kleinen Thorweiher im Dorfe Neuhaus früh 11 Uhr ein alter Enterich der Tafelente unter meinen weifsen Hausenten. Nach dem Schlusse des Vormittags-Gottesdienstes gingen viele Personen an dem Weiher vorüber, ohne dafs sie aufgestanden wäre. Als mehrere meiner Hausenten, von mir gelockt, auf mich zuschwammen, kam auch sie bis auf 15 Schritt heran, wendete aber wieder um, stieg, 25 Schritt von mir und mehreren Zuschauern entfernt, an das Land und setzte sich zu meinen zwei auf dem Vizinalwege nach dem Dorfe Buch stehenden zahmen Enterichen und putzte gleich diesen ihr Gefieder. Hier safs sie zwölf Schritt von dem nächsten Hause entfernt lange Zeit, ging endlich zutraulich in den Weiher zurück und wurde von einem herbeigerufenen Schützen erst mit dem dritten Schusse erlegt. Sie war, wie die Sektion ergab, vollkommen gesund und blieb trotz der Beschiefsung, immer nur tauchend, auf dem kleinen Weiher, obwohl hart am gegenüberliegenden Strafsenrand ein grofser Weiher angrenzte, auf dem sie nach kurzem Fluge sicher geborgen gewesen wäre. Am 26. Februar 1864 hielt sich im Stadtgraben zu Augsburg unter gezähmten Wildenten ein wilder Antrach der Tafelente drei Tage lang auf und wurde danach geschossen. Leu fütterte die gezähmten Stockenten einige Male; die Tafelente kam aber nie heran, sondern blieb immer in einer Entfernung von 15 bis 30 Schritten und sah der Fütterung zu. Auch am 1. Januar 1866 stand unter denselben zahmen Wildenten wiederum ein alter Antrach der Tafelente und wurde erlegt.

In den Mägen erlegter fand ich allerlei Gesäme: *Panicum crus galli*, *Glyceria fluitans*, *Polygonum persicaria*, *hydropiper* und *lapathifolium*, zufällig verschluckte Früchtchen von *Bidens tripartita* und an Eingeweidewürmern die *Taenia lanceolata*.

278. FULIGULA RUFINA Pall.

Keyserling u. *Blasius*, Die Wirbeltiere Europas, I. S. 231 n. 418. — Verz. S. LXXXVII.

Naumann, Naturgeschichte der Vögel Deutschlands, XI. S. 7. Taf. 307. — XIII. Fortsetzung der Nachträge S. 304.

Die *Kolbente* erscheint im Herbst und Frühjahr, selten im Sommer auf unseren Seen und Flüssen. Nach Prof. Dr. Wagler soll sie bei München auf der Isar gemein sein, gewöhnlich aber nur der alte Vogel, junge Männchen aber im Übergangskleide selten. Junge Weibchen sah er nicht. Am Bodensee, wo sie fast alle Winter anzutreffen ist, wurden im Frühjahr 1834 einige, im März 1872 bei Lindau zwei, andere auf den oberbayerischen Seen (Ammersee, Starnberger-, Tegern- und Schliersee), ein prachtvolles Männchen am 15. März 1872 bei Fischen im Algäu, am 15. März 1811 in Memmingen auf dem Stadtbach, etliche auf dem Grönenbacher und Buxheimer Weiher, auf der Donau, Ilm (Geisenfeld), auf der unteren Aisch im Dezember 1867 und in den Moorweihern geschossen. Auf letzteren schofs ein Bauer am 21. Juni 1856 von vier Stücken zwei herrliche junge Männchen, welche nur noch um die Augen eine kleine elliptische Stelle hellgrauer Federn hatten, sonst aber das volle Hochzeitskleid trugen. Auch am Untermain kommt sie vor, und am 14. März 1855 war eine männliche Kolbente auf dem Nürnberger Markte zum Verkauf.

In den Mägen der zwei in den Moorweihern erlegten Kolbenten fand ich nur Schwadengras.

Dritte Gruppe: Sägetaucher.

Genus 124. Mergus L.

a) Merganser Briss.

279. MERGANSER CASTOR L.

Keyserling u. *Blasius*, Die Wirbeltiere Europas, I. S. 231. n. 419. — Verz. S. LXXXVIII.

Naumann, Naturgeschichte der Vögel Deutschlands, XII. S. 356. Taf. 326.

Meerohr, Meerhorn, Meerrache, Meerente, Merrich, Marrich, Groſser Schecke, groſse Sägente, Groſssäger.

Der *groſse Sägetaucher* ist in strengen Wintern vom November an bis in den Februar und März auf unseren Seen und Flüssen in manchen Jahren eine gewöhnliche Erscheinung, am Untermain nach Hofrat Dr. Meyer bei Nordost- oder Südwestwind im März alljährlich in grofser Menge. In der Memminger Gegend wurde er auf der Iller bei Bachen noch am 12. April 1858 wahrgenommen und hier und da brütet er auch bei uns. Koch bemerkte im Frühjahr 1812 in der Gegend des Klosters Mehrerau bei Bregenz auf dem Bodensee täglich drei Gänsesäger: zwei Männchen und ein Weibchen. »Die zwei Männchen waren meistens im Streit begriffen, und in den wenigen ruhigen Augenblicken bemerkte man den Sieger bei dem Weibchen. Nach einiger Zeit verlor sich das eine Männchen, und nun hielt sich das traute Pärchen ungestört täglich an demselben Orte auf. Im Monat Mai verschwand auch dieses, und ich vermute, dafs ihr damals gewählter Aufenthalt ein nahes Wäldchen war, in welchem ein Jäger auf einen männlichen Gänsesäger geschossen zu haben anzeigte. Gegen das Ende des Monats Juni traf ich das Weibchen mit sieben Jungen von der Gröfse einer Wachtel auf dem Bodensee in derselben Gegend an, wo ich das Pärchen im Frühjahre beobachtete. Da ich den Wunsch hegte, ein Junges zum Ausstopfen zu erhalten, so beschlofs ich, eine Jagd darauf zu machen. Ich bestieg zu diesem Ende mit einem Jäger einen Kahn und näherte mich, in diesem liegend, den Vögeln, war auch so glücklich, auf einen Schufs die Mutter mit drei Jungen zu bekommen. Die vier entkommenen Jungen konnte ich noch einen Monat lang in dieser Gegend sehen, dann aber verschwanden sie auf einmal. Sie waren äufserst lebhaft, tauchten mit einer unglaublichen Geschwindigkeit unter und ebenso konnten sie auch mit aufserordentlicher Schnelligkeit, um der Gefahr zu entkommen, über das Wasser laufen. Ihre Stimme, die sie gewöhnlich hören liefsen, war ein weit hörbares: »Pip, Pip, Pip, Pip«. Am 21. Juli 1855 wurde in der Mehringer Aue bei Augsburg eine Gesellschaft von 14 Gänsesägern von dem dortigen Professor Petry angetroffen, zwei davon erlegt und einer angeschossen. Die beiden erlegten waren junge, doch erwachsene Vögel, der angeschossene und später gefundene das alte Weibchen. Die übrigen strichen den ganzen Sommer bis Ende September am Lech und den dortigen Bächen umher. Es waren dort zwölf Junge ausgebrütet worden. Auch während des Sommers 1856 haben meine Augsburger Freunde in der Mehringer Aue solche Säger bemerkt.

In den Mägen erlegter fanden wir einen Fuſs von einem Lamm und Fische *(Gadus lota, Alburnus lucidus, Scardinius erythrophthalmus, Squalius cephalus* und *lepusculus)*.

280. MERGANSER SERRATOR L.

Keyserling u. *Blasius*, Die Wirbeltiere Europas, I. S. 231. n. 420. — Verz. S. LXXXVIII.
Naumann, Naturgeschichte der Vögel Deutschlands, XII. S. 333 Taf. 325. — XIII. Fortsetzung der Nachträge S. 314.

Der *langschnäbelige Sägetaucher* kommt im Winter viel seltener auf unsere Seen (Bodensee, Ammersee, Tegernsee), auf unsere Flüsse (Donau, Lech, Isar, Loisach, Altmühl, Main) und auf unsere Weiher (Keeserser Weiher in Oberschwaben, Kauerlacher Weiher in der Oberpfalz), aber meistens der junge Vogel, der alte dagegen selten. Am Untermain traf ihn Hofrat Dr. Meyer ziemlich häufig im November 1809, Dr. W. Sturm ein sehr altes Männchen im Hochzeitskleide mehrere Tage lang Mitte April 1858 auf dem Dutzendteich bei Nürnberg, wo es sich ganz allein, entfernt von den Wildenten herumtrieb. Nach Dr. Stölker in St. Fiden wurde Anfang August 1876 auf dem Bodensee (Obersee) ein altes Weibchen des *M. serrator* mit sechs noch kleinen Dunenjungen erbeutet, ein siebentes entkam. Es hatte dieser Säger zweifelsohne am Ufer des Obersees, wahrscheinlich im benachbarten Vorarlberg, genistet. Die ganze Gruppe kam in Stölkers Sammlung.

b) Mergus L.

281. MERGUS ALBELLUS L.

Keyserling u. *Blasius*, Die Wirbeltiere Europas, I. S. 232. n. 422. — Verz. S. LXXXVIII.
Naumann, Naturgeschichte der Vögel Deutschlands, XII. S. 314. Taf. 324. — XIII. Fortsetzung der Nachträge S. 313.

Kleiner Merrer, Nonnentaucher, Zwergsäger.

Er ist jeden Winter vom November bis Ende März und Anfang April auf unseren Seen, Flüssen und Teichen in kleinen Flügen, paarweise oder einzeln allenthalben vorhanden. In den Moorweihern traf ich die letzten noch am 7. April 1855 an.

29. Familie: Pelikane.

Genus 125. Phalacrocorax Briss.

282. PHALACROCORAX CARBO L.

Keyserling u. *Blasius*, Die Wirbeltiere Europas, I. S. 232. n. 423. — Verz. S. LXXXVIII.
Naumann, Naturgeschichte der Vögel Deutschlands, XI. S. 52. Taf. 279.

Scharb, Scharbe, Scharmvogel, Scherben, Seerabe.

Der *Kormoran* zieht bei uns im Herbst, Winter und Frühjahr einzeln oder in kleinen Gesellschaften von 3 bis 10 Stücken durch und wurde in allen Teilen des Landes, auf Flüssen, Seen und Teichen als ein seltener Vogel wahrgenommen und erlegt. Im Sommer sieht man ihn sehr selten auf fischreichen Gewässern. Auf dem Dutzendteich bei Nürnberg hielten sich 1860 zwei Kormorane vom Frühjahr bis in den Juni auf, bis der eine von einer alten Eiche herabgeschossen wurde, worauf der andere verschwand. Im Sommer 1876 verweilte einer auf der fischreichen Altmühl bei Kipfenberg mehrere Wochen hindurch, und am 30. Mai 1863 zeigten sich zehn Scharben den Tag über bei Gersthofen am Lech, waren aber bereits am nächsten Tage wieder verschwunden. Leu erhielt viele vom Bodensee (Lindau), vom Hopfersee bei Füssen, vom Sulzbergersee bei Kempten, von Obergünzburg und Mindelheim in Schwaben, von letzterem Ort ein sehr altes Männchen im Hochzeitkleid am 24. März 1879, andere, meistens junge Vögel, von Augsburg, Günzburg, Gundelfingen, Neuburg, Donauwörth und Ingolstadt. Ich kenne das Vorkommen des Kormorans in Oberbayern auf dem Ammer-, Starnberger- und Königssee, auf der Isar bei München, in der Oberpfalz von Regensburg, Roding und Schwandorf, in Niederbayern von Deggendorf, Passau und Neuhaus am Inn, in Oberfranken von Höchstadt a. A. (Neuhaus), woselbst ich von drei Stücken, die in einem Weiher am Schlosse fischten, ein junges Männchen erhielt, von Bamberg, wo einer im Bruderwalde geschossen wurde, in Mittelfranken von Gunzenhausen, Bruck bei Erlangen, von Cadolzburg (am Seukendorfer Weiher am 26. März 1837 von neun Stücken zwei erlegt), von Ansbach, wo im Oktober 1862 ein junges Männchen von einer hohen Pappel an der Cavalleriekaserne herabgeschossen wurde, in Unterfranken von Hafsfurt, Kitzingen, Ochsenfurt, Marktbreit (am 27. November 1879 wurden auf den hohen Bäumen in der

Nähe des dortigen Zollgebäudes zwei dieser Vögel bemerkt und einer davon erlegt) und von Aschaffenburg. Auf der mächtigen Fläche des Dutzendteiches bei Nürnberg erscheint er von Zeit zu Zeit, die letzten im Mai 1867 und Anfang September 1880, wo von zwei sehr scheuen Exemplaren der Reviergehilfe Teiffel von Forsthof das eine zu schiefsen das Glück hatte.

Die Krähenscharbe (*Phalacrocorax graculus* L.) soll nach Walchner im Winter auf dem Bodensee (Obersee) und nach Landbeck ebenda und auf der württembergschen Donau höchst selten erlegt worden sein. Bestätigung ist abzuwarten.

(Nach Dr. Medicus ist die Krähenscharbe in der Pfalz vorgekommen. — R. Bl.)

283. PHALACROCORAX PYGMÆUS Pall.

Keyserling u. *Blasius*, Die Wirbeltiere Europas. I. S. 233. n. 427. — Verz. S. LXXXIX.

Naumann, Naturgeschichte der Vögel Deutschlands. XI. S. 112. Taf. 281.

Am 16. November 1856 wurde in der Gegend von Memmingen in Schwaben auf einem Altwasser der Iller bei Buxheim ein junges Weibchen der den Südosten bewohnenden *Zwergscharbe* geschossen. Es befand sich in Gesellschaft von Wildenten, safs auf einem Aste und plätscherte mit dem Schwanze im Wasser. Es kam in die Sammlung des Zeichenlehrers Büchele in Memmingen und nach dessen Tode in das Augsburger Naturalienkabinett. Ein altes Männchen dieser in Süddeutschland höchst seltenen Art besitzt die Stuttgarter Sammlung des Vereins für vaterländische Naturkunde in Württemberg, welches 1862 in unserer württembergischen Nachbarschaft auf dem abgelassenen Weiher bei Wurzach, Oberamts Leutkirch, gefangen wurde (Württembergische Jahreshefte 1863 S. 8). Auch im Kanton Thurgau in der Schweiz bei der Karthause Ittingen wurde 1858 ein Exemplar erlegt (Bruhin, Nachträge zur Wirbelthierfauna Vorarlbergs, des Rheinthales und des Bodensees, Jahrgang 1868 der Verhandlungen der k. k. Zoologisch-botanischen Gesellschaft in Wien S. 879) und sogar nach Norddeutschland verfliegt sie sich, wie ein bei Görlitz am Leopoldshayner Teich geschossenes Exemplar in der Sammlung der Görlitzer Naturforschenden Gesellschaft beweist (Dr. Cabanis, Journal für Ornithologie 1870. S. 231.).

Genus 126. Pelecanus L.

284. PELECANUS ONOCROTALUS L.

Keyserling u. *Blasius,* Die Wirbeltiere Europas, I. S. 234. n. 429. — Verz. S. LXXXIX.

Naumann, Naturgeschichte der Vögel Deutschlands, IX. S. 150. Taf. 282.

Der *Pelikan,* ein ganz vorzüglicher, ausdauernder Flieger, kommt nur hier und da einmal als grosse Seltenheit und dann meistens nur in sehr heifsen Sommern auf unsere Gewässer. Im Jahre 1768 am 8. Juli zog eine Schar von 130 Pelikanen, vorher nirgends beobachtet, hohen Fluges vom Süden her über die Schweizer Berge nach dem Bodensee und liefs sich in der Nähe von Lindau nieder, um zu fischen. Ein Stück davon, flügellahm geschossen, geheilt und zur Schau herumgeführt, wurde zu Augsburg auf einer Kupfertafel gelungen dargestellt. Es ist dies wahrscheinlich derselbe Pelikan gewesen, welchen Lindauer Fischer nach langem Umhertragen in Schwaben an den Fürsten Wenzel von Fürstenberg in Donaueschingen verkauften, woselbst er im Schlosse auch unter den beiden folgenden Fürsten Maria Benedikt und Carl lebte, dann in den Besitz eines Hofkochs überging und von diesem an den König Friedrich von Württemberg nach Stuttgart verkauft wurde, wo er noch mehrere Jahre gelebt und endlich ausgestopft im zoologischen Kabinett daselbst das Endziel seiner Irrfahrten gefunden hat. Um das Jahr 1786 wurde ein Pelikan bei Ingolstadt geschossen; 1806 erschien einer wieder auf dem Bodensee, wurde bei Constanz gesehen, bei Fufsach durch einen Schufs gelähmt und nach erfolgter Heilung zur Schau herumgetragen. Am 18. Mai 1811 kamen wieder einige auf den Bodensee, und wurde einer davon auf dem Sameistersee zwischen Rofshaupten und Lechbruck bei Füfsen von dem Fischermeister Ott auf 60 Schritt mit der Kugel geschossen. Der Vogel zeigte sich so wenig scheu, dafs der Schütze glaubte, er hätte ihn mit dem Netze fangen können. Ein anderes Exemplar liefs sich in der Nähe des Bodensees in einem benachbarten fürstlichen Hofe nieder und wurde gefangen. Mitte der vierziger Jahre schofs der † Maler Christoph Ruben auf der Krautinsel im Chiemsee eine »Kropfgans«, welche nach Aussage der Fischer gewaltige Verheerungen unter den Fischen anrichtete, und am 31. August 1879 wurde ein junger Pelikan, nunmehr im Besitze des Freiherrn

v. Freyberg zu Sct. Georgen bei Diessen, auf dem Ammersee an der Einmündung der Amper erlegt. Der Fischer, der ihn sah und einen Jäger herbeiholte, behauptete, dafs er schon mehrere Male dergleichen Vögel auf dem See gesehen habe, eine Versicherung, die allgemein auch von den Seeanwohnern gemacht wurde. Ein Exemplar des Erlanger Museums wurde nach Dr. A. Goldfufs (Übersicht der vorzüglichsten Merkwürdigkeiten des Museums der k. Friedrich Alexanders-Universität. 1813. S. 22) im ehemaligen Markgrafthum Bayreuth geschossen.

30. Familie: Taucher.

Erste Gruppe: Lappentaucher.

Genus 127. Podiceps Lath.

a) Sylbeocyclus Bonap.

285. SYLBEOCYCLUS MINOR Lath.

Keyserling u. *Blasius*, Die Wirbeltiere Europas. I. S. 234. n. 430. — Verz. S. XC.

Naumann, Naturgeschichte der Vögel Deutschlands. IX. S. 785. Taf. 247.

Tauchentlein, Taucherle, Duckentchen, Duckentlein, Weiher- oder Wasserduckerle, Duckchen, Pflümpfle.

Allenthalben auf beschilften Weihern, Altwassern, Sümpfen und Seen in geeigneten Lagen gemein, auf den Weihern der Oberpfalz, in den Moor-, Bucher- und Neuhäuser Weihern bei Höchstadt a. A. zahlreich brütend. Der *kleine Steifsfufs* ist Stand- und Strichvogel, überwintert auf offenen grofsen Gewässern, die im Winter nicht zufrieren. Hofrat Dr. Meyer traf ihn auf dem Untermain bei 12 bis 18 Grad Kälte, ich selbst im Nürnbergschen bei vielem Treibeis auf der Rednitz und Schwarzach bei Wendelstein, an Weihnacht 1876 drei Stücke auf einer kleinen offenen Stelle eines zugefrorenen Mühlweihers unter Hausenten und erhielt am 6. Dezember 1879 bei einer mittleren Temperatur von —5° R. und vielem Schnee ein in hiesiger Stadt gefangenes Exemplar. Auf die Moorweiher kommt er Ausgang März und im April und verschwindet im Oktober und November. Am 27. August 1868 erhielt Leu ein kleines Dunenjunge von der Gersthofener Aue bei Augsburg, und am 18. September 1855 Johannes Büchele, Zeichenlehrer in Memmingen, drei kaum einige Tage alte

Steifsfüfschen, welche mit zwölf anderen zum Teil alten, zum Teil jungen Vögeln von demselben Jahre in einem Fischnetze gefangen worden waren.

In erlegten fand ich *Taenia multistriata.*

b) Podiceps auct.

286. PODICEPS RECURVIROSTRIS Brehm.

Colymbus auritus Naum. Podiceps nigricollis Brehm. Podiceps recurvirostra Brehm.

Keyserling u. *Blasius,* Die Wirbeltiere Europas. I. S. 235. n. 433. — Verz. S. XC.
Naumann, Naturgeschichte der Vögel Deutschlands. IX. S. 768. Taf. 246. — XIII. Fortsetzung der Nachträge S. 267.

Ein sehr seltener Gast im März und April und wieder im September und Oktober auf unseren Seen (Bodensee, Tegernsee), auf Weihern in Schwaben bei Memmingen, Sachsenried, Keesers, auf der Sinkel bei Schwabmünchen (♂ 5. November 1880), auf den Weihern der Oberpfalz (Hirschau), auf der Isar (München), Donau bei Günzburg, Regensburg u. s. w., auf der Pegnitz und Regnitz (Nürnberg, Fürth, Erlangen) und auf dem Main bei Aschaffenburg. Leu bekam am 2. August 1874 ein Weibchen im Hochzeitkleide mit schönen Ohrenbüscheln vom Immenstädter See und vermuthete sein dortiges Brüten; ich selbst beobachtete auf einem Weiher bei Kloster Sulz in Mittelfranken ein einzelnes altes Männchen den ganzen Sommer über, welches indessen im Frühjahr angeschossen und erst im Herbst bei dem Fischen lebend gefangen werden konnte.

287. PODICEPS ARCTICUS Naum.

Podiceps arcticus Boie. Podiceps cornutus auct.

Keyserling u. *Blasius,* Die Wirbeltiere Europas, I. S. 235. n. 434. — Verz. S. XC.
Naumann, Naturgeschichte der Vögel Deutschlands, IX. S. 739. Taf. 244. und S. 755. Taf. 245. — XIII. Fortsetzung der Nachträge. S. 264.

Ein selten durchziehender Gast, welcher auf unseren Seen (Bodensee, Immenstädter See, Walchensee, Tegernsee etc.), wo er sich gern an Legangeln fängt, auf Weihern (Memmingen,

Keesers) und Flüssen, auf der Donau (Günzburg, Höchstädt, Regensburg, Sarching), im Bayerischen Walde (Freudensee bei Hauzenberg) und auf den fränkischen Gewässern (Aisch, Pegnitz, Main etc.) in den beiden Zugperioden vom Oktober bis in den Januar und wieder im März und April erlegt worden ist. Hofrath Dr. Meyer schofs ein altes Männchen am 30. April 1805 am Untermain; ein anderes wurde 1849 bei Rothenbuch im Spessart, ein drittes in prachtvollem Kleide noch am 12. Mai 1853 auf dem Tegernsee erbeutet. Gewöhnlich kommen nur junge Vögel vor, deren ich auf den Moorweihern am 14. Oktober 1854 drei Stücke beisammen antraf.

288. PODICEPS SUBCRISTATUS Jacq.

Keyserling u. *Blasius*, Die Wirbeltiere Europas, I. S. 235. n. 435. — Verz. S. XC.

Naumann, Naturgeschichte der Vögel Deutschlands, IX. S. 720. Taf. 243.

Rothalstaucher.

Alte und junge Vögel kommen zur Zugzeit im März und April und wieder im Oktober und November auf unsere Gewässer. Er wurde auf dem Bodensee bei Lindau, auf der Donau bei Günzburg, Donauwörth, Regensburg, auf der Aisch, dem Main und in den Moorweihern, wo ich einst drei Stücke beisammen antraf, erlegt. Auf dem Bodensee soll er brüten.

In den Mägen erlegter fand ich Reste von Käfern, namentlich Curculioniden, Bauchfedern und eine der hintersten Schwungfedern vom eigenen Gefieder und in den Eingeweiden einen sehr grofsen Wurm *(Schistocephalus dimorphus)*.

289. PODICEPS CRISTATUS L.

Keyserling u. *Blasius*, Die Wirbeltiere Europas, I. S. 235. n. 436. — Verz. S. XC.

Naumann, Naturgeschichte der Vögel Deutschlands, IX. S. 686. Taf. 242.

Langhals, langhalsige Ente, Langkragen, Blitzvogel, Rakau, Rug.

Er brütet auf unseren Seen (Bodensee, Immenstädter See, Alpsee bei Hohenschwangau, Tegernsee, Ammersee u. s. w.), auf den grofsen Teichen der Oberpfalz, Mittel- und Oberfrankens. Nach

Koch ist er auf dem Bodensee, auf dem Alpsee bei Immenstadt und auf den kleineren Weihern im Bezirke Lindau nicht nur keine Seltenheit, sondern ein gewöhnlicher Brutvogel, der das ganze Jahr in der Seegegend bleibt. Im Sommer verläſst er den Bodensee gern und begibt sich in die kleineren Weiher im Lindauschen, wo er, weil diese nicht so hoch mit Wasser anwachsen, mit mehr Sicherheit brüten kann. Im Winter, wenn der Alpsee und die Weiher im Lindauschen zufrieren, ist er auf dem Bodensee besonders häufig. Aus den in jedem Winter mit Eis sich bedeckenden Moorweihern verschwindet er im September und Anfang Oktober und kommt in der zweiten Hälfte des März bis Mitte April wieder an, und zwar die Männchen gewöhnlich einige, auch 14 bis 18 Tage früher als die Weibchen. Am 1. April 1854 sah ich auf dem groſsen Moorweiher 23 alte Haubentaucher auf einem Haufen, ein prachtvoller Anblick, der dadurch noch erhöht wurde, daſs sie bei spiegelglatter im Sonnenschein erglänzender Wasserfläche zwischen einer groſsen Menge von Blassen *(Fulica atra)* umherschwammen und von einem Rohrdickicht zum andern zogen. Nach Naumann sind drei Junge eine Seltenheit; Koch aber fand ein Nest mit vier Eiern im sogenannten Lindauer Rohr im Bodensee, und ich sah am 28. Juni 1855 auf dem Mühl- und Angerweiher hinter Schloſs Neuhaus bei Höchstadt a. A. vier Junge bei einem Haubentaucher-Paar. Auf dem Striche ist er auch in Franken eine gewöhnliche Erscheinung, so daſs z. B. auf den Weihern bei Dennenlohe in der Gegend von Wassertrüdingen im Herbst 1872 nicht weniger als sieben Stücke erlegt wurden; häufiger ist er aber auf der Donau, Iller, Schmutter, Wertach, dem Lech und der Isar. Den im Winter bei uns verbleibenden Haubentauchern ergeht es manchmal, wenn starker Frost die Flüsse und Seen mit Eis belegt, sehr übel. Sie ermatten dann durch Hunger und lassen sich mit den Händen ergreifen. So erhielt ich vom 6. bis 10. Dezember 1849 drei junge, übrigens sehr fette Herbstvögel, von denen einer auf einem überfrornen Weiher bei Pappenheim, der andere im Garten des dortigen Forsthauses, der dritte in einem Hause auf der Bleiche bei Wassertrüdingen mit leichter Mühe gefangen worden war.

In den Mägen erlegter fand ich Federballen, Fischbrut, Käfer *(Dytiscus, Donacia)*, Larven von Wasserjungfern und viele gemeine Schwimmwanzen *(Naucoris cimicoides)*, in den Eingeweiden aber *Taenia capillaris*.

Zweite Gruppe: Seetaucher.

Genus 128. Colymbus L.

290. COLYMBUS ARCTICUS L.

Keyserling u. *Blasius*, Die Wirbeltiere Europas, I. S. 236. n. 437. — Verz. S. XCI.

Naumann, Naturgeschichte der Vögel Deutschlands, XII. S. 418. Taf. 328.

Schnurrgans.

Von den letzten Tagen des Oktober und vom November an den Winter hindurch bis zum Frühjahr ist der *Polarseetaucher* alljährlich meist im Jugendkleide auf unseren Seen, Teichen und Flüssen keine besondere Seltenheit. Leu erhielt 24 junge, zum Teil auch alte Vögel in schwarzem Kleide mit den weissen Flecken auf dem Rücken von 1851 bis Ende 1878 vom Bodensee (Lindau), Immenstädter und Bannwaldsee bei Füssen, vom Lech, der Wertach Isar, grofsen Paar und von der Donau. Andere wurden bei Memmingen, Kaufbeuren, auf der Günz, auf Teichen bei Kronburg, Grönenbach und Buxheim in Oberschwaben, auf der Donau bei Ingolstadt, Regensburg und Passau, bei München, Hohenlinden, auf dem Inn, in der Oberpfalz bei Hirschau, auf der Regnitz, Tauber und dem Main (Hafsfurt und Aschaffenburg) erlegt, auf dem Starnbergersee ein junges Männchen noch am 18. Mai 1861 und ein alter Vogel im Hochzeitskleide am 22. Mai 1860 bei München lebend gefangen. Hier und da kommt er im Winter selbst auf Bäche und Gräben, durch Hunger sehr ermattet, so dafs er eine leichte Beute jedes Vorübergehenden wird. Von zwei Exemplaren wurden Ende Oktober 1851 an der Regnitzbrücke von Baiersdorf bei Erlangen ein solcher Seetaucher, der mit seinem Kameraden ganz vertraut umherschwamm, im Beisein mehrerer Zuschauer von der Brücke aus erlegt.

Koch öffnete einst einen auf dem Bodensee geschossenen Polarseetaucher, welcher 32 fingerlange Fische im Kropfe hatte.

291. COLYMBUS TORQUATUS Brünn.

Keyserling u. *Blasius*, Die Wirbeltiere Europas, I. S. 236. n. 438. — Verz. S. XCI.

Naumann, Naturgeschichte der Vögel Deutschlands, XII. S. 397. Taf. 327.

Haldenente.

Auf unseren Seen, Weihern und Flüssen von Ende Oktober und dem November an den ganzen Winter hindurch ist der junge Vogel des *Eisseetauchers* nicht besonders, im Übergangs- und im ausgefärbten Kleide des alten Vogels dagegen sehr selten. Leu und mehrere vaterländische Sammlungen erhielten Exemplare vom Bodensee und Ammersee, vom Lech, der Wertach, Donau, dem Inn, von fränkischen Gewässern (Pegnitz, Regnitz, Baunach, Main, dem Dutzendteich bei Nürnberg) und ein uraltes Männchen vom Tegernsee. Prof. Dr. Wolf berichtet von einem solchen Taucher, der am 4. Dezember 1804 auf der Bärenschanze bei Nürnberg in einem Schanzgraben von einem Hühnerhunde ergriffen wurde, ein anderer junger, sehr abgemagerter Vogel wurde im unterfränkischen Steigerwalde (Obersteinbach) auf einem Wiesengrunde lebendig ergriffen, ein dritter, der sich auf freiem Felde in den Schnee gedrückt hatte, bei Triefsdorf geschossen.

292. COLYMBUS SEPTENTRIONALIS L.

Keyserling u. *Blasius*, Die Wirbeltiere Europas, I. S. 236. n. 439. — Verz. S. XCI.

Naumann, Naturgeschichte der Vögel Deutschlands, XII. S. 434. Taf. 329.

Der *Nordseetaucher*, die häufigste Art dieser Gattung, kommt fast in jedem Winter auf unsere Gewässer, meistens aber nur junge Vögel, während sich alte nur sehr selten so weit südlich verstreichen. Doch erhielt Leu ein altes Weibchen am 6. Dezember 1866 von Lindau am Bodensee und Büchele ein altes Männchen am 26. November 1863 von Memmingen. Hier und da kommt er zu uns schon Mitte September bis gegen Ende Oktober, gewöhnlich erst im November und Dezember und den anderen Wintermonaten und verläfst uns bald wieder. Am 18. April 1880 fischte ein solcher Taucher zwischen Kleinochsenfurt und Sommerhausen auf dem Main, wo er sich bereits seit drei Tagen aufhielt, um diese Zeit eine Seltenheit. Sogar noch am 27. Juni 1865 wurde von des Prinzen Ludwig von Bayern kgl. Hoheit auf dem Lech bei Augsburg ein verspätetes junges Männchen im Übergangskleide geschossen. Bei Nahrungsmangel im Winter ermattet er gleich seinen Verwandten, und wurden verschiedene Exemplare auf freiem Felde, in Kiesgruben mit wenig Wasser, einer am 21. November 1879 im Ochsenfurter Gau im Dorfe Sächsenheim mitten in einem Bauernhofe lebendig gefangen, andere von Schäfern und Landleuten erschlagen, einer am 25. Oktober 1876 auf der

Landstrafse am Dorfe Löpsingen im Ries ergriffen. Alle mir bekannt gewordenen Fundorte anzugeben, halte ich für unnötig. Es genüge die Anführung, dafs er in allen Kreisen Bayerns vielfach erbeutet worden ist, ein junges Männchen bereits am 13. September 1880 bei Holzen in Schwaben. Aus den Mägen erlegter entwickelte ich immer Fischreste, gewöhnlich *Cyprinus rutilus.*

Anmerkung 1. *Lunda arctica* L. Ein glaubwürdiger Mann versicherte den Grafen von der Mühle, 1841 einen frisch erlegten Papageitaucher in den Händen des Bedienten eines Kavaliers in München gesehen zu haben. In unserer nächsten Nachbarschaft wurde dieser Vogel bei Offenbach am Main und in Württemberg nach Landbeck zweimal erbeutet, nämlich einer bei Ludwigsburg gefangen, der andere bei Schorndorf geschossen. Nach den Verhandlungen des Zool. botanischen Vereins in Wien, Jahrgang 1857 S. 157, hat er sich schon bis in das südliche Dalmatien verflogen.

(K. Hoser schreibt mir, dafs er am 12. November 1890 ein Männchen vom Papageitaucher nachmittags 2 Uhr bei Südwestwind und freundlichem Wetter in den Torfmooren an der Mindel bei Edelstetten erlegt habe. Im Magen fanden sich kleine Fischchen, Wasserkäfer, Fischkraut und hauptsächlich Algen. — R. Bl.)

Anmerkung 2. *Mergulus alle* L. soll schon in Franken beobachtet worden sein. Ich bezweifle es, obwohl es nicht unmöglich erscheint, da sich in Landbecks Sammlung ein Exemplar befand, das lebend bei Ludwigsburg in Württemberg gefangen wurde.

Anmerkung 3. *Uria lomvia* Brünn. Ein durch Stürme verschlagenes Exemplar traf Hofrat Dr. Meyer am 13. Januar 1804 auf dem Untermain bei Offenbach bei Südwestwind an.

31. Familie: Sturmvögel.

Genus 129. Thalassidroma Vigors.

293. THALASSIDROMA PELAGICA L.

Keyserling u. *Blasius,* Die Wirbeltiere Europas, I. S. 238. n. 450. — Verz. S. XCIII.

Naumann, Naturgeschichte der Vögel Deutschlands, X. S. 557. Taf. 275. Fig. 1.

Der *Sturmvogel,* ein Bewohner des Atlantischen Ozeans und der Nordsee, wurde, durch Stürme verschlagen, schon öfter im Gebiet erbeutet, namentlich auf dem Bodensee, Starnberger- und Ammersee (1836 zwei Stücke), andere in der Nähe von Aschaffenburg am Main, dann einige Stunden davon auf einem Hammerwerke in einer Scheuer und nach den heftigen Stürmen vom

2. und 3. Dezember 1863 ein Männchen zu Würzburg auf einer Baustelle an dem damals neu zu erbauenden Staatsbahnhof. Die drei letztgenannten wurden mit den Händen ergriffen. Letzteres Exemplar war nicht nur gut genährt, sondern fett, konnte also unmöglich aus Hunger ermattet sein. Die ungewohnte Umgebung und die mangelnde Erfahrung, die sie die Gefahren des Festlandes nicht erkennen läſst, nicht Müdigkeit und Hunger, scheint Ursache zu sein, daſs diese nordischen Irrlinge, vortreffliche und ausdauernde Flieger, hierzulande gewöhnlich mit den Händen gefangen werden (Zoolog. Garten 1883. S. 45).

(Nach Dr. Medicus in der Pfalz vorgekommen. — R. Bl.)

Thalassidroma Leachii Temm. soll nach der kurzen Zusammenstellung der Vögel Frankens von Dr M. Braun und Dr J. v. Kennel S. 6 n. 25 nach einem Sturme im November 1829 bei Bischofsheim gefangen worden sein. Der fragliche Vogel wurde jedoch nicht bei dem unterfränkischen Bischofsheim vor der Rhön, sondern in der Gegend von Frankfurt am Main zwischen Vilbel und Bischofsheim nach einem Sturm an dem genannten Tage von einem Bauern auf einem gefurchten Acker mit den Händen gefangen. Der Vogel steht in der Sammlung der Senckenbergschen naturforschenden Gesellschaft in Frankfurt a. M. (Zoologischer Garten 1864. S. 26).

Genus 130. Nectris Forster.

294. NECTRIS CINEREA J. Fr. Gmel.

Keyserling u. *Blasius*, Die Wirbeltiere Europas, I. S. 239. n 454. — Verz. S. XCIV.

Durch anhaltende heftige Stürme aus Nordwest verschlagen wurde ein solcher Sturmvogel im Jahre 1834 von einem Herrn Broili zu Mühlbach bei Karlstadt am Main in Unterfranken geschossen und dem verlebten Professor Dr. Leiblein in Würzburg im Fleische eingeschickt. Ich rekognoszierte den Vogel in der dortigen Universitäts-Sammlung. Pfarrer Blasius Hanf erhielt ein am 17. Mai 1858 bei Bruck an der Mur in Obersteiermark geschossenes Männchen (Verhandlungen der k. k. zoologisch-botanischen Gesellschaft in Wien 1868. S. 970).

Nectris puffinus Brünn. Ein altes Männchen wurde in unserer Nachbarschaft ³/₄ Stunden von Coburg am 2. September 1876 auf Bartelsdorfer Flur auf der Erde sitzend angetroffen, lebend ergriffen und neun Tage mit Fischen am Leben erhalten. Dasselbe steht im herzoglichen Naturalienkabinett zu Coburg.

32. Familie: Seeschwalben.

Genus 131. Lestris Illiger.

a) mit gerade abgerundeten, mittleren Schwanzfedern.

295. LESTRIS POMARINUS Temm.

Keyserling u. *Blasius*, Die Wirbeltiere Europas, I. S. 239 n. 459. — Verz. S. XCIV.

Naumann, Naturgeschichte der Vögel Deutschlands, X. S. 487, Taf. 271.

Die *breitschwänzige Raubmöve* wird hie und da im Oktober, sehr selten schon gegen Ende August im Gebiete erlegt. Leu erhielt junge Vögel vom Bodensee (Lindau), von Füfsen, Gersthofen am Lech, von Augsburg und Zusmarshausen in Schwaben. Prof. Dr. Wagler beobachtete sie am Ammersee; ich selbst hatte Exemplare vom Tegernsee, von der Altmühl bei Altenmuhr und einen am 20. August 1835 bei Würzburg erlegten jungen Vogel in Händen. Die Regensburger Sammlung besitzt zwei Stücke vom Ammersee und eines von Fronberg in der Oberpfalz. Sonst hat man sie auf den Donauschütten bei Ingolstadt, auf einer Wiese bei Nürnberg und am Untermain beobachtet und geschossen, am 24. September 1882 bei Offenbach a. M. ein weibliches gut genährtes Exemplar in einem Kartoffelfelde mit Händen ergriffen, welcher Gefahr es sich nur durch Laufen zu entziehen suchte. Ein Exemplar wurde 1835 bei Würzburg erlegt.

b) mit spitz verlängerten, mittleren Schwanzfedern.

296. LESTRIS CEPHUS Brünn.

Keyserling u. *Blasius*, Die Wirbeltiere Europas, I. S. 240 n. 460. — Verz. S. XCV.

Naumann, Naturgeschichte der Vögel Deutschlands, X. S. 534. Taf. 274.

Nur junge Vögel der *langschwänzigen Schmarotzermöve* verirren sich selten zu uns. Solche wurden am Bodensee, bei Oberdorf und Memmingen in Oberschwaben, mehrfach bei Augsburg in der Meringerau, bei Landsberg am Lech, bei München, Donauwörth, Rain, Nürnberg und in Unterfranken bei Aub 1832 erlegt, alle im September und Oktober.

297. LESTRIS PARASITA Brünn.

Keyserling u. *Blasius*, Die Wirbeltiere Europas, I. S. 240. n. 461. — Verz. S. XCV.
Naumann, Naturgeschichte der Vögel Deutschlands, X. S. 506. Taf. 272 und 273.

Junge Vögel der *kurzschwänzigen Schmarotzer-Raubmöve* werden hie und da im Spätsommer bei uns angetroffen, öfters ganz ermattet, dafs sie mit Händen ergriffen werden können. Auf dem Bodensee wurden solche öfters in Fischernetzen gefangen, andere in der Oberpfalz bei Waldmünchen, Regensburg (Sünching), auf den Donauschütten bei Ingolstadt, in Mittelfranken bei Cadolzburg, Schlofs Schwarzenberg, wiederholt bei Rothenburg o. T. und in Unterfranken bei Aschaffenburg erlegt oder gefangen. Ich selbst erhielt am 21. September 1848 ein junges Männchen, welches sich ermattet, krank und abgezehrt im Nürnberger Reichswald bei Wendelstein in einem von vielen Arbeitern belebten Steinbruch bald auf einer Wasserlache, bald auf einem Felsen niederliefs und schliefslich von dem niederen Dache der den ganzen Tag in ununterbrochenem Betriebe stehenden, geräuschvollen Schmiedehütte herabgeschossen wurde. Der Schlund und Magen des Vogels war vollgepfropft mit Phryganeen (*Limnophilus griseus et atomarius*). Ein zweites junges Männchen bekam ich am 25. September 1862 vom Burgstall-Hofe bei Rothenburg o. T., woselbst es im freien Felde von einem Schäfer mit der Schippe tot geworfen wurde. Bei Kostheim am Untermain schofs Hofrat Dr. Meyer am 15. Juni 1805 bei 12° Wärme und Nordostwind einen alten Vogel.

Im Katalog der älteren Blankschen Sammlung in Würzburg sind zwei Exemplare von *Lestris catarrhactes* aufgeführt, wovon das eine, ein Männchen, bei Ebrach, das andere, ein Weibchen, bei Hafsfurt geschossen sein soll. (Leiblein.) Gegenüber dieser Angabe kann ich mich eines Mifstrauens nicht erwehren, obwohl mir auch neuerdings von sonst wohl unterrichteter Seite die Nachricht zuging, dafs die grofse Raubmöve auf dem Ammersee erlegt worden sei.

(Forstrat Hörmann aus Regensburg teilt unter dem 16. Januar 1891 mit, dafs eine *grofse Raubmöve* vor einigen Jahren an der Fichtelnaab bei Riglasreuth erlegt wurde. — R. Bl.)

Genus 132. Larus L.

a) Schwanz gerade; mit weifsen Schwingenschaften.

298. LARUS MINUTUS Pall.

Keyserling u. *Blasius*, Die Wirbeltiere Europas, I. S. 240. n. 464. — Verz. S XCV.

Naumann, Naturgeschichte der Vögel Deutschlands, X. S. 243. Taf. 258. — XIII Fortsetzung der Nachträge. S. 275.

Nur auf dem Striche und fast überall sehr selten. Sie wurde auf dem Bodensee, dem Lech, der Donau und dem Main und auch auf grofsen Teichen in Franken geschossen. Leu erhielt am 22. August 1869 ein junges Männchen von Gersthofen bei Augsburg; ein am 27. November 1827 zu Grünsberg bei Altdorf in Mittelfranken erlegtes Exemplar sah ich in der Sturmschen Sammlung zu Nürnberg, ein anderes vom unterfränkischen Main in der Universitäts-Sammlung zu Würzburg. Die Dr. Dr. Sturm beobachteten sie mehrfach auf dem Dutzendteich bei Nürnberg, wo diese prächtigen Mövchen im schönsten Sommerkleide im Mai und Juni zugleich mit *Sterna leucoptera* und *Falco rufipes* anwesend waren. So im Juni 1850, am 15. Mai 1857 und im Mai 1867, in welch letzterem Jahre sogar ziemlich viele *Zwergmöven* während mehrerer Tage den grofsen Teich belebten und ein Exemplar geschossen wurde.

(Nach Heufsler wurden sie bei Speyer von H. Disqué im Winter 1888 auf dem Rheine beobachtet und im Jahre vorher daselbst ein Exemplar erlegt.)

299. LARUS MELANOCEPHALUS Natt.

Keyserling u. *Blasius*, Die Wirbeltiere Europas, I. S. 241. n. 465. — Verz. S. XCV.

Naumann, Naturgeschichte der Vögel Deutschlands, X. S. 254. Taf. 259. — XIII. Fortsetzung der Nachträge. S. 276.

Aus dem Südosten kommend verirrt sich die *Schwarzkopfmöve* äufserst selten bis auf den Bodensee, angeblich auch auf den Untermain.

(Nach Dr. Medicus in der Pfalz vorgekommen. — R. Bl.)

300. LARUS RIDIBUNDUS L.

Keyserling u. *Blasius*, Die Wirbeltiere Europas, I. S. 242. n. 467. — Verz. S. XCV.

Naumann, Naturgeschichte der Vögel Deutschlands, X. S. 264. Taf. 260.

Möve, Fischervogel.

Die *Lachmöven* brüten in groſser Anzahl an den groſsen Seen Südbayerns, auf den Weihern der Oberpfalz bei Hirschau, Kirchenthumbach, Eschenbach, Schwandorf und Rauberweiherhaus, in kleinen Kolonien auch auf den Lechinseln u. s. w. Früher nisteten sie auch in Franken, z. B. auf dem Lindleinsee bei Rothenburg o. T. in groſser Zahl, verschwanden aber als Brutvogel, als der See groſsenteils trocken gelegt wurde. Auch in den Moorweihern brüteten sie bis 1811 in solcher Menge, daſs sie der Aberglaube wegen der häufigen Angriffe auf andere Vögel und wegen ihres Stechens auf das in die Weiher getriebene Hornvieh als Vorzeichen schwerer Kriegsereignisse ansah und auf alle Weise Eier und Junge vernichtete, worauf die Alten diesen Brutplatz mieden. Im Striche sind sie dort noch immer häufig, namentlich zur Zeit der Herbstfischereien im Oktober und auch noch im November, wo sie in Flügen von 15 bis 20 Stücken ankommen und ich sie oft ganz vertraut unter den zahmen Gänsen nahe an Ortschaften umherschwimmen und dem Ufer, an dem ich stand, sich nähern sah, obwohl sie sonst sehr miſstrauisch gegen den Menschen sind. Bei dem Fischen der Bischofsweiher bei Erlangen umkreisen sie lüstern die Fläche, auf der in seichtem Wasser die feisten Karpfen näher und näher gegen die Schlegelgrube und die Fischer heranziehen; einzelne lassen sich auf das Wasser nieder, schwimmen zwischen den Karpfen umher, schnappen kleines Geschnälze auf und kommen dabei so nahe an Fischer und Zuschauer heran, daſs man wahrnehmen kann, wie gut sie zwischen dem Fischer oder Bauer und dem Jäger zu unterscheiden wissen. Auch auf der Wertach versammeln sich zur Zeit des Laichens der Nase *(Chondrostoma nasus)* viele Möven an den Stellen, wo diese Fische massenhaft heranziehen. Angezogen und gefesselt von dem verführerischen Anblick und dem Geruche der Tausende von Fischen, schweben sie über dem Wasser, stechen nach Nahrung nieder und schwimmen einzeln zwischen den sich drängenden Fischmassen umher.

Sie kommen, sobald der Eisstofs auf unseren Flüssen erfolgt ist, bei uns an, selten schon zu Ende Februars, gewöhnlich erst im März, verlassen im Juli und August ihre Brutplätze, schwärmen dann im Lande umher und ziehen im Spätherbst fort. Den Bodensee verlassen alle alten Vögel zur gewöhnlichen Zeit, junge bleiben aber auch bei strenger Kälte ganz auf dem See, obwohl auch dies nicht gerade häufig geschieht; denn ich sah Mitte September auf der ganzen Linie von Lindau nach Konstanz nur eine einzige Lachmöve im Hafen letztgenannter Stadt. Vagabundierende trifft man in Franken selbst in der Brütezeit.

Ehe die Jungen flügge werden, sind sie in der Oberpfalz eine beliebte Fastenspeise und ein Gegenstand der Jagd. Man fährt auf Kähnen in die Teiche, und während die Alten zu vielen Hunderten dicht über den Köpfen der Jagdlustigen ängstlich und mit Jammergeschrei umherfliegen, werden die Jungen aus den Nestern getrieben und im Wasser schwimmend erschlagen. Diese Belustigung heifst der Geierschlag und wird gewöhnlich Ende Juni vorgenommen. Nach der Jagd verlassen die Möven bis auf wenige Zurückbleibende die Weiher (v. Kobell). Seit alter Zeit wird jedes Jahr auf dem 1348 Tagwerke Wasserfläche grofsen Wörthsee in Oberbayern eine gröfsere Mövenjagd von dem dermaligen Jagdherrn Grafen v. Törring-Seefeld abgehalten, nachdem schon zuvor eine bestimmte Anzahl Möveneier zur königlichen Hofküche gewandert ist. Auf einer kleinen Sumpfinsel im See auf den Binsenkufen brüten viele Hunderte von Möven. Wenn die Jungen anfangen, flügge zu werden, gegen Mitte Juni, wird die Jagd abgehalten und fahren die Schützen in Kähnen nach der Insel, die sie umstellen. Auf die ersten Schüsse stehen dann Schwärme von Möven auf; das Feuern dauert einige Stunden und bestand die Beute früher oft in 1000 bis 1800 Stücken. 1832 wurden 1300, im Jahre 1834 sogar 1800, 1879 etwa 400, 1880 500 und 1882 am 21. Juni, obwohl die Jungen schon vollständig flügge waren und bei Beginn der Jagd mit den Alten in beträchtliche Höhe sich aufschwangen, doch 470 Stück Möven auf dem See erlegt, auf den Münchener Wildpretmarkt gebracht und das Paar um 20 bis 25 Pfennige in wenig Stunden verkauft. Von ihren Brutplätzen aus durchstreifen sie oft weite Strecken umliegenden Landes. Wer z. B. im Frühjahr den englischen Garten Münchens besucht, wird in der Nähe des Wasserfalls mit Vergnügen das Spiel

Hunderter von Möven beobachten, wie sie in steter Bewegung unter betäubendem Geschrei die durch den Wasserfall an die Oberfläche geführten Nahrungsgegenstände fischen und sich darum zanken. Sie sind vom Wörthsee. Abends wandern sie zu ihrer schilfumränderten Heimat; kreischend überfliegt die Schar die rauchende Stadt und unterwegs tummeln sie sich in gemütlichem Spiele über die Felder und Hügel von Pasing, Alling u. s. w., einen sieben- bis achtstündigen Weg täglich zweimal auf bestimmter Luftstrafse zurücklegend und dies so lange, bis das Brütgeschäft beginnt (Otto Grashey im deutschen Jäger. 1880. S. 83. 1882. S. 160. 192).

Nach v. Kobell brüten sie auch in grofser Menge am Chiemsee und am 19. Mai 1866 fand Leu auf einer Lechinsel oberhalb Siebenbrunnen eine Kolonie von Lachmöven und sammelte Eier. Auf derselben Insel waren auch Nester von *Sterna anglica et hirundo* und von *Totanus calidris.*

Auf dem 29 alte bayer. Tagwerke grofsen Harnoldweiher bei Fronberg in der Oberpfalz, wo noch eine Kolonie von ein paar Tausend Lachmöven brütet, wurden früher jährlich 1500 bis 2000 Stücke geschossen. Jetzt läfst der Jagdinhaber Freiherr W. v. Künsberg Jagden nur abhalten, wenn die Jungen bereits gut fliegen können, und wurden im Jahre 1881 abgeschossen 634 Stücke.

Durch ihre Nahrung, welche hauptsächlich in Kerbtieren besteht, wird sie sehr nützlich. Leu fand im Frühling die Mägen erlegter öfters voll von Maikäfern.

301. LARUS TRIDACTYLUS L.

Keyserling u. *Blasius,* Die Wirbeltiere Europas, I. S. 242. n. 469. — Verz. S. XCV.

Naumann, Naturgeschichte der Vögel Deutschlands, X. S. 322. Taf. 262.

Die *Dreizehen-Möve* kommt im Spätherbst und Winter, in manchen Jahren in grofsen Scharen auf unsere Seen, Flüsse, Teiche und überschwemmte Wiesen, doch meistens junge, selten alte Vögel. Bei Eintritt strengen Frostes ermatten viele und werden zu Haut und Gerippe abgemagert, tot oder halbtot häufig gefunden. Im Winter 1848/49 erschienen sie auf dem Dutzendteich bei Nürnberg, auf dem Donau-Main-Kanal, in der Gegend von Uffenheim und am Main in ganzen Zügen und liefsen sich viele bei Aschaffenburg so nahe an der Brücke nieder, dafs die Leute mit Steinen nach ihnen warfen. Am 1. Januar 1851 wurde eine solche Möve, die mit zahmen Enten auf einem Weiherlein des Marktfleckens Feucht bei Nürnberg umherschwamm, im Orte geschossen und am 22. Februar 1879 fiel eine Ermattete in der Hofrait eines Bauernhofes in Wiebelsheim, eine kleine Stunde von hier, und an demselben Tage ein junges Männchen im Hofraum eines Metzgers in hiesiger Stadt ein und wurde ergriffen. Letzteres vermochte nicht mehr zu fliegen, nicht einmal mehr zu stehen, fiel bei Versuchen, auf die Füfse zu kommen, bald vorwärts, bald rückwärts, nahm aber dargereichte Fleischbrocken gierig an und starb nach zehn Tagen reichlicher Fütterung an gänzlicher Entkräftung. Damals brachte ein sehr heftiger Sturm aus Nordwest eine Menge Dreizehen-Möven in das Land und wurden viele in Unterfranken bei Höllrich und Mittelsinn, auf der Regnitz bei Vach, auf der Altmühl, bei Öttingen, auf der Donau (Günzburg) und auf dem Lech bei Augsburg teils erlegt, teils tot gefunden. Leu erhielt elf Stücke, worunter nur zwei alte Vögel. Im Januar 1803 sah Hofrat Dr. Meyer auf einer grofsen Eisscholle im Untermain mehrere Hunderte sitzen und fand Tags darauf überall am Ufer welche tot liegen. Im Winter 1804, 1806 und 1807 wurden ihm sehr viele am Ufer des Main tot Gefundene gebracht.

Im März verlassen sie uns wieder; einzelne hat man noch am 8. April 1836 in der Gegend von Nürnberg (Stein) und am 15. April 1855 bei Gutsberg geschossen oder tot gefunden. Eine auf dem Tegernsee erlegte hatte eine Zwergspitzmaus *(Sorex pygmaeus)* im Magen.

Larus leucopterus Fab. soll schon mehrmals am Starnberger See und bei Dachau am Amperwöhr vorgekommen sein. Im Innern Deutschlands wurde aber diese Möve noch nie erlegt.

b) Schwanz gerade, mit dunkelbraunen Schwingenschaften.

302. LARUS CANUS L.

Keyserling u. *Blasius*, Die Wirbeltiere Europas, I. S. 244. n. 475. — Verz. S. XCVI.

Naumann, Naturgeschichte der Vögel Deutschlands, X. S. 301 Taf. 261.

Fast in jedem Winter kommt die *Sturmmöve* bei stürmischer Witterung auf die bayerischen Gewässer, gewöhnlich nur junge, seltener alte Vögel. Von letzteren erhielt Leu mehrere von Donauwörth, Augsburg, Schongau am Lech und Lindau im Bodensee. Junge wurden nicht selten auf der Isar, Amper, Iller, Schmutter, auf dem Zötzelhofener Weiher in Oberbayern, auf der Altmühl, Pegnitz, Regnitz und auf dem Main teils geschossen, teils in Schwärmen von 20 Stück wahrgenommen und am 6. Dezember 1855 ein junges Weibchen in der Augsburger Gegend erlegt, das täglich auf einem Brückengeländer an der Schmutter safs und auf Fische lauerte. Aus der Gegend von Nürnberg erhielt Prof. Wolf drei Sturmmöven, darunter ein junges Weibchen vom Dutzendteich bereits am 4. September 1800. In den Jahren 1801, 1809 und 1810 sollen sie am Main überall beobachtet worden sein.

303. LARUS ARGENTATUS Brünn.

Keyserling u. *Blasius*, Die Wirbeltiere Europas, I. S. 244. n. 476. — Verz. S. XCVI.

Naumann, Naturgeschichte der Vögel Deutschlands, X. S. 379. Taf. 266.

Im Spätherbst, Winter und Frühjahr kommt die *Silbermöve* als meist sehr seltener Wintergast auf unsere Seen, Teiche und Flüsse. Nach Koch ist sie im Spätherbst auf dem Bodensee nicht selten. Leu bekam ein junges Männchen vom Unterlech (Rain) am 28. Oktober 1856 und ein Exemplar der ehemaligen Herzoglich Leuchtenbergschen Sammlung in Eichstädt war auf dem Kauerlacher Weiher bei Burggriesbach in der Oberpfalz erlegt. Zuweilen erscheint sie am Untermain bei Aschaffenburg einzeln im Jugendkleide.

304. LARUS FUSCUS L.

Keyserling u. *Blasius*, Die Wirbeltiere Europas, I. S. 245 n. 478. — Verz. S. XCVII.

Naumann, Naturgeschichte der Vögel Deutschlands, X. S. 419. Taf. 267.

Die *Heringsmöve* besucht uns im Herbst, Winter und Frühjahr nicht selten meist im ersten Winterkleide. Nur einmal am 29. September 1875 bekam Leu ein Weibchen im Winterkleid von Ingolstadt, welches bereits den grauschwarzen Mantel, Kopf, Hals und Unterleib weifs, am Kopf und Nacken zerstreute dunkle

Flecken und einen gelben Schnabel mit rotem Fleck an der Spitze der Unterkinnlade hatte. Auch Herr Eduard Tauber bemerkte bei Ochsenfurt am Main ungefähr 18 Stück Heringsmöven mit schwarzen Mänteln. Die meisten der bei uns erlegten wurden im Oktober und November erobert, ein Stück am 28. September 1878 bei Wunsiedel im Fichtelgebirge, ein junges Männchen am 19. Juli 1875 bei Lindau auf dem Bodensee. Nach Hofrat Dr. Meyer liefs sich am 28. Mai 1801 bei 20° Hitze und Nordostwind in unserer hessischen Nachbarschaft bei Hanau ein grofser Trupp auf einer kleinen Maininsel nieder, aus welchem ein Exemplar geschossen wurde. Ein Exemplar des zoologischen Museums in Würzburg wurde nach vorausgegangener sehr stürmischen Witterung bei Zellingen geschossen.

305. LARUS MARINUS L.

Keyserling u. *Blasius*, Die Wirbeltiere Europas, I. S. 245. n. 479. — Verz. S. XCVII.

Naumann, Naturgeschichte der Vögel Deutschlands, X. S. 438. Taf. 268 und 269.

Am 29. September 1877 wurde in der Gegend von Uffenheim in Mittelfranken eine junge *Mantelmöve* geschossen, welche sich seit dem 23. September auf einem beiläufig 1 ½ Tagewerk grofsen, in der Nähe eines Waldes zwischen Langensteinach und Grofsharbach gelegenen Weiher einsam und allein aufhielt und gar nicht scheu war. Sie ging auf dem Felde neben ackernden Landleuten auf 30 Schritt einher, um Würmer, Engerlinge und Larven zu erhaschen, während sie auf dem Felde sitzend einen mit Schiefsgewehr Bewaffneten höchstens bis auf 100 Schritt herankommen liefs. Im Wasser dagegen konnte man sie ganz ruhig betrachten und schien sie sich von demselben nicht erheben zu können, weil sie immer vor dem Abfliegen an das Ufer schwamm. Ihr Flug war dem eines grofsen Raubvogels ähnlich. Im Magen fanden sich zwei *Carabus cancellatus* und ein *granulatus*, ein *Geotrupes stercorarius*, zwei Roggen- und sieben Weizenkörner, eine Menge schwarzbrauner und schwarzer Steinchen von Hanfkorn- bis Erbsengröfse und ein Backsteinbröckchen. Bisher wurden auf unseren Seen und Flüssen immer nur Jugendkleider der Mantelmöve im Spätherbst und Winter als grofse Seltenheit wahrgenommen und erlegt, so auf dem Bodensee im Winter 1829/30, auf den Seen bei Füssen (4. November 1864), auf dem Tegernsee, auf der Donau bei Rain (2. Februar 1873), bei Regensburg, auf der Nab bei Weiden und auf dem unterfränkischen Main. Im Spätherbst 1815 wurde nach Dietrich aus dem Winckell eine Mantelmöve im Gewande nach der zweiten Herbstmauser auf einem der höchsten Punkte der Rhön (Roſsbach bei Brückenau) auf dem Felde, woselbst sie sich, vom anhaltenden Fluge entkräftet, niederlieſs, von einem Bauer erschlagen.

Genus 133: Sterna L.

a) Weisse Seeschwalben mit ganzen Schwimmhäuten.

306. STERNA CASPIA Pall.

Keyserling u. *Blasius*, Die Wirbeltiere Europas, I. S. 246. n. 480. — Verz. S. XCVII.

Naumann, Naturgeschichte der Vögel Deutschlands, X. S. 18. Taf. 248.

Von diesem höchst seltenen Irrling wurde im Herbst 1821 ein junger Vogel auf dem Starnberger See und ein alter im Prachtkleide am 10. August 1849 bei Kehlheim geschossen. Auch am Bodensee und am Main in Unterfranken soll die groſse Seeschwalbe schon vorgekommen sein.

(Nach J. Hellerer wurde dem Ausstopfer Korb in München am 15. Dezember 1890 ein am Inn bei Wasserburg erlegtes Exemplar zum Ausstopfen gebracht. — R. Bl.)

307. STERNA HIRUNDO L.

Keyserling u. *Blasius*, Die Wirbeltiere Europas, I. S. 246. n. 481. — Verz. S. XCVII.

Naumann, Naturgeschichte der Vögel Deutschlands, X. S. 89. Taf. 252.

Rheinschwalbe, Allebock (weil sie auf Alles, Menschen, Thiere und Nahrung bockt = stöſst).

Sie liebt klares, fischreiches Wasser, wie den Lech, die Iller, Wertach, Isar, Donau u. s. w., wenn es auch nicht tief ist. Eine Tiefe von vier Fuſs genügt. Brütend findet sie sich in verschiedenen Gegenden auf Inseln unserer Seen, auf den Kiesinseln der genannten Flüsse, auf grasbewachsenen Flächen in der Meringer Au bei Augsburg, auf der Schiltdorfer Au unterhalb Passau. Einzelne Brutpaare sieht man selten, gewöhnlich nisten mehrere bis zu 20 Paaren beisammen, nachbarlich mit *Larus ridibundus, Sterna anglica, Totanus calidris, Actitis hypoleucos, Aegialites minor* und *Vanellus cristatus.* Gemein ist sie auf dem Memminger Riede, wo ihr Nest nicht nur wie das des Kiebitzes wohl versteckt zwischen den vom Rasen der Riednelke *(Statice purpurea),* des Knopf- und Sumpfgrases *(Schoenus nigricans et ferrugineus)* gebildeten Hoppen, geschützt von den überhängenden Halmen des Knopfgrases, sondern auch in zufälligen Vertiefungen der Wiesen zunächst am Rande des Riedes steht. Auf den Kiesinseln liegen die 2 bis 3 Eier — mehr findet man nie — auf dem bloſsen Sand und Kies. In Franken kenne ich keine Brutplätze der gemeinen Seeschwalbe, doch sah ich in einer Sammlung zu Nürnberg mehrere zarte Dunenjunge ausgestopft, die auf einer Sandinsel der Rednitz gefunden worden waren. In manchen Jahren werden verschiedene Inseln der rechtseitigen Donau-Zuflüsse überschwemmt oder ganz fortgerissen, wodurch viele Bruten zu Grunde gehen. Der Lech z. B. ändert sein Bett häufig; es entstehen Inseln, während andere verschwinden, weshalb die Vögel mit ihren Nistplätzen oft zu wechseln gezwungen sind. Auf dem Zuge sieht man sie im ganzen Donau- und Maingebiet in den letzten Tagen des April und anfangs Mai und wieder von Ende Juni an den August hindurch paarweise oder in kleinen Flügen.

Leu fand in Erlegten Fischlein, Käfer und Libellen. Ihr Fleisch wird heutzutage nicht mehr genossen, früher aber kam es sogar auf die Tafeln der Reichen. Bei einer Gasterei von 47 Personen im Jahre 1561 im Fuggerschen Hause zu Augsburg finden sich auf dem höchst opulenten Küchenzettel auſser 1 Hirsch, 1 Reh, 7 Spanferkeln, 6 Kälbern, 8 Lämmern, 4 Hämmeln, 55 Kapaunen, 8 Hennen, 120 Hühnern, 23 Enten, 26 Gänsen, 4 Pfauen, 2 alten und 4 jungen indianischen Hähnen, 66 Rebhühnern, 134 Wachteln, 20 Grillen *(Numenius arquata)* auch 2 Rheinschwalben.

308. STERNA MINUTA L.

Keyserling u. *Blasius,* Die Wirbeltiere Europas, I. S. 246. n. 483. — Verz. S. XCVII.

Naumann, Naturgeschichte der Vögel Deutschlands, X S. 145. Taf. 254.

Die *kleine Seeschwalbe* brütet höchst wahrscheinlich auf den Lechinseln und den Donauschütten ober Ingolstadt, da in den

Monaten Mai, Juni und Juli auf der Donau bei Bertoldsheim (von dem Grafen von der Mühle), bei Dillingen, Neuburg, am Lech bei Augsburg, an der Iller und Zusam bei Wertingen so vielfach alte Vögel erlegt worden sind, dafs man an ihrem Brüten nicht wohl zweifeln kann. Sonst wurde sie auf dem Zuge am Bodensee, bei Regensburg, unterhalb Passau in der Stadtau, auf den Teichen Oberfrankens, der Oberpfalz und am unterfränkischen Main geschossen. Förster Jägerhuber in Arberg sah sie am 30. April und 6. Mai 1861 auf Weihern dortiger Gegend, ich selbst auf dem grofsen Moorweiher und ein auf dem grofsen Bischofsweiher bei Erlangen-Dechsendorf erlegtes Exemplar in der kleinen Sammlung eines meiner Kollegen.

Sterna cantiaca Gm. L. Nach Schrank und auf dessen Autorität hin auch nach Koch ist die Brandseeschwalbe bei Neuburg a. Donau, nach Landbeck ebenda und auf dem Bodensee, nach Anderen auch auf dem Untermain vorgekommen, was durch das Zeugnis des Prof. E. A. Göldlin (Verzeichnis der im Kanton Schaffhausen vorkommenden Vögel im Journal für Ornithologie von Dr. Cabanis 1879 S. 383) teilweise Bestätigung durch die Anführung zu erhalten scheint, dafs *Sterna cantiaca,* leicht kenntlich an dem schwarzen Schnabel mit gelber Spitze, fast jährlich am Bodensee und resp. Untersee zu finden sei. Gleichwohl habe ich gewichtige Bedenken gegen die Aufnahme dieser Seeschwalbe in die bayerische Fauna. Schranks kurze Beschreibung seiner *Sterna columbina* = *cantiaca* Gm.: »Weifs; am Innenwinkel des Auges ein Fleck, ein Fleck auf dem Kopfe und der Schnabel schwarz; nicht gröfser als eine Turteltaube« pafst besser auf *St. anglica,* als auf *cantiaca.* Erstere wird Schrank in Händen gehabt haben. Koch gibt allerdings die unverkennbare Beschreibung der *cantiaca:* »Der Scheitel schwarz, der weifse Schwanz sehr gabelförmig, der Schnabel schwarz, an der Spitze gelb; Augenstern braun, Füfse schwarz, die Unterseite der Schwimmhaut ockergelb. 18'', er hat aber den Vogel nirgends selbst angetroffen und kannte ihn, wie er ausdrücklich erwähnt, nur aus den Beschreibungen. Ich habe selbst vor Jahren von einem sonst erfahrenen Kenner eine *St. anglica* als *cantiaca* und bayerischen Durchzugsvogel zur Beschwichtigung meiner Zweifel zugeschickt erhalten. Beide Vögel, ziemlich grofs und ähnlich gefärbt, können auch leicht von Unkundigen verwechselt werden. Naumann führt in der Synonymik bei *St. cantiaca* Schranks *St. columbina* der *Fauna boica* I. pg. 232. n. 215 und Kochs *St. cantiaca* L. in dessen bayerischer Zoologie I. S. 365. n. 227 an, sagt aber in der weiteren Abhandlung im Kapitel über den Aufenthalt, dafs nie eine Brandseeschwalbe in das Innere von Deutschland verschlagen worden und hier vorgekommen sei. Dem Professor Dr. Altum sind zwei Fälle ihres Vorkommens für die Umgebung von Münster in Westphalen bekannt geworden, der letzte 1860, wo im Sommer eine solche Seeschwalbe auf der Ems geschossen wurde. Unmöglich ist es sonach nicht, dafs auch einzelne Exemplare den Rhein herauf schon auf den Bodensee und die Donau sich verflogen haben, dafs dies aber fast jährlich geschehen soll, das erregt gerechte Bedenken.

309. STERNA ANGLICA Montag.

Keyserling u. *Blasius*, Die Wirbeltiere Europas, I. S. 247. n. 486. — Verz. S. XCVIII.

Naumann, Naturgeschichte der Vögel Deutschlands, X. S. 38. Taf. 249.

Die *Lachseeschwalbe* ist nach Altum für Deutschland nur als nicht häufiger Irrgast anzusehen, in Wirklichkeit aber bei uns ein gemeiner Sommervogel, dessen Brüteplätze südlich der Donau liegen. Dem Flufsgebiete der Isar, des Lech und der Wertach angehörig, wurde sie von Professor Dr. Wagler im Jahre 1827 in Bayern entdeckt und in Jakob Sturms Deutschlands Fauna, II. Abtheilung, bearbeitet von F. und J. W. Sturm, 3. Heft. Nürnberg 1834, beschrieben. Da diese Fauna mit dem 3. Heft aufgehört hat, nicht in den Buchhandel gekommen und gewifs nur in sehr wenigen Händen ist, so dürfte eine wortgetreue Wiedergabe der Waglerschen Abhandlung von Interesse sein. Hier ist sie.

Die Lachseeschwalbe.

Sterna anglica. Montagu.

Sterna anglica Montagu. Temm. Man. d'Ornith. II. p. 744. — *Sterna Aranea. Wils. Americ. Ornith.* VIII. t. 72. fig. 6. — *Sterna risoria Brehm.* Naturgeschichte der europ. Vögel II. S. 862. — Dessen Beitr zur Vogelk. III. S. 650. — Ders. *Sterna Schillingii* in Cuv. Thierr übers. v Schinz.

Der Schnabel, die Füfse mit Einschlufs der Krallen, sowie die ganze obere Kopfseite mit dem Nacken schwarz; Unterseite des Körpers weifs, seine Oberseite silbergrau.

Von der weifsgrauen Seeschwalbe *(Sterna cantiaca Linn.)* unterscheidet sich die Lachseeschwalbe augenblicklich durch ihren kürzeren dickeren [1]), an der Spitze nicht gelben Schnabel, sowie durch ihren weniger gespaltenen Schwanz.

Männchen und Weibchen im Frühlingskleide. Der Schnabel dunkelschwarz, am Rande des Kinnwinkels bisweilen mit einem durchschimmernden dunkelcochenilleroten oder pomeranzenfärbigen Saume; der Augenstern schwärzlichbraun. Die Füfse schwarz mit noch schwärzeren Krallen, die Unterseite der Zehen mehr oder weniger cochenillerot oder pomeranzenfärbig schimmernd; die ganze obere Kopfseite mit Ausschlufs des Nackens tief schwarz, etwas glänzend; die Nackenfedern etwas lang, ohne

[1]) In Folge dieses dicken Schnabels bildet *Fr. Boie* aus ihr mit *Sterna caspica* und *cantiaca* die besondere Sippe: *Thalasseus.* (S. Isis 1822. S. 563.)

jedoch eine eigentliche Haube zu bilden; ein unterer Randstreif der Zügel, die Wangen, unteren Flügeldeckfedern, der Flügelrand und die ganze Unterseite des Körpers vom reinsten Weifs; Genick, die ganze Rücken- und obere Flügel- und Schwanzseite hellsilbergrau; der Schaft der Schwung- und Schwanzfedern weifs; jene werden gegen die Spitze hin aschgräulich, sind innen und aufsen längs des Schaftes blafs aschgrau, silbergrau schimmernd, nach innen weifslich; unten ist der gabelförmige Schwanz ganz weifs; Rachen und Zunge fleischfarb-pomeranzenfärbig.

Herbstkleid. Dem Vogel im Frühlingskleide ähnlich, mit Ausnahme der Befiederung des Kopfes. Oberkopf und Nacken sind hier nämlich weifs, mit dunklerem Federanfluge und dunkeln Schäften einiger Federn; vor und hinter den Augen ein schwarzer Fleck; der vordere ist von fast halbmondförmiger Gestalt.

Frühestes Jugendkleid. Dem *Larus ridibundus* in diesem Kleide sehr ähnlich. Alle untern Teile reinweifs. Die Flügel oben silbergrau; die Federn des Scheitels, des Rückens, sowie die Scapularfedern aschgraubraun mit blafsbräunlichem Saum; die Schwanzfedern blofs silbergrau, unten weifs, die mittlern mit bräunlichweifsem schmalen Endsaume, dem eine etwas dunkle Stelle vorangeht. Am vordern Augenrand ein schwärzlicher Fleck. Der Schnabel dunkelbräunlich; die äufserste Spitze, sowie der Unterkiefer gegen seinen Grund hin schmutzig gelblich. Die Füfse bräunlich mit orangegelben Stellen zwischen und auf den Zehen; Fufswurzel hinten gelblich überlaufen. Iris dunkelgraubraun. Die Krallen bräunlich, mit schmalem gelblichen Saum; eine oder die untere (andere?) bisweilen gelblichweifs. Die Fufswurzel gegen das Schienbein hin stark aufgetrieben, ebenso das Fersengelenk. Der Schwanz am Ende seicht ausgerandet.

Flaumkleid. In diesem Kleide ist diese Seeschwalbe äufserst niedlich. Kopf, Hals, Flügel und Rücken sind hellbräunlich, der Länge nach mit schwarzen Fleckenstreifen pardelartig besetzt. Diese Fleckenstreifen sind allenthalben gleich weit von einander entfernt. Die ganze Unterseite des Körpers bedeckt ein äufserst feiner weifser Flaum, der nur an der Kehle durch einen bisweilen bandförmigen, schwärzlichen Anflug mehr oder weniger getrübt erscheint. Besonders bei den Männchen glaube ich diesen schwärzlichen Anflug auf der Kehle beobachtet zu haben. Der Schnabel ist kurz, gelblich, oben gegen die Stirne hin hornbräunlich überlaufen, an der Spitze weifslich; die Füfse mit Einschlufs der Krallen sind schmutziggelb; die Iris graubraun, die Pupille mattschwarz.

Länge des alten Vogels von der Spitze des Schnabels bis ans Ende der äufsersten Schwanzfeder 15" (Pariser Maafs), des Flügels 12", der äufsersten Schwanzfeder 5", des Schnabels vom Mundwinkel zur Spitze 2" 1"', der Fufswurzel 13½"'. — Es gibt Stücke, die etwas gröfser sind, als das hier ausgemessene. Auch wechselt der Schnabel in Dicke und Länge.

Die Lachseeschwalbe bewohnt die neue und alte Welt, und zwar in Europa die südöstlich gelegenen Länder. In Afrika hat man sie in Nubien wahrgenommen und in Amerika ist sie in Brasilien an Sümpfen und Flüssen, in den Vereinigten Staaten an ähnlichen Stellen beobachtet worden.[1]) Das mittägige Frankreich ist wohl die südlichste, die Insel Rügen die nördlichste Stelle, an welcher man sie bis jetzt in Europa angetroffen hat. In Ungarn bewohnt sie den Neusiedler- und Plattenersee in grofser Anzahl; an Englands Küsten erscheint sie dagegen nur selten. Im Jahre 1827[2]) hatte ich das Glück, diese Seeschwalbe in Bayern zu entdecken und in den darauffolgenden Jahren nachstehende Beobachtungen über ihre Sitten anzustellen.

Sie gehört zu denjenigen Gattungen, welche, wie die Lachmöve, nur selten am Meeresufer leben und insgemein See- und Flufsufer bewohnen. Sie wandert in Gesellschaften von 40 bis 100 Stücken und scheint überall ein Wandervogel zu sein. Gegen Mitte April, wenn die Witterung gelinde ist, oder zu Anfang des Monats Mai kommt sie gewöhnlich noch vor der gemeinen Seeschwalbe *(Sterna hirundo)* bei uns (in der Nähe Münchens und Augsburgs) an und läfst sich an den flachen und steinigen Ufern der Isar und des Lechs nieder. Hier übernachten sie oft ziemlich dicht an einander gereiht, oft mehr oder weniger von einander entfernt. Sobald der erste Strahl der Sonne die Fläche des Wassers berührt, erhebt sich die kleine Schaar geräuschlos in die Lüfte. Unter verschiedenen, sehr leichten Schwenkungen treiben sie sich so lange in bedeutender Höhe umher, bis sie eine Stelle ausfindig gemacht haben, welche ihnen Nahrung zu versprechen

---

[1]) Die mir von daher zugekommenen Lachseeschwalben sind unsern europäischen durchaus ähnlich.

[2]) Vor dieser Entdeckung habe ich eine kurze Nachricht in der Isis vom Jahre 1828. S. 1143 gegeben.

scheint. Willkommen ist ihnen so der ackernde Landmann, hinter dessen Pfluge sie sich dicht auf die aufgewühlte Erde mit sanftem Flügelschlage gegen die Larven der Maikäfer und gegen Insekten herabstürzen. So schwärmen sie den Tag über auf allen Äckern umher, welche der Landmann pflügt, und von Furche zu Furche führt sie ihre Lüsternheit nach dem fetten Gerichte. Bisweilen sah ich sie da, unserem Turmfalken ähnlich, über dem Gegenstande der Nahrung minutenlange mit rüttelnden Flügeln schweben und dann urplötzlich auf die wohl soeben ganz unter der Erdscholle hervorgekrochene Käferlarve herabstürzen und sie ergreifen. So wenig als der Krähe ist ihnen der Landmann ein Gegenstand der Furcht; denn fast vor seinen Füfsen schnappen sie die zum Vorschein gekommene Nahrung hinweg; dagegen erschreckt sie die Nähe des Jägers, den sie schon in weiter Ferne erkennen, und es hat mir deshalb auch nie recht gelingen wollen, ihrer in der Nähe des ackernden Landmanns habhaft zu werden. Doch halfen mir bald zwei Mittel, sie zum Schusse zu bringen. Das eine war ihre Neugierde, das andere ihre Liebe für ihres Gleichen. Wohl unterrichtet, wo und wie sich der Haufe vom Ufer der Isar erheben und auf die Felder begeben würde, erwartete ich auf diesen ihre Ankunft bald nach Aufgang der Sonne. Hinter einem Erdhaufen oder im Gebüsche verborgen war ein von mir in die Höhe geschleuderter, mit Blei beschwerter Balg einer Seeschwalbe hinreichend, den Blick dieser scharfsehenden, aus grauer Ferne heranwogenden Vögel auf sich zu ziehen. Arglos und keine Gefahr ahnend besichtigten sie den herabgefallenen Balg. Zerschmetterte mein sie begrüfsender Schufs nur den Flügel von einer ihrer Gesellschaft, dann konnte ich ziemlich sicher sein, den gröfsten Teil dieser in meine Gewalt zu bekommen. Je mehr fielen, und je mehr Verwundete von ihnen sich auf dem Felde mühsam fortschleppten, desto kühner und verwegener wurden sie, die Gefallenen und Verwundeten zu schützen. Doch wagten sie es nicht, wie einige andere Seeschwalben, auf den Schützen ganz herabzustürzen, sondern sie hielten von mir immer in einiger, doch solcher Entfernung, dafs sie mein Blei erreichen konnte. Endlich, wenn sich die Schaar zu mächtig verringert sah, entfernte sich von den Übriggebliebenen stillschweigend eine nach der andern und nur selten kam es einer in den Sinn, noch einmal umzukehren. In diesem Falle war jedoch die Ausdauer auf dem Kampfplatze nur kurz und der Fall eines Kameraden spornte sie eiligst zum abermaligen Rückzuge an. Andere wendeten auf der Hälfte des Weges schon wieder um, indem sie sich unter dieser Zeit wohl eines Besseren besinnen mochten. Während ihrer Niederlage liefsen sie dieselbe Stimme, nur häufiger und heftiger ausgestofsen, erschallen, welche man sonst in ungestörter Ruhe von ihnen vernimmt. Diese ist bisweilen dem Lachen eines Menschen ähnlich und klingt besonders in einiger Entfernung ziemlich melodisch. Immer aber hört man dazwischen einzelne Töne, die wie Qwī—wĭck — Quī—wĭck klingen. Von der krächzenden Stimme der gemeinen Seeschwalbe entfernt sie sich dadurch gänzlich, sowie von der der *Sterna cantiaca*, welche sehr deutlich pī—rō—ĭtt, pī—rō—ĭtt schreit. — Der Flug ist ausgezeichnet schön, nicht besonders schnell, wenn der Vogel Gefahr vermuthet, ziemlich hoch, aufserdem etwas nieder, leicht, schwimmend und anhaltend. Ich sah sie nur an den Ufern der Isar, nie auf dem Felde sitzen. Hier steigen sie während der Brütezeit, in ihrer Haltung wie die Lachmöven, mit etwas eingezogenem Halse auf den kleinen, aus zusammengeschwemmten Steinen gebildeten Inseln umher oder sie ruhen mit steif stehenden Beinen, etwas eingezogenem Halse und wagrecht gestelltem Rumpfe. Wenn der Landmann die Felder bestellt hat, dann streifen sie in sehr kleinen Gesellschaften, paarweise oder einzeln allenthalben umher und ich habe sie zu dieser Zeit auf Mösern und in der Nähe von Feldhölzern beobachtet und geschossen. — Ihre Nahrung besteht dann aufser in Insekten und in deren Larven vorzüglich in Grillen und Heuschrecken, in jungen und alten Eidechsen, sowie in Fröschen und jungen Feldmäusen. Fische fand ich nie in ihrem Schlunde oder Magen. Gegen Ende des Monats Mai regt sich in ihnen der Begattungstrieb, sie verlassen die vom Wasser zu weit entfernten Orte und rotten sich auf den oben genannten Steininseln der Isar und des Lechs mit den gemeinen Seeschwalben zusammen, um mit diesen gemeinschaftlich zu nisten. Das Nest besteht in einer blofsen, seichten Vertiefung in dem Boden, mit wenig Geniste als Unterlage für die Eier. Ich fand darin drei, seltener vier schmutzig gelbgrünliche oder lettengelbe schwärzlichbraun oder dunkelbraun gefleckte, denen des Kiebitzes ähnliche und ihnen an Gröfse fast gleichkommende Eier, welche von den Eltern mit grofser Sorgfalt ausgebrütet [1])

[1]) Der Magen dieser Lachseeschwalbe ist grofs und liegt sehr tief; ein Beweis mehr, dafs die Beschaffenheit und Lage dieses Organs beim Kuckuck

und beschützt werden. Dieser Schutz wird den Eiern und Jungen auch durch die gemeinen Seeschwalben, die anderseits wieder die Lachseeschwalben zu ihren Verteidigern haben. Wie lange die Alten über den Eiern sitzen, ist mir unbekannt. Während der Brütezeit schwärmen die Alten nach Nahrung für die Jungen einzeln allenthalben umher und bald, nachdem diese flügge sind, rottet sich mit ihnen der ganze Schwarm der Umgegend zusammen und zieht wieder südlich. Dies geschieht bei uns gegen den August hin. — An der Ostsee erscheint die Lachseeschwalbe im Mai, aber schon anfangs August verläfst sie sie wieder.

Wagler.

Die oben allegierte kurze Nachricht in der Isis 1828. S. 1143 lautet im Auszuge: *St. anglica.* Im Mai des verflossenen Jahres, sowie heuer zu derselben Zeit schofs ich mehrere Exemplare dieses schönen Vogels auf einem kleinen Moose unweit München. Sie streicht über Kornfelder und Wiesen hin, nährt sich von Larven der Maikäfer, von Heuschrecken, Grillen, Coccinellen, welche sie von den Spitzen des Getreides im Fluge abstreift. Sie kam, wenn ich rotfüfsige Sumpfläufer *(Totanus calidris)* geschossen hatte, durch den Knall meines Gewehres angelockt, neugierig herbeigeflogen, um zu sehen, ob es etwas für sie absetze, was ihr dann gewöhnlich den Tod brachte; denn aufserdem war sie scheu. Schon auf einem über hundert Jahre alten Thierstücke eines bayerischen Künstlers, welches in der hiesigen Gemäldegallerie aufbewahrt wird, ist dieser Vogel trefflich abgebildet.

Dr. Hahn führt an, dafs *St. anglica* Ende der zwanziger Jahre öfters bei München auf dem Moosacher Moose erlegt wurde, Dr. J. A. Wagner (Handbuch der Naturgeschichte I. 1837. S. 132), dafs sie mitunter nicht selten im englischen Garten bei München sei, Dr. J. Gistl, dafs er und der Herzog August von Leuchtenberg am 11. Mai 1830 unweit München 116 (!!) Stücke geschossen, und Graf von der Mühle, dafs sie auf den Kiesbänken der Isar unterhalb München bei Ismaning brüte. Seit Mitte der vierziger Jahre ist sie nach Leu auf dem Lech und der Wertach sehr häufig. Die Inseln, auf denen sie dort brütet, sind immer von Wasser umgeben, welches wenigstens so

nicht Ursache sein kann, dafs er seine Eier nicht selbst bebrütet. Hier liegt offenbar keine körperliche, sondern eine psychische, mit der Lebensweise des Kuckucks bedungene, wohl schwer zu ergründende Ursache zu Grunde.

tief sein mufs, dafs man nicht durchwaten, sondern höchstens hinschwimmen kann. Niemals wird man Nester auf einer Insel finden, zu der man zu Fufs hingelangen kann. Die Vögel scheinen dies vortrefflich zu unterscheiden und sich dadurch vor unangenehmen Besuchen thunlichst zu sichern. Ihre Eier legen sie auf den blofsen Sand oder Kies ohne Vertiefung; nur um den Rand des Nestes sind einige wenige, dürre, vom Wasser angeschwemmte Halme gelegt, aber so unbedeutend, dafs der Rand kaum erhöht, das Nest also dem Boden ziemlich gleich ist. Oft liegen die 2 bis 3 Eier auf dem blofsen Kies ohne alle Vorbereitung. Ein Freund Leus, Chirurg Baumeister in Diedorf, sammelte in fünf Jahren 565, Leu selbst 131 Eier. Ende Mai haben sie gewöhnlich ihre volle Eierzahl, oft trifft man aber noch Ende Juni Eier am Auskriechen und zarte Dunenjunge und Mitte Juli Junge im Halbflaumkleide. Hinter dem Pfluge, wie Wagler angibt, sah sie Leu nie herlaufen, so viele Hunderte er auch sah, und wenn auch einmal eine oder mehrere auf einem frisch gepflügten Acker gingen, so war das doch nicht häufig und der Landmann mufste weit davon sein, sonst rissen sie aus. Sie gehen nicht wie die Krähen hinter dem Pfluge, sondern sind viel vorsichtiger, behauptet mein völlig zuverläfsiger Gewährsmann im Widerspruch mit Wagler und mit Naumann, der des Ersteren oben abgedruckte Abhandlung nicht gekannt hat, aber ebenfalls anführt, dafs sie bei unfreundlichem Wetter auf nahen Äckern dem Pfluge folgt und sich teils fliegend, teils laufend mit dem Auflesen der in den Furchen liegenden Regenwürmer und Käferlarven beschäftigt. Mich würde es wundern, wenn diese interessante Seeschwalbe durch die intensiven Verfolgungen veranlafst, welche sie seit ihrer Entdeckung in Bayern durch Ornithologen erfahren hat, ihre Gepflogenheiten in keinem Stücke modifiziert hätte.

Um ornithologische Exkursionen auf dem Lech auszuführen, liefsen Leu und seine Freunde, der erwähnte Chirurg Baumeister und die Kaufleute Friedr. Gscheidlen und Tischer, einen Kahn von Augsburg, später von Prütriching aus auf einem Wagen bis Stadelhof führen, setzten den Kahn dort in den Flufs und fuhren mit einem Kahnführer flufsabwärts bis auf den Ablafs, eine Strecke von sechs Stunden, um alle Inseln des Lech zu besuchen, die gefiederten Bewohner kennen zu lernen, alte und junge Vögel zu schiefsen und Eier zu sammeln. Anfangs der fünfziger Jahre waren zur Zeit, als die Brütezeit schon begonnen, auf dem Lech und der Wertach bedeutende Hochwasser, die Alles überschwemmten, weshalb nur sehr wenige Seeschwalben beobachtet wurden. Das Jahr 1853 war besonders arm an solchen Vögeln, wenigstens in der Nähe Augsburgs, woran die Uferbauten zur Eindämmung des Lech und die vielen dabei beschäftigten Arbeiter Schuld sein mochten.

1855. Ende Mai und anfangs Juni befand sich eine Brutkolonie von 40 bis 50 Paaren auf einer Insel bei Gersthofen. Das Wasser um dieselbe war zu tief und reifsend und konnte man nicht zur Insel gelangen. Auf einen Schufs erhob sich die ganze Gesellschaft laut schreiend hoch in die Luft. Im nächsten Jahre, 1856, wo man wegen des niederen Wasserstandes leicht nach der Insel hinüberwaten konnte, nisteten sie nicht dort, sondern siedelten sich viel weiter unten am Lech gegen Langweid zu an. Am 2. Juni wurde ein Weibchen erlegt mit erbsengrofsen Eierchen am Eierstocke, am 2. Juli fünf lebende Junge im Flaumkleid auf einer Insel der Meringer Au, am 4. Juli wieder zwei Dunenjunge gefangen, ein altes Weibchen geschossen und am 21. Juli zwei noch nicht flugbare, von einer Insel fortgeschwemmte Junge lebendig aufgefischt.

1857. 28. Mai. Auf einer Insel oberhalb Siebenbrunnen brüteten viele Lachseeschwalben in Gesellschaft mit *Sterna hirundo.* In zwei Stunden wurden 120 verschiedene Eier, wovon die gröfsere Hälfte der *Sterna anglica* angehörte, der andere Teil von der gemeinen Flufsseeschwalbe, vom Kiebitz und Rotschenkel *(Tot. calidris)* war, gesammelt.

1859. 2. Juni. Viele Lachseeschwalben auf den Inseln in der Meringer Au.

1860. 2. Juni. Gefunden wurden 49 frische *St. anglica*-Eier. Die Gelege waren oft noch nicht komplet. An andern Stellen waren die Inseln überschwemmt gewesen und wurden die Eier teils weggeschwemmt, teils mit Schlamm überzogen.

1861. 27. Mai. Gefunden wurden 91 *Anglica*-Eier. Am 23. Juni wieder viele Eier auf den Inseln, bereits etwas angebrütet, weshalb sie liegen gelassen wurden. Einige frisch ausgekrochene Junge wurden angetroffen.

1863. 2. Juni. Viele Eier; am 14. Juli zwei Junge mit hervorsprofsenden Federn an Flügeln und Schwanz gefangen.

1864. 28. Mai. Mehrere Eier gefunden.
1866. 19. Mai. Viele Eier.
1867. 1. Juni. Viele unbebrütete Eier. 23. Juli. Zwei alte Männchen in beginnender Mauser zum Winterkleid erlegt. Auf der Kopfplatte einzelne weifse Federn, auf dem Rücken einzelne neue.
1868. 28. Mai. Viele Vögel. Eier wurden wegen Überflusses für den eigenen Bedarf und Tausch von den Herren nicht mehr gesammelt.

Auf dem Zuge kommt die Lachseeschwalbe auf den Bodensee, Tegernsee, Wörthsee und auch, doch sehr selten, auf die fränkischen Gewässer. Der k. Oberförster W. Donle schofs sie auf dem Main zwischen Aschaffenburg und Obernau; ich erhielt ein herrliches altes Männchen im Hochzeitkleide, welches im Sommer 1848 auf dem Felde bei Wonsees in Oberfranken erlegt worden war.

Leu fand im Schlund und Magen der von ihm präparierten Exemplare selten Fische, niemals Vögel oder deren Eier, dagegen gewöhnlich Eidechsen, einmal *Lacerta crocea*, Frösche, Mäuse, Libellen und viele Maikäfer; von letzteren war oftmals der ganze Magen angefüllt. Gistl konstatierte als Nahrungsgegenstand den *Abax parallelus*.

b) Graue Seeschwalben, mit halben Schwimmhäuten.

310. STERNA HYBRIDA Pall.

Keyserling u. *Blasius*, Die Wirbeltiere Europas, I. S. 248. n. 487. — Verz. S. XCVIII.
Naumann, Naturgeschichte der Vögel Deutschlands, S. 168. Taf. 255.

Diese reizende Seeschwalbe ist auf dem Zuge in Deutschland nur an sehr wenigen Orten, in Norddeutschland als grofse Seltenheit nur einige Male, in Süddeutschland nach Naumann noch gar nicht beobachtet worden. Sie kommt jedoch auf die in weitem Umkreise teils mit Wald, teils mit Sumpfwiesen und spärlichem Feldbau umgebenen, eine grofsartige, einsame Wasserfläche bildenden und das verschiedenartigste Sumpf- und Wassergeflügel anziehenden Moorweiher, Bezirksamts Höchstadt a. A. in Oberfranken fast alljährlich auf dem Frühjahrstrich und brütet sogar in manchen Jahren auf diesen Weihern. Ich habe sie dort vielfach beobachtet, alte und junge Vögel, und ein einziges

Ei erhalten, wobei ich bemerke, dafs ich von letzteren aus dem Grunde nicht mehr wegnehmen liefs, um die seltenen Vögel der Gegend zu erhalten. Am 8. Juli 1854 hielten sich fünf prächtige *weifsbärtige Seeschwalben* im reinsten Hochzeitskleide fast den ganzen Nachmittag hinter dem Freiherrlich v. Crailsheimschen Schlosse Neuhaus auf dem grofsen Angerweiher auf und liefsen sich, da sie bei strömendem Regen lange Zeit auf den Blättern einer grofsen Partie weifser Seerosen, die Brust dem heftigen Winde und Unwetter zugekehrt, unbehaglich mit eingezogenen Köpfen oder zwischen die Schulterfedern gesteckten Schnäbeln dasafsen und nur manchmal einen kurzen Flug vollführten, mit Mufse betrachten. An ihrer im Verhältnis zur schwarzen Seeschwalbe bedeutenderen Gröfse, an den bis in den Nacken reichenden, tiefschwarzen Kopfplatten, an den charakteristischen weifsen Bärten, den blutroten Schnäbeln und ihrer selten ausgestofsenen, wie: »Tschräb, tschräb« lautenden Stimme waren diese sämtlich alten Vögel unmöglich zu verkennen und auch im Fluge hätten sie nur von einem Anfänger mit *Sterna nigra* verwechselt werden können. Am 22. Juli strich eine einzelne über dem grofsen Moorweiher umher, und am 3. August fand ich seitlich an einem Binsenwalde im Strittweiher bei Biengarten das Nest, von dessen drei Eiern ich am 10. August ein einziges wegnehmen liefs. Die ihnen gelassenen beiden Eier bebrütete wechselsweise das Männchen und Weibchen; beide fütterten auch gemeinschaftlich acht Tage lang die Jungen, bis das Weibchen wahrscheinlich durch einen Raubvogel verunglückt war, worauf das Männchen die Pflege der Jungen bis zum 26. August mit gröfster Sorgfalt fortsetzte, an welchem Tage ich das Nest leer, die Jungen geraubt und den Vater derselben, reichliche Nahrung im Schnabel tragend, noch längere Zeit an der Unglücksstätte verweilen, endlich hoch in die Luft aufsteigen und klagend von dannen ziehen sah. Zuvor flatterte das Männchen in bedeutender Höhe und respektvoller Entfernung angstvoll schreiend über einem Lerchenfalken, welcher die Teiche abrevierte und wahrscheinlich Mutter und Kinder geraubt hatte. Selbst die Hirten und Bauernschützen erkannten diese Seeschwalben als verschieden von der dort gemeinen *Sterna nigra* und nannten sie »fremde Scheergeier«.

Nachstehend Auszüge aus meinen Tagebüchern:

1855. 14. Mai. Eine weifsbärtige Seeschwalbe auf dem grofsen Strittweiher gesehen.

1857. 11. Juni. Ein sehr schönes altes Weibchen auf dem Strittweiher geschossen. Am Eierstrock 3 bis 4 mm grofse Eierchen.

1858. 27. Mai. Ein Paar fliegt mit einem Schwarm schwarzer Seeschwalben über dem Strittweiher und läfst sich mit denselben an einem grofsen Binsenfeld auf dem in voller Blüte stehenden, ganze Weiherstrecken bedeckenden Froschkraut *(Ranunculus aquatilis)* nieder. Ein herrlicher Anblick.

1858. 5. Juni. Drei Paare schwärmen auf dem Strittweiher mit schwarzen und weifsschwingigen Seeschwalben umher. Tags darauf sind nur noch drei Stück vorhanden und am 26. Juni eine einzelne auf dem grofsen Moorweiher.

1859. 25. Mai. Eine einzelne auf dem Blätterweiher unter schwarzen Seeschwalben.

1861. 19. Mai. Über dem grofsen Moorweiher fliegen drei Stücke.

1862. 6. Mai. Ebenda drei Stücke, von denen ein Paar geblieben ist und auf dem Moorweiher gebrütet hat.

1863 und 1864 kamen weifsbärtige Seeschwalben nicht auf die Weiher.

1866 zogen mehrere Exemplare durch.

1867 liefs sich im Mai ein Paar sehen, brütete aber nicht.

1870, 1871 und 1875 zogen einzelne oder kleine Gesellschaften durch.

Am 27. Mai 1858 sah Dr. Fr. Sturm vier Stücke auf dem Dutzendteich bei Nürnberg und Leu an demselben Tage des Jahres 1863 bei Augsburg einen Zug von 20 Stücken. Nach Landbeck kommt sie aus Ungarn, die Donau heraufwandernd, sehr selten auf den Bodensee.

In den Mägen erlegter fand ich verschiedene Libellen und viele Rückenschwimmer *(Notonecta glauca)*.

311. STERNA LEUCOPTERA Meissner und Schinz.

Keyserling u. *Blasius*, Die Wirbeltiere Europas, I. S. 248. n. 487. — Verz. S. XCVIII.

Naumann, Naturgeschichte der Vögel Deutschlands, X. S. 215. Taf. 257.

Die *weifsschwingige Seeschwalbe* soll sich nach Angabe der namhaftesten Autoren nur selten nach Deutschland verirren, wird aber in Bayern nicht blofs fast regelmäfsig auf dem Frühjahrstriche in kleinen Flügen da und dort beobachtet, sondern brütet sogar an besonders geeigneten Örtlichkeiten in einzelnen Paaren. Meine und meines Freundes Leu Tagebücher enthalten hierüber Folgendes:

1854. 17. Mai. In den Moorweihern schwärmen unter schwarzen Seeschwalben 25 bis 30 weifsschwingige in Gesellschaften von drei bis acht Stücken über allen Weihern, setzen sich auf die Dämme und gewähren in ihren Hochzeitskleidern fliegend wie sitzend einen reizend schönen Anblick.

1855. Am 25. Mai kreisen ebendaselbst bei herrlichem Wetter acht Stücke in sehr hoher Luft, leicht kenntlich an ihren tiefschwarzen unteren Flügeldeckfedern, unter schwarzen Artverwandten, kommen auf kurze Zeit auf die Weiher herab und sind am nächsten Tage verschwunden.

1856. Zwei Stücke, wahrscheinlich ein gepaartes Paar, zogen Ende Mai durch die Weiher.

1857. 20. Juni. Von drei Paaren, welche an diesem Tage die Weiher durchstreiften, wurde ein altes Weibchen, mit einzelnen schwarzen Federchen in den weifsen Achselpartien und sehr wenig entwickeltem Eierstocke, geschossen.

1858. 5. Juni. Von sechs Paaren, die mit schwarzen und weifsbärtigen Seeschwalben gemeinschaftlich umherstreiften, wurde ein Weibchen erlegt.

1859 sah ich die ersten am 2. Juni. Ein Paar brütete unter einer grofsen Schar schwarzer Seeschwalben im Blätterweiher, welcher im Vorjahre trocken gelegen und nun durch üppigst wucherndes Schwadengras eine wahre Wüstenei und der Hauptbrüteplatz der Seeschwalben geworden war. Ich habe oftmals das Nest, die darin sitzenden Jungen, die mit Ätzung herbeifliegenden und fütternden Alten, die ausgeflogenen, wimmernden und mit den Eltern fliegenden Jungen gesehen und zu meinem Verdrusse zwei am 26. und 29. Juli erlegte Exemplare dieser Familie, die Mutter und ein Junges, eingeliefert erhalten. Ich hatte ihre Schonung gewünscht, damit sie im nächsten Jahre wiederkehren und abermals brüten möchten.

1860 fehlten sie.

1861 kamen Flüge zu zwei bis fünf Paaren durch die Weiher und brüteten zwei Paare im Strittweiher.

1862. Am 2. Mai zeigten sich die ersten und zogen bis zum 20. Mai Flüge von vier bis sieben Stücken durch. Ein Paar blieb da und brütete.

1863. zeigten sich nur vereinzelte Durchzügler und brüteten sie nicht in der Gegend.

1864. wurde keine dieser Seeschwalben bemerkt.

1865. Ankunft am 11. Mai. Ein Paar hat im Blätterweiher gebrütet.

1866. fehlten sie ganz.

1867. brüteten im Strittweiher drei Paare. Ein Nest wurde durch Raubzeug geplündert; die übrigen Jungen flogen aus.

1871. zog ein Paar durch, ohne zu bleiben.

Seit 1872 bis inkl. 1876 waren jährlich mehrere Brutpaare vorhanden.

Auf den Lech- und Donau-Inseln brüten sie gleichfalls. Am 13. Juni 1855 wurde von einem Paare bei Günzburg das Weibchen geschossen. An Hals und Brust waren einzelne weifse Fleckchen; der Schwanz nicht rein weifs, sondern die Mittelfedern silbergrau. Am 28. Mai 1864 sah Leu weifsschwingige Seeschwalben bei einer Kahnfahrt auf dem Lech an einer Insel bei Prütriching, und das Jahr zuvor brütete ein Paar, dem am 28. Mai die drei Eier genommen worden waren, worauf es verschwand, unter einer grofsen Schar von *Sterna anglica* und *hirundo* auf einer Lechinsel bei Augsburg. Auf derselben Insel beobachtete Leu am 28. Mai 1868 gelegentlich einer Exkursion auf dem hochgehenden Lech unter den auf den Inseln brütenden Vögeln *(Vanellus cristatus, Aegialites fluviatilis, Actitis hypoleucos, Sterna hirundo, anglica* und *Larus ridibundus)* ein schönes altes Weibchen der *St. leucoptera*, welches Gscheidlen herabschofs. Am 22. Mai 1870 strichen unter anderen Seeschwalben drei weifsschwingige umher. Der Lech war aber hoch und reifsend, weshalb Leu und seine Begleiter nicht zum Schufs kommen konnten. Die Vögel brüteten auch noch nicht, weil die Inseln vom Hochwasser noch sehr nafs waren.

Professor Wagler und Dr. Michahelles erlegten verschiedene Exemplare auf dem Dutzendteich bei Nürnberg, welche zum Teil in die Sammlungen der Dr. Dr. Sturm und des Bleistiftfabrikanten Ziegler gelangten, woselbst ich sie sah. Auf dem ebengenannten grofsen Teiche trafen sie auch die Dr. Dr. Sturm in verschiedenen Jahren zugleich mit anderen seltenen

Zugvögeln *(Falco rufipes* und *Larus minutus)*, zuletzt während dreier Tage im Jahre 1850.

Dafs sie auf dem Bodensee und dem Untermain hier und da erscheint und mehrfach schon geschossen worden ist, kann nach obiger Darlegung nicht bezweifelt werden.

312. STERNA NIGRA Briss.

Keyserling u. *Blasius*, Die Wirbeltiere Europas, I. S. 248. n. 489. — Verz. S. XCVIII.

Naumann, Naturgeschichte der Vögel Deutschlands, X. S. 189 Taf 256.

Scheergeier, Scheergeierle.

Nistend auf den Inseln des Lech, in grofser Anzahl auf den Moor-, Bucher- und Neuhauser Weihern im südlichen Oberfranken und auf den Teichen der Oberpfalz (Vilseck, Hirschau). Forstrat Koch traf sie zu Hunderten brütend auf einem Mühlweiher bei Neumarkt. Sie kommt in der zweiten Hälfte des April und Anfang Mai, die bei uns Brütenden selten eher als in der ersten Maiwoche an. Ende Juli fangen sie an zu verstreichen und im August sieht man nur noch kleine Flüge; von Norden kommende Durchzügler nimmt man aber, immer mehr an Zahl abnehmend, noch bis Ende September wahr. Die *schwarzen Seeschwalben* sollen keine schwimmenden Nester, wie die Steifsfüfse, sondern immer auf festem Boden bauen. In den Moorweihern habe ich viele Hunderte von Nestern gesehen, aber alle ohne Ausnahme waren schwimmend auf dem dichten Filz des Schwadengrases, auf zusammengeschwemmtem oder zusammengetragenem Wuste von Binsen und dergleichen angelegt. Auf Flufsinseln müssen die Vögel anders bauen. Auf dem Zuge kommen sie auf Seen, Altwasser, Morästen und Teichen des Gebiets, an manchen Orten nur sehr selten, an anderen als ziemlich gewöhnliche Gäste vor.

Am 6. Juni 1869 schofs v. Koch in den Moorweihern ein altes Weibchen, bei dem sich in der Haut des Kinns eine runde Öffnung von 1,5 mm Durchmesser mit etwas verdicktem Rand befindet. Aus dieser abnormen Öffnung ragt die Zunge hervor, welche an ihrer vorderen Hälfte zylindrisch und mit einer Rinne versehen ist. Als er das Tier aufhob, lebte es noch und bewegte die aus der erwähnten Öffnung herausgestreckte Zunge nach oben und unten, zog sie auch um 1 bis 2 mm zurück, um sie dann wieder vorzuschnellen. Da v. Koch vermutete, es möchte die Öffnung durch ein früher eingedrungenes Schrot entstanden sein, so untersuchte er die Mundhöhle ganz genau, fand aber nichts Abnormes, sogar die Zunge zeigte sich, soweit sie nicht herausgestreckt war, als ganz normal. Das Tier war gut befiedert und ebenso so fett und gut beleibt, wie die gleichzeitig mit ihm erlegten Exemplare derselben Art, mufste sich also ganz gut zu ernähren verstanden haben (Dr. J. Cabanis, Journal für Ornithologie 1870. S. 393).

In den Mägen erlegter fand ich *Gryllus*-Arten *(Gomphocerus lineola)*, Libellen *(Agrion, Libellula)*, Phryganeen *(Limnophilus griseus)*, Rückenschwimmer *(Notonecta glauca)*, Ameisen in Menge *(Formica rufa et fusca)*, Spinnen *(Lycosa)* und allerlei Käfer *(Poecilus, Pterostichus, Amara, Aphodius, Anisoplia horticola* und *Donacia)*.

Nachträge.

---

ad 9. FALCO VESPERTINUS L.

Rotfufsfalke.

C. Parrot teilt in Ornith. Monatsschr. d. Deutschen V. z. Schutz d. Vogelwelt 1890, S. 23 mit, dafs Anfang Mai 1889 zwei Weibchen bei Andorf bezw. Riem und ein Männchen bei Schleifsheim geschossen wurden. Am 31. Mai wurde ein Männchen bei Wolfratshausen im Loisachthale erlegt.

ad 19. AQUILA CLANGA Pall.

Schelladler.

Nach Heckel (1885er Jahresbericht des Ausschusses f. Beobachtungsst. d. Vögel Deutschlands) wurde Ende Januar 1885 bei Uffenheim ein erschöpfter und halb verhungerter Schelladler gefunden. Jäckel bestätigte dies, nachdem ihm Kopf, Fänge und Flügel des getöteten Vogels eingesandt waren, durch Brief vom 5. Juni 1885.

ad 129. TURDUS ILIACUS L.

Weindrossel.

Nach Baumeister (1884er Jahresbericht) brütete die Weindrossel im Jahre 1865 in den Algäuer Alpen in den sogenannten Illerauen, ca. 3000 Fufs über dem Meere, am Fufse des Stubingersees. Am 8. Mai enthielt das Nest 5 Eier. — Nähere Angaben über diesen interessanten Fund macht O. Reiser nach den nachgelassenen Briefen Baumeisters in Cab. J. f. O. 1889, S. 181 und 182.

ad 172. MUSCICAPA PARVA Bechst.

Zwergfliegenschnäpper.

Nach Baumeister (1884er und 1885er Jahresbericht) ist der Zwergfliegenschnäpper Brutvogel im Schwarzacher Forst und

Hochwalde in 3—5 Paaren, 900—1000 m über dem Meeresspiegel, ferner in dem ganzen bis Zwiesel und zum Böhmerwalde sich erstreckenden Gebiete, insofern die Waldungen noch stark mit alten Buchen gemischt sind. Bei Grendsberg nistet er Mitte Mai, im Hochwalde kommt er Anfang Mai an und zieht Ende August ab. Die erste Brut findet Mitte Mai statt, 1883 wurde ein Nest mit sechs stark bebrüteten Eiern am 29. Mai, 1884 eins mit vier stark bebrüteten Eiern am 12. Juli gefunden.

ad 193. OTIS TETRAX L.

Zwergtrappe.

Nach Deubler (1884er Jahresbericht), Aschaffenburg, ist sie 1870 und 1875 vorgekommen. — Nach Hellerer (1886er Jahresbericht) erhielt ein Thierausstopfer in München im Jahre 1885 ein Exemplar aus Rosenheim.

ad 211. HAEMATOPUS OSTRALEGUS L.

Austernfischer.

Wiedemann (1885er Jahresbericht) erhielt 1 Exemplar am 25. August 1885 aus Eschenbrunn bei Gundelfingen.

ad 232. TRINGA TEMMINCKII Leisler.

Grauer Rassler.

Nach Wiedemann (1886er Jahresbericht) wurde am 7. April 1886 ein Exemplar am Lech bei Augsburg erlegt.

Rudolf Blasius.

Sachregister.

A.

B.

C.

D.

H.

I.

K.

Q.

R.

S.

T.

U.

V.

W.

Berichtigungen.

Seite IX, Zeile 13 von oben lies »des« statt »das«.
» IX, » 13 » unten » »Donle« » »Doule«.
» IX, » 12 » » » »Falke« » »Falcke«.
» IX, » 9 » » » »Hörterer« » »Härterer«.
» 148, » 3 » » »bringen« fällt weg.
» 217, » 14 » » lies »183« statt »182«.
» 218, » 13 » oben » »184« » »183«.
» 227, » 15 » » » »185« » »184«.
» 233, » 12 » » » »186« » »185«.
» 235, » 15 » unten » »187« » »186«.
» 238, » 3 » oben » »188« » »187«.
» 238, » 18 » unten » »189« » »188«.
» 306, » 2 » » » »vulgaris« » »vulgaries«.
» 314, » 15 » oben » »112« » »111«.
» 319, » 6 » unten » »Falke« » »Falcke«.
» 324, » 15 » » » »Casarca« » »Casarea«.

www.ingramcontent.com/pod-product-compliance
Lightning Source LLC
LaVergne TN
LVHW081359011026
849161LV00013BA/2850
* 9 7 8 3 4 8 6 7 2 8 1 0 1 *